U0143583

普通高等教育“十二五”规划教材

计算机辅助教学

——多媒体课件制作教程

付明柏　主编

科学出版社

北京

内 容 简 介

本书是为广大教师和高等师范教育一年级新生精心编写的教材，主要介绍了制作和使用多媒体 CAI 课件的基本理论和方法、必需和常用的软硬件环境；采集与编辑各类多媒体 CAI 素材的方法和技巧；利用 PowerPoint 制作多媒体 CAI 课件的过程和案例；动画制作工具 Flash 的使用方法及多个课件实例；理工科教学中非常实用的软件“几何画板”的使用和实例；利用 Dreamweaver 制作网络化、网页型多媒体 CAI 课件的技能；化学输入、排版工具“化学金排”和格式转换工具“格式工厂”的使用方法。

本书图文并茂，由浅入深，融理论学习与实例操作于一体，可作为本、专科师范院校课件制作的教材，也可供广大教育工作者制作课件时学习参考。

图书在版编目（CIP）数据

计算机辅助教学：多媒体课件制作教程/付明柏主编. —北京：科学出版社，2012

（普通高等教育“十二五”规划教材）

ISBN 978-7-03-032322-4

Ⅰ. ①计… Ⅱ. ①付… Ⅲ. ①计算机辅助教学－高等学校－教材 Ⅳ. ①G434

中国版本图书馆 CIP 数据核字（2011）第 184854 号

责任编辑：陈晓萍 / 责任校对：耿 耘

责任印制：吕春珉 / 封面设计：东方人华平面设计部

科学出版社 出版

北京东黄城根北街16号

邮政编码:100717

http://www.sciencep.com

双青印刷厂 印刷

科学出版社发行 各地新华书店经销

*

2012年1月第 一 版 开本：787×1092 1/16

2012年1月第一次印刷 印张：20 1/2

印数：1—3 000 字数：482 000

定价：36.00 元

（如有印装质量问题，我社负责调换<路通>）

销售部电话 010-62142126 编辑部电话 010-62134021

本书编写人员

主　编　付明柏

主　审　曾晓红

副主编　付在琦　宋昭寿　赵　伦

编　委（按姓氏拼音排序）

侯　波　李　坤　申云成　王永翠

谢树云　颜昌沁　杨雪松

前　言

《国家中长期教育改革和发展规划纲要（2010－2020 年）》（以下简称《教育规划纲要》）明确要求“倡导启发式、探究式、讨论式、参与式教学，帮助学生学会学习，以提高教学效果”。这一点恰好是多媒体 CAI 课件教学的特点。

目前，用于计算机辅助教学的多媒体教学课件的开发和应用还相对滞后，许多已成型的多媒体 CAI 课件产品，在适用性、灵活性上根本不适合或不能满足不同地区、学校、不同教学风格的教师及不同学生在教和学方面的实际需求。而《教育规划纲要》又指出应“注重因材施教，关注学生不同特点和个性差异，发展每一个学生的优势潜能”。为此，教师因材施教地自己制作多媒体辅助教学课件就势在必行。但目前国内还有不少教育工作者对多媒体课件的制作方法及制作工具了解甚少。为了满足广大教师自制多媒体 CAI 课件的需求、培养能适应新形势教学的各类师范学生，我们组织了在这方面有多年教学和课件制作经验的教师，编写了本书。

本书由编者多年讲课的讲稿修改整理而成。教材内容始终围绕如何开发与制作多媒体课件这一主题，图文并茂，由浅入深，融理论学习与实际操作于一体，力求体现以应用为主体，重视工具的运用。读者在学习书中示例的过程中能较快地掌握基本方法和技巧，同时通过计算机实践，制作出自己的 CAI 课件，实现教学以实践体系及技术应用能力培养为主的目标。本书可作为本、专科院校师范类专业计算机辅助教学课程的教材，也可供广大教育工作者制作课件时学习参考。书中所提供的示例程序和各类素材可通过电子邮件与作者联系索取。

本书内容分成 8 章。第 1 章系统地介绍了制作多媒体 CAI 课件的基本理论和方法。第 2 章比较全面地介绍了制作和使用多媒体 CAI 课件必需和常用的软、硬件环境。第 3 章生动地介绍了采集与编辑文字、图像、音频、视频、动画及一些特殊效果等多媒体 CAI 素材的方法和技巧。第 4 章以“任务驱动”模式实例化地介绍了利用 PowerPoint 制作多媒体 CAI 课件的过程。第 5 章从制作多媒体 CAI 课件的角度介绍了动画制作工具 Flash 的使用方法。形象地利用 Flash 制作了能涵盖教育专业的多个课件实例。第 6 章专业化地介绍了目前理工科教学中非常实用的软件“几何画板”的使用和利用它制作了几个专业化的多媒体 CAI 课件实例。第 7 章以比较新颖的方式用具体例子介绍利用 Dreamweaver 制作网络化、网页型多媒体 CAI 课件的技能。第 8 章介绍了化学输入、排版工具“化学金排”和格式转换工具“格式工厂”这两个专业性、实用性较强的多媒体 CAI 工具的使用方法。

本书由付明柏副教授主编，付在琦教授、宋昭寿副教授和赵伦任副主编。具体编写分工如下：第 1 章由谢树云副教授编写，第 2 章由付明柏编写，第 3 章由王永翠编写，第 4 章由颜昌沁、付明柏编写，第 5 章由李坤、申云成和付明柏编写，第 6 章由杨雪松编写，第 7 章由赵伦编写，第 8 章由侯波编写。全书由付明柏最后修改定稿，由曾晓红教授审阅全书并提出了许多宝贵的修改意见。

本书的内容涵盖了多种制作 CAI 课件的方法，内容比较丰富，前 5 章为必选教学内容，其他章节建议教师在教学实践中根据学生专业情况灵活选择。

本书的出版得到了编者所在学校的大力支持，在编写过程中参考了大量的同类教材及相关书籍。在此，特向学校领导、同仁和相关作者表示衷心的感谢。

限于编者水平，书中难免存在错漏之处，敬请广大读者批评指正（E-mail：fumingbai@163.com）。

付明柏

2011 年 9 月

目　录

第 1 章　多媒体 CAI 课件设计的基础理论

随着教育理论的成熟和教学手段的发展，越来越多的现代化手段被应用到教育教学中，极大地提高了教育的质量，让更多的人享受到教育服务。在诸多的教育手段中，广播电视技术和计算机技术是两个亮点。目前计算机技术在教育领域的应用，主要是多媒体技术、网络技术。课件被愈来愈多地应用到教育教学中，如何设计制作有效的课件成为这个过程中的一个关键环节。

本章从指导思想、理论基础、课件设计过程 3 个方面介绍课件设计的基础，包括多媒体课件的应用现状、基础概念、课件类型、多媒体课件设计的过程与设计模式等内容。

1.1　多媒体 CAI 课件设计的基础知识

本节介绍影响多媒体 CAI 课件设计的基本概念、基础理论，并介绍多媒体课件的种类、教学特点和应用现状。

1.1.1　多媒体 CAI 课件的基本概念

1. 教育技术

在现行的教育技术定义中，美国教育传播与技术学会（AECT）于 1994 年发布的有关教育技术的定义影响很大。AECT′94 认为，教育技术是关于学习资源和学习过程的设计、开发、利用、管理和评价的理论和实践（Instructional technology is the theory and practice of design，development，utilization，management and evaluation of processes and resources for learning）。该定义将教育技术的研究对象表述为关于“学习过程”与“学习资源”的一系列理论与实践问题，改变了以往“教学过程”的提法，体现了现代教学观念从以教为中心转向为以学为中心、从传授知识转向为发展学生学习能力的重大转变。

2. 现代教育技术

现代教育技术体现在：更多地注意探讨那些与现代科学技术有关的课题；充分利用众多的现代科技成果，作为传播教育信息的媒体，为教育提供丰富的物质基础；吸收科学和系统思维方法，使教育技术更有时代特色，更科学化、系统化。

3. 信息技术

信息技术（Information Technology，IT）是用于管理和处理信息所采用的各种技术的总称。它主要是应用计算机科学和通信技术来设计、开发、安装和实施信息系统及应用软件。信息技术的研究包括科学、技术、工程以及管理等学科，涉及这些学科在信息的管理、传递和处理中的应用，以及相关的软件和设备及其相互作用。

4. 多媒体技术

多媒体技术（Multimedia Technology）是利用计算机对文本、图形、图像、声音、动画、视频等多种信息综合处理、建立逻辑关系和实现人机交互的技术。多媒体技术主要包括音频技术、视频技术、图像技术和通信技术等内容。

5. 计算机辅助教育

计算机辅助教育（Computer Based Education，CBE）是指以计算机为主要媒介所进行的教育活动。也就是使用计算机来帮助教师教学、帮助学生学习、帮助教师管理教学活动和组织教学等。一般包括计算机辅助教学（Computer Assisted Instruction，CAI）和计算机管理教学（Computer Managed Instruction，CMI），图 1-1 给出了三者之间的关系。CAI 和 CMI 构成了 CBE 的两个主要方面，但并不是 CBE 的全部，还有计算机辅助行政管理、计算机教学等其他方面。

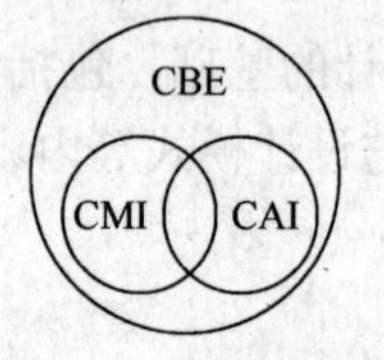

图 1-1 计算机辅助教育

6. CAI

CAI 是以计算机为主要教学媒介所进行的教学活动，即利用计算机帮助教师进行教学活动。例如，用计算机演示数学的各种函数图像，帮助学生弄清函数性质；让学生在计算机终端上做有关的操练，并由计算机提供适当的帮助和鼓励；或是由计算机提出一个任务，让学生使用各种工具和方法去解决，都属于计算机辅助教学活动。与 CAI 相关连的概念还有计算机辅助训练（CAT）与计算机辅助学习（CAL）。

7. CMI

CMI 是以计算机为主要处理手段所进行的教学管理活动。例如，用计算机帮助教师监测和评价学生的学习进展情况，收集反映学生学习的各种信息，提供帮助教学决策的信息，指导学生的学习过程，存放和管理教学材料、教学计划及学生成绩记录等。

8. MCAI

MCAI（Multimedia Computer Assisted Instruction，多媒体计算机辅助教学）也称为多媒体 CAI，是指利用多媒体计算机，综合处理和控制符号、语言、文字、声音、图形、图像、影像等多种媒体信息，把多媒体的各个要素按教学要求进行有机组合并通过屏幕或投影机显示出来，按需要配上声音，实现使用者与计算机之间的人机交互操作，完成教学或训练过程。

9. 课件

课件（Courseware）是根据教学大纲的要求，经过教学目标确定，教学内容和任务分析，教学活动结构及界面设计等环节，加以制作的课程软件。它与课程内容有着直接联系。所谓多媒体课件是根据教学大纲的要求和教学的需要，经过严格的教学设计，并以多种媒体的表现方式和超文本结构制作而成的课程软件。

10. 多媒体 CAI 课件

多媒体 CAI 课件是一种教学系统，它的主要功能是教学，包括课件中的教学内容及其呈现、教学过程及教学目标控制。同时，CAI 课件也是一种计算机软件，因此，它的开发、应用和维护需要按照软件工程的方法来组织和管理。

1.1.2　多媒体 CAI 课件设计的基础理论

下面介绍对多媒体 CAI 课件设计影响较大的几种理论，包括行为主义学习理论、认知主义学习理论、建构主义学习理论和人本主义学习理论。

1. 行为主义学习理论

行为主义学习理论源于对行为主义心理学的研究，行为主义学习理论的相关研究成果是行为主义教学理论的重要理论来源。行为主义学习理论产生于 20 世纪 20 年代的美国，其代表人物有巴甫洛夫、华生、桑代克和斯金纳等。下面主要介绍最具代表性的斯金纳（Burrhus Frederic Skinner，1904—1990）的程序教学理论。程序教学理论将学科的知识按其中的内在逻辑联系分解为一系列的知识项目，这些知识项目之间前后衔接，逐渐加深，然后让学生按照知识面项目的顺序逐个学习每一项知识，伴随每个知识项目的学习，及时给予反馈和强化，使学生最终能够掌握所学的知识，达到预定的教学目的。可见，精心设置知识项目序列和强化程序是程序教学能否成功的关键。该理论包含两个基本观点：学习过程是尝试与错误的过程；学习过程是刺激—反应—强化的过程。

行为主义理论提出了以下 4 个课件设计的指导原则。

（1）接近性原则

反应必须在刺激后立即出现，否则，如果刺激和反应的时间间隔太长，反应将被淡化，反应与刺激联结的可能性减少，难以达到学习目的。

（2）重复性原则

重复练习能加强学习和记忆，引起行为比较持久的变化。

（3）反馈原则及强化原则

让学习者知道反应正确与否，对学习非常有用。及时给出反馈，这是对学习者的一种强化。

（4）提示与衰减原则

在减少提示的情况下，使学生的反应向着期望的方向发展，从而引导学生顺利完成预定的学习任务。

2. 认知主义学习理论

认知心理学是 20 世纪 50 年代中期在西方兴起的一种心理学思潮，是作为人类行为基础的心理机制，其核心是输入和输出之间发生的内部心理过程。它与西方传统哲学也有一定联系，其主要特点是强调知识的作用，认为知识是决定人类行为的主要因素。

认知学派学者认为学习者透过认知过程（Cognitive Process），把各种资料加以存储及组织，形成知识结构（Cognitive Structure），认为学习是人们通过感觉、知觉得到的，是由人脑主体的主观组织作用而实现的，并提出学习是依靠顿悟，而不是依靠尝试与错误来实现的观点。该理论关于“学习”的观点是：关于学习的心理现象，否定刺激与反应的联系是直接的、机械的。

从认知理论来看，教学的过程已经不再是简单的知识“传递”过程，而是学生积极主动“获取”的过程。因此，在认知理论指导下的课件设计，注意到了“学习情境设计”、“学习策略设计”、“个性化设计”等特点。但在课件的设计中，思考得更多的是“如何教”，只强调教师的“教”，而忽视学生的“学”，全部教学设计理论都是围绕如何“教”而展开，很少涉及学生如何“学”的问题。

3. 建构主义学习理论

建构主义（Constructivism）也译作结构主义，是认知心理学派中的一个分支，是行为主义发展到认知主义（Cognitivism）以后的进一步发展。乔纳生（Jonassen，1992）认为是向与客观主义（Objectivism）更为对立的另一方向的发展。

建构主义源自于儿童认知发展的理论，由于个体的认知发展与学习过程密切相关，因此利用建构主义可以比较好地说明人类学习过程的认知规律，即能较好地说明学习如何发生、意义如何建构、概念如何形成，以及理想的学习环境应包含哪些主要因素等。总之，在建构主义思想指导下可以形成一套新的比较有效的认知学习理论，并在此基础上实现较理想的建构主义学习环境。

建构主义学习理论的基本内容可从“学习的含义”（即关于“什么是学习”）与“学习的方法”（即关于“如何进行学习”）这两个方面进行说明。

建构主义认为，知识不是通过教师传授得到，而是学习者在一定的情境，即社会文化背景下，借助其他获得知识的人（包括教师和学习伙伴）的帮助，利用必要的学习资料，通过意义建构的方式而获得的。

建构主义提倡在教师指导下的、以学习者为中心的学习，也就是说，既强调学习者的认知主体作用，又不忽视教师的指导作用，教师是意义建构的帮助者、促进者，而不是知识的传授者与灌输者。学生是信息加工的主体、是意义的主动建构者，而不是外部刺激的被动接受者和被灌输的对象。因而在建构主义学习理论的教学课件中，“学习情境设计”、“协作学习设计”、“自主学习设计”、“个性化学习设计”等因素被广泛应用，真正体现教学的“因材施教”原则。

教师要成为学生建构意义的帮助者，就要求教师在教学过程中从以下几个方面发挥指导作用。

激发学生的学习兴趣，帮助学生形成学习动机。

通过创设符合教学内容要求的情境和提示新旧知识之间联系的线索，帮助学生建构当前所学知识的意义。

为了使意义建构更有效，教师应在可能的条件下组织协作学习（开展讨论与交流），并对协作学习过程进行引导使之朝有利于意义建构的方向发展。

4. 人本主义学习理论

美国社会心理学家、人格理论家和比较心理学家亚伯拉罕·马斯洛（Abraham Harold Maslow，1908—1970）提出的人本主义心理学是有别于精神分析与行为主义的心理学界的“第三种力量”，主张从人的直接经验和内部感受来了解人的心理，强调人的本性、尊严、理想和兴趣，认为人的自我实现和为了实现目标而进行的创造才是人的行为的决定因素。

人本主义心理学的目标是要对作为一个活生生的完整的人进行全面描述。人本主义心理学家认为，行为主义将人类学习混同于一般动物学习，不能体现人类本身的特性，而认知心理学虽然重视人类认知结构，却忽视了人类情感、价值观、态度等最能体现人类特性的因素对学习的影响。在他们看来，要理解人的行为，必须理解他所知觉的世界，即必须从行为者的角度来看待事物。要改变一个人的行为，首先必须改变其信念和知觉。人本主义者特别关注学习者的个人知觉、情感、信念和意图，认为它们是导致人与人的差异的“内部行为”，因此他们强调要以学生为中心来建构学习情景。

人本主义心理学代表人物罗杰斯认为，人类具有天生的学习愿望和潜能，这是一种值得信赖的心理倾向，它们可以在合适的条件下释放出来；当学生了解到学习内容与自身需要相关时，学习的积极性最容易激发；在一种具有心理安全感的环境下可以更好地学习。罗杰斯认为，教师的任务不是教学生知识，也不是教学生如何学习知识，而是要为学生提供学习的手段，至于应当如何学习则应当由学生自己决定。教师的角色应当是学生学习的“促进者”。

1.1.3　多媒体CAI课件的种类

按照不同的标准，可以把多媒体课件分成不同的种类。比较常见的有：按照组织方式，分为固定型结构、生成型结构和智能型结构3类；按照课件的功能，分成教学型、测试型和管理型3类。

由于下面主要介绍课件与教学的关系，所以依据多媒体CAI课件组织教学的特点，分为以下7种类型。

（1）课堂演示型

课堂演示型课件应用于课堂教学中，其主要目的是揭示教学内容的内在规律，将抽象的教学内容用形象具体的动画等方式表现出来。

（2）自主学习型

自主学习型课件是在多媒体CAI网络教室环境下，利用工作站进行个别化自主学习。目前流行的网络课件多数就是这种类型。这种课件也应该支持个人计算机环境下的应用。

（3）技能训练型

技能训练型课件主要通过问题的形式来训练、强化学生某方面的知识和能力。专业技能训练型课件主要在行为主义理论的指导下，采用计算机提问、学生回答的方式对知识内容、专业技能进行强化。

（4）课外检索阅读型

课外检索型课件供学生在课余时间里，进行资料的检索或浏览，以获取信息，扩大知识面。各种电子工具书、电子字典及各类图形、动画库属于这种类型。

（5）教学游戏型

教学游戏型课件寓教于乐，通过游戏的形式，教会学生掌握学科的知识和能力，并引发学生对学习的兴趣。

（6）模拟仿真型

模拟仿真型课件对现实世界的物理现象或社会现象进行模拟。对于抽象的知识和经验，或可直接表述但成本太高的知识，或存在某种危险的实验或试验，利用模拟仿真会比较方便实用。模拟仿真首先应该建立问题的模型，然后通过程序控制实现过程。

（7）测试型

测试型课件实现计算机辅助的测验、考试、评分、成绩分析、试卷分析、试题管理。竞赛中使用的课件属于测试型。当然，如果对测试的要求比较高，就不能仅仅使用课件了，应该采用专门设计的考试系统。

本书后面讨论的课件多是课堂演示型课件。

1.1.4 多媒体 CAI 课件在教学中的特点

多媒体课件应用于教学，由于它可以更生动地再现场景，具有丰富的传播途径，可以自主把握学习进度等优势，为教学手段注入了新的活力。但是，多媒体课件不是万能的，需要扬长避短。

1. 多媒体 CAI 课件的优点

（1）多媒体课件集成性高，具有丰富的表现力

多媒体课件具有呈现客观事物的时间顺序、空间结构和运动特征的能力。对一些在普通条件下无法实现或无法用肉眼观测到的现象，可以用多媒体生动直观地模拟出来，引导学生去探索事物的本质及内在联系。将一些抽象的概念、复杂的变化过程和运动形式，以内容生动、图像逼真、声音动听的方式展现在学生面前。

（2）多媒体课件交互性强

多媒体课件可以根据学生输入的信息，理解学生的意图，并运用适当的教学策略，指导学生进行有针对性的学习。利用及时反馈的信息，调整教学的深度和广度，保证学生获得知识的可靠性与完整性，给学生以自主权，学生通过反馈的信息进行自我调整，真正做到“诲人不倦”。

（3）多媒体课件共享性好

随着高速信息网的不断延伸，课件所包含的教学内容可以通过连接在网络上的计算机进行相互传递，网络上的信息资源可以实现共享。以网络、光盘为载体的多媒体课件，使知识的传播不再受时间、地点的限制，单位、家庭及社会都可以成为学习的“学校”，学习的时间可以根据个人情况加以选择。

（4）多媒体课件有利于知识的同化

采用多媒体进行教学，可以强化信息传播的强度，各种媒体相互补充，使知识信息的表达更加充分、更容易理解。可以激发学生的学习兴趣，通过丰富的信息资源，扩大学生的知识面。

（5）多媒体课件可以实现个别化教学

学生可以根据自己的时间、要求和基础安排学习计划和进度。个别化教学适合于基础差异大的学生，使各层次的学生各得其所。个别化教学主要包括自定步调、难度适宜、个性适应等方面。

实验心理学家赤瑞特拉（Treicher）作过两个著名的心理实验，一个是关于人类获取信息的来源，就是人类获取信息到底主要通过哪些途径。他通过大量的实验证实：人类获取的信息 83%来自视觉，11%来自听觉，这两个加起来就有 94%。还有 3.5%来自嗅觉，1.5%来自触觉，1%来自味觉。多媒体技术既能看得见，又能听得见，还能用手操作。这样通过多种感官的刺激获取的信息量，比单一地听老师讲课强得多，信息和知识是密切相关的，获取大量的信息就可以掌握大量的知识。

赤瑞特拉的另一个实验是关于知识保持，即记忆持久性的。结果是：人们一般能记住自己阅读内容的 10%，自己听到内容的 20%，自己看到内容的 30%，自己听到和看到内容的 50%，在交流过程中自己所说内容的 70%。这就是说，如果既能听到又能看到，再通过讨论、交流，用自己的语言表达出来，知识的保持将大大优于传统教学的效果。这说明多媒体计算机应用于教学过程不仅非常有利于知识的获取，而且非常有利于知识的保持。

2. 多媒体 CAI 课件的不足

总的来说，目前的多媒体课件属于低水平重复开发。

在教学设计上，没有真正把教育思想融入课件，缺乏教育理论的指导。在课件设计上，多数是教师自己做，缺乏高水平的技术。是文字和图片资料的简单堆砌，表现手法简单、机械，没有创新在应用于教学时，存在滥用多媒体技术、过分依赖多媒体课件等诸多问题。

另外，建构主义学习理论的反对者认为课件教学缺乏情感交流、缺乏启发过程、缺乏对学习的评价、缺乏对学生潜移默化的影响。

总之，不是所有课程都适合采用多媒体课件组织教学，同样，对一门课程，不是每个知识点都需要多媒体课件。教学中，应该尽量避免多媒体课件教学的不足。

1.1.5　多媒体 CAI 课件应用的现状

目前，使用计算机进行多媒体课件辅助教学、自学逐渐为人们所接受。总的来看，有以下几个特点。

1. 初步形成了 CAI 软件市场

国内 CAI 软件主要是由北京、天津、上海、深圳等一些较发达城市有关部门与机构开发的。这些软件有的自成系列，有的是某个学科的某个阶段的内容，其中又以学习英语的软件较为多见。比较典型的有洪恩、步步高、诺亚舟等品牌的软件。这些CAI软件从教学模式来看，大多数适用于个别化学习，属于自我学习型的，使用者一人一机。通过阅读屏幕上的文字、图形信息（或许还可听到喇叭的发声），用键盘与计算机进行交互，或者是学习新知识，或者是做练习答题等。目前这些CAI软件主要针对学龄前儿童或小学教育。

2. 开发水平普遍较低

除了初步形成市场规模的一些软件，在学校教育中的课件多数是教师自行制作，或者来源于教材的赠送资源。这些资源中的课件多由简单的幻灯片组成，甚至只是题库的电子化和教材的电子化。CAI软件的开发处于一个初级阶段，即一个刚刚起步、硬软件基础还相对薄弱的阶段。在这个阶段中软件开发是分散的、多样化的，作品水准不高，仅将一些音像文字资料剪辑重组。

3. 课件与教学不合拍

教学过程本身是一种个性化的艺术再创造，尽管教材可能是统一的，课件可以共享，但教师可以有自己的进度、教法、教学设计与安排，适合具体教师和学生的课件只能由教师自己制作。

4. 过度依赖CAI课件

在教学中，存在不考虑教学的具体情况，而不加选择地使用CAI课件，完全按照课件组织教学的现象。

1.2 多媒体CAI课件设计

从开发的角度来看，课件也是一个软件。本书依据软件工程的思想，把课件设计划分为定义、开发和维护3个时期，细化为教学分析、教学设计、课件需求分析、课件结构设计、课件脚本设计、准备素材、制作/改进课件和发布课件8个步骤。

1.2.1 学习理论对课件设计的指导作用

不同类型课件的特点决定了需要采用不同的教学指导思想。演示型课件和技能训练型课件一般采用行为主义理论的学习理念；自主学习型课件和课外阅读检索型课件一般采用建构主义的学习理念。

1. 行为主义学习理论的指导作用

行为主义学习理论指导下的课件设计主要体现在程序化的教学过程，将复杂的知识（行为）分解成学生容易学习和掌握的小步骤，然后再分步不断反馈强化。

图 1-2 所示为行为主义教学理念指导下的学习过程。

采用程序教学理论的课件设计思路大致包括以下几方面。

1）确定教学目标（教师期望学生通过学习达到什么样的结果）。

2）分析学习者的特征（是否具有学习当前内容所需的预备知识，以及具有哪些认知特点和个性特征等）。

3）根据教学目标确定教学内容（为达到教学目标所需掌握的知识单元）和教学顺序（对各知识单元进行教学的顺序）。

4）根据教学内容和学习者特征的分析确定教学的起点。

5）制定教学策略（包括教学活动进程的设计和教学方法的选择）。

6）根据教学目标和教学内容的要求选择与设计教学媒体。

7）进行教学评价（以确定学生达到教学目标的程度），并根据评价所得到的反馈信息对上述教学设计中的某一个或某几个环节作出修改或调整。

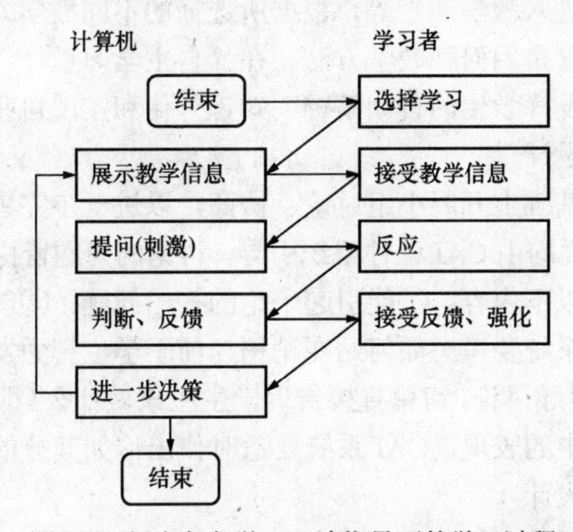

图 1-2　行为主义学习理论指导下的学习过程

行为主义学习理论指导下所设计的教学课件，优点是基于框架的、小步骤的分支式程序设计，使教师在教学中实现了“将复杂学科知识（行为）分解成学生容易学习和掌握的小步骤，然后再分步不断反馈强化”。缺点是课件的设计是线性的，使用者（教师）和学习者（学生）无法实现特定要求的跳转，学习内容被人为地小步骤分割，根本谈不上学习的个别化，学生参与教学活动的机会少，大部分时间处于被动接受状态，学生的主动性、积极性很难发挥，不利于创造型人才的成长。

2. 认知主义学习理论的指导

以加涅的思想为例，课件设计在认知主义学习理论的指导下，体现为课件应为内部心理过程提供外部支持，这就强调了情境设计、个性化设计等，但基本点还是以教师为中心的教而设计。

3. 建构主义学习理论的指导作用

课件设计在建构主义的指导下体现在突出交互的意义、注意创设真实的问题情境、以促进意义建构与能力迁移。

在建构主义学习理论指导下，以“学”为中心的课件设计的过程大致包括以下内容。

（1）教学目标分析

对整门课程及各教学单元进行教学目标分析，以确定当前所学知识的“主题”。

（2）情境创设

创设与主题相关的、尽可能真实的情境。

（3）信息资源设计

确定学习本主题所需信息资源的种类和每种资源在学习本主题过程中所起的作用。对于应从何处获取有关的信息资源、如何去获取以及如何有效地利用这些资源等问题，如果学生有困难，CAI 系统应给予适当的帮助。

（4）自主学习设计

在以“学”为中心的建构主义学习环境中常用的教学方法有“支架式教学法”、“抛锚式教学法”和“随机进入教学法”等。根据所选择的不同教学方法，对学生的自主学习应作不同的设计。不管是用何种教学方法，在“自主学习设计”中均应充分考虑以学生为中心的 3 个要素：发挥学生的首创精神、知识外化和实现自我反馈。

（5）协作学习环境设计

在个人自主学习的基础上开展小组讨论、协商，以进一步完善和深化对主题的意义建构。整个协作学习过程均由 CAI 课件组织引导，讨论的问题皆由 CAI 系统提出。协作学习环境的设计应包括以下内容：①能引起争论的初始问题；②能将讨论一步步引向深入的后续问题；③CAI 系统要考虑如何站在稍稍超前于学生智力发展的边界上（即最邻近发展区）通过提问来引导讨论，切忌直接告诉学生应该做什么（即不能代替学生思维）；④对于学生在讨论过程中的表现，CAI 系统要适时作出恰如其分的评价。

（6）学习效果评价设计

包括小组对个人的评价和学生个人的自我评价。评价内容主要围绕 3 个方面：①自主学习能力；②协作学习过程中作出的贡献；③是否达到意义建构的要求。应设计出使学生不感到任何压力、乐意去进行，又能客观地、确切地反映出每个学生学习效果的评价方法。

（7）强化练习设计

根据小组评价和自我评价的结果，应为学生设计出一套可供选择并有一定针对性的补充学习材料和强化练习。这类材料和练习应经过精心的挑选，即既要反映基本概念、基本原理，又要能适应不同学生的要求，以便通过强化练习纠正原有的错误理解或片面认识，最终达到符合要求的意义建构。

虽然建构主义学习理论真正体现教学的“因材施教”原则，但是，对建构主义理论的自主化学习也有许多异议，比较集中的是：①教学中缺乏师生间的情感交流；②在回答学生的询问时，教师对问题的回答往往是启发性的，这对学生的成长无疑是很有价值的；③行为和价值影响上。在学生的一生中，教师是对其有非常重要影响的因素之一。教师被看作权威和专家，学生很容易接受教师的思想和态度，并有意无意地加以模仿。

从上面的比较分析中可知，三大学习理论指导下的课件设计各有优缺点。事实上，行为主义理论比较适合于强化训练型课件的设计；认知学习理论比较适合于模拟实验型课件设计；而建构主义学习理论则给基于资源的学习课件和问题解决型的课件注入了新的活力。总之，在课件设计中，学习理论的指导和恰当运用是成功的关键。

1.2.2　多媒体 CAI 课件设计的流程

在课件设计过程中，应该尽量遵循教学规律，把正确的知识高效地传授给学生。多媒体 CAI 课件设计的基础是对教学内容的规划和分析，然后结合课件需要解决具体的问题，实现课件设计。这个过程如图 1-3 所示。

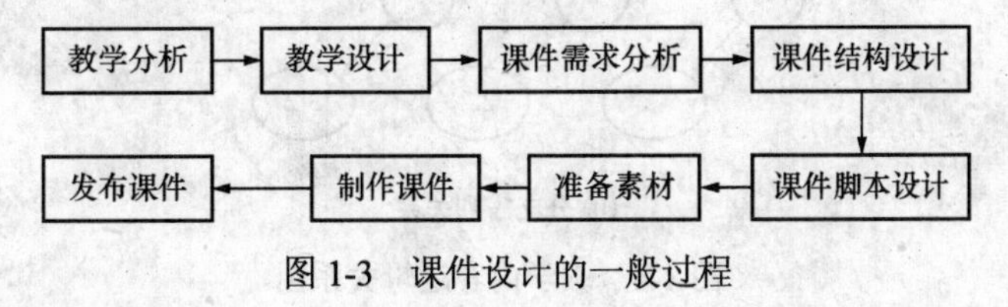

图 1-3　课件设计的一般过程

1. 教学分析

教学分析是课件设计的第一步。对于进行课件设计的课程，要根据专业人才培养目标、课程体系、课程教学大纲、课程考试大纲、课程实验大纲确定在课件中表现的知识内容，以及表现的方法。

教学分析首先要明确课件要达到的目标，明确教学内容的重点、难点；针对传统教学方法不能解决或难以解决的问题，怎样利用计算机辅助教学解决；在知识和技能方面达到什么样的要求；课件在教学中处于什么地位。其次，教学分析还要考虑课件中采用的教学思想和教学方法，怎样充分发挥计算机辅助教学的优点，克服传统教学的不足；使用课件的对象是学生还是教师；原来的知识基础和能力如何；课件在什么样的环境下使用。

2. 教学设计

加涅曾在《教学设计原理》（1988 年）中提出："教学设计是一个系统化（Systematic）规划教学系统的过程。教学系统本身是对资源和程序作出有利于学习的安排。任何组织机构，如果其目的旨在开发人的才能均可以被包括在教学系统中。"

赖格卢特在《教学设计是什么及为什么如是说》一文中指出："教学设计是一门涉及理解与改进教学过程的学科。任何设计活动的宗旨都是提出达到预期目的最优途径。因此，教学设计主要是关于提出最优教学方法的一门学科，这些最优的教学方法能使学生的知识和技能发生预期的变化。"

美国学者肯普认为："教学设计是运用系统方法分析研究教学过程中相互联系的各部分的问题和需求。在连续模式中确立解决它们的方法和步骤，然后评价教学成果的系统计划过程。"

教学设计从教学活动的角度，首先考虑知识点之间的逻辑关系，采用逻辑分析的方法，对目标行为和教材进行分析，寻找各种要素、项目或内容之间的逻辑层次关系，根据这种关系对教学内容序列化。然后考虑如何展现知识内容。如图 1-4 所示给出了教学内容之间的两种典型关系——线性关系和分支关系。

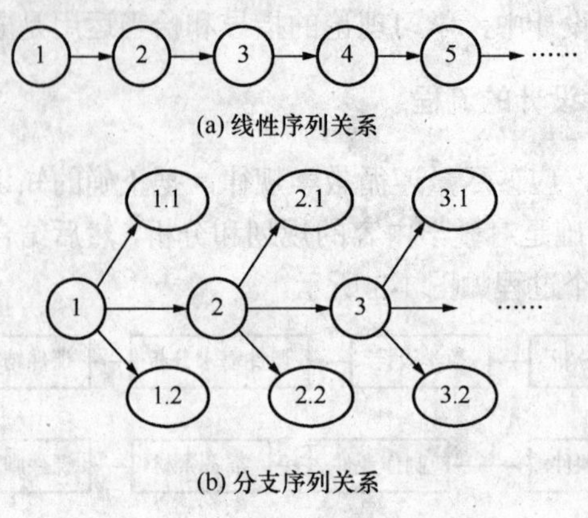

图 1-4 教学内容逻辑关系图

3. 课件需求分析

课件需求分析一方面来源于教学分析，要考虑使用者将应用这一个课件达到一种什么样的教学效果。要求课件设计者深入钻研教材，了解学生，弄清教材的重难点和学生的基础及接受能力，以突出重点、突破难点。对于重要的、难理解的、抽象的东西，平时难得一见的事物和现象，用肉眼看不到的现象等，用文字、图形、图像、动画和录像等表现出来；对于常见的，学生很容易理解的东西，就不要浓墨重彩地去表现。充分发挥学生的主体作用，激发他们的学习兴趣，努力营造一个学生参与的环境和氛围。

另一方面，课件需求分析需要考虑在课件设计过程中要用到的硬件环境、软件环境、多媒体素材等内容。

4. 课件结构设计

课件的结构很大程度上依赖于知识内容的结构，与课件使用对象、使用时间也有关系。课件的结构首先应该考虑知识序列之间的逻辑关系，还要满足使用者选择性学习的需求，尽量营造友好的人机交互界面，考虑直接性、敏捷性、一致性、反馈性、清晰性、用户控制性、美观性、宽容性和易用性。

课件结构设计一般采用层次图表现。图 1-5 所示是本书第 1 章的课件结构。在这个步骤也要考虑怎么实现这种逻辑结构，在 PowerPoint 和 Dreamweaver 中普遍采用超链接实现幻灯片或不同页面之间的关联。

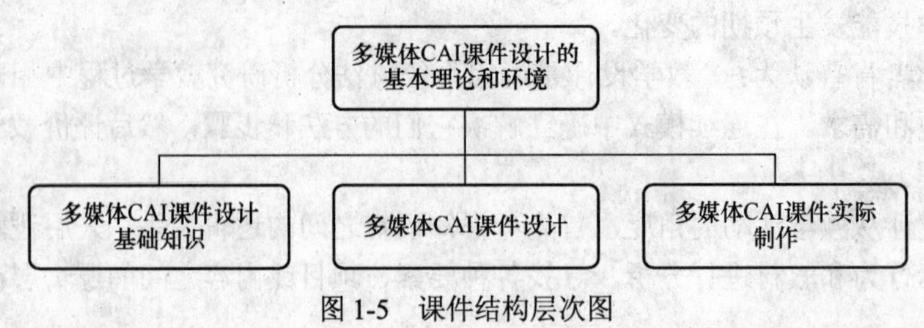

图 1-5 课件结构层次图

5. 课件脚本设计

课件脚本设计将要制作的课件的内容和步骤用文字表述出来，这是成功制作出实用、有创意的课件的关键。根据需求选择适当的媒体，并在适当的时间出现，同时还要确定出现的方式。脚本就是这个课件的蓝图，课件设计人员将如实按照脚本来完成整个课件的制作。

课件脚本设计主要是课件每个界面的版面设计、动作设计和相邻界面之间的关系实现。虽然没有固定的格式，但是一个典型的脚本应该包括课件信息、布局信息、提纲信息、动作信息和链接信息等内容，如图 1-6 所示。同时，对课件中用到的元素要有具体的格式、质量等说明。

1）课件信息是当前页面在课件中的大环境中，设计者、设计时间等信息，以便于以后修改脚本、组织脚本、管理脚本。

2）布局信息要展现当前页的人机交互界面。针对不同的应用环境，布局设计应该从需要采用的多媒体元素、版面整体效果、颜色搭配、符号大小、用户使用习惯等诸多方面进行详细描述。

3）提纲信息是对布局信息的补充。

4）动作、交互信息描述页面的动画元素，以及用户使用什么方法来控制使用课件。交互性是多媒体课件的一个重要特性，在脚本的设计时，应体现先出现什么，后出现什么；哪些素材可以同时显示在屏幕，哪些需要先后出现；在出现时是否需要提示声音。

5）链接信息说明当前页和其他页之间的关系，以及怎样转到其他页面。链接信息包括了一些交互方法。

设计脚本的目的，是理清教学思路，给多媒体制作人员提供制作依据，最终要在计算机上反映出来。因此，脚本的设计要求尽量详尽，考虑周全，既要体现完整的教学思路，又要有实现的具体方法，还要考虑能否在计算机上实现。脚本的设计要有创意，体现出个人的教学风格，符合学生现有的知识水平，运用多种表现形式，充分调动学生的各种感官，活跃课堂气氛，提高课堂效率。

例 1-1　演示型课件脚本。

本例是九年级语文第二单元“故乡”（苏教版）课件封面的脚本。作为课件的封面，选择了贴近于课文主题的远山图片作为背景。课件以统一的界面支持交互，在下方设置了导航按钮。课件采用 Microsoft Office PowerPoint 2003 制作，封面脚本如图 1-6 所示。

例 1-2　练习型课件脚本。

本例是第 5 章练习型课件设计部分关于单项选择题练习的脚本。此课件与例 1-1 课件的区别在于，通过单项选择题目的练习、作答、评价、评分，对学生的学习过程进行干预，强化学生对知识点的掌握情况。课件采用 Macromedia Flash Professional 8 制作，通过使用 ActionScript 脚本语言编写代码控制交互，脚本如图 1-7 所示。

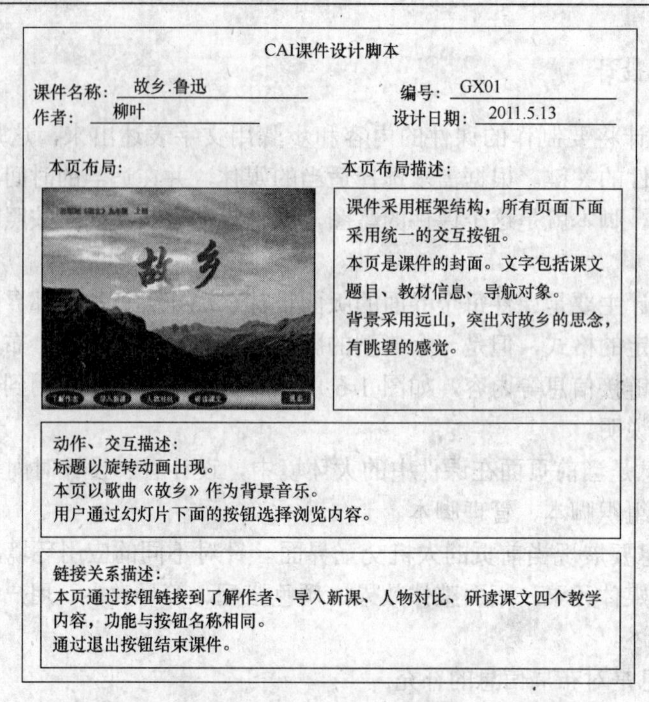

CAI课件设计脚本

课件名称：故乡.鲁迅　　编号：GX01

作者：柳叶　　设计日期：2011.5.13

本页布局：

本页布局描述：

课件采用框架结构，所有页面下面采用统一的交互按钮。

本页是课件的封面。文字包括课文题目、教材信息、导航对象。

背景采用远山，突出对故乡的思念，有眺望的感觉。

动作、交互描述：

标题以旋转动画出现。

本页以歌曲《故乡》作为背景音乐。

用户通过幻灯片下面的按钮选择浏览内容。

链接关系描述：

本页通过按钮链接到了解作者、导入新课、人物对比、研读课文四个教学内容，功能与按钮名称相同。

通过退出按钮结束课件。

图 1-6　课件《故乡》封面脚本

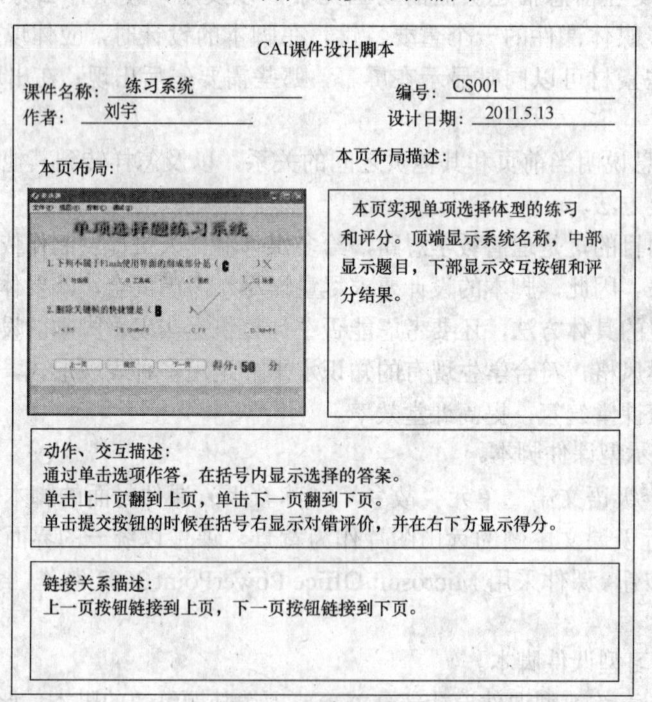

CAI课件设计脚本

课件名称：练习系统　　编号：CS001

作者：刘宇　　设计日期：2011.5.13

本页布局：

本页布局描述：

本页实现单项选择体型的练习和评分。顶端显示系统名称，中部显示题目，下部显示交互按钮和评分结果。

动作、交互描述：

通过单击选项作答，在括号内显示选择的答案。

单击上一页翻到上页，单击下一页翻到下页。

单击提交按钮的时候在括号右显示对错评价，并在右下方显示得分。

链接关系描述：

上一页按钮链接到上页，下一页按钮链接到下页。

图 1-7　练习课件脚本

6. 准备素材

脚本设计好后，确定了所需要的媒体，就要开始准备制作所需的文字、声音、图形、图像、动画和视频等。素材要以理想的形式呈现教学内容，以满足学生听得懂、看得清、记得牢的要求，不能选择那些不符合教学规律和教学内容的素材。

（1）准备文本素材

文字可以在文字处理软件中输入，如微软公司的 Word、金山公司的 WPS 及大部分多媒体制作软件均支持文本的录入。也可以使用语音录入、手写录入等方式。如果已有现成的文字，也可以复制使用，但要注意对文字进行校对。

（2）准备图形、图像素材

可以从网络收集需要的图形、图像素材。如果没有现成的素材，那么需要自己制作。可以用扫描仪扫描平面图或底片，选择效果较好的扫描仪，可以把书、照片等图像较少失真地输入计算机；可以使用数码照相机采集图片；可以从 VCD 上捕捉精彩的画面；可以直接在计算机上按 Print Screen 键来复制屏幕内容。对不满意的素材，可以使用图像编辑软件，如 Windows 自带的画图程序、Adobe 公司的 Photoshop、友立公司的 PhotoImpact 7 来制作和处理图片。

（3）准备声音素材

从 VCD、CD、MP3 上录制声音，常用播放软件来完成。如需配音，可以用话筒录制，这种方法很灵活，但需用专门的软件去除噪声并进行合成。采用线路输入可以从磁带上录制声音。对不满意的素材，可以使用音频编辑软件，如 Gold Wave，进行编辑。

（4）准备动画素材

动画素材可以运用专门的动画制作软件制作，如使用 3ds max、Cool 3D、MAYA、Flash 等，都可以把文字、声音结合材质、效果做成动画。

可以在多媒体编著系统中生成动画，使用 Adobe 公司的 Authorware、方正奥思等软件中都可以制作简单的动画。

（5）准备影像素材

影像素材可以从 VCD、录像带上剪辑影像；可以用视频捕捉卡来捕捉。需要加工的影像素材可以用非线性编辑系统，如 Adobe 公司的 Premiere 或友立公司的“会声会影”来编辑制作，也可以用巨星 MTV、卡丽莱等软件将照片制作成录像。

7. 制作课件

材料准备好后，多媒体制作人员就要按脚本来组织材料，制作动画，设置交互。制作出的作品，既要实用、符合脚本设计的要求，并且还要易操作，交互性强，同一课件在交互方式、版面布局上要尽量统一。

在这个步骤中，要考虑脚本设计阶段定义的各元素的表现形式、方法。比如，文字的出现方式，是一次性全部显示出来，还是分段落出现，还是像打字一样出现。各元素之间按照什么样的顺序出现。用户怎么使用课件，是自动定时播放，还是单击鼠标播放，还是通过超链接、按钮播放。课件还要求界面友好、美观，给人以美的享受，引起学生的注意，激发学生学习的兴趣，这就要看制作者的创意和美术功底了。

要制作出优秀的作品，也需要选择一个优秀的制作软件，较常用的有微软公司的 PowerPoint、Macromedia 公司的 Authorware、Flash、Director、北大方正奥思和武汉凡高公司的课件大师等。这些软件的功能各有千秋，每一款软件只要熟练掌握都能制作出令人意想不到的效果。

8. 测试并发布课件

对课件的测试，首先要检查是否符合课件脚本的要求，是否实现了脚本中的全部内容和要求；还要发现课件中的错误，文字、声音、图片能不能正常显示，链接、交互是否正常；还要在不同配置的机器上调试运行，看课件对环境的适应性。要发现自己的全部错误比较困难，测试应尽量交给用户或专门的测试人员进行。如果时间充足，还可在课堂上试讲来检查教学效果，找出哪些地方还有待完善，最后将意见综合，反馈给课件制作人员。

经过测试，综合各方面的意见，修正课件中的错误，使之更完善。一个优秀课件往往要经过多次评价测试，修改完善。确定无误后，可以生成可执行文件，一方面保证在没有安装该多媒体制作软件的系统上能正常运行，另一方面保护版权，让没有获得许可的人员不能修改，然后交给相关人员运用于教学或交给出版社出版发行。

通过以上的步骤，一个课件就设计、开发成功了。正式投入使用后，用户还会通过多种途径反馈课件的信息，多媒体制作人员还要收集各方面的信息，对课件进行进一步的完善，同时提高自己的课件设计、制作水平。

当然，教育是一门艺术，制作多媒体 CAI 课件既是一门技术，也是一门艺术，没有固定的模式，但有可遵循的规律，还需要人们不断地去探索和总结。

1.3 多媒体 CAI 课件的实际制作

以下内容将从制作原则和制作模式两个方面来介绍。

1.3.1 多媒体 CAI 课件的制作原则

多媒体 CAI 课件是对教学过程、教学方法的改进，设计过程中应该遵循教学规律，才能使制作出来的课件更好地服务于教学，提高教学效率，主要有以下几个方面。

1. 科学性

科学性是指教师既要以科学的教学态度和教学方法向学生正确无误地传授反映客观规律性的知识，以保证教学内容具有严密的科学性，又要合理地结合知识传授的目的。课件的取材适宜，内容科学、正确、规范。

问题表述要准确，课件中所有表述的内容要准确无误，没有歧义，没有矛盾，使用的名词要一致。

引用资料要正确，不能出现错误的知识技能和专业术语。

认知逻辑要合理，课件的演示符合现代教育理念，出现的顺序要合乎逻辑，要适合学生的教育背景。

2. 教育性

教育性是指课件内容要直观、形象，有利于学生理解知识；要有趣味性，有利于调动学生学习的积极性和主动性；要有针对性，内容完整；要有创新，支持合作学习、自主学习或探究式学习模式。

3. 结构化与整体性

一个好的课件结构无论是对于设计者的设计和使用者的操作都是非常有益的。在设计时应该考虑这个课件主要分成几个部分，每一个部分又有哪些分支，部分与部分之间又应该怎样联系。一个课件一般分成课件片头、课件内容、课件片尾 3 大版块，课件内容又可以按照教学的过程分为复习部分、新授部分和巩固练习部分。课件内容的各个部分之间既保持独立又存在联系。

4. 美观与实用性

课件的美观性和实用性集中体现在课件的画面设计方面。画面的设计包括文字、图形、动画、边界、提示、菜单、按钮等课件元素的处理和安排。下面介绍课件画面的评价标准供设计者参考。

1）文字安排简洁，符合阅读习惯，表达流畅，字体选择得当，文字大小合适，颜色和背景颜色对比明显。

2）图形使用得当，图片效果明显、处理精细，大小适中，排列合理。

3）动画使用得当、效果明显、动作连贯。

4）边界边框安排要适宜，前后要尽量一致，边界划分要合理。

5）提示和帮助信息要明确，能够与操作过程和内容配合，提示和帮助信息的放置要合理。

6）菜单和按钮的样式设计要美观大方，放置和安排要合理，按钮的作用要明确。

5. 交互性

交互性体现在多媒体 CAI 课件中应充分地利用人机交互的功能，不断帮助和鼓励学生学习，给学生广阔的思维空间，发挥他们的创造性。

6. 稳定性与扩充性

稳定性要求设计的课件能在不同的软件、硬件环境下正常使用，能在不同的时间使用。为提高稳定性，在设计中应该尽量降低对软、硬件环境的需求。

扩充性要求能及时、方便地对设计的课件进行扩充，改正存在的错误，完善内容，补充新的知识，以及改造原有的结构。

7. 网络化与共享性

网络化已经成为多媒体 CAI 课件的发展趋势，网页型课件因为其共享程度高、知识量大开始流行。远程教育系统就是网络化与共享性的一个典型的应用。

1.3.2　多媒体 CAI 课件的设计模式

从不同的角度来看，可以把多媒体 CAI 课件设计的模式分为不同的类型。

从什么人开发课件来看，主要有以软件工程人员为中心、以教学人员为中心、以学科教师为中心 3 种模式。以软件工程人员为中心的制作模式可以从软件设计的高度考虑软件的操作性、可控性；以教学人员为中心的制作模式能设计满足课程教学的要求，并且比较贴近教学环境和教学对象；以学科教师为中心的制作模式介于二者之间，对教学的规划比以教学人员为中心的制作模式更为合理，但是在制作技术、表现形式方面明显不足。比较理想的是，学科教师同时具备软件工程人员的素质。

一般而言，软件工程人员开发的课件主要是以数据库为基础的自动生成测试型课件，而教学人员和学科教师设计的通常是面向课堂教学的演示型课件。

从课件设计过程中的组织来看，有水平划分、垂直划分的分工合作模式。

很多教师由于授课负担很重，很难抽出大量时间去研究、制作课件，也没有足够的精力去制作自己所上的每一堂课的课件。教师之间可以采取水平划分分工合作的模式来制作课件。对于一门课程如果有 10 个单元，可以由多位教师分别承担几个单元的课件设计任务，然后进行合并。如果按照传统的制作模式，则每位教师都需要制作全部 10 个单元的课件，这样耗时较长，做出来的课件难以满足要求；采用分工制作模式之后，教师在全面掌握教材的情况下，精心制作课件，课件质量会有大幅度提高。水平划分的分工合作模式应注意加强合作，加强教师之间的联系。在课件设计之前要充分了解各教师对课件的需求，以及各班学生的差异，制作过程中要互相沟通，善于采纳不同意见，共同制作，以保证制作的课件风格统一，使用效果好。

从课件设计过程的周期来看，大致可以划分为脚本编制（创意）、素材采集、开发制作、测试修改等阶段。其中每一个过程都会用到不同的处理工具，制作者不可能完全掌握并熟练应用各种不同的工具。在制作课件时就应该采用垂直划分的分工合作模式。教学经验丰富、教学效果好的教师负责进行教学设计，编写脚本。一部分教师负责收集文字、图片、声音、影像等素材；一部分教师负责开发，整合课件；至于课件的测试和修改则是一个长期过程，往往是边使用边修改，需要授课时使用课件的教师参与。这种模式也是专业课件开发经常采用的模式，为课件设计提供一个开放的平台，参与课件设计的人员能够充分发挥自身特点，集中精力去完成每一个模块的制作，与其繁而不精，不如专精其一，以此提高效率及课件质量。

小　结

本章主要介绍了制作多媒体 CAI 课件必须具备的基础知识，具体包括以下内容：

多媒体 CAI 课件的一些基本概念；四个典型的学习理论：行为主义学习理论、认知主义学习理论、建构主义学习理论和人本主义学习理论。并讨论了这些理论在课件设计中的指导作用；多媒体 CAI 课件的特点和应用；多媒体 CAI 课件设计的原则和方法；多媒体 CAI 课件设计的流程。

习　题

一、选择题

1. 多媒体 CAI 课件包含了（　　）和（　　）两个应用领域。

   A. 多媒体技术　　B. 通信技术

   C. 计算机管理教学 CMI　　D. 计算机辅助教学 CAI

2. 按教学内容与教学方式对多媒体 CAI 课件分类，下列不属于此分类方法的是（　　）。

   A. 顺序型　　B. 演示型　　C. 娱乐型　　D. 练习型

3. 关于多媒体 CAI 课件中的制作原则，下列说法错误的是（　　）。

   A. 多媒体 CAI 课件中知识点出现的顺序要合乎逻辑

   B. 应充分地利用人机交互的功能，不断帮助和鼓励学生学习，发挥他们的创造性

   C. 设计和制作课件时最好只在一台计算机上进行，以免出现问题

   D. 在设计课件结构时，要考虑方便用户的操作

二、判断题

1. 利用多媒体 CAI 课件进行教学可以取代传统模式的教学。（　　）
2. 学习是一个建构的过程。（　　）
3. 学习是刺激—反应—强化的过程。（　　）
4. 网络化已经成为多媒体 CAI 课件的发展趋势。（　　）
5. 在多媒体 CAI 课件设计的过程中，课件脚本设计应建立在教学设计的基础上。（　　）

三、简答题

1. 什么是多媒体？
2. 阐述行为主义学习理论的教学过程。
3. 阐述建构主义学习理论的教学过程。
4. 阐述各种学习理论在课件设计中分别适用于什么场合。
5. 概述自己对多媒体 CAI 课件设计过程的认识。
6. 结合自己的体会，简述采用多媒体 CAI 课件组织教学的优势和不足。

第 2 章　多媒体 CAI 课件的制作和使用环境

“工欲善其事，必先利其器。”要制作和使用多媒体 CAI 课件，除了要对多媒体 CAI 课件制作的整个环节有一个清晰的了解之外，还必须对当前已经成熟的制作和使用环境有所了解，并能熟练地运用这些环境。多媒体 CAI 课件的制作和使用环境分为硬件环境和软件环境。

2.1　多媒体 CAI 课件的制作环境

制作多媒体 CAI 课件，最基本的环境是多媒体个人计算机（Multimedia Personal Computer，MPC）系统、获取和处理多媒体 CAI 素材的一些专用设备，如扫描仪、数码照相机和数码摄像机等和一些专业制作软件。本节将对目前制作多媒体 CAI 课件常用的一些软、硬件环境作一些基本介绍。

2.1.1　多媒体 CAI 课件的制作硬件

1. 多媒体个人计算机

多媒体个人计算机（Multimedia Personal Computer，MPC）是在基本的计算机配置之外，扩充对声音、图像、视频等获取和转换的设备。主要的有声音输入/输出设备、图形图像输入/输出设备、视频输入/输出设备、人机交互设备、通信及存储设备。图2-1 所示为多媒体计算机的常见配置。

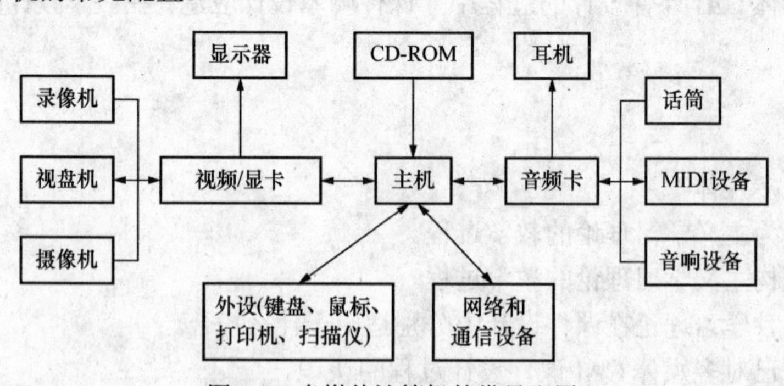

图 2-1　多媒体计算机的常见配置

（1）个人计算机基本组件

个人计算机（Personal Computer，PC）就是日常生活中人们使用的计算机，俗称电脑，是计算机的一种类型。平时常见的计算机通常由主机柜、显示器、键盘、鼠标等 4

个部分组成。图 2-2 所示为常见的计算机组件。

图 2-2　常见的计算机组件

1）主机是计算机的最核心部件，由插在主机柜内部主板（MainBoard，如图 2-3 所示）上的中央处理器（Center Process Unit，CPU）和内存储器（Internal Memory，内存）组成。

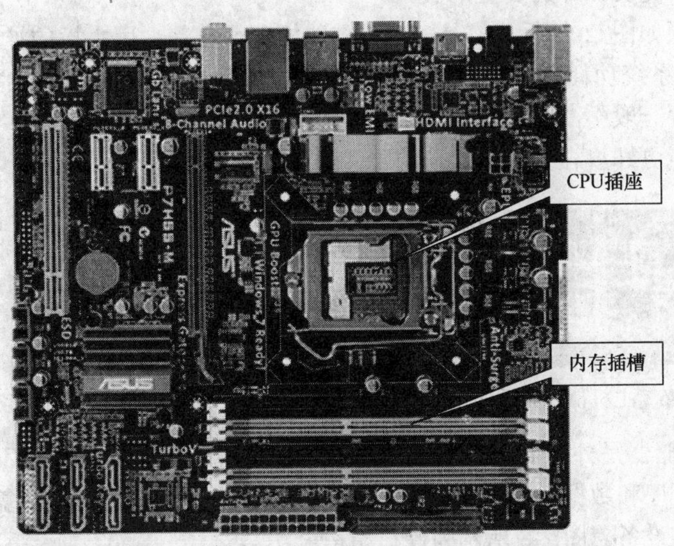

图 2-3　个人计算机的主板

其中，CPU（如图 2-4 所示）是整个计算机的心脏，由运算器和控制器组成。运算器用于对多媒体信息和数据进行各种运算和处理；控制器是 CPU 的指挥中心，用来协调计算机的各个部件的操作。

内存储器（如图 2-5 所示）用于存放计算机处理过程中的临时程序和数据。

图 2-4　个人计算机的 CPU

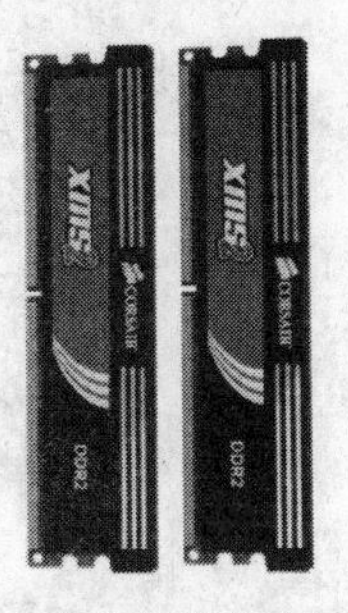

图 2-5　个人计算机的内存条

2）输入/输出设备（卡）。输入设备是把多媒体程序和数据输入计算机的硬件装置，常用的有键盘、鼠标、扫描仪、条形码阅读器和光笔等。输出设备负责将计算机内的多媒体信息输出，常用的有显示器、打印机和绘图仪等。

输入/输出（Input/Output，I/O）设备一般是通过主机柜后面板上的接口与主板相连的。主机柜后面板的接口（如图 2-6 所示）。其中，显示器必须通过显卡与主机板连接。

显卡的全称是显示接口卡（Video Card 或 Graphics Card），又称为显示适配器（Video Adapter）。它是连接显示器和个人计算机主板的重要组件，是“人机对话”的重要设备之一。显卡作为计算机主机柜里的一个重要组成部分，承担输出显示图形的任务。个人计算机中有集成显卡和独立显卡之分。

集成显卡被做在主板上，与主板融为一体，若集成显卡出现毛病，就只能更换整个主板；集成显卡的显存容量较小，显示效果与处理性能相对较弱；但集成显卡功耗低、发热量小、不用花费额外的资金购买。

独立显卡（如图 2-7 所示）是一块独立的板卡，它需占用主板的扩展插槽（ISA、PCI、AGP），系统功耗、发热量较大，一般需要加风扇来散热，且需额外花费资金购买；但独立显存一般不占用系统内存，在技术上也较集成显卡先进得多，比集成显卡的显示效果和性能更好，容易进行显卡的硬件升级。

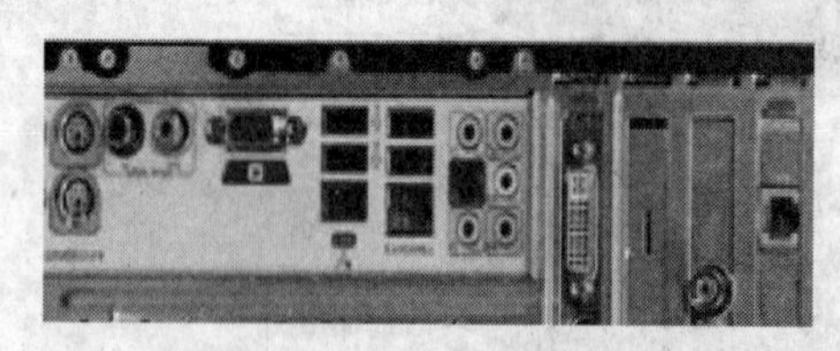

图 2-6 主机柜后面板的接口

图 2-7 独立显卡

3）硬盘存储器是外存储器，用来作为个人计算机内存放一些暂时不用而又需长期保存的多媒体程序和数据。硬盘既是输入设备也是输出设备，是个人计算机系统配置中必不可少的存储设备。图 2-8 所示为硬盘结构。

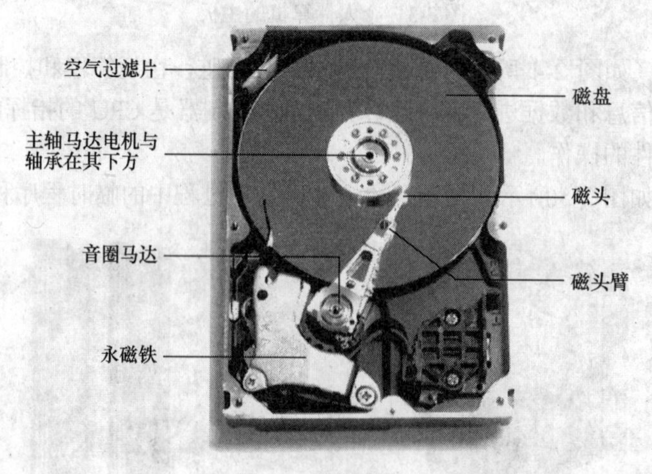

图 2-8 硬盘结构

4）光盘存储器是制作多媒体 CAI 课件的重要素材来源之一。现在的个人计算机都配有能播放 CD、VCD、DVD 等光盘的驱动器，但大多数用户所用的光盘存储器都只是输入设备，只能读取其光盘上的信息，这种驱动器称为只读光盘驱动器（CD-ROM、DVD-ROM），也就是平时人们所说的光驱（如图 2-9 所示）。

（2）数字音、视频接口（卡）

1）音频卡（Sound Card）又称为声卡（如图 2-10 所示），能将如录音机、CD、功放、话筒和音箱等音频信号进行处理后输入/输出到计算机主机。通过声卡上的 MIDI 接口（Musical Instrument Digital Interface，乐器数字接口），还可以将 MIDI 键盘、电钢琴、电吉他等电子乐器连接到计算机中。其主要功能有录制和回放声音文件、音频数据编码与解码、混音处理、MIDI 接口和声音合成功能。

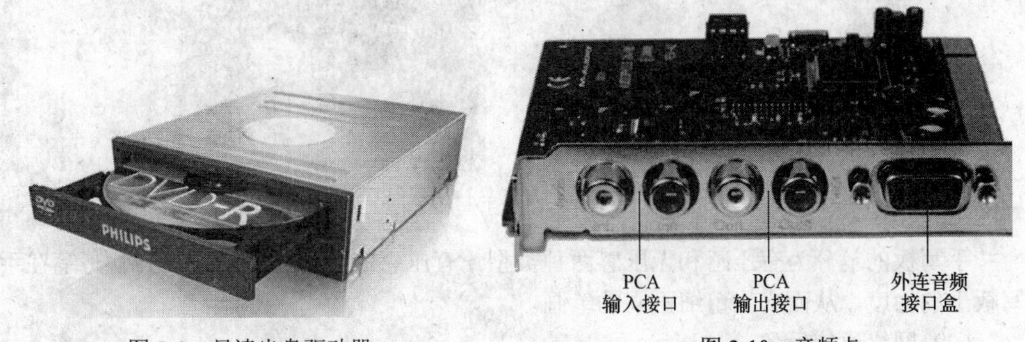

图 2-9　只读光盘驱动器　　图 2-10　音频卡

2）视频卡。由于视频设备种类繁多，视频信号存在差异，功能要求也不尽相同，因此视频卡（Video Card）种类也较多，主要包括视频压缩解压卡、视频转换卡、视频采集卡和视频叠加卡等。随着硬件技术的发展，视频卡正朝着多功能集成卡方向发展。例如，目前个人计算机常将视频转换功能集成在显卡上。对于制作和使用多媒体课件，常用的视频卡一个是视频采集卡（如图 2-11 所示），它可以采集电视机、录像机、摄像机、激光视盘机等视频源、声频源的信息输入到计算机系统中，将电视信号转换成计算机能处理的信号；另一个是视频转换卡（如图 2-12 所示），它能将计算机显示器的 VGA 信号转换为标准视频信号传送到电视机、大屏幕投影机或录像机的磁带上。

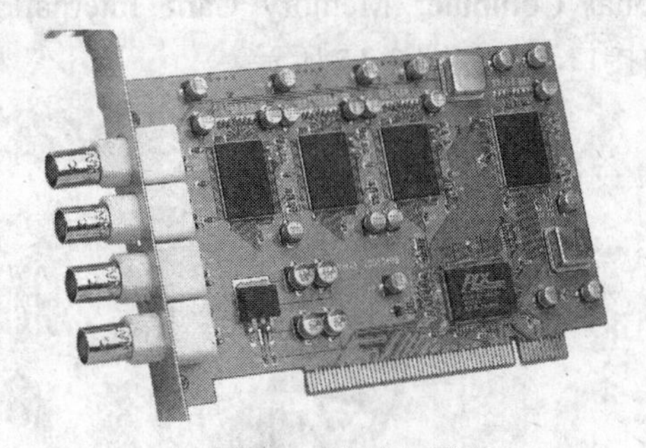

图 2-11　视频采集卡

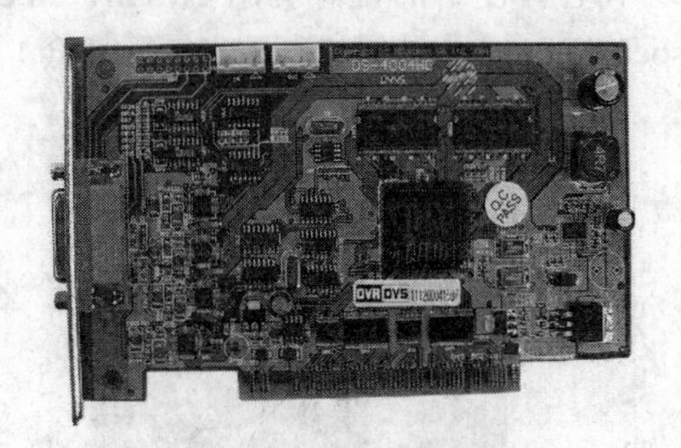

图 2-12　视频转换卡

2. 获取多媒体 CAI 素材的一些专用设备

虽然多媒体个人计算机是 CAI 课件制作中最基本的硬件设备，但对采集制作课件素材其范围是有限的。这里再简要地介绍一些采集多媒体素材的专用设备。

（1）手写板

手写板也叫做手写仪（如图 2-13 所示），是使用 USB 接口的计算机输入设备。手写板除用于文字、符号、图形等输入外，还可提供光标定位功能，因此它可以同时替代键盘与鼠标，成为一种独立的输入工具。

图 2-13　手写板

手写板的笔分为有压感和无压感两种类型，有压感的手写板可以感应到手写笔在手写板上的力度，从而产生粗细不同的笔画。

（2）网络通信设备

互联网络（Internetwork）是文本、图形、图像、动画、视频和音频等多媒体素材的海洋，制作多媒体教学课件所需的素材很大一部分来自网络。而网卡和调制解调器则是个人计算机与网络互联的关键网络通信设备。

1）网卡的全称叫做网络接口卡（Network Interface Card，NIC）。个人计算机是通过插入主机柜扩展槽上的网卡与外网（Internet 或 Local Area Network）实现通信的。网络接口卡又称为通信适配器或网络适配器（Adapter）。

台式计算机与笔记本电脑使用的网卡是不同的。台式计算机使用的是 PCI（Peripheral Component Interconnect，外部设备互连标准）接口的网卡（如图 2-14 所示），笔记本电脑使用的是称为 PCMCIA（Personal Computer Memory Card International Association，个人计算机存储卡国际协会）的接口卡，如图 2-15 所示。

图 2-14　台式计算机网卡

图 2-15　笔记本电脑的 PCMCIA

目前流行使用的是无线网卡，它同样可分为台式计算机专用的 PCI 接口网卡和笔记本电脑专用的 PCMCIA 接口网卡。另外，还有一种是台式计算机与笔记本电脑都通用的 USB 接口的无线网卡，如图 2-16 所示。

2）调制解调器（Modem，如图 2-17 所示），根据 Modem 的谐音，人们常俗称其为“猫”。其实它是调制器（Modulator）与解调器（Demodulator）的简称，是一种用于计算机间的通信设备。它能把计算机的数字信号翻译成可沿普通电话线传送的脉冲信号，这就是调制；而这些脉冲信号又可被线路另一端的另一个调制解调器接收，并译成计算机可懂的语言，这个过程称为解调。这一简单过程就能完成两台计算机间的通信。

图 2-16　USB 接口的无线网卡

图 2-17　调制解调器

（3）扫描仪

印刷品和胶片上的图形、图片、照片以及底片上的负相等都是制作多媒体课件的重要素材来源之一，而扫描仪（Scanner，如图 2-18 所示）是获取此类素材常用的设备之一。

扫描仪能把光源照射到扫描对象（文字或图像）上后的反射光通过透镜到达一个称为光电耦合器（Charge Coupled Device，CCD）的感光器件，然后 CCD 将把这些光转换成对应于图像的模拟电信号，最后由模/数（Analog-to-Digital Converter，A/D）转换器把模拟信号转换成数字信号输入计算机，经由计算机适当处理后以图像形式显示出来。当然，对于扫描的文字图像，可用光学字符识别（Optical Character Recognition，OCR）软件将它转换成文本字符，这也是加快文字录入的好方法之一。

（4）数码照相机

使用数码照相机（Digital Camera，DC，如图 2-19 所示），是获取多媒体 CAI 课件静态图像素材的重要方法。数码照相机拍摄的图像能直接以数字图像文件的格式保存在其存储器中，然后将图像文件直接输入与它相连的计算机中。

图 2-18　扫描仪

图 2-19　数码照相机

数码照相机除了可通过光电耦合器 CCD 进行图像传感外，还可通过互补金属氧化物半导体（Complementary Metal Oxide Semiconductor，CMOS）来传感图像。CMOS 传感器集成度高、价格低，将成为 200 万像素以下数码照相机的主流。

（5）数码摄像机

使用数码摄像机（Digital Video，DV，如图 2-20 所示），是采集动态影像素材的主要方法之一。数码摄像机拍摄的数字视频除了可记录到专用的磁带媒体上之外，还可用存储卡保存。数码摄像机上有多种与其他视频设备互连的接口，常使用 4 针的 IEEE 1394 接口把其拍摄的信息直接输入到计算机中。

数码摄像机的感光元件同样是 CCD 或 CMOS。所以，决定数码摄像机性能的因素除了摄像镜头、存储卡之外，还有 CCD 或 CMOS 的像素数。

（6）光盘刻录机

制作课件常常需要从其他地方获取大量的音频、图像、视频和动画等文件。另外，制作好的课件也常要需要携带外出交流等，而这些文件一般都是容量比较庞大多媒体素材。为了携带方便，人们常需要把这些文件素材保存到光盘上。能将信息存储在光盘上，并能读出其信息的驱动器，称为可读写光盘驱动器（CD-RW、DVD-RW），也可称为刻录机（如图 2-21 所示）。

图 2-20 数码摄像机

图 2-21 光盘刻录机

（7）可移动存储的设备

顾名思义，可移动存储设备就是可以在不同计算机间交换数据的存储设备。它大大方便了多媒体资料的存储和携带，在课件制作中常用的可移动存储设备主要有移动硬盘和 U 盘。

1）移动硬盘（Mobile Hard Disk，如图 2-22 所示），顾名思义是以硬盘为存储介质，能与计算机之间交换大容量数据，强调便携性的存储产品。

移动硬盘绝大多数是 USB 接口的非标准的 USB 设备，它没有小型 USB 设备可靠，问题也较多，防震、安全性等也还需改进。但移动硬盘的存储容量大，如有 80GB、120GB、160GB、320GB、640GB 等不同容量的硬盘，最高可达 5TB 的存储容量，能满足不同行业用户的存储需求。

图 2-22 移动硬盘

图 2-23 U 盘

2）U 盘（如图 2-23 所示）又称为优盘，中文全称为“通用串行总线（Universal Serial Bus，USB）接口的闪存盘”，英文名为 USB Flash Disk，是一种小型的硬盘。目前，常用的有 2GB、4GB、8GB、16GB、32GB 等不同容量的 U 盘。

U 盘是标准 USB 设备，通过 USB 接口与计算机连接，可实现即插即用。相对于其他便携式存储设备，U 盘具有体积小、速度快、容量大和功耗低等优点。同时，U 盘的构成中没有机械设备，使它具有较强的抗震性以及在读写运行时突然从计算机上拔出也不会损坏硬件，而只会丢失数据的特点。所以，对于多媒体 CAI 课件和素材的携带，U 盘应是首选移动设备。

2.1.2　多媒体 CAI 课件的制作软件

计算机不仅仅只有强大的硬件设备，如果没有相应的软件来支持它，计算机就形同虚设。同样，即使用户的计算机配置再高，如果没有对应于硬件的驱动程序，那计算机很多硬件的功能也无法正常使用。

软件（Software）是一系列按照特定顺序组织的计算机数据、指令（程序）和文档的集合。其真正含义应该是：软件是程序设计的最终结果，是用户与硬件之间的接口界面。用户主要是通过软件与计算机进行交流的。

一般来讲软件被划分为编程语言、系统软件、应用软件和介于这两者之间的中间件。其中系统软件包括操作系统和支撑软件（微软近期又发布了嵌入式系统，即硬件级的软件，使计算机及其他设备运算速度更快、更节能）。

1. 操作系统软件

完整的计算机硬件只是计算机的躯体，而操作系统才是计算机的灵魂。

操作系统（Operating System，OS）是计算机硬件之上的第 1 层软件，它管理、分配和调度计算机的所有硬件和软件，协调计算机各资源的正常运行。操作系统在计算机中的作用可比喻为“总管家”或“指挥官”。

目前，普通用户的个人计算机中常用的操作系统有 MS DOS、Windows 和 Linux 等。Windows 操作系统采用图形窗口界面，操作相对简单，其中 Windows XP 和 Windows 7 这两个版本的系统相对稳定、性能良好，是当今较为流行的操作系统之一。

2. 驱动程序

驱动程序（Device Driver，设备驱动程序）是一种可以使计算机和设备通信的特殊程序，是硬件与计算机的接口，操作系统只有通过这个接口，才能控制硬件设备的工作。

所有的硬件设备都需要安装相应的驱动程序才能正常工作。对于一些基本的、常用的硬件，如 CPU、内存、主板、键盘、显示器、U 盘等，用户并没有安装驱动程序就可以正常工作，是因为 BIOS（Basic Input Output System 基本输入/输出系统，是一组固化到计算机内主板芯片上的程序）和操作系统中已经预装了这些硬件的驱动程序。因此，驱动程序被誉为“硬件的灵魂”、“硬件的主宰”以及“硬件和系统之间的桥梁”等。

3. 采集和处理多媒体素材的软件

常用采集和处理制作多媒体课件需要的文字、图形图像、动画、声音和视频等素材的软件一般可以按如下方式分类。

（1）文字处理软件

文字处理软件包括记事本（Notepad）、写字板（WordPad）、Word、WPS 等，是文字录入、排版常用的软件。其中，记事本、写字板是 Windows 操作系统内置的文本编辑软件。

（2）图形图像处理软件

图形图像处理软件包括豪杰超级解霸、Photoshop、Fireworks、CorelDraw、ACDSee、Snagit 和 HyperSnap 等，是课件制作中常用的图形图像处理软件。

（3）动画制作软件

常用的动画制作软件有 AutoDesk Animator Pro、3ds max、Maya、Ulead GIF Animator、SwishMax 和 Ulead Cool 3D 等。

1）SwishMax（快闪高手）是一款实用的二维动画制作软件，是 Swish2 之后版本的名字，是一个完整的、超强的傻瓜式 Flash 动画制作工具。SwishMax 操作简单，支持 Flash 中的语法，不懂专业 Flash 动画制作软件、不使用 Flash 软件也能在短时间内制作出复杂的文本、图形、图像、声音、按钮、形状、贝塞尔曲线、动作路径等；它内建了诸如爆炸、旋涡、3D 旋转和曲折等效果；能使用影格、环境的创造、拖曳、录制的影像、音频和图片创造出更多、更惊人的多媒体互动式电影。SwishMax 动画可以发布成 SWF 格式的文件与任何网页结合、导入 Flash 文件中、放到电子邮件上发送、嵌入 PowerPoint 演示文稿、纳入 Word 文件中等。在任何安装了 Flash Player 的计算机上都能运行。

2）Cool 3D 是 Ulead 公司开发的三维动画制作软件。它直接套用模板就可以做出绚丽多彩而且专业的三维动画效果来。Cool 3D 是一款简单易用的程序，具有实时缩放、所见即所得的编辑环境。运用它可以轻松地制作动态按钮、动态文字、为图形和文字标题增加三维动态效果；内建的矢量绘图工具组，可以自由发挥创意，制作成果与专业级动画软件相比毫不逊色；Cool 3D 还具有导入其他软件制作的 DirectX 3D 模型、Flash 和 RealText 3D 输出等功能；还可以在 Flash 动画工具里创作出精彩鲜活的 3D 矢量动画图形，克服了 Flash 软件本身不能直接生成三维文字和图像的缺憾。Cool 3D 是制作三维动画不可多得的“利器”，常用来制作精彩的片头和片尾文字。

（4）声音处理

课件制作中常用的声音软件有录音机、豪杰超级解霸、GoldWave 和 Cool Edit 等。其中，录音机程序是 Windows 操作系统自带的录声音软件。

（5）视频处理

影像方面的软件包括视频捕捉、平面动画、3D 动画和影像合成等软件，如 Adobe Premiere 就是比较常用的视频处理软件之一。

（6）文件格式转换工具

豪杰视频通视频格式转换工具、VeryPDF2Word 文本格式转换工具、格式工厂等是常用的文件格式转换工具之一。其中“格式工厂”（Format Factory）是由陈俊豪开发、只能在 Windows 操作系统下使用、免费、任意传播的万能多媒体格式转换软件。“格式工厂”支持几乎所有类型多媒体格式的互相转换。如把所有类型的图片互转为 JPG、PNG、ICO、BMP、GIF、TIF、PCX、TGA 格式；所有类型音频文件互转为 MP3、WMA、FLAC、AAC、MMF、AMR、M4A、M4R、OGG、MP2、WAV 格式；所有类型视频文件互转为 MP4、3GP、AVI、MKV、WMV、MPG、VOB、FLV、SWF、MOV，RMVB 格式；转换 DVD 文件为视频文件、转换音乐 CD 文件为音频文件；DVD/CD 文件转为 ISO/CSO 格式、ISO 格式与 CSO 格式互转等。转换过程中还可以修复某些已损坏的视频文件，将转换的图片文件进行缩放、旋转、加水印，为多媒体文件减肥等。“格式工厂”还可设置文件输出配置，包括：视频的屏幕大小、每秒帧数、比特率、视频编码；音频的采样率、比特率；字幕的字体与大小；高级选项中还有“视频合并”、查看“多媒体文件信息”等。“格式工厂”还具有抓取 DVD 视频、备份 DVD 到本地硬盘的功能。

（7）化学金排

“化学金排”是国产免费共享软件，该软件是河北金龙软件开发组专门为化学工作者定制的基于 Word 平台的一套专业排版辅助软件。它可以轻松实现化学中常用的同位素输入、原子结构示意图、电子式、电子转移标注、有机物结构式、有机反应方程式、反应条件输入、化学常用符号输入、化学仪器、化学装置、图片图形调整等许多实用功能。同时，该软件还提供一套方便易用的题库系统。

独创的化学文章输入窗口，更是将该软件的功能发挥到极致。其输入过程完全不用考虑大小写和上下标问题，全部由软件中强大的智能识别替换系统自动完成。“化学金排”是化学工作者不可多得的实用工具。

4. 课件合成软件

课件合成是指按照课件设计要求，把采集和处理好的文字、图形、图像、声音以及视频剪辑等多媒体元素集于一体，把用户自己所要表达的信息组织在一组图文并茂的画面中，形成多媒体 CAI 课件。当前比较流行的课件制作软件有如下几种。

（1）PowerPoint

PowerPoint 是 Microsoft 公司推出的 Office 系列产品之一。它是基于帧式的多媒体制作工具，操作简单、容易入门，是大众化的专门制作演示型课件的软件。打包后的课件可以在 Windows 系统下脱离 PowerPoint 环境运行。

（2）Authorware

Authorware 是美国 Macromedia 公司开发的一款解释型、基于流程的图标导向式多媒体制作工具，是专业制作各种类型大型课件的软件。特别地，Authorware 强大的交互功能，让非计算机专业人员快速开发练习型课件成为现实。Authorware 编制的软件除了能在其集成环境下运行外，还可以编译成扩展名为.exe 的文件，在 Windows 系统下脱离 Authorware 制作环境而运行。

Authorware 曾是课件开发工具的代名词，但随着许多其他工具的问世，它在课件制作中的地位已有所降低。

（3）Flash

Flash 的前身是 Future Wave 公司的 Future Splash，是世界上第一个商用的、基于时间线的、专业化二维矢量的动画软件。1996 年 11 月，Future Wave 公司被美国 Macromedia 公司收购，并更名为 Flash；2005 年 4 月，当 Macromedia 公司发布 Flash 8.0 以后，又被 Adobe 公司收购，Flash 又被改名为 Adobe Flash CS*。Flash 设计的矢量图在压缩、放大时不会失真，而且文件短小，适合网络传输，为此，Flash 被广泛应用于互联网网页的矢量动画设计，被公认为交互式矢量图和 Web 动画的标准。

Flash 并不是专业课件制作软件，但其附带的 ActionScript 脚本代码和组件可以轻松地为媒体元素构建交互式内容、添加媒体对象的特殊效果，特别适合用来制作娱乐型和模拟型等动画形式的课件，能被 PowerPoint、Authorware 等专业课件制作工具所调用。Flash 课件除了被发布为常用的.swf 格式文件外，还可输出为.exe 和.html 文件，直接在 Windows 系统或浏览器下运行。

（4）Dreamweaver

Dreamweaver 也是美国 Macromedia 公司开发的、集网页制作和管理网站于一身的、所见即所得的网页编辑器。Dreamweaver 特别适合制作具有导航功能的网页式演示型课件。Dreamweaver 除了自身制作网页式课件的功能外，还能把 PowerPoint、Authorware 和 Flash 等制作的课件集成在一起，但 Dreamweaver 课件只能在浏览器下运行。

（5）课件大师

“课件大师”是武汉凡高软件公司的注册商标，是目前国产课件制作软件中的佼佼者。其纯中文界面友好、树状页面编辑结构，使操作简单易用，符合教师进行多媒体 CAI 设计的习惯。系统包含了类 PowerPoint 的方便模板、Flash 的快速好用动画、Authorware 的强大交互功能、广泛兼容各种资源库素材，能直接调入图片、动画、影视、声音、.swf、.exe 等各种媒体格式文件。系统还提供了全中文解释的变量及函数 200 多种，即使一个完全不懂程序设计的人，也可自己编写程序，充分扩展系统的功能。如能制作选择题、填空题、判断题、连线题和移动题等练习型课件，控制其自带的动画功能制作交互式娱乐型、模拟型课件等。

“课件大师”采用模块化的结构，能像搭积木一样，快速制作出各种不同教学方式的课件，特别适合制作综合型课件。它还可生成能独立运行于任何计算机的.exe 及.html 文件。

（6）几何画板

“几何画板”是美国 Key Curriculum Press 公司的产品，是一个通用的数学、物理教学课件制作环境。它主要以点、线、圆为基本元素，通过对这些基本元素的变换、构造、测算、计算、动画、跟踪轨迹等，构造出其他较为复杂的图形，是数学、物理教学中强有力的多媒体课件制作工具。

较高版本的“几何画板”带有 3D 几何画板工具，弥补了低版本“几何画板”对立体几何问题无能为力的缺陷。利用“几何画板”的控件，就可以在如 PowerPoint、网页等其他第三方软件文档中无缝插入“几何画板”文件。

2.2 多媒体 CAI 课件的使用环境

制作课件的目的是用于教学，不同的教学模式使用课件的环境是不同的。现代教学模式主要包括课堂讲解教学、个别化教学、计算机模拟教学、探索式教学、协作化教学、远程教学等。课件运行的主要环境一般应包括单机、多功能教室和多媒体教室等教学环境。

2.2.1 多媒体网络教室

多媒体网络教室（如图 2-24 和图 2-25 所示）是集成了多媒体技术和网络技术的一种信息化教学环境。它既能呈现出形式多样的教学内容，又能提供各类丰富的学习资源，能够支持学生的自主、合作、探究性学习活动。

图 2-24　多媒体网络教室的构成

图 2-25　多媒体网络教室的讲台

1. 多媒体网络教室的构成

（1）教师计算机

教师计算机是教师使用的多媒体个人计算机。教师计算机通过网络设备与学生计算机相连，教师通过教师计算机能够组织教学活动、控制教学进程等。

（2）学生计算机

学生计算机是学生使用的多媒体计算机。学生通过网络设备与其他计算机互连，既可以访问本地资源又可以访问外部网络资源。

（3）控制系统

控制系统包括控制面板和电子教室（广播软件）。控制面板能够控制各媒体设备之间的切换；电子教室能够实现教学演示、视频广播和集体讨论等教学功能。

（4）资源系统

资源系统包括辅助备课资源、学科资源库和素材库等。

2. 多媒体网络教室的核心功能

（1）教学广播

教学广播是将“教师机”的屏幕图像内容同步广播到“学生机”上。

（2）学生示范

学生示范是指随时点播学生计算机进入教师计算机角色，向其他学生进行示范操作。

（3）黑屏肃静

黑屏肃静可以将指定或全部计算机的鼠标和键盘锁定，使学生集中精力听讲。

（4）语音教学

语音教学包括网上语音广播、两人交谈和多方讨论 3 种模式，体会沟通无极限。

（5）网络影院

网络影院是指同步播放 VCD、MPEG、MP3、AVI、WAV、MOV、RM、RMVB 等格式的多媒体视频节目。

（6）屏幕监视

屏幕监视是指对教室里的任何学生计算机进行屏幕图像监视，并可以同屏监视、循环监视。

（7）遥控辅导

遥控指导是指直接操作学生计算机进行远程控制，可以用于管理，也可以进行手把手教学。

（8）网络考试

网络考试是指无纸化考试、在线模拟考试和自测、制作和分发试卷、自动阅卷和评分。

（9）试卷分享

试卷分享是指可以与其他用户分享和交换试卷。

（10）屏幕录制

屏幕录制是指学生可以录制上课内容以便课后温习，老师可以提前制作课件或教材。

（11）屏幕回放

屏幕回放是指除单机回放外，更是支持网络回放，录制的画面可以自动网络播放。

（12）提交作业

提交作业是指配合教师计算机的“文件传输”功能，实现了学生作业的网上分发与提交。

（13）电子教鞭

电子教鞭是指可以直接在屏幕上描绘各种图形标记，进行“圈圈点点”。

（14）黑板与白板

黑板与白板功能可以取代传统教学用的黑板。

（15）电子抢答

电子抢答是指帮助学生在趣味竞赛中学习，并协助教师及时检验学习效果，及时发现问题。

（16）电子点名

电子点名是指协助教师进行课堂考勤。

（17）网上消息

网上消息是指教师与学生、学生与学生之间可以进行自由的文字消息传送。

（18）远端信息

远端信息是指获取远端计算机的磁盘、网络、协议、OS、内存使用等多种配置信息。

（19）进程信息

进程信息是指查看每台学生计算机上已经打开的应用程序，以及正在运行的进程信息。

（20）上线情况

上线情况是指查看上线、未上线、退出、异常退出或逃脱、网络掉线等各种学生上线情况。

（21）文件传输

文件传输是指同步传输文件到学生计算机上，并且能在传完后直接打开或运行。

（22）联机讨论

联机讨论是指在教室里建立一个语音和文字兼备的聊天室，使交流畅通无阻。

（23）远程命令

远程命令是指直接启动学生计算机的记事本、Word 之类的应用程序，灵活地命令编辑器。

（24）计划任务

计划任务是指按照预定的时间自动执行时间提醒、发送消息和执行远程命令等。

（25）班级管理

班级管理是指班级、小组、学生概念的引入，使管理更直接、直观和便捷。

（26）其他工具

其他工具包括远程开关机和重启、电子举手、同步参数、同步升级等多种辅助功能。

多媒体网络教室适合网络环境下各学科的教学，能满足各种教学模式的需求，可同时兼顾计算机教学、语音教学和 CAI 教学。但由于价格高昂和其他一些原因，要配备较多数量的多媒体网络教室，并不是普通学校，特别是农村中小学校容易实现的，而且硬件设备耗损大、维护繁琐、升级麻烦都是困扰一般学校的问题。

2.2.2　多功能教室

多功能教室（如图 2-26 所示）是演示型多媒体 CAI 课件运行的最好环境。其完整结构及其功能可简述如下。

（1）多媒体个人计算机

多媒体个人计算机是课件演示系统的核心之一。教学课件都要由它运行，而且在很大程度上决定演示效果的好坏。

（2）投影机

投影机也是教学演示的核心设备之一。它能将计算机、录像机、DVD 等输出的信号以大画面、高画质的图像信息投射到影幕上，丰富了教学内容。多功能教室的投影机一般被固定悬挂在教室顶棚上，如图 2-26 所示。

（3）影（银）幕

影幕（如图 2-26 所示）是教师与学生之间沟通的重要媒介平台。影幕在整个多媒体教室中的地位也是十分重要的。影幕从功能上分为反射式、透射式两类。反射式用于正投，透射式用于背投。正投幕又分为平面幕、弧型幕。平面幕增益较小，视角较大，环境光必须较弱；弧形幕增益较大，视角较小，环境光可以较强，但影幕反射的入射光在各方向不等。影幕还可从质地上分为玻璃幕、金属幕、压纹塑料幕等。多功能教室的银幕一般是固定悬挂的电动银幕。

（4）视频展示台

视频展示台（如图 2-27 所示）是传统的实物投影机、幻灯机和胶片投影机的整合，它可与计算机、投影机、AV 监视器等相连接构成一套完美的教学演示系统。教师可以利用视频展示台代替传统的板书，写讲稿、画图或做动、植物活体解剖，然后经过视频展示台的摄像头将所有的操作内容通过视频即时地输出到显示终端，使学生直接观看到老师演示的全过程。视频展示台还可将未经扩印的照相负片经由反转处理后直接显示出正常图像，并可将透明胶片和幻灯片经由投影机放大显示出来。视频展示台最重要也是最昂贵的部件是摄像头。

图 2-26 多功能教室

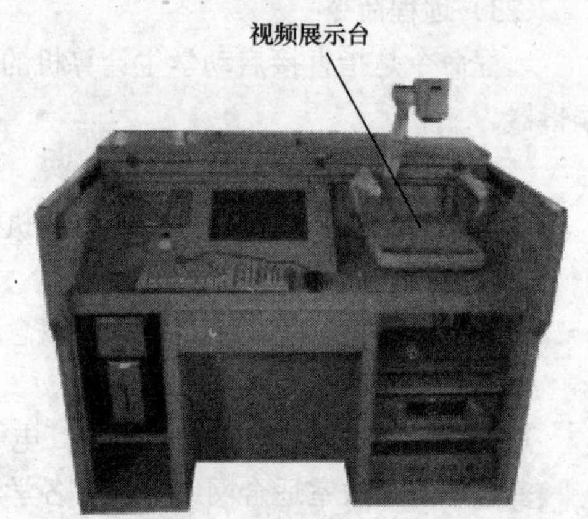

图 2-27 多媒体控制台

（5）音响系统

音响系统是播放教师语音、录音带、录像带、影碟片及计算机的声音的多媒体教学系统。一般由有（无）线话筒、功放和音箱组成。

（6）信号控制和处理系统

信号控制和处理系统负责把来源于不同媒体的音、视频信号进行分配和切换处理，再传送至投影机或音响系统播出的系统。因此，线缆、VGA 分配器、音视频分配器、切换器是必不可少的设备。

（7）电子白板

电子白板能将白板上记录到的笔迹转换为数据，并与 PC 或互联网共享。电子白板可帮助学生在听讲的同时抄写笔记，使学生能有更多的时间进行真正的学习。电子白板种类较多，常见的有挂墙式和活动式，可连接打印机、投影机及计算机。不过，电子白板价格比较昂贵。

（8）多媒体控制台

多媒体控制台（如图 2-27 所示）的主要功能是对多功能教室中的各种设备进行集中

控制与管理，并以简单的菜单方式提供给用户使用，使复杂的控制转化为简单的操作。具体功能包括：视频信号与计算机信号的切换；视频信号之间的切换；计算机信号之间的切换；控制调节音响系统；控制电动屏幕的升降及电动窗帘的开关；对整个输出设备的全面控制等。

多功能教室教学环境相对较好，一般都配有豪华能避光的窗帘，但只适合演示型课件的教学，现代的一些新教学思想很难用它体现。多功能教室可以做得相对大一些，对学生数量没有太大的限制，价格相对多媒体教室也低得多。

2.2.3　单机教学环境

单机教学环境是指在教或学中除了运行课件必需的软、硬件之外，没有其他辅助教学设施的教学环境。一般是指普通教室的计算机辅助教学或远程自主学习的课件运行环境。

1. 普通教室环境

对于经济条件比较薄弱的学校，完全利用昂贵的多媒体教室或多功能教室进行教学是不现实，也没必要的。实际上，教师只要自带一台笔记本电脑、一台便携式短焦投影仪和一幅移动式银幕、添加适当的遮光窗帘，就可把普通教室搭建成一个临时投影教室，实现班级式多媒体 CAI 课件的教学。

普通教室单机教学的优点是：教师创作的多媒体课件、VCD、DVD 等教学短片同样可以通过投影实现屏幕播放，直观、形象、生动，能继承传统上课中教师与学生面对面交流，实现即时交互，教学效果较好。缺点是：课件是以教师为主体设计的，只适用于演示型教学，学生的主体地位不能得到充分体现，不能充分发挥学生学习的主动性、积极性。

2. 普通教室的网络教学

随着网络的迅猛发展、学校校园网的组建，普通教室将升级成为一个“终端”，使网络进入了每一个教学班。只要有一台可以上网的教师机、有一个供全体学生观看的大背投，就能在普通教室里利用网络课件进行学科教学。

单机下的网络教学优点是：学生有机会主动参与学习活动，使学生能真正成为学习的主人；教师只是学生学习的指导者、协助者、帮助者。缺点是：教师必须认真研究教的方式及学的方式，对课件制作要求较高，老师备课量增大。

3. 远程教育

远程教育是指利用互联网（Internet）把课件内容传送到校园内外的教育。它是一种可以跨学校、跨地区的教育体制和教学模式。它只需要学习者有一台可以自行上网的个人计算机，就能用教师制作的课件进行自主学习。

远程教育的优点是：它可以突破时空的限制、提供更多的学习机会、扩大教学规模、提高教学质量、降低教学的成本。缺点是：学习者以自学为主，与教师和同学是分离的，没有教室，更没有课堂的氛围。

小　结

本章主要介绍了目前制作和使用多媒体CAI课件所需要的软、硬件环境及相关知识，主要包括以下内容。

（1）多媒体CAI课件制作的硬件

介绍了多媒体个人计算机由普通个人计算机加上数字音、视频接口（卡）构成。介绍了手写板、网络通信设备、调制解调器、扫描仪、数码照相机、数码摄像机、光盘刻录机、可移动存储设备等获取多媒体CAI素材的一些专用设备。

（2）多媒体CAI课件制作的软件

介绍了目前制作多媒体CAI课件的常用软件，其中操作系统、驱动程序是必需的软件。采集和处理制作多媒体CAI课件素材的软件应该包括文字处理、图形图像及动画、声音和视频等方面的软件；合成课件的软件也五花八门，本章简单介绍了当前常用的，如PowerPoint、Authorware、Flash、Dreamweaver、“课件大师”和“几何画板”等几款软件的功能。

（3）多媒体CAI课件使用环境

介绍了在多媒体教室、多功能教室、普通教室及自由环境下使用计算机多媒体CAI课件教学所必须拥有的软、硬件设施。并介绍了在不同环境下计算机辅助教学的优点和缺点。重点介绍了多媒体电子教室（软件）的功能。

习　题

一、选择题

1. 下列不属于输入设备的是（　　）。

A. 键盘　　B. 鼠标　　C. 打印机　　D. 扫描仪

2. 目前，声卡不具备下述功能中的哪个功能（　　）。

A. 录制和回放数字音频文件　　B. 混音

C. 实时解/压缩数字音频文件　　D. 语音特征识别

3. 在多媒体CAI课件制作中，常用的多媒体硬件设备DC是（　　）的简称。

A. 数码摄像机　　B. 刻录机　　C. 数码照相机　　D. 扫描仪

4. IEEE 1394接口的作用是（　　）。

A. 连接U盘　　B. 连接DV和摄像机　　C. 连接光盘　　D. 连接互联网

5. 以下可以制作三维动画的软件是（　　）。

A. Flash　　B. SwishMax　　C. Cool 3D　　D. Snagit

二、填空题

1. 制作多媒体CAI课件，最基本的环境是______________________。

2. 输入/输出设备一般是通过主机柜后面板上的_______与主板相连的。

3. 扫描仪扫描的文字图像，可用_________________软件将它转换成文本字符。

4. 能在光盘上存储并读出信息的驱动器，称为可读写光盘驱动器，也可称为_________。

5. ________是一系列按照特定顺序组织的计算机数据、指令和文档的集合。

6. ______________是计算机硬件之上的第一层软件。

7. 所有的硬件设备都需要安装相应的____________才能正常工作。

三、判断题

1. 显卡是连接显示器和个人计算机主板的重要元件。（　　）

2. 在计算机的输入/输出系统中硬盘既是输入设备也是输出设备。（　　）

3. 视频转换卡能将计算机的信号转换为标准视频信号传送到投影机上。（　　）

4. 手写板是使用USB接口的计算机输出设备。（　　）

5. 网卡可分为台式计算机专用PCI接口网卡和笔记本电脑专用PCMCIA。（　　）

6. 调制解调器不是网络通信设备。（　　）

7. 豪杰超级解霸只能处理音频信息，不能处理视频信息。（　　）

8. SwishMax（快闪高手）是一款实用的二维动画制作软件。（　　）

9. “格式工厂”支持几乎所有类型多媒体格式的互相转换。（　　）

10. Authorware是一种解释型、基于流程的图标导向式多媒体制作工具。（　　）

11. “课件大师”能像搭积木一样快速制作出各种不同教学方式的课件。（　　）

12. “化学金排”输入的大小写和上下标由软件中的智能识别替换系统自动完成转换。（　　）

13. 多功能教室具有遥控辅导和传输文件给学生的功能。（　　）

14. 电子白板不能将记录到的笔迹转换为数据与PC或互联网共享。（　　）

15. 视频展示台是传统的实物投影机、幻灯机和胶片投影机的整合。（　　）

第 3 章　多媒体 CAI 课件的素材采集与制作

对各种多媒体教学素材的采集、处理、制作是多媒体教学课件制作中最基本的过程。本章将介绍各种媒体数据采集与制作的基本知识，并结合几种当前流行的媒体制作工具，介绍多媒体教学信息的采集、制作与处理的方法及过程。

3.1　文字素材的采集与编辑

在多媒体信息系统中，文本是人们最为熟悉的，指各种文字，包括各种字体、尺寸、格式及色彩的文本。在课件中，各种科学原理、概念、计算公式、命题、说明等内容，都需要用文本来描述和表达。

Windows 系统下的文本文件种类较多，如纯文本文件格式*.txt、写字板文件格式*.wri、Word 文件格式*.doc、WPS 文件格式*.wps 和 Rich Text Format 文件格式*.rtf 等。文本素材中汉字采用 GB 码统一编码和存储；英文字母和符号使用 ASCII 方式编码和存储。

计算机中文文本素材获取的方法很多，可以用键盘、手写笔、话筒或扫描仪进行获取，也可以从互联网上获取。例如，可以在互联网上搜索，找到自己所需要的文章，然后通过复制、粘贴的方法，将文字复制到 Word 文档中进行编辑、保存。也可以将报刊、杂志上的文章用扫描仪扫描到计算机中，再用 OCR 软件将*.bmp 文件转换为可编辑的*.doc 文档。

3.1.1　特殊字符的处理

1）用软键盘得到拼音、数学符号、标点符号等字符。

2）在 Word 字处理软件中，执行“插入→符号”命令，得到各种字符。

3）在 Word 字处理软件中，执行“插入→特殊符号”命令，得到单位符号、标点符号、数字序号、特殊符号、拼音、数学符号。

4）对于带圈文字的处理，可执行“格式→中文版式→带圈字符”命令来实现。

3.1.2　文字的修饰

艺术字是有特殊效果的文字，有各种颜色，可有阴影、倾斜和旋转等。制作工具既可以使用 CorelDraw 和 Photoshop 等专门软件，也可以选择 Office 中的艺术字。

在 Word 中可以插入形状各异、色彩绚丽、大小不同的艺术字。以常规字为基础，改变它们的高、宽比例，字形以及颜色等，即可使它们成为艺术字。艺术字既可制成实心的，也可制成空心的；既可制成单（黑）色的，也可制成彩色的。

例 3-1　艺术字的制作。

1）在 Word 中，执行“插入→图片→艺术字”命令，打开“艺术字库”对话框，按图 3-1 所示的操作，从“艺术字库”对话框中选择一种艺术字样式。

图 3-1　“艺术字库”对话框

2）按图 3-2 所示操作，输入文字“长城和运河”。

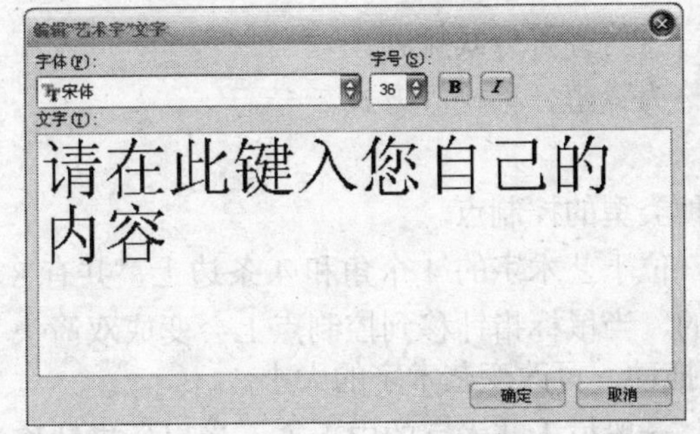

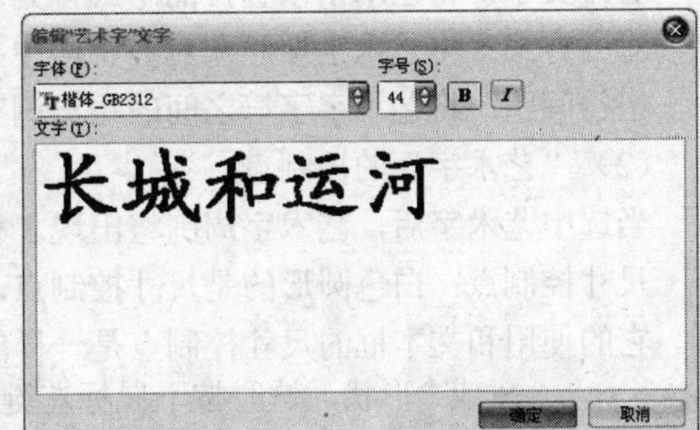

图 3-2　输入文字

3）单击艺术字，打开“艺术字”工具栏，按图 3-3 所示操作，设置艺术字的形状环绕方式。

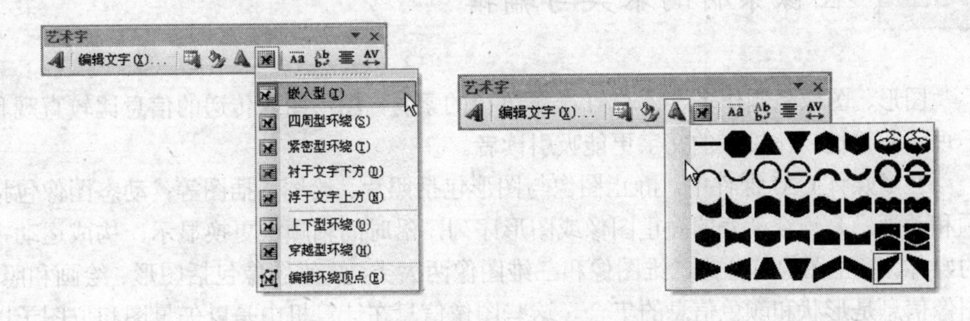

图 3-3　设置艺术字的形状和环绕方式

4）按图3-4所示操作，用鼠标拖动艺术字的“形状控制点”，调整艺术字的形状。

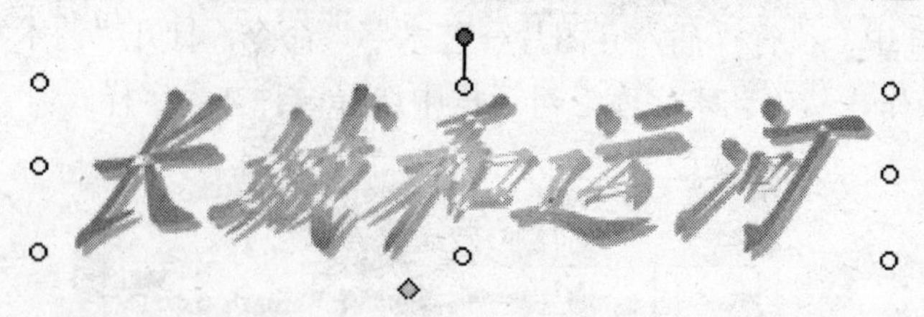

图3-4 调整艺术字的形状

（1）“艺术字”工具栏的介绍

插入艺术字：在文档中插入艺术字。

编辑文字：修改输入的文字，重新设置文字的字形和字体。

艺术字库：更改艺术字的样式。

艺术字格式：设置艺术字的颜色与线条、大小与版式等信息。

艺术字形状：将艺术字调整为各种形状。

环绕方式：修改艺术字的环绕方式。

字母高度相同：将艺术字中的大小写字母调整为相同的高度。

竖排文字：将艺术字以竖排的形式排列。

对齐方式：将艺术字按照左对齐、居中、右对齐等方式排列。

字符间距：将艺术字字符之间的距离调整为紧密、稀松等方式。

（2）“艺术字”的控制点

当选中艺术字后，艺术字周围将出现3种类型的控制点。

尺寸控制点：白色圆形的是尺寸控制点，位于艺术字的4个角和4条边上，共有8个。它的使用和文本框的尺寸控制点是一样的，当鼠标指针移到控制点上会变成双箭头⤡、⤢、⟺或↕形状，这时按下鼠标左键拖动，可改变艺术字的大小。

旋转控制点：绿色圆形的是旋转控制点，一般位于艺术字的中上方。当鼠标指针移动到控制点上会变成旋转指针符号，此时按下鼠标左键拖动，可旋转艺术字。

内部形状控制点：黄色菱形的是内部形状控制点，当鼠标指针移动到该控制点上会变成无尾空心箭头形状，此时按下鼠标左键拖动，可调整内部形状。

3.2 图像素材的采集与编辑

图形、图像是制作多媒体CAI必不可少的素材，图形图像传递的信息比较直观且易于理解和记忆，比枯燥的文字更能吸引读者。

在多媒体CAI课件中，静止图像与图形包括照片、绘图、插图等；动态图像包括视频和动画，是连续渐变的静止图像或图形序列，沿时间轴顺次更换显示，构成运动视感的媒体。静止图像可分为二维图像和三维图像两大类，二维图像包括图形、绘画和照片。图像信息是形状和颜色信息的集合。这些图像信息在计算机中是以矢量图和位图予以表现和存储的。矢量图是一种以单纯的图形要素的集合来表示图形的方式，以这种方式表现的数据一般称为图形数据。位图图像由许多具有一定颜色和一定亮度的小点集合所表示，这样的小点称为像素，位图图像数据，多是指这种像素的集合。

用于静止图像数据制作的软件，统称为图像处理软件。根据静止图像的类别不同，图像软件又可分为用于绘画的绘画软件，用于绘制各种图形的绘图软件，用于对各种照片和图像进行编辑、加工的图像编辑软件及用于 3D 图形的 3D 图形软件。

图像处理的软件种类很多，如浏览图像的工具 ACDSee，它能广泛应用于图像的获取、管理、浏览、优化和处理等；Snagit、HyperSnap 是功能强大的屏幕抓图软件；Photoshop 是集图像扫描、编辑修改、图像制作、广告创意、图像输入与输出于一体的图形图像处理软件。

3.2.1　图像的采集

课件制作中需要的图像可以从多种渠道获得。例如，从互联网上下载，从计算机屏幕上直接截取，利用扫描仪或用数码照相机直接采集等。

（1）下载网上图像

互联网是一个资源的宝库，从中可以得到很多有用的图像，用于课件制作。既可以从专门的互联网站上下载图像，也可以到与课件制作内容相关的网站上去查找。

（2）截取屏幕图像

有些软件（如现成的课件、教学光盘）在运行时，屏幕上会出现一些引起用户感兴趣的画面，可使用专用的截图软件将其截取，其中最常用的是 Snagit 软件，该软件可以截取整个屏幕、窗口，甚至是不规则窗口。

在 Windows 操作系统中，如果没有安装专门的截图软件，按下 Print Screen 键可以将当前屏幕进行复制，或者按 Alt＋Print Screen 组合键，可以将当前激活的窗口进行复制。系统会自动将当前画面保存到剪贴板，只要打开任意一个图形处理软件并粘贴就可以看到了，当然还可以进行另存和编辑。

但是如果要截取屏幕中的部分画面，用 Print Screen 键进行截屏就不适合了，就必须使用专门的截屏软件，其中最常用的截屏软件是 Snagit。

截取图片时，需要打开所要截取的页面，再按捕获键截取图片，本例中从网页中获取到的图片效果如图 3-5 所示。

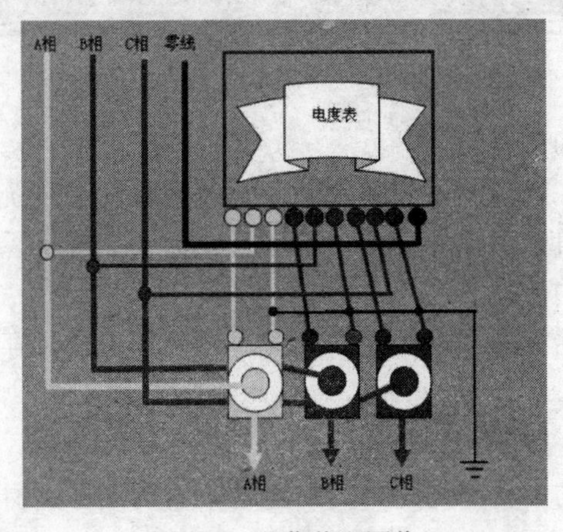

图 3-5　屏幕截取图像

例 3-2 用 Snagit 截图。

1）执行“开始→程序→Snagit”命令，启动 Snagit。

2）选择捕获方案，然后单击按钮。

3）鼠标指针变成手形，在所需的画面上拖动出一个矩形框。

4）松开鼠标，出现图 3-6 所示的画面。

5）单击“保存”按钮，打开“另存为”对话框，选择保存位置并输入文件名，单击“保存”按钮，将截取的图像保存为文件。

图 3-6 设置捕获选项

（3）扫描印刷品上的图像

课本、照片、杂志、宣传画、教学挂图是一些常见的、传统的承载图像的媒体，要想将这些图像输入计算机中供课件制作使用，就得借助扫描仪。

（4）用数码照相机拍摄

数码照相机利用存储卡来保存拍摄的图像。将保存的图像存入计算机后，可以作为课件素材直接使用。

（5）通过素材光盘获取图像

市场上有许多专业的素材库光盘，其中包含丰富的图像素材，如中国大百科全书、Flash 资料大全、中国地图大全、牛津百科等，不胜枚举。

（6）自己绘制图形图像

对于具有一定绘画水平的用户，可能过图形图像软件自己绘制图形图像。

3.2.2　图像的编辑

在制作多媒体 CAI 课件过程中，需要从网上下载或是扫描图片，甚至有些是用照相机手工拍的照片，很多不是拿来就能用的，需要进行适当的调整，如调整大小、变换格式、调整清晰度等。下面主要介绍 ACDSee 数字图像管理软件的用法，ACDSee 软件是目前非常流行的浏览图像的工具，它能广泛应用于图像的获取、管理、浏览、优化和处理等。它的功能非常强大，几乎支持当前所有的图形文件格式。

ACDSee 提供了两种查看图像的窗口：一种是多张图片的浏览方式，即浏览器窗口；另一种是单张图片的查看方式，即查看窗口。

例 3-3　使用 ACDSee 浏览图片。

1）双击桌面上的 ACDSee 快捷图标，打开 ACDSee 默认的浏览器窗口，如图 3-7 所示。

2）在文件夹区的树形目录中单击打开要浏览图片的文件夹，文件列表窗口中将显示文件夹中所有图片。

3）单击一幅图片，在预览区域中将显示该图片内容。

4）单击工具栏上的“幻灯片”按钮，可自动播放所有图片。

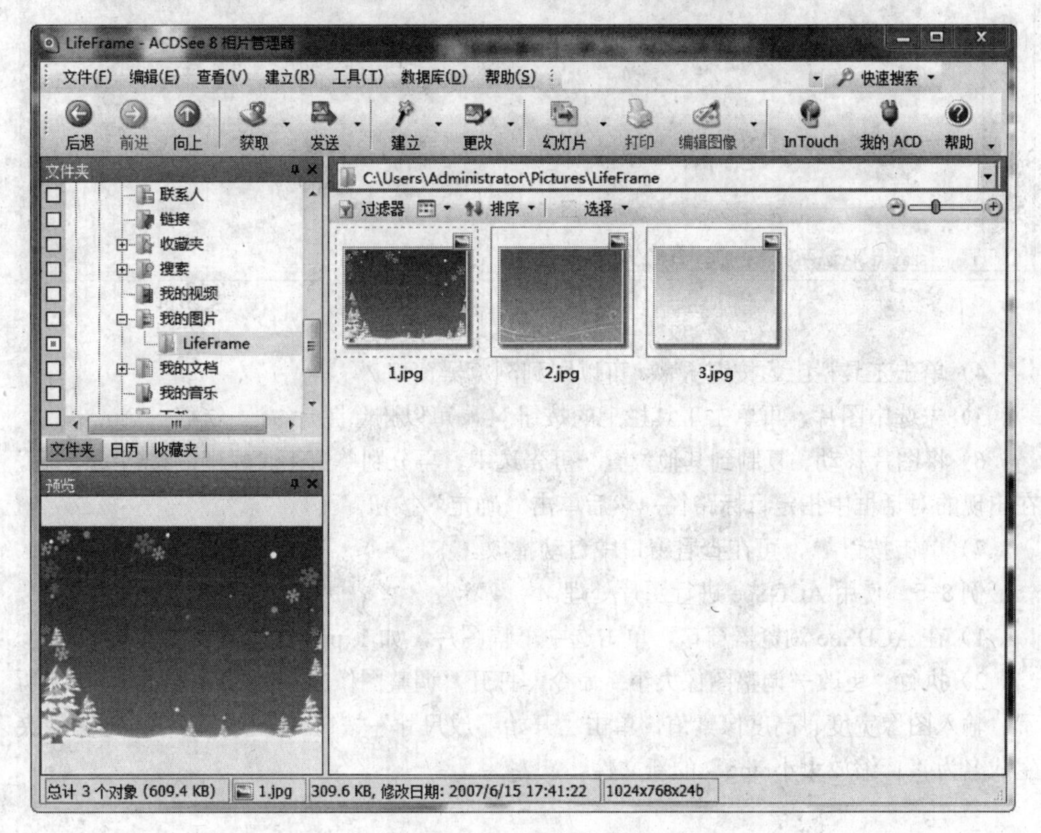

图 3-7　ACDSee 浏览器窗口

例 3-4 使用 ACDSee 查看图片。

1）在 ACDSee 浏览器窗口中，双击要查看的图片，打开 ACDSee 查看窗口，如图 3-8 所示。

2）单击工具栏上的按钮、可以放大或缩小图片。

3）单击工具栏上的按钮、可以浏览同文件夹下的前一幅或后一幅图片。

图 3-8 查看窗口

4）单击工具栏上的按钮浏览器可以回到浏览器窗口。

5）先选中图片，再单击工具栏上的按钮，可以删除图片。

6）将图片移动、复制到其他位置，可先选中，再分别单击工具栏上的按钮、，在出现的对话框中指定目标路径，然后单击“确定”按钮。

7）单击按钮，可在查看窗口中自动播放。

例 3-5 使用 ACDSee 进行图片处理。

1）在 ACDSee 浏览器窗口，单击选中一幅图片，如 1.jpg。

2）执行“更改→调整图像大小”命令，打开“调整图像大小”对话框，如图 3-9 所示。输入图像宽度、高度像素值，单击“开始缩放尺寸”按钮，系统自动在本地文件夹生成名为“1_缩放大小. jpg”的新文件。

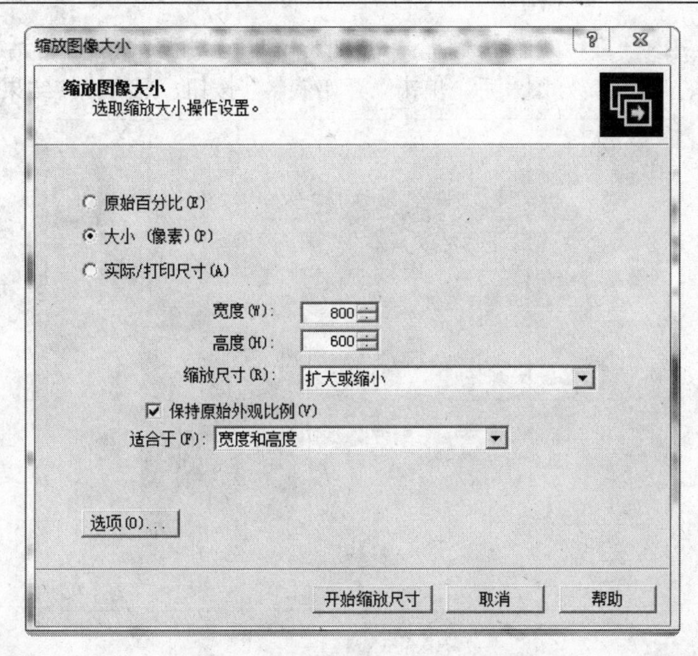

图3-9　“缩放图像大小”对话框

3）执行“更改→调整图像曝光度”命令，进入如图3-10所示的对话框进行曝光度调整，在调整过程中，可以在“之后”窗口中观察图片的变化，完成后单击“过滤所有图像”按钮，系统自动在本地文件夹生成名为“1_exposure.jpg”的新文件。

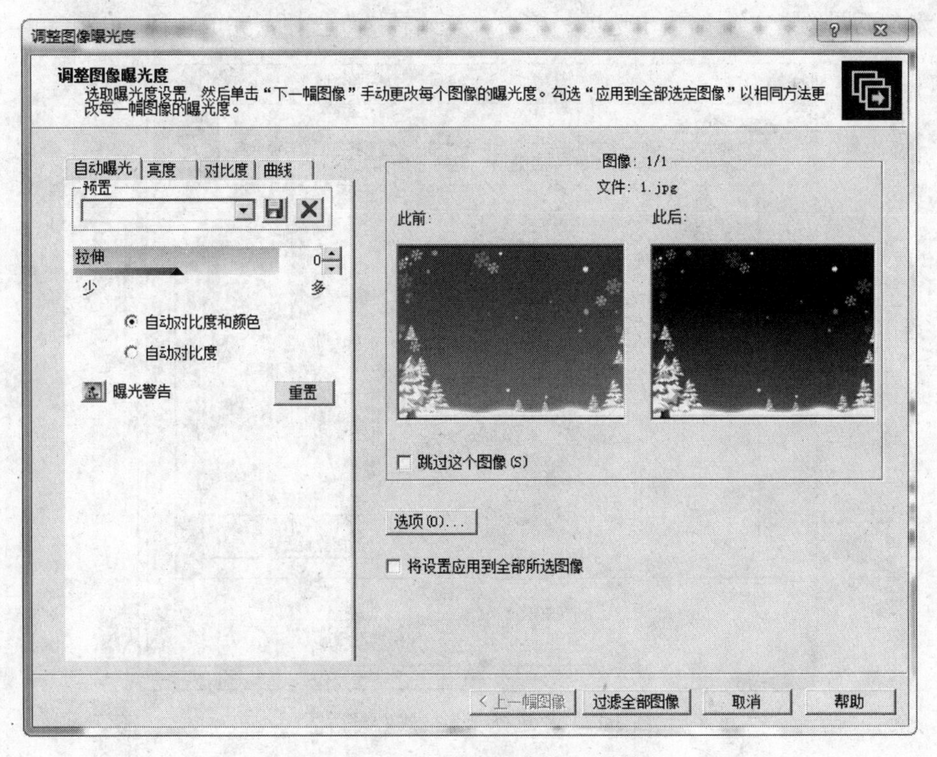

图3-10　“调整图像曝光度”对话框

4）执行“更改→旋转/翻转图像”命令，打开“旋转/翻转图像”对话框，如图3-11所示，单击箭头按钮旋转好图片后，单击“开始旋转”按钮，则将旋转结果保存为1.jpg。

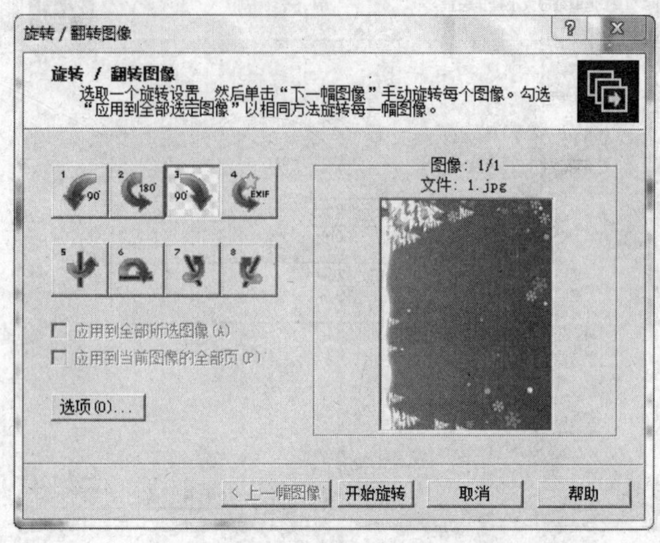

图3-11　“旋转/翻转图像”对话框

5）执行“更改→转换文件格式”命令，打开“转换文件格式”对话框，如图3-12所示，选择转换的格式，单击“下一步”按钮，出现如图3-13所示对话框，选择更改后的文件存放的位置以及是否保留原文件，单击“下一步”按钮，出现如图3-14所示对话框，为多页图像指定输入/输出选项，单击“开始转换”按钮，完成转换。

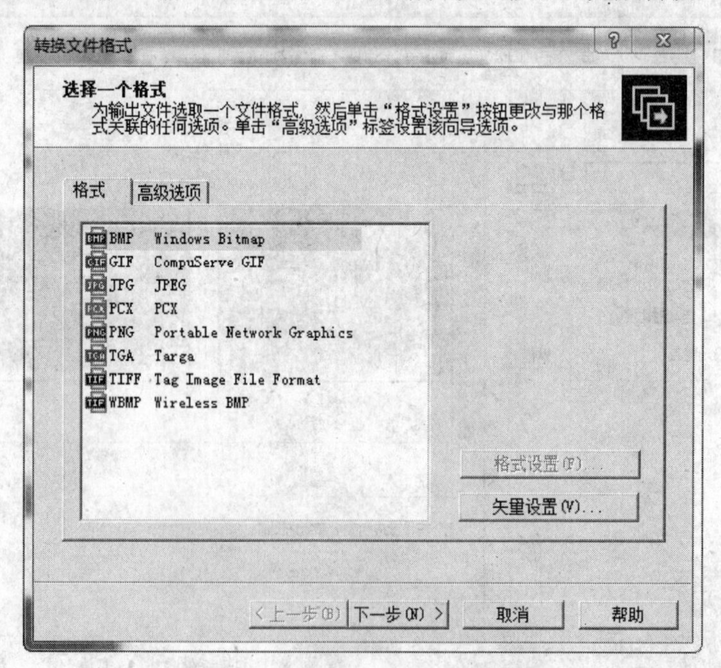

图3-12　“选择一个格式”对话框

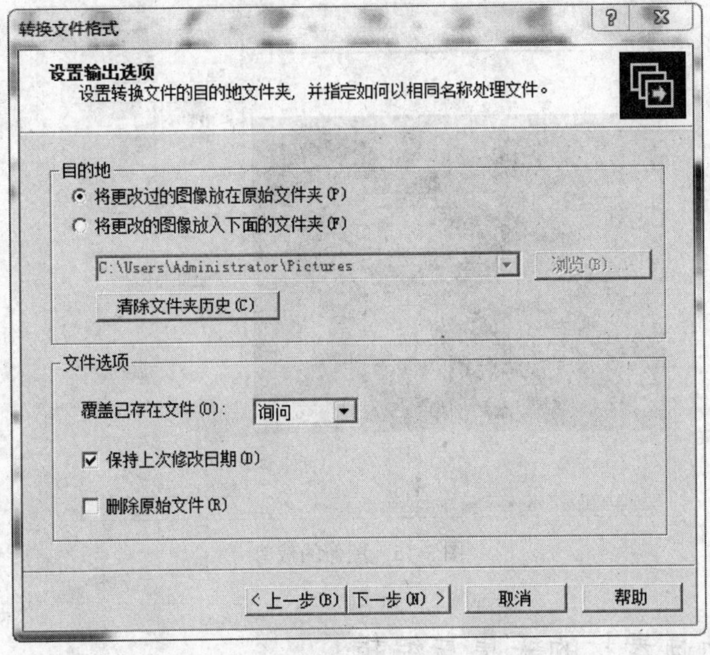

图 3-13　“设置输出选项”对话框

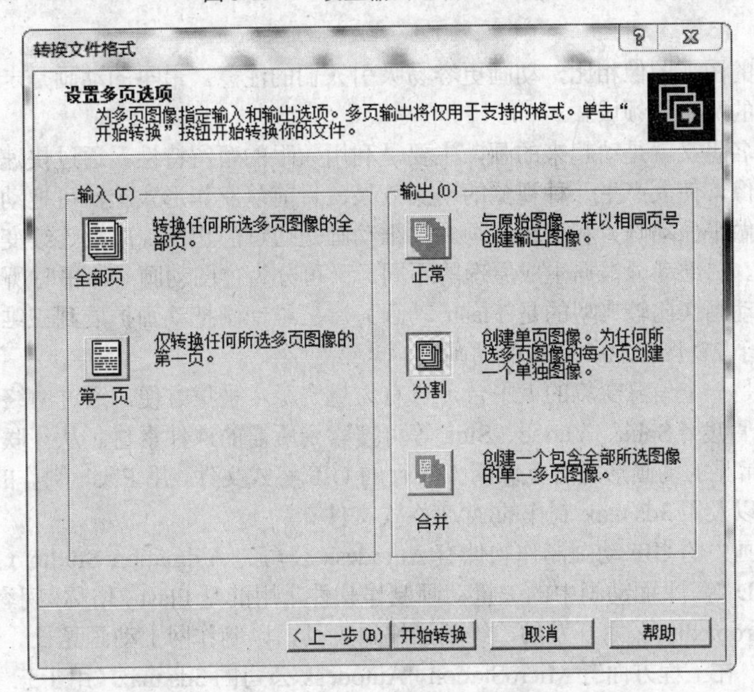

图 3-14　“设置多页选项”对话框

6）在 ACDSee 查看窗口中，打开要裁剪的图片，单击工具栏上的“裁剪”工具，用鼠标在图片中拖放出一片区域，如图 3-15 所示。在“预览：裁剪”窗口调整好裁剪区域后，单击“完成”按钮，即可将此区域外的部分裁掉。

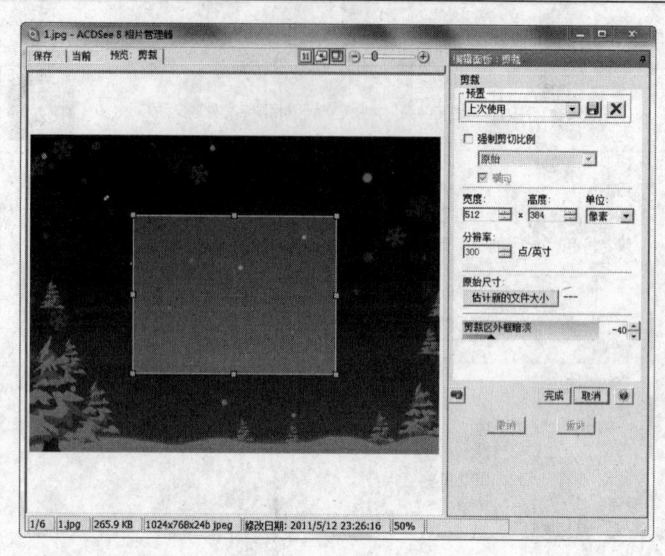

图 3-15　图像的裁剪

3.3　动画素材的采集与编辑

与静止的图形图像相比，动画更容易吸引人们的注意。最早的动画是卡通片，网页是动画应用的又一新领域。

动画顾名思义就是动起来的画，主要是利用人眼的暂留特性，通过快速播放某一系列的静止图像，使人产生一种视觉的动态效果。目前从制作形式上，可把动画分为二维动画（又叫做平面动画）和三维动画。二维动画是通过静止图像序列连续变化的呈现而形成的动画。二维动画根据生成原理的不同，又可分为位图动画（即平时所说的 GIF 动画）和矢量动画（比较典型的是 Flash 动画）。三维动画把动画扩展到三维空间内。三维动画是基于 3D 图形软件制作的动画。

互联网是一个信息交流的大平台，含有大量资源，采集方便，通过网络搜索引擎，如 Google、百度、Sohu、Yahoo、Sina 等可搜索到所需的课件素材。从互联网上可获取动画素材。常见的动画形式有互联网上流行的 GIF 格式文件、用 Flash 制作的 SWF 格式动画文件，以及用 3ds max 制作的 AVI 格式文件。

平面动画中的 GIF 动画制作软件有 Autodesk 公司的 Animation Studio（用于二维动画）、AXA 2D 等。平面动画中的矢量动画制作软件常用的是 Flash，俗称“闪客（Flash）”，是美国 Macromedia 公司开发的二维动画编辑工具，以制作网上动画见长。三维动画制作软件很多，在工程方面有 MicroStation、Autodesk 公司的 3ds max（用于三维动画）等，可建立精确的模型，并使用各种灯光、渲染手段等，使模型真正运动起来。在制作三维动画软件中，3d max 的通用性最好，功能最强大，使用范围相当广泛。在三维动画中还有 Metacreations 公司推出的 Poser，它是一款三维动物、人体造型和三维人体动画制作的软件。Ulead 公司出品的 Cool 3D 是一个专门制作文字 3D 效果的软件。

本书在第 6 章将会详细介绍使用 Flash 制作动画，在此只介绍如何使用 SwishMax 制作动态文字。

制作文字特效是 SwishMax 最有吸引力的部分，在 Flash 中需要花很长时间才能完成的文字效果，用 SwishMax 软件几分钟就足够了。在 SwishMax 中有 230 种内建特效效果。

1. 文本面板

启动 SwishMax 后，界面如图 3-16 所示。

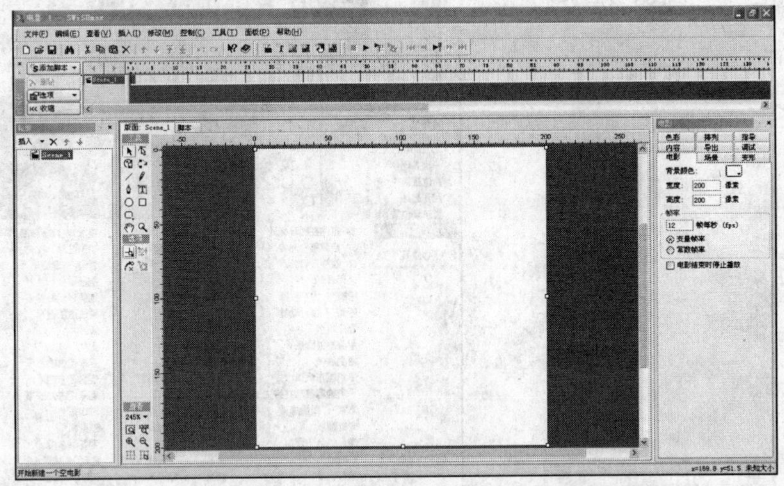

图 3-16　SwishMax 软件的界面

单击工具箱中的“文本”按钮 T，可打开“文本”面板，如图 3-17 所示。

1）为写好的文本命名，并在目标前打钩，可在动作语句中调用文本。

2）文本排列有从左向右排列、从上向下排列、从左向右倒排和从上向下倒排 4 种方法。

3）字体类型有矢量字体、设备字体、矢量字体像素排列、像素字体锐化和像素字体平滑 5 种。

4）SwishMax 有静态文本、动态文本和输入文本 3 种文本方式。

5）使用“维度”、“格式”、“高级”和“按钮”等可设置文本的边框、字间距等。

2. SwishMax 的内建特效

例 3-6　使用文字特效。

1）把场景设置为 350×50 像素，如图 3-18 所示。

图 3-17　“文本”面板

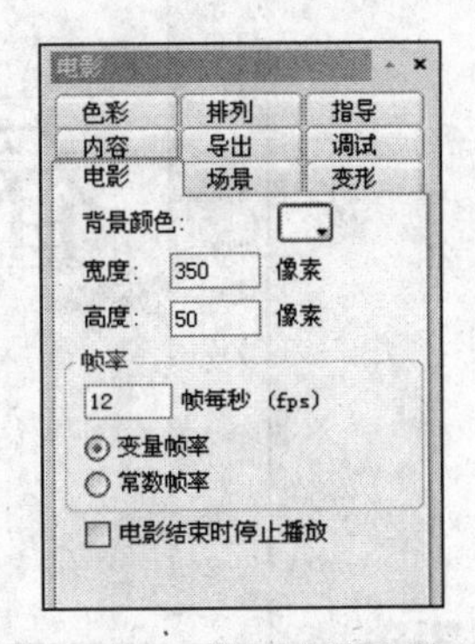

图 3-18　设置电影参数

2）选择静态文本，并在文本面板的文本区输入文字“春光染绿我们双脚”，字体为红色，大小为36像素，如图3-19所示，选取场景中的文字。

3）单击添加效果按钮旁边的下拉三角，弹出一级菜单面板，再单击有下级菜单的三角按钮，弹出二级菜单，如图3-20所示，这些就是SwishMax的230个自建特效。

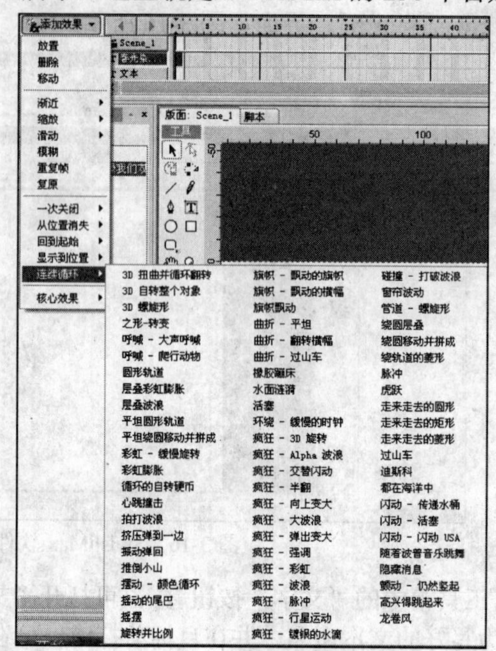

图3-19 输入文本图

图3-20 “添加效果”按钮

4）执行“添加效果→核心效果→变形”命令，生成如图3-21所示文字特效，同时在时间线面板上可以看到变形效果的名称及所用帧数。

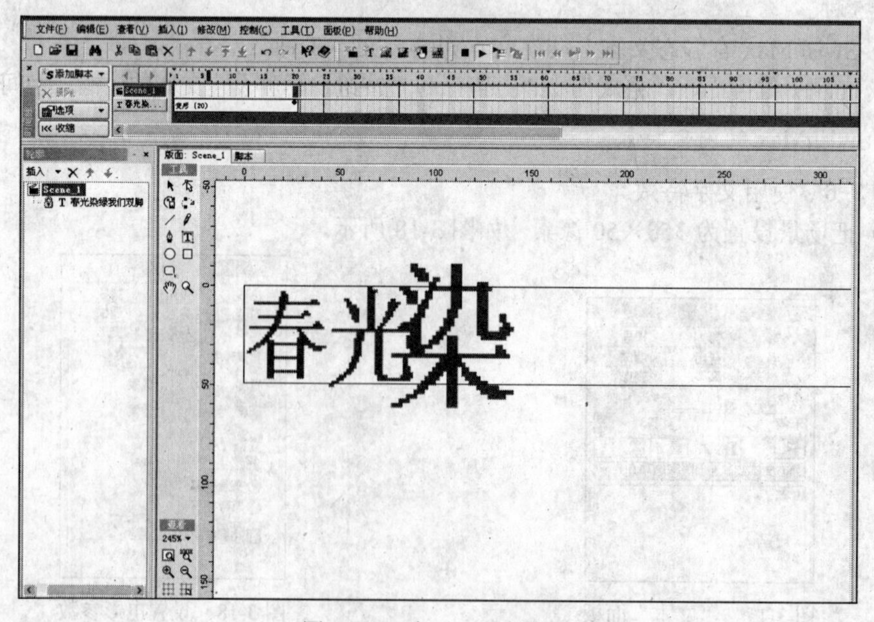

图3-21 “变形”文字特效

3.4 声音素材的采集与编辑

声音是多媒体系统中不可缺少的内容和组成部分，是多媒体技术研究中的一个重要内容。声音的种类繁多，如人的话音、乐器声、动物发出的声音、机器产生的声音以及自然界的雷声、风声、雨声、闪电声等。这些声音有许多共同的特性，也有它们各自的特性。在用计算机处理这些声音时，既要考虑它们的共性，又要利用它们各自的特性。多媒体系统中的声音主要包括视频图像的背景音乐和文字介绍录音两种，它们都属于数字音频媒体，是多媒体系统中媒体数据处理的重要内容。

常见的声音文件格式：①WAV 格式记录声音的波形。WAVE 文件作为最经典的 Windows 多媒体音频格式，应用非常广泛，利用 WAV 格式记录的声音文件能够和原声基本一致，质量非常高，但这样做的代价是文件太大。②MPEG-3 格式的扩展名为 mp3，是现在最流行的声音文件格式，因其压缩率大（将声音用 1∶10，甚至 1∶12 的压缩率压缩）。MP3 音乐是以数字方式存储的音乐，如果要播放，就必须有相应的数字解码播放系统，一般通过专门的软件进行 MP3 数字音乐的解码，再还原成波形声音信号播放输出，这种软件就称为 MP3 播放器，如 WinAmp 等。③Real Audio 格式的扩展名为 ra、ram、rm，都是 Real 公司成熟的网络音频格式。RA 格式可以称为互联网上多媒体传播的霸主，适合于网络上进行实时播放，是目前在线收听网络音乐最好的一种格式。④MIDI 格式的扩展名是 mid，是目前最成熟的音乐格式，MIDI 能指挥各种音乐设备的运转，而且具有统一的标准格式，能够模仿原始乐器的各种演奏技巧和无法演奏的效果，而且文件非常小。

3.4.1 声音的采集

声音素材可以从多种渠道获得，如从互联网上下载；应用话筒录制；将 CD、VCD、DVD 中的声音转换成课件中可以使用的素材。

1. 下载声音

互联网是声音素材的宝库，在互联网上可以得到很多有用的声音素材，用于课件制作。既可以直接从音乐网站下载音乐，也可以通过搜索引擎查找相关音乐。

2. 录制声音

“话筒”是多媒体计算机的输入设备之一，用 Windows 自带的“录音机”程序，可以采集声音素材。

例 3-7　用录音机录制声音。

1）执行“开始→更多程序→附件→娱乐→录音机”命令，打开“声音-录音机”窗口，如图 3-22 所示。

2）单击“录音”按钮 ● ，即可开始录音。录音长度最多为 60 秒。

3）录制完毕后，单击“停止”按钮 ■ 即可。

4）单击“播放”按钮 ▶ ，即可播放所录制的声音文件。

“录音机”通过话筒和已安装的声卡来记录声音。所录制的声音以波形（.wav）文件保存。

用“录音机”采集声音素材，操作方法也比较简单，但功能有限。可以使用音频处理软件 GoldWave，其功能更强大。

例 3-8 用音频处理软件 GoldWave 录制声音。

1）使用连接线，将话筒和计算机的声卡正确连接好。

2）执行“开始→程序→附件→娱乐→音量控制”命令，打开“主音量”面板，如图 3-23 所示。

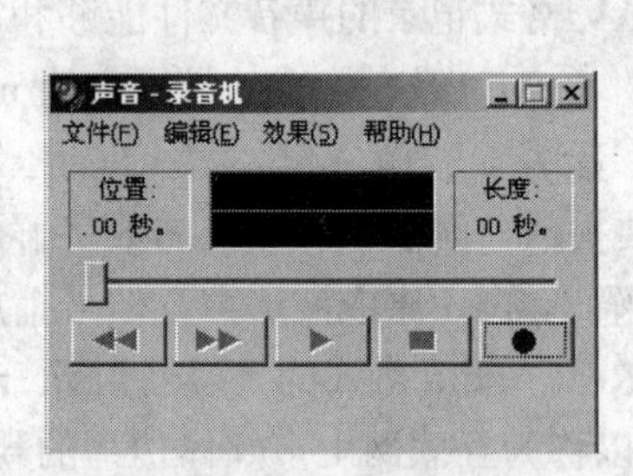

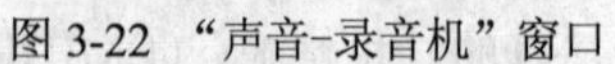

图 3-22 “声音-录音机”窗口

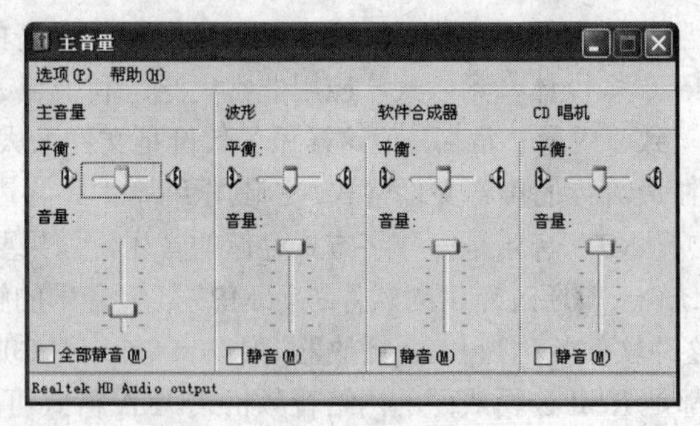

图 3-23 “主音量”面板

3）执行“选项→属性”命令，打开“属性”对话框，如图 3-24 所示，选中“麦克风音量”复选框后，单击“确定”按钮，出现如图 3-25 所示面板。

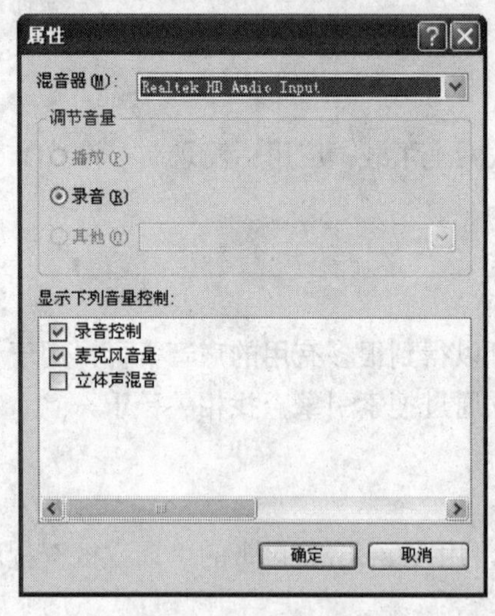

图 3-24 “属性”对话框

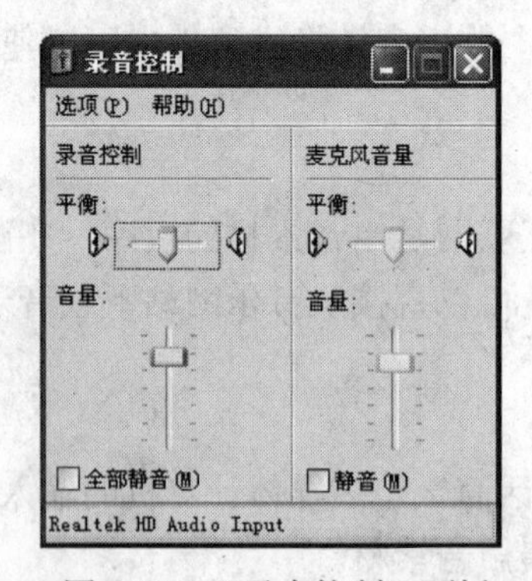

图 3-25 “录音控制”面板

4）执行“开始→程序→GoldWave”命令，打开 GoldWave 软件，如图 3-26 所示。

5）执行“文件→新建”命令，如图 3-27 所示，新建一个声音文件。

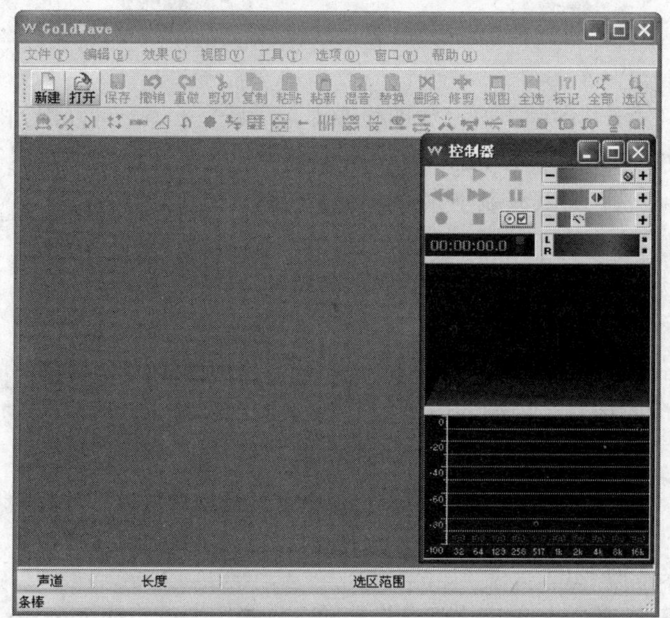

图 3-26　GoldWave 软件的使用界面图

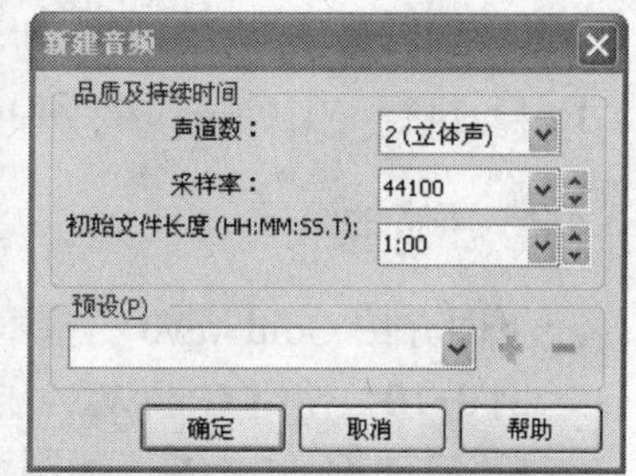

图 3-27　“新建音频”对话框

6）如图 3-28 所示，对着话筒进行录音。

7）录音完成后，单击“停止”按钮■，停止录音。

8）执行“文件→保存”命令，打开“另存为”对话框。

9）选择保存文件夹，输入文件名，单击“保存”按钮，将声音保存。

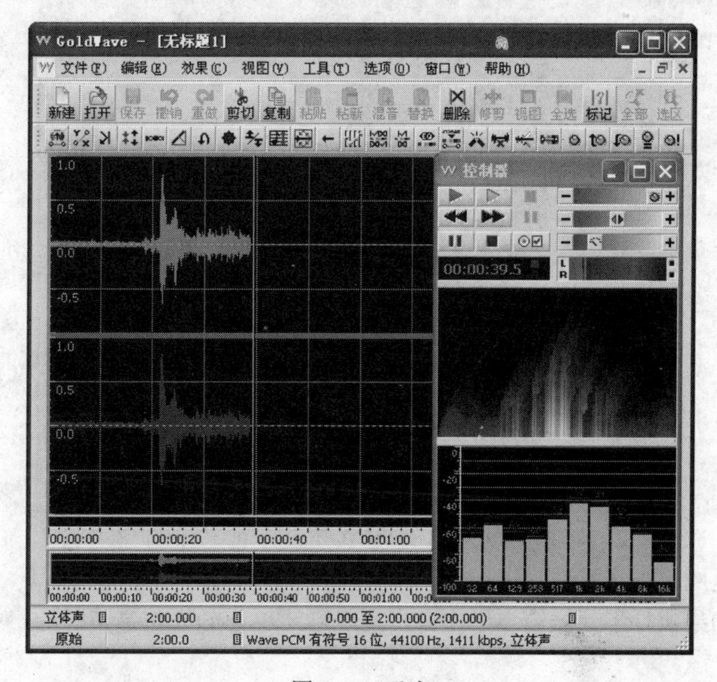

图 3-28　录音

3. 获取动画中的声音

在播放他人制作的课件时，发现其中的声音（如朗读课本、背景音乐等）可以用到自己的课件中，但这些声音文件往往和课件打包在一起，无法找到现成的声音文件，遇到这种情况时，可以用 GoldWave 软件将其录制下来。

例 3-9　获取动画中的声音。

1）执行“选项→属性”命令，打开“属性”对话框，选择 Mono Mix 选项。

2）打开 GoldWave 软件，新建一个声音文件。

3）运行要录音的课件，进行录音。

4）执行“文件→保存”命令，保存新录制的声音。

3.4.2　声音的编辑

下面介绍 GoldWave 的基本用法。

例 3-10　使用 GoldWave 来裁剪 MP3 长度。

1）启动 GoldWave，如图 3-26 所示，单击“打开”按钮，选择需要编辑的 mp3 格式的音乐文件，如“龚琳娜-神曲忐忑.mp3”，然后单击“打开”按钮。

2）载入 mp3 格式文件后的 GoldWave 如图 3-29 所示，中间绿色和红色波形代表用户的 mp3 格式文件。这里需要注意以下几个工具按钮的用法。

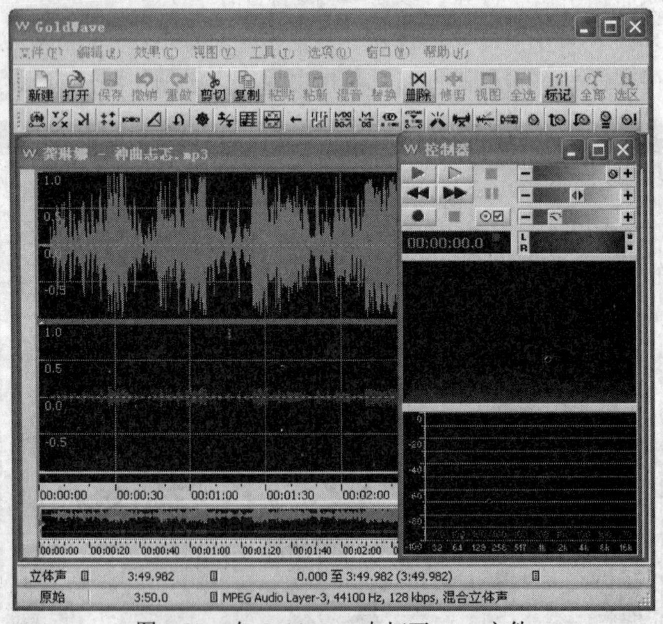

图 3-29　在 GoldWave 中打开.mp3 文件

撤销：返回上一步操作。

重复：如果执行了“撤销”操作后，发现刚才进行的操作是正确的，就可以使用这个操作。

删除：将选中的部分删除掉。

修剪：将选择的区域剪裁下来。

选区：显示所选区域的波形。

全选：显示 MP3 所有波形。

绿色播放按钮：从 MP3 起始位置开始播放。

黄色播放按钮：从选择区域开始播放。

3）按绿色播放按钮听一遍，记下欲选择部分的起始位置。在 MP3 波形区域右击，在弹出的快捷菜单中执行“设置起始标记”命令，如图 3-30 所示。

图 3-30　设置起始标记

4）与上一步类似，在 MP3 波形区域右击，在弹出的快捷菜单中执行“设置完结标记”命令。然后按黄色的播放按钮试听一下所选区域是否满意。如果不满意，可以通过拖动所选区域边上的淡蓝线调整所选区域，如图 3-31 所示。

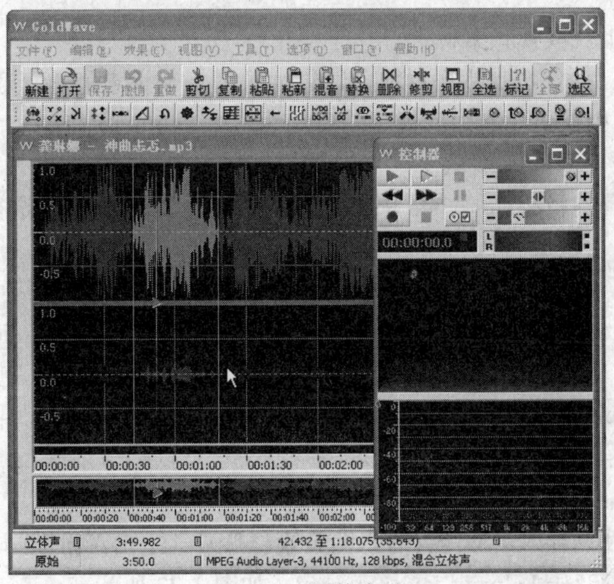

图 3-31　调整选区

5）选择好所剪裁的区域后，然后单击“修剪”按钮即可将用户刚才选择的区域剪裁下来。然后执行“文件→另存为”命令。这样一首只包括所需部分的MP3音乐就做好了。

例3-11 利用GoldWave修改mp3格式文件的声音大小和音量。

1）用GoldWave打开需要修改音量的mp3格式文件。

2）执行“效果→音量→更改音量”，打开如图3-32所示对话框，用鼠标拖动音量上面的滑动块就可以修改音量。建议后面的数值不要超过10，修改过程中可以按上面的绿色播放按钮试听。修改好后，单击“确定”按钮就完成了MP3音量的增大。

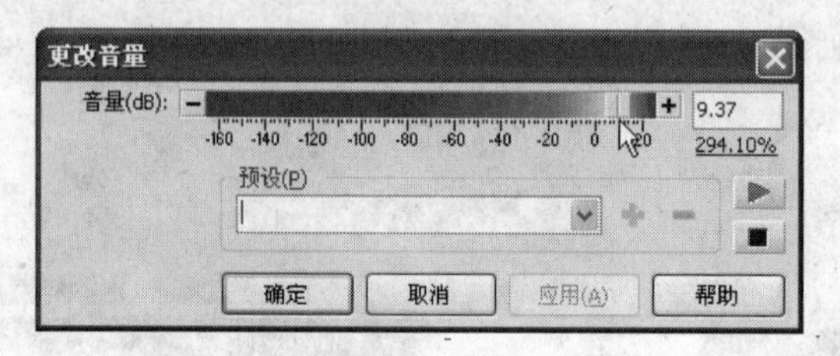

图3-32 “更改音量”对话框

3.5 视频素材的采集与编辑

视频就是利用人的视觉暂留特性产生动感的可视媒体。连续的图像变化每秒超过24帧（frame）画面以上时，人眼无法辨别每幅单独的表态画面，看上去是平滑连续的视觉效果，这样的连续画面叫做视频。动画速度低于每秒25幅画面都不能叫做视频。例如，动画文件（扩展名为gif）的文件，就是动画而不称为视频，一些称为闪画之类的Flash属性的文件也不是视频。

3.5.1 视频素材的采集

1）从互联网上获取视频素材。

2）从录像带、摄像机上视频材料，通过视频采集卡将它们进行数字处理和压缩，录制到计算机硬盘中，再由专门的视频编辑软件，如Premiere、Ulead Video Studio（会声会影）等软件进行编辑。

3）计算机屏幕的视频，通过屏幕录制软件Snagit、Camtasia等进行捕获。

3.5.2 视频素材的编辑

目前，常用的视频编辑软件有Ulead Media Studio、Adobe Premiere、Ulead Video Studio、Ulead DVD等。其中常用的视频处理软件是Adobe Premiere和Ulead Video Studio。下面以Adobe Premiere为例，介绍如何将两段视频合成，增加转场效果并配上音乐。

例3-12 将两段视频合成。

1）启动Premiere Pro软件，新建一个项目，并设置视频制式。

2）执行“文件→导入”命令，导入两个素材片段（室内漫游动画.avi、客厅漫游动画.avi）和一段背景音乐I always love you.mp3，如图3-33所示。

3）将项目窗口的室内漫游动画、客厅漫游动画拖曳到时间线窗口的视频 1 组中，如图 3-34 所示。

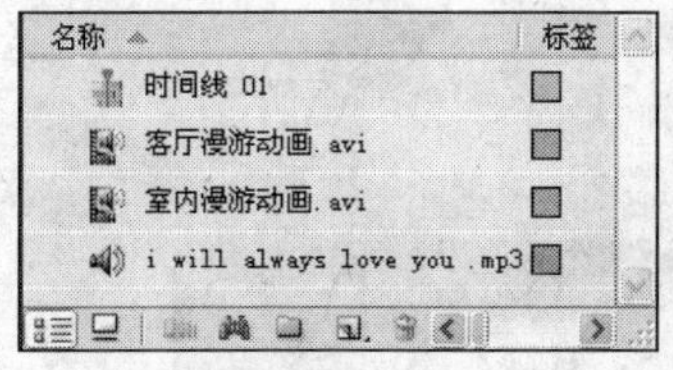

图 3-33　素材片段

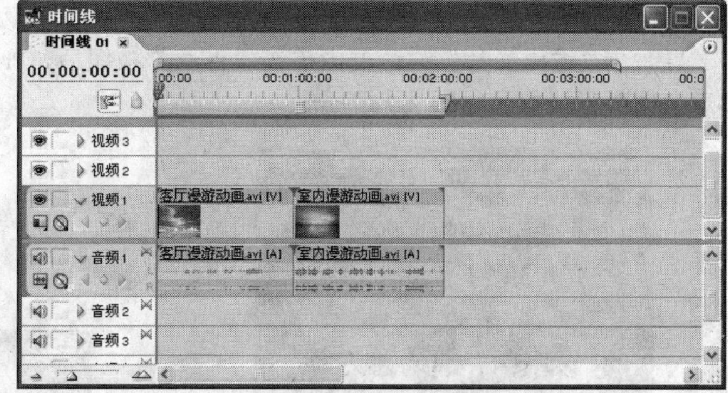

图 3-34 “时间线”窗口

4）将视频片段中的原有声音去掉。分别右击时间线上的室内漫游动画.avi 和客厅漫游动画.avi，从弹出的快捷菜单中执行“解除音视频链接”命令。这样做是为了将素材片段中的音频和视频脱钩，以便可以单独对视频或音频进行处理。

5）解除链接后，分别选中两个音频部分，按 Delete 键删除。

6）将项目窗口中的 I always love you.mp3 拖曳到时间线窗口中的“音频 1”组中，如图 3-35 所示。

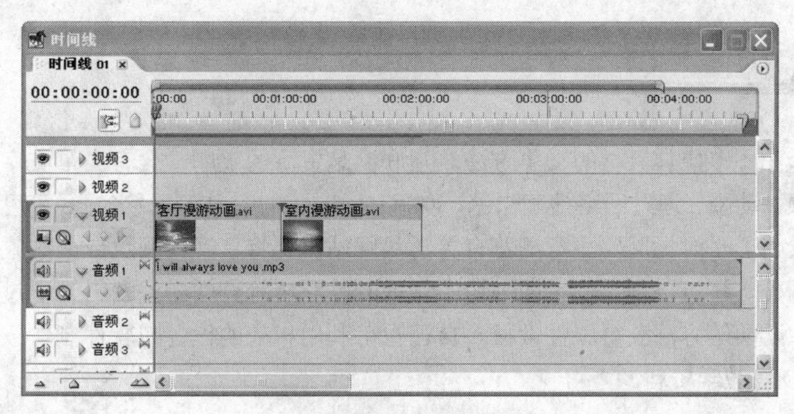

图 3-35　加入背景音乐

7）在时间线面板中，将鼠标移动到 I always love you.mp3 的尾部，当出现⇥图标时按下鼠标左键，拖动音频，使得音频长度和视频长度保持一致，如图 3-36 所示。

8）执行“窗口→特效”命令，打开特效窗口，执行“视频转场→3D 过渡→翻页”命令，按下鼠标左键拖动到时间线面板中两个视频的交接处。这样就增加了两个视频间的翻页过渡转场效果，如图 3-37 所示。

图 3-36　调整后的音频

图 3-37　调整后的音频

9）在监视器窗口中单击播放按钮，预览影片，如图 3-38 所示。

10）执行“文件→输出→影片”命令，或按快捷键 Ctrl+M，从弹出的“输出影片”对话框中选择合适的路径和文件名进行保存。

11）在“输出影片”对话框中单击“保存”按钮后，Premiere Pro 将会生成影片，并显示工作进程情况，如图 3-39 所示。

图 3-38　预览影片图

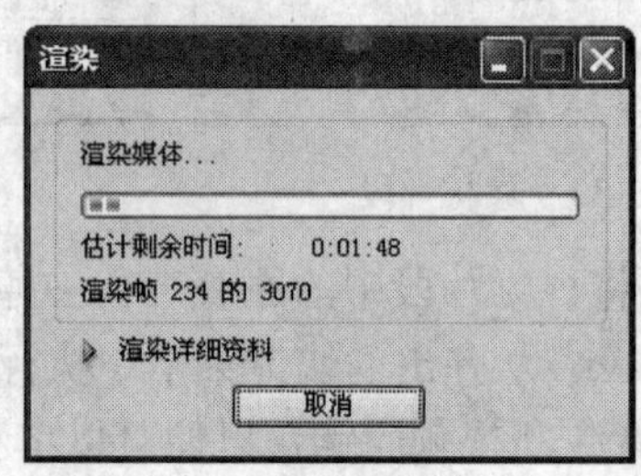

图 3-39　生成影片的进度

小　结

本章介绍了多媒体素材的采集方法。互联网是资源的宝库，含有大量文字、图片、声音、视频、动画。通过网络搜索引擎，如 Google、百度、Sohu、Yahoo 等可搜索到所需的课件素材。平时上网要注意浏览有关学科网站，并将喜爱的网页或网站收藏到收藏夹。除上网外，还可以到学校、图书馆、音像制品商店等查阅相关资料，通过租借、复制、扫描、购买等方法获得课件素材。自己也可利用相应的设备或软件制作一些录音、录像、VCD 等教学资料。

习　题

一、选择题

1．位图与矢量图比较，可以看出（　　）。

A．对于复杂图形，位图比矢量图画对象更快

B．对于复杂图形，位图比矢量图画对象更慢

C．位图与矢量图占用空间相同

D．位图比矢量图占用空间更少

2．下列格式文件中，（　　）是波形声音文件的扩展名。

A．wmv　　B．voc　　C．cmf　　D．mov

3．下列文件格式中，（　　）不是图像文件的扩展名。

A．bmp　　B．gif　　C．flc　　D．jpg

4．Flash 动画播放文件扩展名是（　　）。

A．liv　　B．fla　　C．exe　　D．swf

5．下列软件不是视频编辑软件是（　　）。

A．Flash　　B．Photoshop　　C．Cool Edit　　D．Premiere

二、填空题

1．在 Word 中使文字成为带圈文字，应用____________________命令实现。

2．MIDI 文件中保存的不是音乐波形数据，而是____________。

3．DVD 技术中采用了 MPEG 中的____________标准。

4．ACDSee 提供____________、____________两种查看图像的窗口。

5．从制作形式上，可把动画分为____________和____________。

6．用扫描仪将报刊、杂志上的文章扫描到计算机中，保存为*.bmp 格式，再用____________将*.bmp 文件转换为可编辑的*.doc 文档。

第 4 章　利用 PowerPoint 制作多媒体 CAI 课件

PowerPoint 2003 是 Microsoft Office 2003 软件包中专门用于制作演示文稿的办公软件，在多媒体演示、产品推介、个人演讲等领域得到广泛应用，它不仅具有强大的幻灯片制作功能，同时还具有界面友好、易学、易用等优点。

本章通过实例，介绍利用 PowerPoint 2003 制作课件的基础知识和操作方法，希望读者能够举一反三，制作出精美实用的课件。由于篇幅限制，某些课件仅介绍关键步骤，其他部分由读者自行完成。

4.1　PowerPoint 基础知识

PowerPoint 是微软公司推出的 Microsoft Office 办公套件中的一个组件，专门用于制作演示文稿（俗称幻灯片）。在 PowerPoint 中，演示文稿和幻灯片两个概念有一定的区别，利用 PowerPoint 做出来的作品称为演示文稿，它是一个文件；而演示文稿中的每一页称为幻灯片，每张幻灯片都是演示文稿中既相互独立又相互联系的内容。本节主要介绍 PowerPoint 的使用界面和工作环境以及相关的一些基本概念。

4.1.1　使用界面

与 Office2003 的其他组件一样，在 Windows XP 操作系统环境下，PowerPoint 2003 也有多种启动方式，下面介绍两种常用的方式。

1）执行“开始→所有程序→Microsoft Office→Microsoft PowerPoint 2003”命令。

2）双击已经创建在桌面上的 PowerPoint 2003 快捷方式的图标启动。

从打开的 PowerPoint 2003 界面可以看出（如图 4-1 所示），PowerPoint 界面与 Word、Excel 等界面很相似，由标题栏、菜单栏和工具栏等组成。PowerPoint 窗口的中间是制作幻灯片的区域，左侧显示的是大纲视图及幻灯片预览的窗格，在右侧的任务窗格中显示的是设计演示文稿时经常用到的命令。

1）标题栏：显示出软件的名称（Microsoft PowerPoint）和当前文档的名称（演示文稿 1）；在其右侧是常见的“最小化”、“最大化/还原”和“关闭”按钮。

2）菜单栏：菜单栏包含 PowerPoint 的所有操作命令，按功能分为 9 组菜单项。通过选择菜单栏上菜单项中的命令就可以实现 PowerPoint 中的相应功能。

3）工具栏：工具栏是将一些常用的命令以按钮方式显示，方便用户操作。在 PowerPoint 中经常用到的 3 种工具栏是“常用”工具栏、“格式”工具栏和“绘图”工具栏。

4）任务窗格：利用这个窗口，可以完成编辑“演示文稿”的主要工作任务。

5）工作区/编辑区：编辑幻灯片的工作区。

6）备注区：用来编辑幻灯片的一些“备注”文本。

7）大纲编辑窗口：在本区域中，通过“大纲视图”或“幻灯片视图”可以快速查看整个演示文稿中的任意一张幻灯片。

8）状态栏：在此处显示出当前文档相应的某些状态要素。

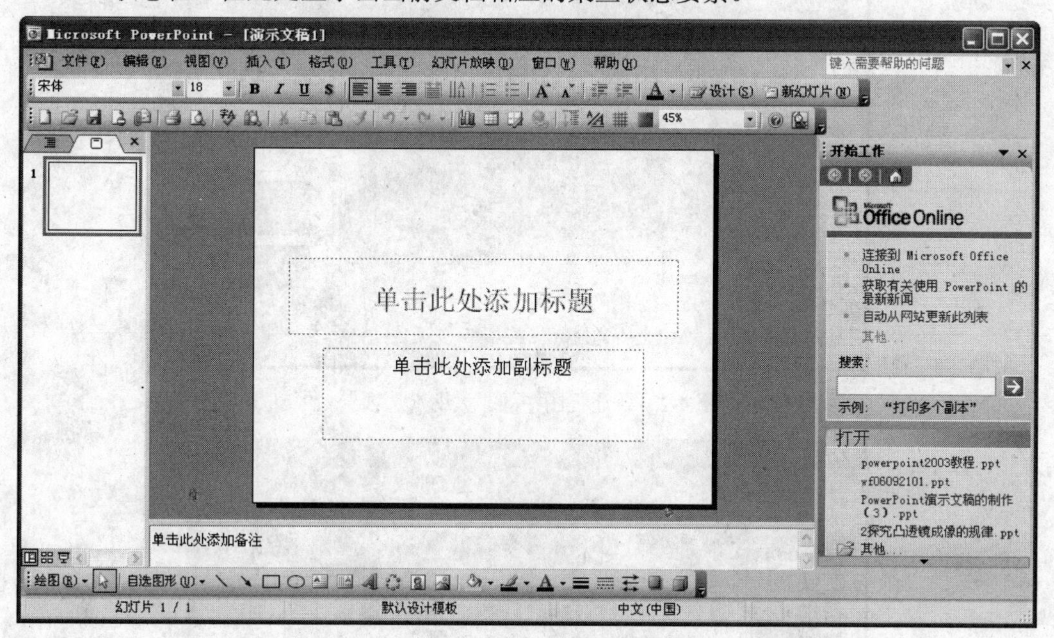

图 4-1　PowerPoint 2003 窗口界面

4.1.2　视图介绍

PowerPoint 提供了不同的工作环境，称为视图。在 PowerPoint 中给出了 4 种视图模式：普通视图、幻灯片浏览视图、幻灯片放映视图和备注页视图。可选用不同的视图来更加方便地浏览或编辑文档。窗口左下角的视图按钮能在不同视图中来回切换。

1. 普通视图

普通视图实际上又分为两种形式，在 PowerPoint 左边窗格中有两个选项卡，它们分别是“大纲”和“幻灯片”选项卡（如图 4-2 和图 4-3 所示）：“幻灯片”选项卡用于显示、设计和美化当前的幻灯片；而“大纲”选项卡能同时看到整个幻灯片的标题和内容。

2. 幻灯片浏览视图

幻灯片浏览视图能显示出演示文稿中所有的幻灯片，以便于迅速看到它们的布局和顺序，如图 4-4 所示。在该视图中，不能改变幻灯片的内容，但可以删除多余幻灯片、调整各幻灯片的次序或向其他文稿传送幻灯片。例如，可向 Word 文档中传送幻灯片。

若要修改某张幻灯片，对其双击即可回到其他视图进行修改。

图 4-2　普通视图中的“大纲”选项卡

图 4-3　普通视图中的“幻灯片”选项卡

3. 幻灯片放映视图

在幻灯片放映视图下，可以看到幻灯片的最终效果，如果不满意则可按键盘上的 Esc 键退出放映进行修改，在此视图下不能编辑幻灯片内容。

此外，还有一种观看演示文稿的方法：先将演示文稿打开，执行“幻灯片放映→观看放映”命令。在放映过程中可通过单击鼠标左键以切换幻灯片，所有幻灯片放映完毕后，屏幕上会出现“放映结束，单击鼠标退出”，此时单击鼠标则结束放映。如果中途需要退出，单击屏幕左下角的第 3 个按钮，在弹出的放映菜单中选择“结束放映”选项。

4. 备注页视图

在演示文稿窗口中，单击视图切换按钮中的“备注页视图”按钮，切换到备注页视图窗口，如图 4-5 所示。备注页视图是系统提供用来编辑备注页的，分为两个部分，上半部分是幻灯片的缩小图像，下半部分是文本预留区。用户可以一边观看幻灯片的缩像，一边在文本预留区内输入幻灯片的备注内容。备注页的备注部分可以有自己的方案，它与演示文稿的配色方案彼此独立，打印演示文稿时，可以选择只打印备注页。

图 4-4　幻灯片浏览视图

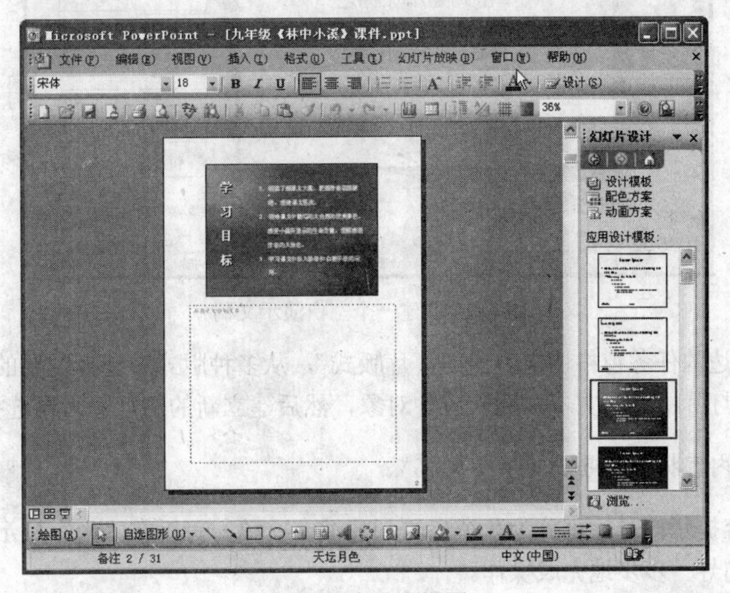

图 4-5　备注页视图

4.2 课件的创建与管理

4.2.1 创建演示文稿

一份演示文稿通常由一张“标题”幻灯片和若干张“普通”幻灯片组成。当启动PowerPoint 2003时，程序实际上已创建了一个名为“演示文稿1”的新文件，并有一个默认的文字版式供直接使用，可以在其中输入新课件的大标题和小标题（或副标题）。

在PowerPoint中，执行“文件→新建”命令，打开“新建演示文稿”任务窗格，该界面提供了4种新建演示文稿的方法。

1. 利用空演示文稿创建

创建空白演示文稿的随意性很大，能充分满足用户的需要，因此可以按照用户自己的思路，从一个空白文稿开始，建立新的演示文稿。创建空白演示文稿的步骤如下。

1）执行“文件→新建”命令，在打开的“新建演示文稿”任务窗格中，单击“空演示文稿”，新建一个默认版式的演示文稿，如图4-6所示。

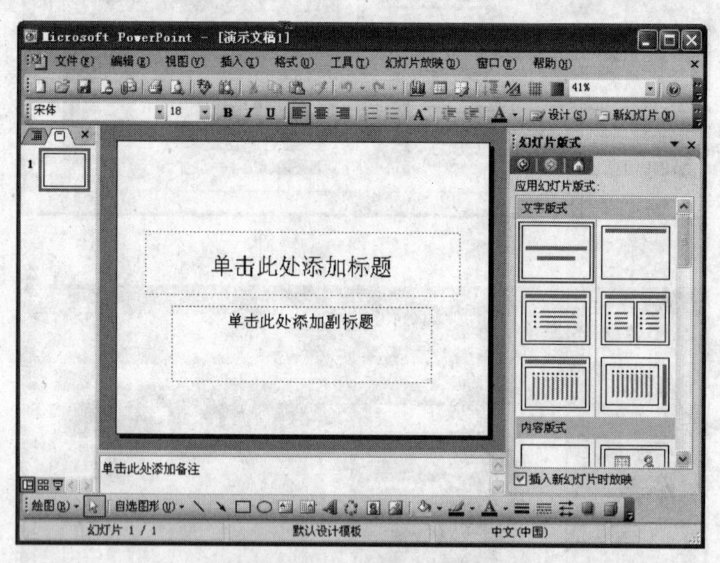

图4-6 创建一个空白演示文稿

2）将右边的任务窗格切换为“幻灯片版式”，从多种版式中选择需要的版式。

3）在幻灯片中输入文本，插入各种对象，然后建立新的幻灯片，再选择新的版式。

2. 使用内容提示向导创建演示文稿

使用内容提示向导，可分为几个步骤创建演示文稿。可以在“内容提示向导”对话框中，跟随向导一步步地完成操作。

1）执行“文件→新建”命令，在“新建演示文稿”任务窗格的下拉菜单中选择

“根据内容提示向导”选项，出现如图 4-7 所示的“内容提示向导”对话框。在该对话框中没有可供选择的选项，单击“下一步”按钮，出现“选择将使用的演示文稿类型”对话框。

2）在“选择将使用的演示文稿类型”对话框（如图 4-8 所示）中，PowerPoint 提供了 7 种演示文稿的类型，单击左边的类型按钮，右边的列表框中就出现了该类型包含的所有文稿模板。如果单击“全部”按钮，右边列表框中显示全部的文稿模板，此处选择“通用”模板选项，单击“下一步”按钮，进入您使用的“输出类型”对话框。

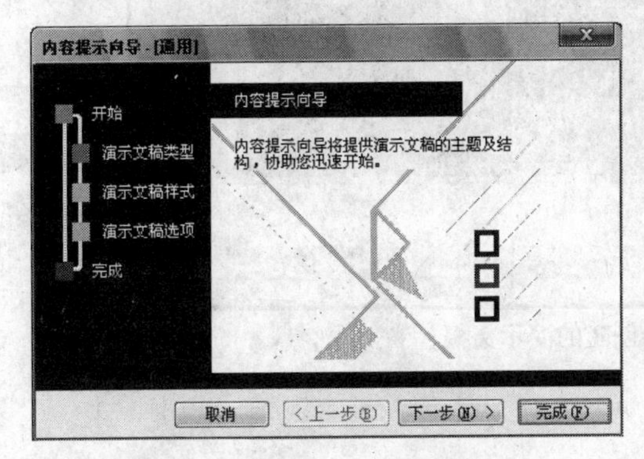

图 4-7　“内容提示向导”对话框

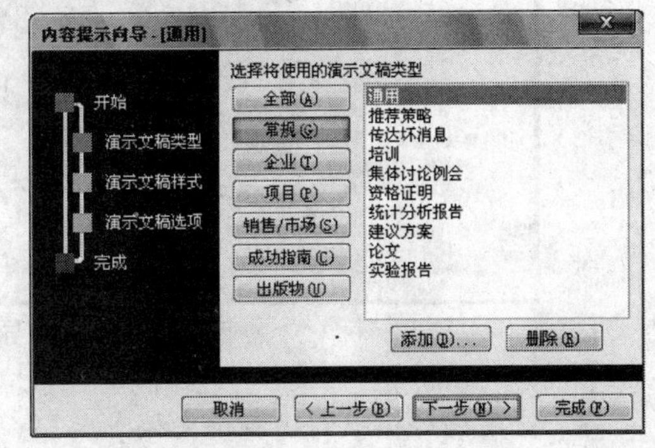

图 4-8　“选择将使用的演示文稿类型”对话框

3）在“输出类型”对话框（如图 4-9 所示）中，选择演示文稿的输出类型，即演示文稿将用于什么用途。可根据不同的要求选择合适的演示文稿格式，此处选择“屏幕演示文稿”单选项，单击“下一步”按钮，进入“演示文稿标题”对话框。

4）在“演示文稿标题”对话框（如图 4-10 所示）中，可以设置演示文稿的标题，还可以设置在每张幻灯片中都希望出现的信息，将其加入到页脚位置。设置完成后，单击“下一步”按钮，在出现的对话框中，单击“完成”按钮，创建出符合要求的演示文稿。

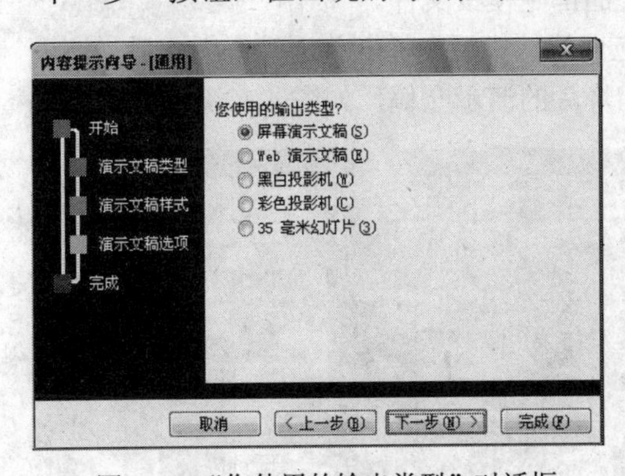

图 4-9　“您使用的输出类型”对话框

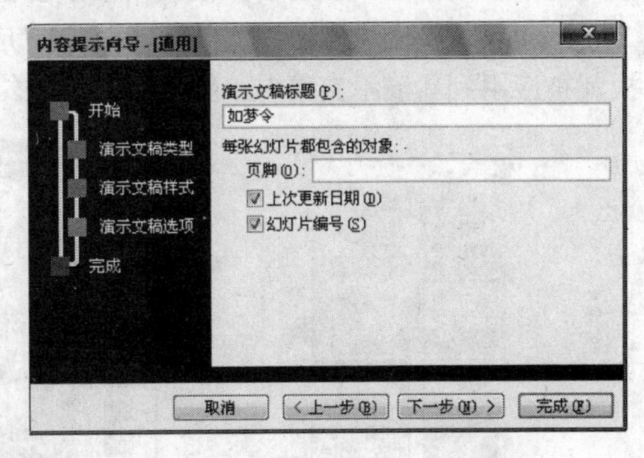

图 4-10　“演示文稿标题”对话框

5）使用“内容提示向导”创建的演示文稿如图 4-11 所示。演示文稿是以大纲视图方式显示，该视图的内容是演示文稿的一个框架，可在这个框架中补充或编辑演示文稿的内容。

6）完成演示文稿的制作后，将其以指定的文件名存盘。

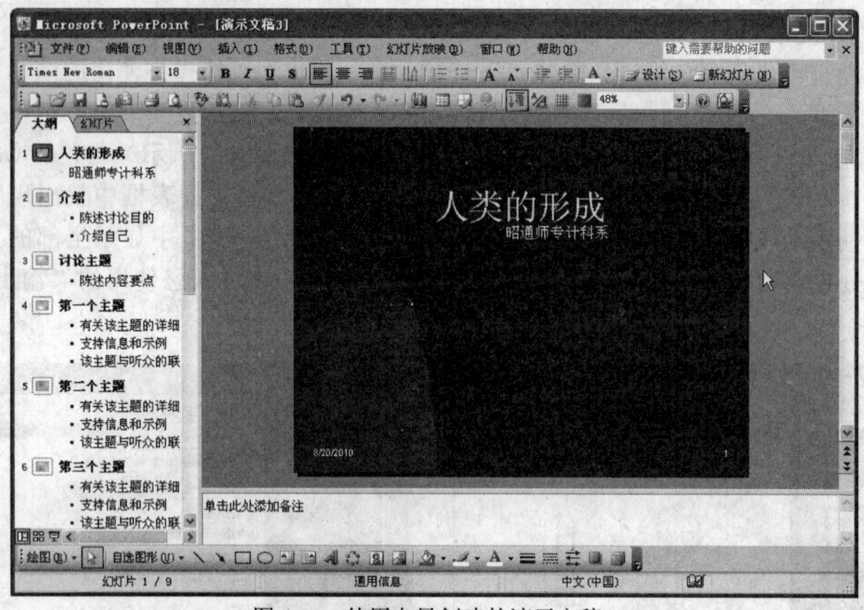

图 4-11 使用向导创建的演示文稿

3. 使用设计模板创建演示文稿

使用设计模板创建演示文稿方便快捷，可以迅速建立具有专业水平的演示文稿。模板的内容包括各种插入对象的默认格式、幻灯片的配色方案、与主题相关的文字内容等。PowerPoint 带有内置模板，模板是以*.pot 为扩展名的文件，存放在 Microsoft Office 目录的子目录 Templates 中，如果 PowerPoint 提供的模板不能满足要求，也可自己设计模板格式，保存为模板文件。利用模板建立演示文稿的步骤如下。

1）在“新建演示文稿”任务窗格中单击“根据设计模板”选项，弹出如图 4-12 所示对话框，其中在“应用设计模板”栏中包含的都是模板文件。

2）PowerPoint 提供了几十种模板，在“应用设计模板”栏中单击某个版式后，该模板就被应用到新演示文稿中。新建只有一张幻灯片的演示文稿，如图 4-13 所示。

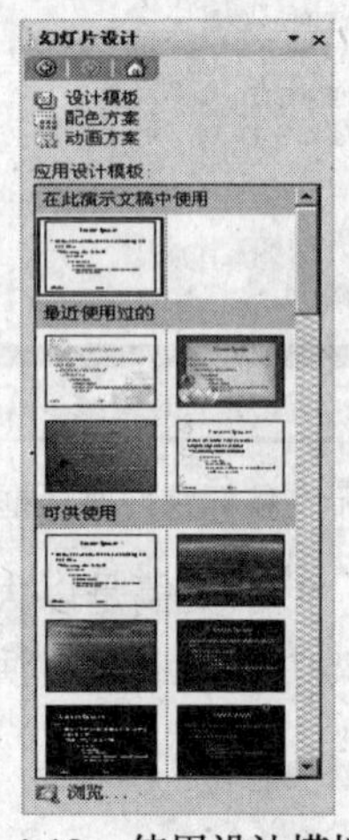

图 4-12 使用设计模板

图 4-13 用模板创建的演示文稿

在如图4-13所示的幻灯片视图中显示的是该模板的第1张幻灯片，默认的文字版式是“标题幻灯片”。在幻灯片中输入所需的文字，完成对这张幻灯片的各种编辑或修改后，可以执行“插入→新幻灯片”命令，创建第2张幻灯片，并在任务窗格中选择其他的文字版式。这些模板只是预设了格式和配色方案，用户可以根据自己的需要输入文本、插入各种图形、图片、多媒体素材等。

4. 根据已有的PowerPoint文稿创建新演示文稿

当完成一个演示文稿后，如果想使用这一现有演示文稿的一些内容或风格来设计其他的演示文稿，可以使用PowerPoint的“根据现有的演示文稿创建”功能。这样可以得到一个和现有演示文稿具有相同内容和风格的新演示文稿，只需在原有的基础上进行修改即可，从而提高了工作效率。

在“新建演示文稿”任务窗格中选择“根据现有演示文稿”选项，打开“根据现有演示文稿新建”对话框，然后找到希望使用的演示文稿名称，单击“创建”按钮即可。

小技巧：①以后在编辑过程中，通过按Ctrl+S组合键，随时保存编辑成果。②在“另存为”对话框中，单击右上方的“工具”按钮，在随后弹出的下拉列表中，选择“安全选项”选项，打开“安全选项”对话框，在“打开权限密码”或“修改权限密码”中输入密码，单击“确定”按钮后返回，再保存文档，即可对演示文稿进行加密。

注意：如果设置“打开权限密码”或“修改权限密码”，以后打开相应的演示文稿时，需要输入正确的密码；如果密码不正确，则不能打开或修改演示文稿。两种密码可以设置为相同，也可以设置为不相同。

4.2.2　添加幻灯片

1. 添加小标题幻灯片

根据上面的方法制作好第1张幻灯片以后，课件的具体内容就可以在后面的幻灯片中依次输入。执行“插入→新幻灯片”命令，将在当前页后插入一张新幻灯片，在主界面右边的“任务窗格”中选取适合的版式后，就可输入相应的内容。如输入“人类的形成”课件的第2、3张幻灯片内容：“中国人说”、“西方人说”。然后，按照同样的方法添加后面的幻灯片，按课件的具体需要，把课件涉及的各个部分内容的小标题输入到各幻灯片中，如图4-14所示。

2. 为幻灯片添加具体内容

前面添加的幻灯片相当于搭起了课件的主要框架，现在就要在这个框架中添加具体的内容。如在课件“人类的形成”第6张幻灯片添加了小标题后，在标题下输入两段文字进行说明，如图4-15所示。

按同样方法添加后面的幻灯片，对各部分和各个小项依次展开说明。

注意：在标题幻灯片中，不输入“副标题”字符，并不影响标题幻灯片的演示效果。

小技巧：以后如果在演示文稿中还需要一张标题幻灯片，可以这样添加：执行“插入→

新幻灯片”命令（或直接按Ctrl+M组合键）新建一个普通幻灯片，此时“任务窗格”智能化地切换到“幻灯片版式”任务窗格中，在“文字版式”下面选择一种标题样式即可。

图 4-14 输入小标题幻灯片

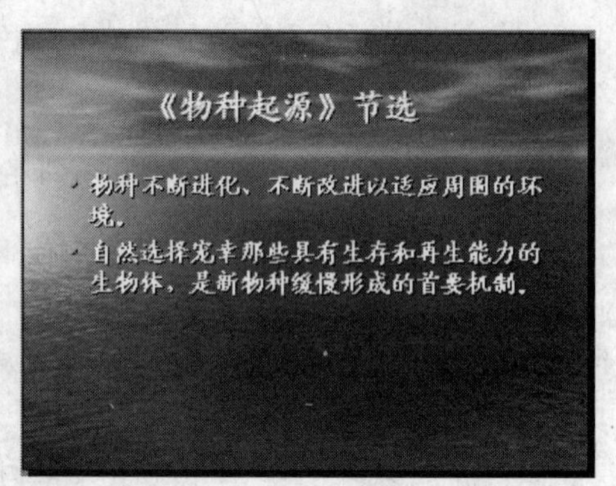

图 4-15 添加具体内容

4.2.3 管理幻灯片

在演示文稿中，每张幻灯片之间的内容连接要紧密，在排版过程中，如果发现遗漏了部分内容，可在其中插入新的幻灯片再进行编辑，插入幻灯片的方法如下。

1. 插入幻灯片

打开演示文稿后，切换到幻灯片浏览视图，在要插入新幻灯片的位置单击鼠标，在两张幻灯片之间出现一条黑线，如图 4-16 所示。

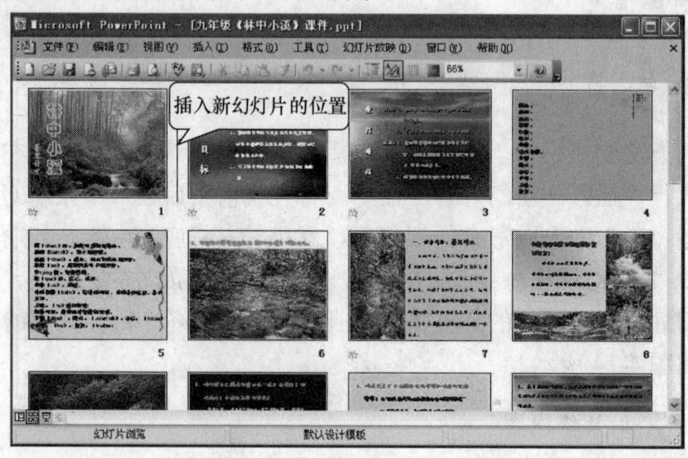

图 4-16 选择要插入幻灯片的位置

执行“插入→新幻灯片”命令，在两个幻灯片之间插入一个同样版式的新幻灯片，如图 4-17 所示。然后可以编辑此幻灯片。

在幻灯片浏览视图中插入幻灯片的优点是，浏览视图中可以更清楚、更方便地选择要插入的新幻灯片的位置。在其他视图中也可以插入新的幻灯片，如在普通视图中，插入新幻灯片的方法是：选择左边的“大纲”或者“幻灯片”选项卡，选择一个幻灯片标记，然后执行“插入→新幻灯片”命令，可在所选择的幻灯片后插入新的幻灯片。

图 4-17　插入新幻灯片

2. 删除幻灯片

删除不需要的幻灯片，只要选中要删除的幻灯片，执行“编辑→删除幻灯片”命令或按 Delete 键即可。如果误删除了某张幻灯片，可单击常用工具栏的“撤销”按钮。

3. 移动幻灯片

打开演示文稿，切换到幻灯片浏览方式，单击选中要移动的幻灯片，按住鼠标拖动幻灯片到需要的位置即可；也可以使用“剪切”和“粘贴”命令来完成。

4. 复制幻灯片

选择需要复制的幻灯片，在该幻灯片上右击，在弹出的快捷菜单中，执行“复制”和“粘贴”命令，将所选幻灯片复制到演示文稿的其他位置或其他演示文稿中（只有在幻灯片浏览视图或大纲视图下才能使用复制与粘贴的方法）。

在演示文稿的排版过程中，可以通过移动或复制幻灯片，来重新调整幻灯片的排列次序，也可以将一些已设计好版式的幻灯片复制到其他演示文稿中。

4.3 在课件中添加教学内容

4.3.1 在课件中添加文字

1. 输入文本

（1）在预留区中输入文字

在预留区中用鼠标单击，鼠标就会变成“I”形，同时预留区中的默认文字消失，此时可键入文字或粘贴已经复制的文字（如图 4-18 所示）。输入完成后，单击预留框外任意位置，就完成了文本的输入。

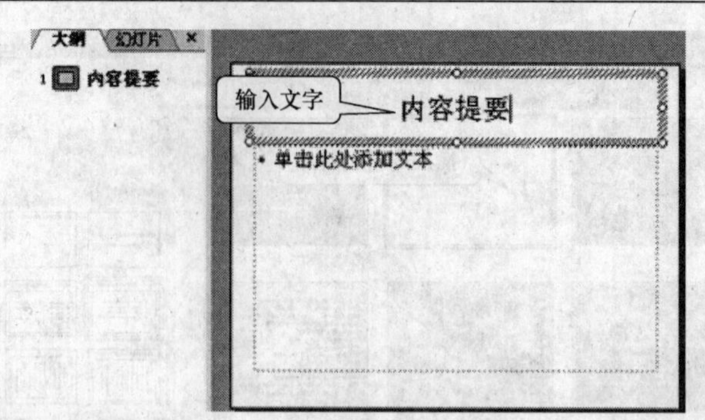

图 4-18　在预留区中输入文字

可以看出，在幻灯片预留区中输入的文字，在左侧大纲窗口中也显示出来，两者相同。

（2）使用文本框输入文本

1）执行“插入文本框”命令，选择“水平”或“垂直”选项。

2）用鼠标在幻灯片上需要添加文本的位置拖出一个矩形框。文本框的左右宽度可以用鼠标拖动框调整，上下高度随着文字的增多而自动改变，如图 4-19 所示。

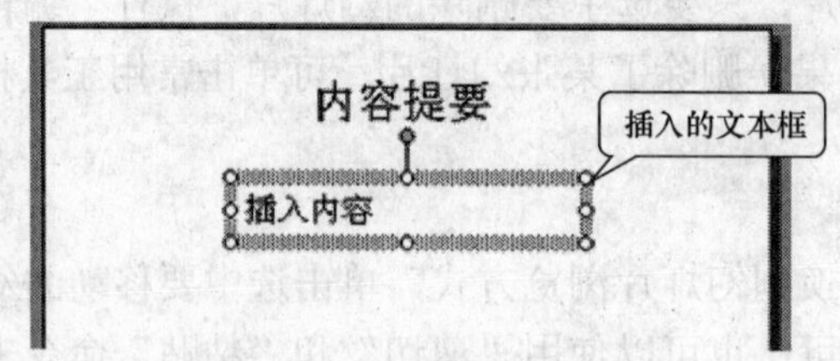

图 4-19　在文本框中输入文字

注意：文本框内的文字不出现在大纲视图内。

2. 文本框的旋转与翻转

（1）文本框的旋转

1）选定要旋转的文本框。

2）单击“绘图”工具栏中的“绘图”按钮，在弹出的菜单中，执行“旋转或翻转→自由旋转”命令。此时文本框的四角出现四个绿点，即为“旋转控点”，如图 4-20 所示。

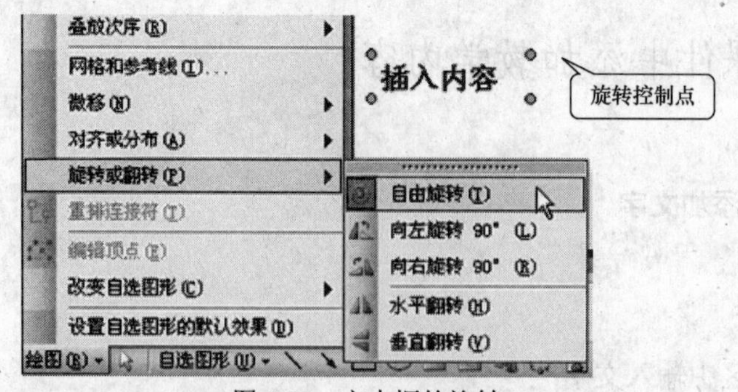

图 4-20　文本框的旋转

3）将鼠标移到某个旋转控点上，按下鼠标左键并拖动，此文本框开始绕其中心旋转。

4）旋转到合适位置，松开鼠标，文本框就旋转了相应的角度。

5）单击任意位置或执行“自由旋转”命令，结束旋转。

（2）文本框的翻转

1）选定要翻转的文本框。

2）单击“绘图”工具栏中的“绘图”按钮，在弹出的菜单中，执行“旋转或翻转→水平翻转”命令或“垂直翻转”命令，可看到文本框翻转后的效果，如图 4-21 所示。

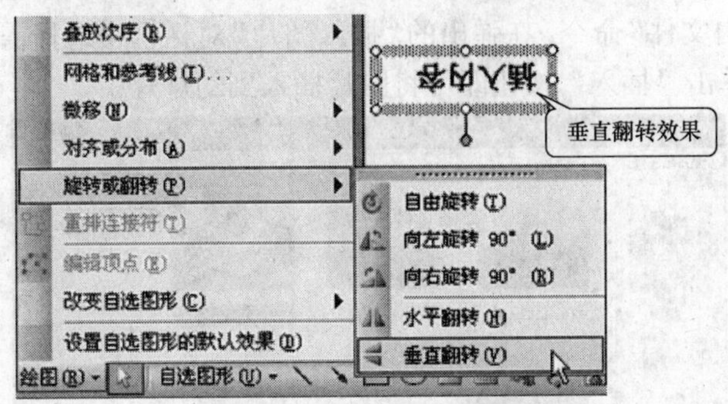

图 4-21　文本框的翻转

4.3.2　在课件中添加图像

在幻灯片中插入图片能非常直观地展示教学内容，使课堂教学生动有趣，起到提高教学效果的作用。在幻灯片中可以插入的图片根据来源不同可以分为 3 种：剪贴画、来自文件的图片和自选图形。

1．插入剪贴画

在课件“林中小溪”的第 4 张幻灯片上插入一张剪贴画。

1）选中第 4 张幻灯片，执行“插入→图片→剪贴画”命令，打开“剪贴画”任务窗格，如图 4-22 所示。

2）执行任务窗格中的“剪辑管理器”命令，打开“Microsoft 剪辑管理器”对话框。

3）在其中选择“Office 收藏集”文件夹，单击相应的类别（如“动物”），则展示该类所有剪贴画，如图 4-23 所示。

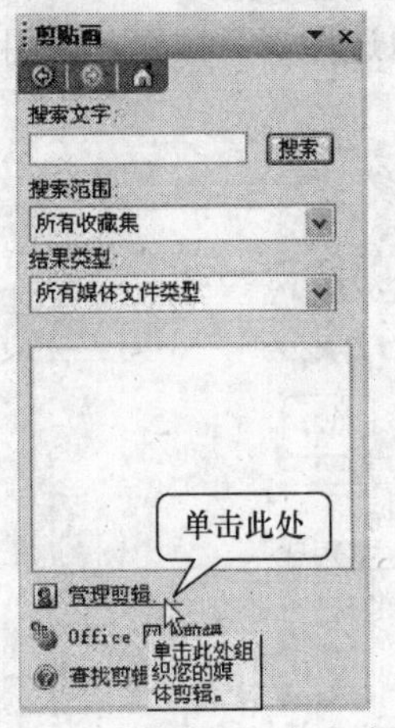

图 4-22　“剪贴画”任务窗格

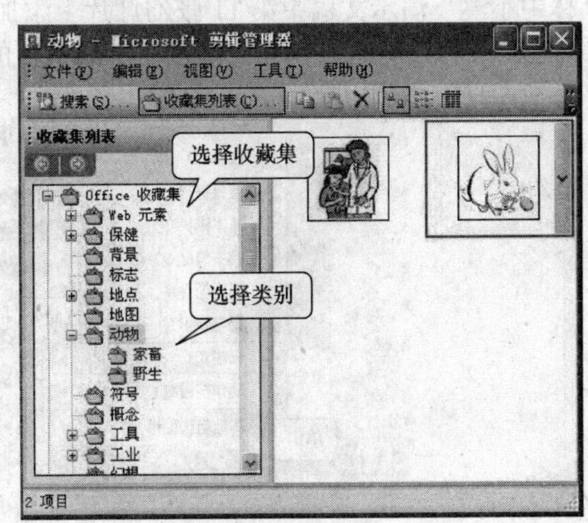

图 4-23　选择剪贴画类别

4）单击某一张剪贴画，在出现的菜单中，执行“复制”命令，关闭“Microsoft 剪辑管理器”窗口，回到幻灯片窗口，单击“粘贴”按钮，剪贴画就插入到幻灯片中了。

2. 插入外部图片

如果要插入的图片不是剪贴画，而是用户自己准备好并保存在文件夹中的，则执行“插入→图片→来自文件”命令，在弹出的“插入图片”对话框中选择需要插入的图片（如图 4-24 所示），单击“插入”按钮即可将图片插入到幻灯片中。

图 4-24 “插入图片”对话框

右击插入的图片，在出现的快捷菜单中，执行“设置图片格式”命令，在打开的对话框中可以对图片的大小、位置等进行设置。

4.3.3 在课件中添加图形

在课件的制作过程中，除了文字素材和图片以外，还经常用到图形。PowerPoint 提供了多种自选图形，单击“绘图”工具栏中的相应图形按钮后，拖动鼠标就可以画出相应的图形。

1. 绘制图形

在“林中小溪”演示文稿中第 11 张幻灯片上添加一个云形标注。

1）选中第 11 张幻灯片，单击“绘图”工具栏上的“自选图形”按钮，如图 4-25 所示，打开自选图形分类列表菜单。

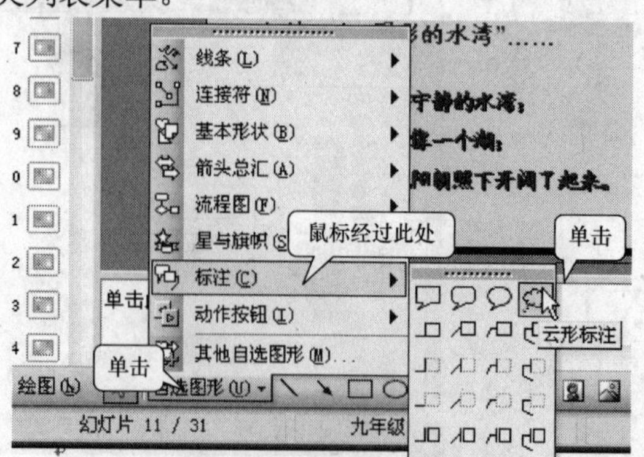

图 4-25 选择要绘制图形

2）如图 4-25 所示，选择“标注”选项，在出现的列表中，选择“云形标注”选项。

3）在幻灯片上的适当位置拖动鼠标，绘制出图形，适当调整即可，如图 4-26 所示。

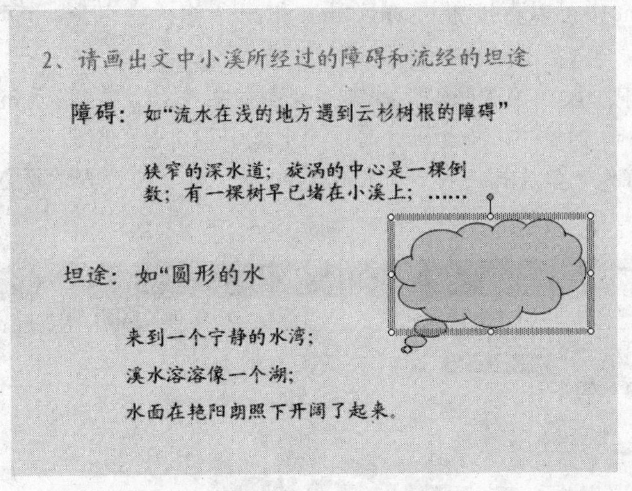

图 4-26　绘制出的图形效果

注意：若绘制时按住 Shift 键，则绘制直线时可以使其倾斜角度为 15° 的整数倍；绘制矩形时得到正方形；绘制椭圆时得到圆形。若绘制时按住 Ctrl 键，则在绘制直线时可以以起始点为中心向两边延伸；绘制矩形时以起始点为中心得到矩形；绘制椭圆时也是以起始点为中心绘制椭圆。若绘制同时按住 Ctrl+Shift 组合键，则效果正是上述两种情况的综合。

在“自选图形”菜单中的“线条”选项下有“曲线”、“任意多边形”选项，它们的操作方法较特殊，步骤如下所述。

1）单击“绘图”工具栏中“自选图形”按钮，在弹出的菜单中，用鼠标经过“线条”选项，选择“曲线”、“任意多边形”选项之一。

2）将鼠标移动到绘制图形的起始位置并单击，然后松开鼠标键，可以沿任意角度移动鼠标到下一个位置后，再次单击。

3）逐次单击鼠标，到最后位置处双击鼠标完成绘制。

2. 图形的其他基本操作

（1）图形对象的选取

1）一个图形对象的选取：只需用鼠标单击该图形对象即可。

2）多个图形对象的选取：按住 Shift 或 Ctrl 键的同时，单击要选择的图形对象。

（2）图形对象的微移

选中要微移的对象，执行“绘图→微移”命令，选择相应移动图形对象即可。

（3）图形对象的对齐和分布

选择要编辑的多个对象，执行“绘图→对齐和分布”命令，设置“相对于幻灯片”选项，然后从弹出的菜单中执行相应的命令即可。

4.3.4　在课件中添加声音

在 PowerPoint 中可以直接加入 wav、mid 和 mp3 格式的声音，也可以直接插入 CD、录制旁白等。

在课件“林中小溪”第 1 张幻灯片中插入声音文件 “水乡船歌.mp3”。

1）打开“林中小溪”课件，在普通视图中选中第 1 张幻灯片。

2）执行“插入→影片和声音→文件中的声音”命令，打开“插入声音”对话框，如图 4-27 所示。

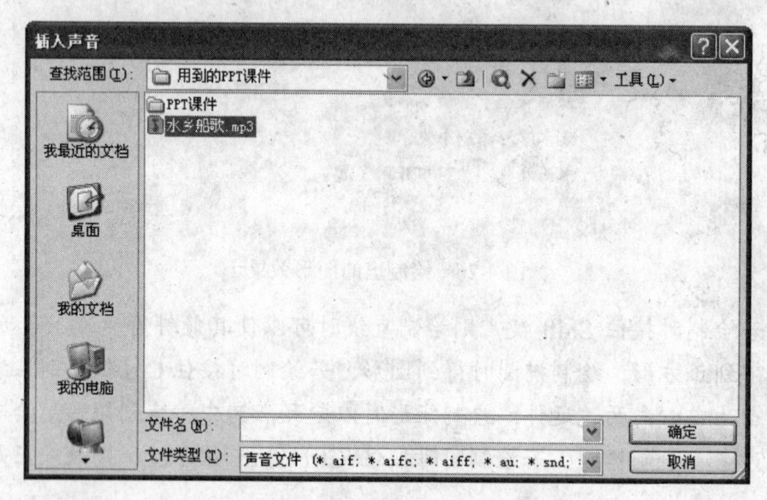

图 4-27 “插入声音”对话框

3）选中要插入的声音文件“水乡船歌.mp3”，单击“确定”按钮。

4）在插入声音文件的过程中，PowerPoint 2003 会弹出一个消息框，询问声音文件的播放方式，在消息框中单击“自动”按钮，这样在播放幻灯片时该声音文件会自动播放。

注意：声音文件和演示文稿文件需要放在同一个文件夹中。

5）用鼠标右击“喇叭”图标，在弹出的快捷菜单中执行“自定义动画”命令，打开“自定义动画”窗格，单击声音对象右侧的下拉箭头，在下拉列表中选择“效果选项”。

6）打开“播放声音”对话框，该对话框中有“效果”、“计时”、“声音设置”3 个选项卡，“效果”选项卡用于设置声音播放的开始和停止方式，“计时”选项卡用于设置声音的延迟和重复播放，“声音设置”选项卡可以用于调整音量，并可以设置播放声音时声音图标是显示还是隐藏。

4.3.5　在课件中添加影片

PowerPoint 2003 中可以插入视频文件，操作的步骤和插入“剪贴画”基本相同。

1. 为课件插入影片

在“林中小溪”第 5 张幻灯片中插入“剪辑库”中的视频文件。

1）在普通视图中单击“林中小溪”第 5 张幻灯片。

2）执行“插入→影片和声音→剪辑管理器中的影片”命令，打开“剪贴画”任务窗格，选择需要的视频文件，操作完成后会在幻灯片中出现视频文件的第 1 帧画面，如图 4-28 所示。

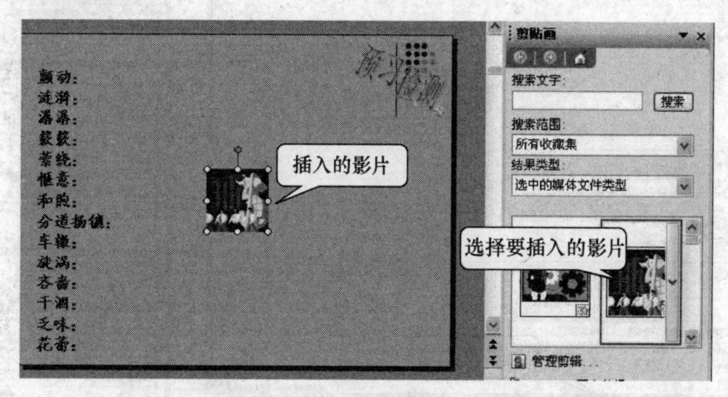

图 4-28　插入影片

3）如果要插入用户自己准备好的视频文件，则操作的步骤和插入声音文件相同，执行“插入→影片和声音→文件中的影片”命令，打开“插入影片”对话框。

4）选中要插入的影片文件，单击“确定”按钮，此时会弹出一个消息框，询问影片文件的播放方式，如果单击“自动”按钮，在播放幻灯片时该影片文件会自动播放，如果单击“在单击时”按钮，则在播放幻灯片时单击该影片才会播放。

5）在幻灯片中调整视频文件的位置和大小。

2. 设置影片放映效果

执行“幻灯片放映→自定义动画”命令，打开“自定义动画”任务窗格，如果要为某个视频设置放映效果，则单击其视频名称右边的下拉列表框，选择“效果选项”命令，即可为该影片设置放映效果，如图 4-29 所示。

目前，GIF 和 Flash 动画十分流行，在 PowerPoint 课件中可以直接插入或链接这些动画。插入 GIF 动画的方法与插入外部图片的方法基本相同。如果链接的是 Flash 作品时，还必须激活它才能播放。

为“发生在肺内的气体交换”第 9 张幻灯片插入 Flash 动画“气体交换.swf”。

1）将做好的动画“气体交换.swf”复制到演示文稿“发生在肺内的气体交换”所在的文件夹中。

2）打开“发生在肺内的气体交换”演示文稿，在普通视图中单击第 9 张幻灯片。

3）执行“视图→工具栏→控件工具箱”命令，单击“控件工具箱”面板中的“其他控件”按钮，选择 Flash 控件“Shockwave Flash Object”，并在幻灯片中间拖动一个矩形。

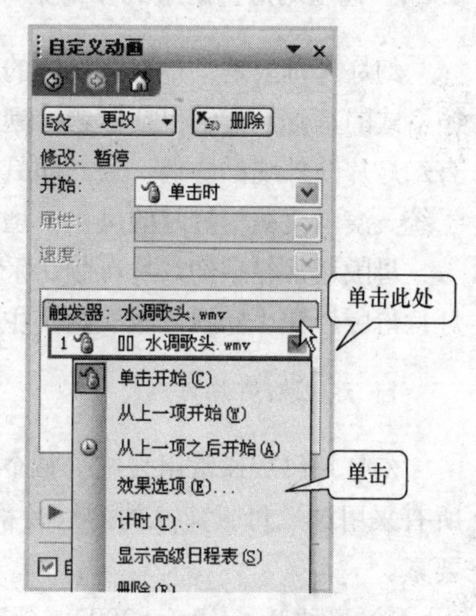

图 4-29　设置影片的放映效果

4）右击拖出的矩形，在弹出的快捷菜单中执行“属性”命令，将 Flash 控件 MOVIE 属性设置为“气体交换.swf”，如图 4-30 所示。

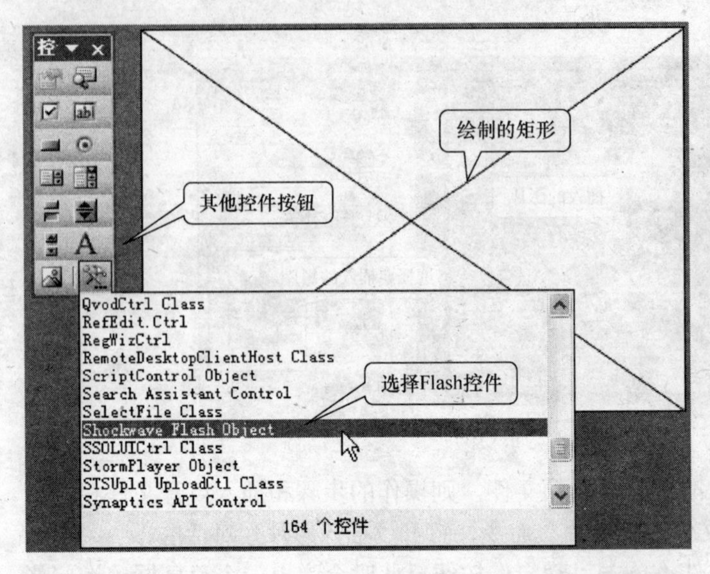

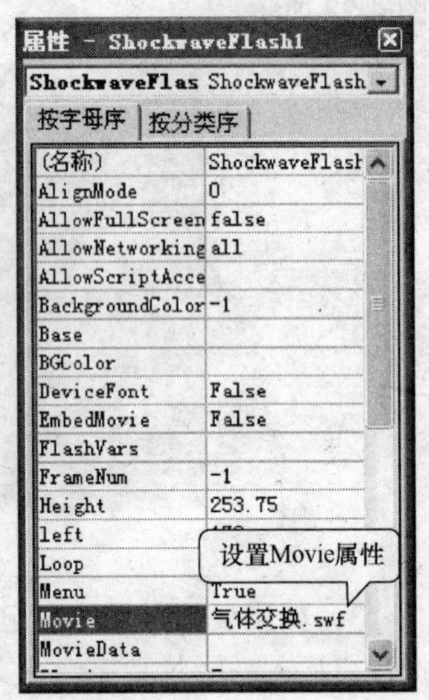

图 4-30 插入 Flash 动画

4.4 美化课件

当演示文稿中插入的幻灯片比较多时，为了让围绕同一主题的多张幻灯片在视觉上有统一的效果，用户可以按照自己的要求设置幻灯片的外观。PowerPoint 2003 中提供的用于控制外观协调的方式主要有 3 种：母版、配色方案和模板。

4.4.1 调整幻灯片的版式和背景

幻灯片母版是一种与众不同的特殊的幻灯片，它是创建演示文稿中所有幻灯片所遵循格式的基础，其中包括标题、副标题、文本等。应用幻灯片母版可以使演示文稿中所有幻灯片的外观都协调一致，即具有相同的格式、背景和配色方案及文本字体等，有助于统一演示文稿幻灯片的风格，增强其观赏性。

母版通常包括幻灯片母版、标题母版、讲义母版、备注母版 4 种形式。下面介绍“幻灯片母版”和“标题母版”两个主要母版的建立和使用。

1. 建立幻灯片母版

幻灯片母版通常用来统一整个演示文稿的幻灯片格式，一旦修改了幻灯片母版，则所有采用这一母版建立的幻灯片格式也随之发生改变，能快速统一演示文稿的格式等要素。

1）启动 PowerPoint 2003，新建或打开一个演示文稿。

2）执行“视图→母版→幻灯片母版”命令，进入“幻灯片母版视图”状态，此时“幻灯片母版视图”工具条也随之被展开，如图 4-31 所示。

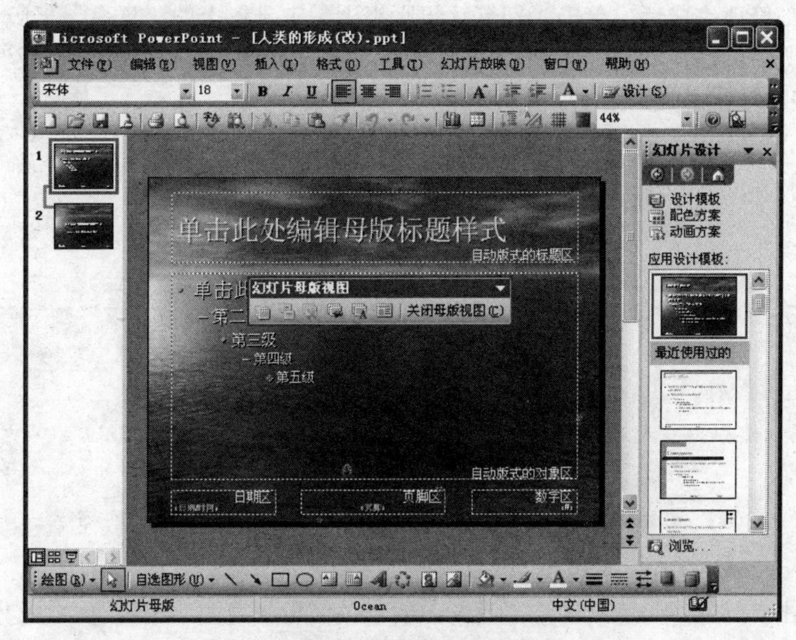

图 4-31　幻灯片母版样式

3）在“单击此处编辑母版标题样式”处，编辑好母版的标题样式。

4）然后分别单击“单击此处编辑母版文本样式”及下面的“第二级”、“第三级”等字符，设置好相关格式。

5）分别选中“单击此处编辑母版文本样式”、“第二级”、“第三级”等字符，执行“格式→项目符号和编号”命令，打开“项目符号和编号”对话框，设置一种项目符号样式后，单击“确定”按钮，即可为相应的内容设置不同的项目符号样式。

6）执行“视图→页眉和页脚”命令，打开“页眉和页脚”对话框，如图 4-32 所示，切换到“幻灯片”选项卡下，即可对日期区、页脚区、数字区进行格式化设置。

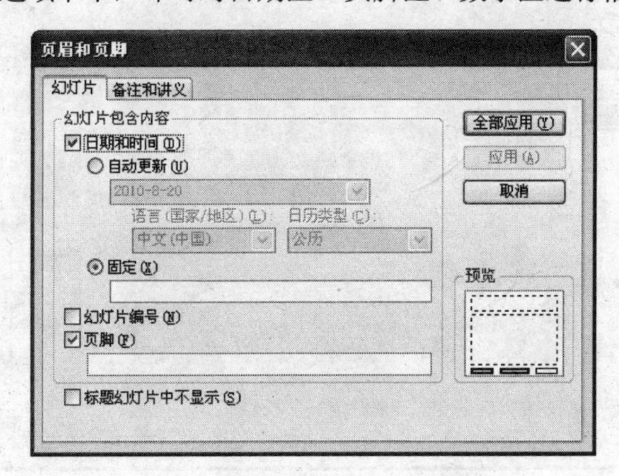

图 4-32　“页眉和页脚”对话框

7）执行“插入→图片→来自文件”命令，打开“插入图片”对话框，选择事先准备好的文件夹中的图片将其插入到母版中，并放到合适的位置上。

8）全部修改完成后，单击“幻灯片母版视图”工具条上的“重命名母版”按钮，如图 4-33 所示，打开“重命名母版”对话框，输入一个名称（如“演示母版”）后，单击“重命名”按钮返回。

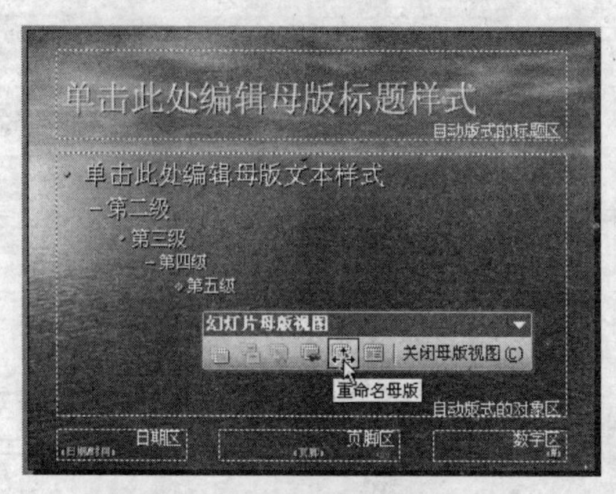

图 4-33　重命名母版

9）单击“幻灯片母版视图”工具条上的“关闭母版视图”按钮退出，幻灯片母版制作完成。

2. 建立标题母版

前面已经提到，演示文稿中的第 1 张幻灯片通常使用“标题幻灯片”版式。现在就为这张相对独立的幻灯片建立一个“标题母版”，突出显示演示文稿的标题。

1）在“幻灯片母版视图”状态下，选择左侧的第 2 张幻灯片即为标题母版，如图 4-34 所示。

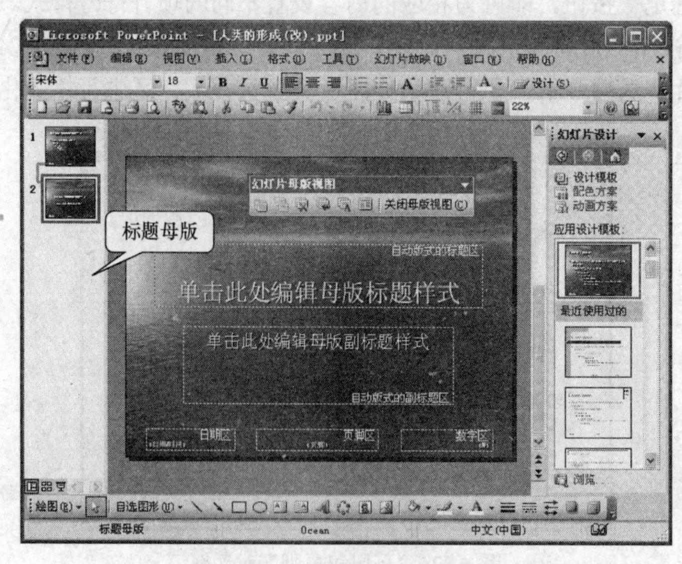

图 4-34　标题母版

2）参照上面"建立幻灯片母版"的相关操作，设置好"标题母版"的相关格式。

3）设置完成后，退出"幻灯片母版视图"状态即可。

注意：母版修改完成后，如果是新建文稿，请仿照上面的操作，将当前演示文稿保存为母版（如"演示母版.pot"），供以后建立演示文稿时调用；如果是打开的已经制作好的演示文稿，则可以参照下面母版的应用操作，将其应用到相关的幻灯片上。

小技巧：如果想为某一个演示文稿使用多个不同的母版，可以在"幻灯片母版视图"状态下，单击工具栏上的"插入新幻灯片母版"和"插入新标题母版"按钮，新建一对母版（此时，大纲区又增加了一对母版缩略图，如图 4-35 所示，并参照上面的操作进行编辑修改，并重命名。

3. 母版的应用

母版建立好了以后，可以将其应用到演示文稿上。

1）启动 PowerPoint 2003，新建或打开某个演示文稿。并执行"视图→任务窗格"命令，打开"任务窗格"和"幻灯片设计"任务窗格，如图 4-36 所示。

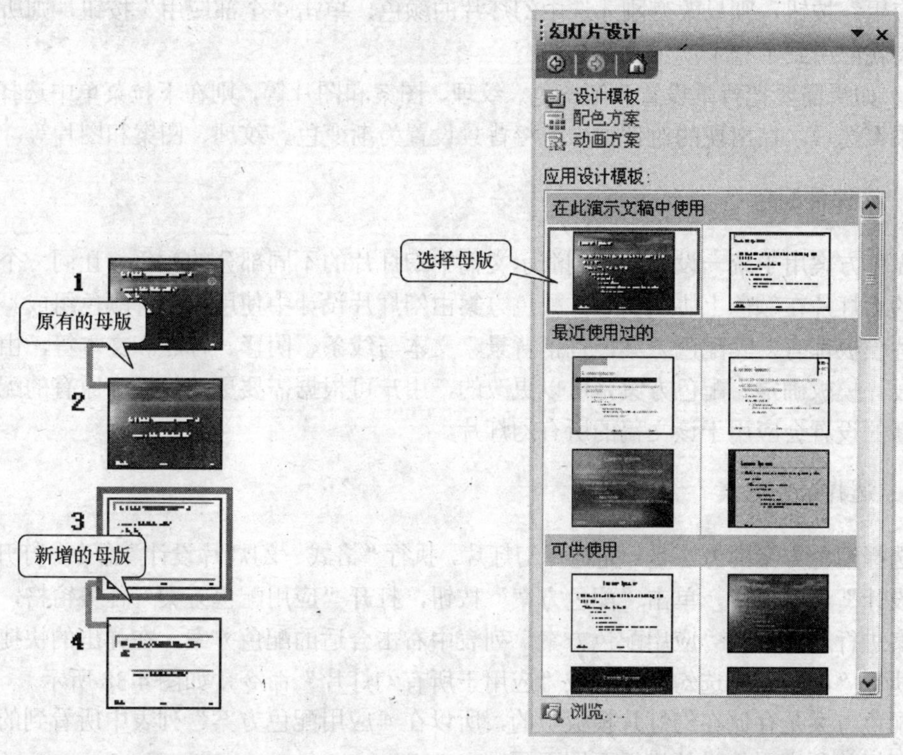

图 4-35　增加母版　　图 4-36　任务窗格

2）单击某个模板（如"演示母版.pot"）右侧的"箭头"，选择"应用于所有幻灯片"选项，将第一对"母版"先应用到当前演示文稿的所有幻灯片上，如图 4-37 所示。

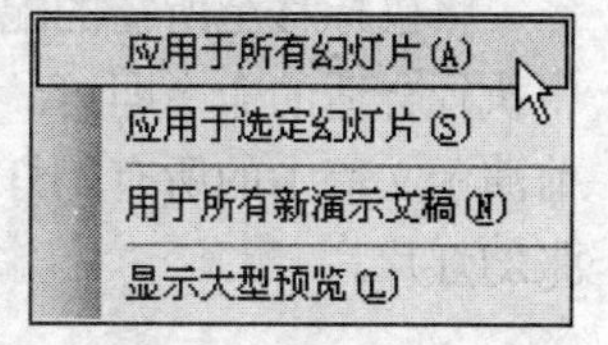

图 4-37　应用于所有幻灯片

3）选中需要应用第 2 对母版的相应幻灯片，单击模板（如"演示母版.pot"）右侧的"箭头"，选择"应用于选定幻灯片"

选项，此时该模板只对选定的幻灯片起作用。

小技巧：在大纲视图中，按住Shift键，单击前、后两张幻灯片，可以同时选中连续的多张幻灯片；按住Ctrl键，分别单击相应的幻灯片，可以同时选中不连续的多张幻灯片。

注意：①“标题母版”只对使用了“标题幻灯片”版式的幻灯片有效；②如果发现某个母版不能应用到相应的幻灯片上，说明该幻灯片没有使用母版对应的版式，请修改版式后重新应用；③如果对应用的母版的格式不满意，可以仿照上面建立母版的操作，对母版进行修改，或者直接手动修改相应的幻灯片来美化和修饰演示文稿。

4. 调整背景颜色

在PowerPoint中，除了在应用模板或配色方案中可以更改幻灯片的背景外，还可以按需要随时更改幻灯片的背景颜色或背景设计。当不需要使用设计模板中自带的格式时，用户可以自己更改背景的颜色、添加底纹、图案、纹理或图片等，其方法如下所述。

1）打开一个演示文稿，执行“格式→背景”命令，打开“背景”对话框。

2）单击“背景填充”下拉箭头，在弹出的下拉列表框中可以选择背景的颜色。单击“应用”按钮，则只改变刚才选中幻灯片的颜色，单击“全部应用”按钮，则所选择的效果就应用到了整个演示文稿。

3）如果需要把背景设置为渐变色、纹理、图案和图片等，则在下拉菜单中选择“填充效果”选项，在出现的对话框中，将背景设置为渐变色、纹理、图案和图片等。

4.4.2 给课件配色

配色方案用于统一设置和控制演示文稿中幻灯片的不同部分的颜色，让同一个演示文稿的幻灯片在颜色上协调一致，配色方案由幻灯片设计中使用的8种颜色组成。每个幻灯片模板都有一套配色方案，包括背景、文本与线条、阴影、标题和文本等，由所应用的设计模板确定。配色方案是可以更改的，用户可根据需要更改模板中原有的配色方案，新的设置会应用于该文稿的所有幻灯片。

1. 选择配色方案

选择配色方案的方法是：先选择幻灯片，执行“格式→幻灯片设计”命令，打开“幻灯片设计”任务窗格，单击“配色方案”按钮，打开“应用配色方案”任务窗格，对配色方案进行选择，在“应用配色方案”列表中右击合适的配色方案，在弹出的快捷菜单中，执行“应用于所选幻灯片”或“应用于所有幻灯片”命令，如图4-38所示。

配色方案是存储在幻灯片模板中的，所以在“应用配色方案”列表中所看到的内容会因幻灯片所应用的设计模板不同而不同。

将鼠标移至所需的配色方案上方，单击右侧的下拉列表框按钮，在出现的下拉菜单中执行合适的命令即可。执行“应用于所有幻灯片”命令，将所选的配色方案应用于当前演示文稿中的所有幻灯片；执行“应用于所选幻灯片”命令，则只应用到选中的这一张幻灯片。

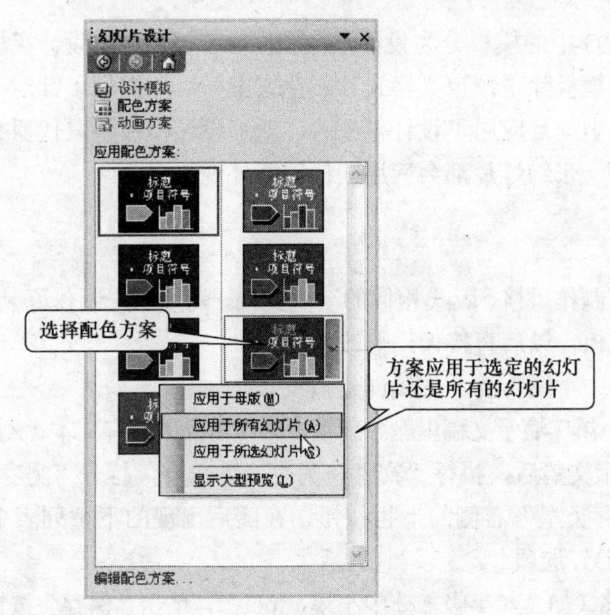

图 4-38　配色方案窗口

2. 编辑配色方案

当 PowerPoint 所提供的标准配色方案不能满足设计要求时，可以自己动手来配置一些项目的颜色。在如图 4-38 所示的“配色方案”任务窗口底部单击“编辑配色方案”按钮，打开“编辑配色方案”对话框，如图 4-39 所示，即可按用户自己的需要修改或添加新的配色方案。

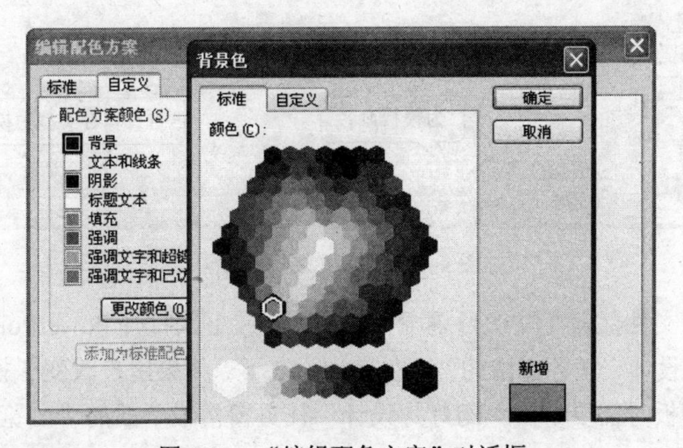

图 4-39　“编辑配色方案”对话框

4.4.3　用模板调整课件外观

模板是保证演示文稿一致性的一组母版和配色方案，它包含了所有用于创建演示文稿的基本元素，包括项目符号和字体的类型与大小、占位符大小与位置、背景设计与填充、配色方案与幻灯片母版和可选的标题母版，可应用到任何一个演示文稿中创建幻灯片外观。

PowerPoint 2003 中的模板分为设计模板和内容模板两种，设计模板包括预定义格式和颜色方案，内容模板除了预定义格式和颜色方案外，还提供了针对不同主题而提供的建议。在演示文稿中一旦应用了设计模板时，新的设计模板将取代原来的设置，并且在其后新插入的任何一张幻灯片都会应用同样的新外观方案。

1. 创建模板

如果经常需要制作风格、版式相似的演示文稿，就可以先制作好其中一份演示文稿，然后将其保存为模板，以后直接调用修改即可。

用已有的“林中小溪”演示文稿创建模板。

1）在“林中小溪”演示文稿里删除新模板中不需要的所有文本、幻灯片或设计元素。

2）制作好演示文稿后，执行“文件→另存为”命令，打开“另存为”对话框。

3）单击“保存类型”右侧的下拉按钮，在随后出现的下拉列表中，选择“演示文稿设计模板（*.pot)”选项。

4）为模板取名（如“九年级《林中小溪》.pot”），单击“保存”按钮即可，如图 4-40 所示。

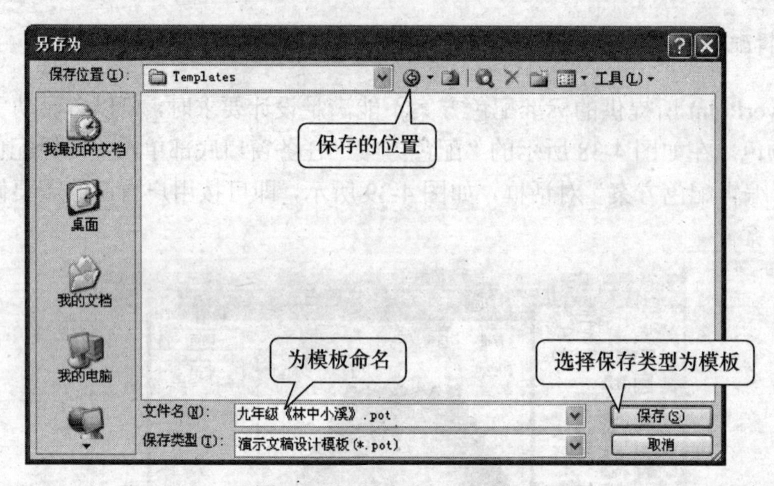

图 4-40 “另存为”对话框

如果将模板文件保存在默认目录下，新模板会在下次打开 PowerPoint 时按字母顺序显示在“幻灯片设计”任务窗格的“可供使用”之下。如果用户改变了模板的保存位置，在应用此设计模板时需要单击“幻灯片设计”任务窗格最下面的“浏览”按钮，找到此模板。

2. 模板的调用

可以在创建演示文稿时应用设计模板，也可以在编辑演示文稿时应用设计模板。

创建新演示文稿时使用模板步骤如下。

1）启动 PowerPoint 2003，执行“文件→新建”命令，打开“新建演示文稿”任务窗格，如图 4-41 所示。

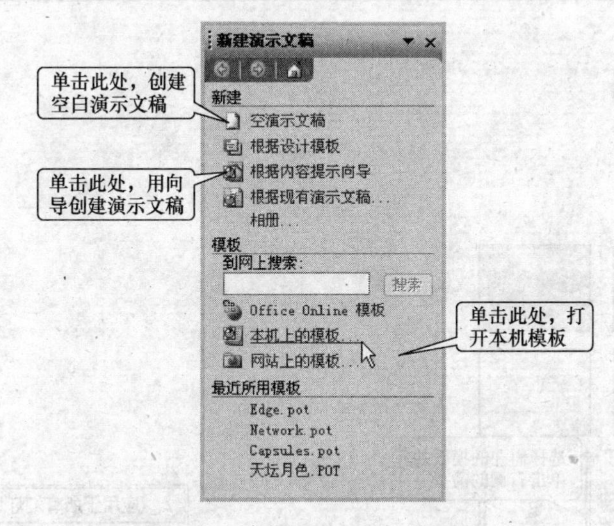

图 4-41 “新建演示文稿”任务窗格

2）选择其中的“本机上的模板”选项，打开“新建演示文稿”对话框，如图 4-42 所示，选中需要的模板，单击“确定”按钮。

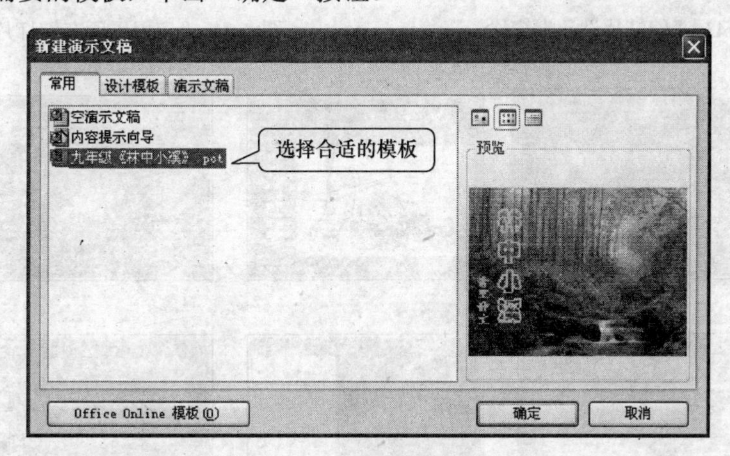

图 4-42 “新建演示稿”对话框

3）根据制作的需要，对模板中相应的幻灯片进行修改设置后，进行保存，即可快速制作出与模板风格相似的演示文稿。

将“天坛月色”模板应用到已有的演示文稿“人类的形成”中。

4）执行“格式→幻灯片设计”命令，弹出如图 4-43 所示的窗格。

5）将鼠标指向任一模板时，都会出现模板的文件名。选中名为“天坛月色”的模板，单击其右侧的“箭头”，之后单击“应用于所有幻灯片”选项，如图 4-44 所示。此时该模板将被应用于所有的幻灯片，如图 4-45 所示即为应用新设计模板后的幻灯片样式（若要将模板应用于单个幻灯片，单击“应用于选定幻灯片”选项；如将模板应用于多个选中的幻灯片，则在“幻灯片”选项卡上选择相应的幻灯片缩略图，并在任务窗格中单击模板）。

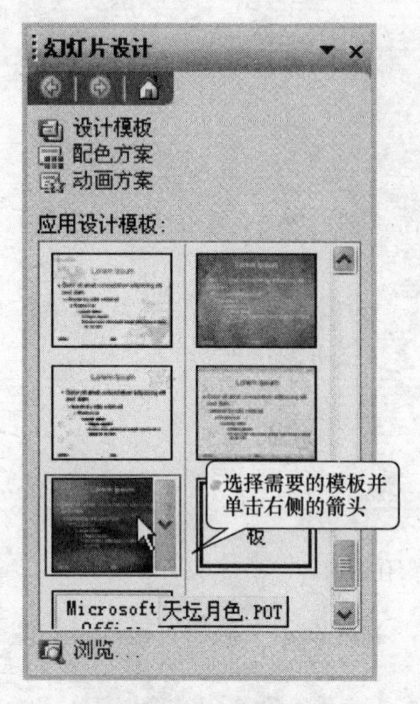

图 4-43 “幻灯片设计”窗格

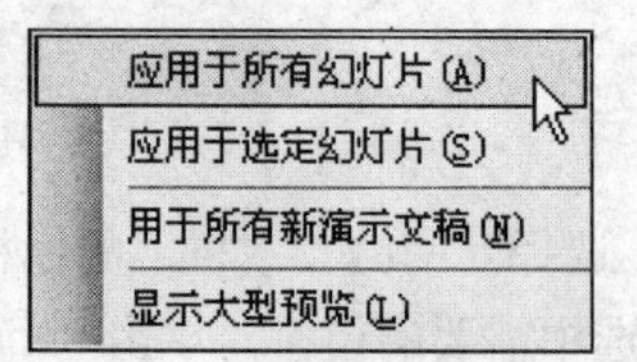

图 4-44 “应用于所有幻灯片”选项

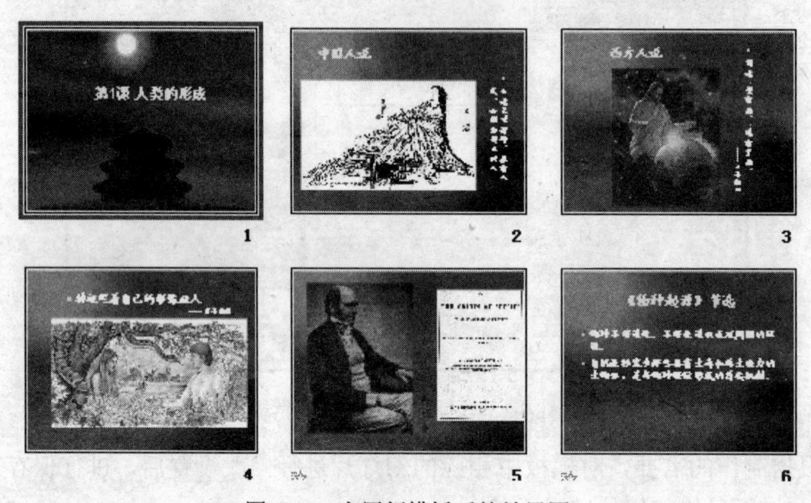

图 4-45 应用新模板后的效果图

注意：在“模板”对话框中，若切换到“设计模板”或“演示文稿”选项卡下，可以选用系统自带的模板来设计制作演示文稿。

4.5 控制课件的放映

制作好的演示文稿可以在屏幕上播放演示，也可以打印出来。为了突出播放重点，增强演示的生动性和趣味性，除了在屏幕上逐张播放幻灯片外，还可以控制幻灯片中各个对象的放映效果。PowerPoint 为用户提供了多种放映幻灯片和控制幻灯片的方式，用户可以选择最为理想的放映速度与放映方式，使幻灯片的放映达到满意的效果。

4.5.1　控制幻灯片上对象的播放

在设置动画效果时，不仅可以设置每张幻灯片进入屏幕时的动画效果，还可以对每张幻灯片内部的各元素设置动画效果，从而增强演示的趣味性。PowerPoint 2003 有两种自带的动画方案可以用来进行动画设置。

1. 使用“动画方案”设置幻灯片的动画效果

为演示文稿“酸和碱”中第 4 张幻灯片设置“依次渐变”动画方案。

1）选择要添加动画效果的第 4 张幻灯片。

2）执行“幻灯片放映→动画方案”命令，打开“幻灯片设计”任务窗格。

3）如图 4-46 所示，从“应用于所选幻灯片”列表框中选择“依次渐变”选项。

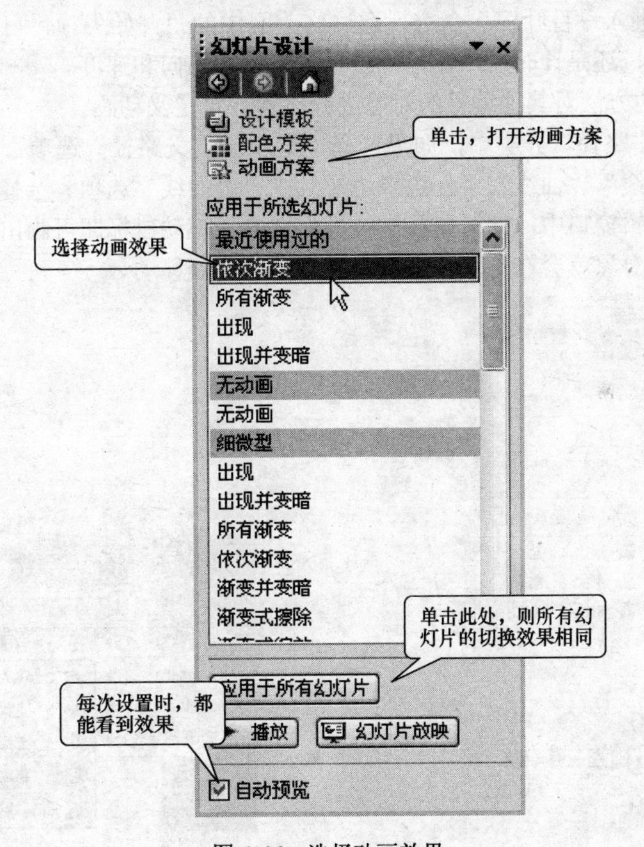

图 4-46　选择动画效果

4）若底部的“自动预览”复选框被选中，那么在设置的同时可以看到所选幻灯片的预览效果。

5）单击“应用于所有幻灯片”按钮，使每张幻灯片都被设置成相同的切换效果。如不单击“应用于所有幻灯片”按钮，则该效果只对选中的幻灯片有效。

2. 使用“自定义动画”设置动画效果

使用动画方案可以将幻灯片中各对象设置为相同的动画效果。若要让各对象有不同的动画效果，则可以使用 PowerPoint 2003 提供的自定义动画功能。

为演示文稿“酸和碱”中第 8 张幻灯片的对象设置不同的动画效果。

1）选择要添加动画效果的第 8 张幻灯片。

2）执行“幻灯片放映→自定义动画”命令，打开“自定义动画”任务窗格，如图 4-47 所示。

3）在幻灯片中选中要设置动画的占位符对象，如对编号为 2 的对象“酸+碱→盐+水”，此时自定义任务窗格中“添加效果”按钮，则该按钮变为可用状态。单击“添加效果”按钮，便出现如图 4-48 所示的下拉菜单。其中“进入”选项表示对象进入屏幕的动画方式；“强调”选项用于突出显示对象；“退出”选项用于设置对象退出屏幕时的动画方式；“动作路径”选项可以让对象沿着所绘制的路径移动。

4）执行“进入→百叶窗”命令。通过修改区中的“开始”项，可以设置对象是以鼠标单击时进入，还是计时进入，也可设置出现时的方向和速度。

5）用同样的方法对其他编号的对象进行设置，自定义动画。

6）在“动作路径”分类中，如果选择“绘制自定义路径”选项，这时可供选择的类型有绘制“直线”、“曲线”、“任意多边形”、“自由曲线”选项。选择其中一种，将鼠标移至幻灯片编辑窗口中，此时鼠标指针呈十字形，拖动鼠标即可画出相应的图形，这样选中的幻灯片对象就会在幻灯片中按绘制的图形路径移动。

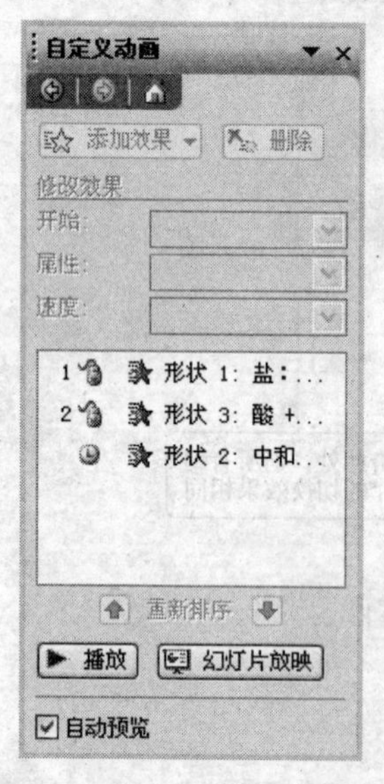

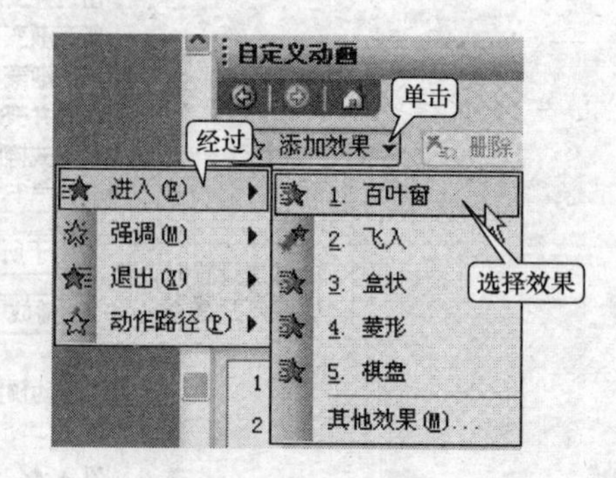

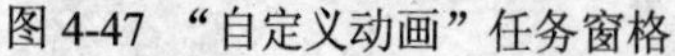

图 4-47 “自定义动画”任务窗格　　　　图 4-48 添加动画效果

当幻灯片中的对象被添加了动画效果后，在该项目前会显示一个动画效果的编号，表示该动画在当前幻灯片中的播放次序，其顺序与任务窗格中动画列表上的顺序一致。

当幻灯片中添加了多个动画效果，如果需要对其播放顺序进行调整时，在“自定义动画”任务窗格中的动画列表上，选中需要调整顺序的动画，然后单击“重新排序”两侧的上下箭头，即可调整幻灯片动画效果的顺序。

单击任务窗格中的“删除”按钮，即可将动画列表中选中的动画效果删除。

3. 幻灯片间的切换效果

幻灯片切换效果是指放映演示文稿时，各幻灯片进入屏幕的方式。默认情况下，幻灯片放映时用户可以通过单击鼠标来进行幻灯片的切换，此时切换是没有动画效果的。不过 PowerPoint 2003 提供了很多具有动画效果的切换方式，并且可以设置其切换速度及声音。

为演示文稿“酸和碱”中第 1 张幻灯片设置“水平百叶窗”的切换方式，更改切换速度为“中速”，并伴有风铃声：

1）选中要添加切换效果的第 1 张幻灯片。

2）执行“幻灯片放映→幻灯片切换”命令。或单击“幻灯片浏览”工具栏上的“幻灯片切换”按钮。此时屏幕出现“幻灯片切换”任务窗格，如图 4-49 所示。

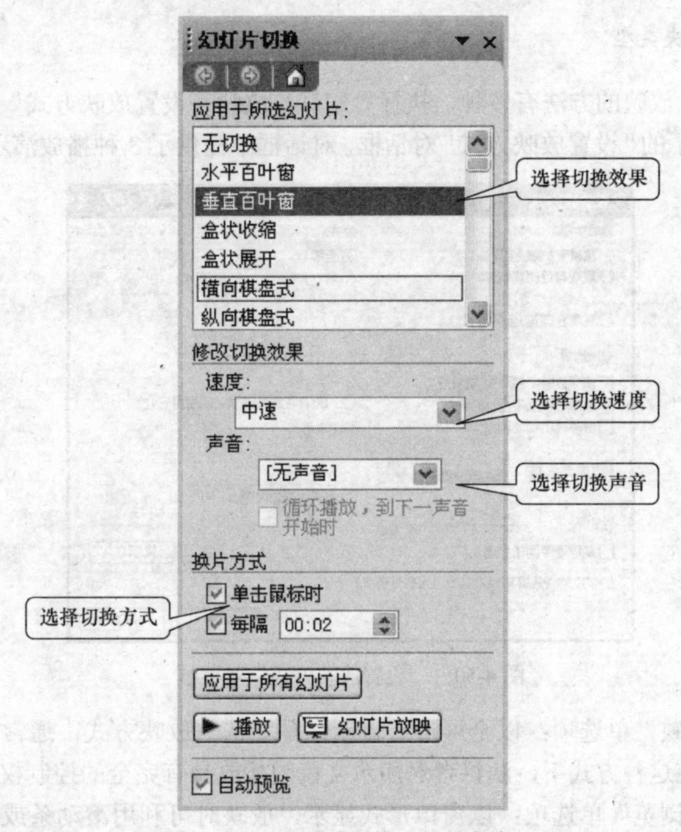

图 4-49 “幻灯片切换”任务窗格

3）从“应用于所选幻灯片”列表框中选择“垂直百叶窗”选项。在“修改切换效果”区中，单击“速度”下拉列表并选择“中速”选项；单击“声音”下拉列表，选择“风铃”选项。

4）若底部的“自动预览”复选框被选中，那么在设置的同时可以看到所选幻灯片的预览效果。在“换片方式”区中可以选中“每隔”多少秒自动出现下一张幻灯片，或选择“单击鼠标时”复选框。

5）单击“应用于所有幻灯片”按钮，便每张幻灯片都被设置成相同的切换效果。如不单击“应用于所有幻灯片”按钮，则该效果只对选中的幻灯片有效。

4.5.2 控制课件的播放

演示文稿创建好后，用户可以根据不同需要设置不同的放映方式。PowerPoint 2003提供了很多放映演示文稿的方法，执行“幻灯片放映→观看放映”命令，即可进入幻灯片的放映过程。在放映过程中，单击鼠标，即可进行幻灯片的切换，在播放过程中，只要用户在屏幕任何位置右击，即可出现控制课件播放的快捷菜单，从中选择相应的命令，即可实现简单控制幻灯片的放映操作。

自定义动画的方式能够控制一张幻灯片上指定的对象何时出现、何时退出，而对于整个课件的交互播放，可以通过幻灯的切换或设置超链接去实现。

1. 设置放映类型

启动幻灯片放映的方法有多种，执行“幻灯片放映→设置放映方式”命令，便会弹出如图4-50所示的“设置放映方式”对话框，对话框中提供了3种播放演示文稿的方式。

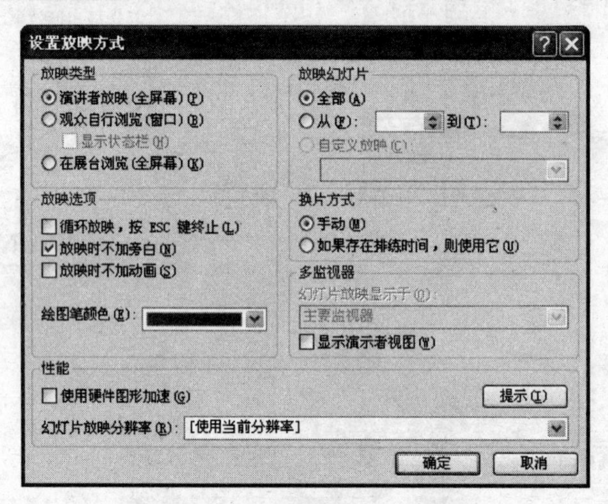

图4-50 “设置放映方式”对话框

“演讲者放映”单选项：以全屏形式显示，是默认的放映方式，通常用于演讲者播放演示文稿。在这种方式下，演讲者对演示文稿的播放具有完全的控制权。

“观众自行浏览”单选项：以窗口形式显示，放映时可利用滚动条或浏览菜单逐张显示，并提供命令在放映时移动、编辑、复制和打印幻灯片。

“在展台浏览”单选项：以全屏形式在展台上演示，常用于公共场合中的宣传展示。放映时只能使用预先做好的排练计时来切换。

2. 设置放映范围

在如图4-50所示的“放映幻灯片”栏中，可以根据需要选取部分或全部幻灯片进行放映。选择“全部”单选项，则放映演示文稿中所有的幻灯片；选择“从（F）”单选项，可以根据需要选择部分连续的幻灯片进行放映，只需在输入框中输入需要放映的幻灯片的起止编号即可；选择“自定义放映”单选项，则放映演示文稿中不连续的幻灯片，只需在其后的下拉列表中选择自定义放映名称。

（1）动作按钮的使用

PowerPoint 提供了一些常用的动作按钮，它们是预先设置好的一组带有特定动作的图形按钮，例如，指向前一张、后一张、最后一张幻灯片等，可以放在幻灯片的任何位置并为之定义超链接，从而实现幻灯片的简单交互效果。应用这些设置好的按钮可实现幻灯片放映时的跳转目的。

为演示文稿“酸和碱”的第 2 张以后幻灯片设置动作按钮◀，单击时可以回到上一张幻灯片。

1）在“幻灯片普通视图”中选中第 2 张幻灯片。

2）执行“幻灯片放映→动作按钮”命令，选择动作按钮◀，然后在幻灯片中单击鼠标，系统自动插入动作按钮并打开“动作设置”对话框，如图 4-51 所示。

3）在对话框中有两个选项卡“单击鼠标”和“鼠标移过”。两者的区别在于前者是鼠标单击动作按钮才链接到其他幻灯片，后者是鼠标经过动作按钮链接到其他幻灯片。选择“单击鼠标”选项卡，更为安全一些，因为幻灯片放映时很容易出现误将鼠标移过按钮的情况。

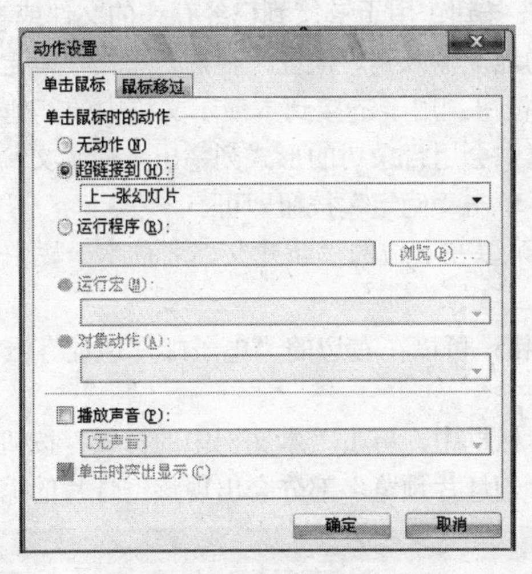

图 4-51 “动作设置”对话框

4）在“动作设置”对话框中选择“链接到上一张幻灯片”选项，单击“确定”按钮。用同样的方法对其他几张幻灯片进行相同的设置。

（2）超链接的使用

超链接是指向特定位置或文件的一种连接方式，可以利用它实现从一个演示文稿或文件快速跳转到其他演示文稿或文件。超链接只有在幻灯片放映时才能被激活，在编辑状态下不起作用。在幻灯片放映时，超链接的显示特点为，当鼠标移至超链接时，鼠标指针会变为一个“小手”形状，文本的超链接会显示下划线及不同的文字颜色。

在 PowerPoint 中超链接可以跳转到当前演示文稿的特定幻灯片、其他演示文稿中的特定幻灯片、电子邮件的地址、文件或网页位置等。

为课件“酸和碱”第 2 张幻灯片的图形设置超链接，链接到不同的幻灯片。

1）在“幻灯片普通视图”中选中第 2 张幻灯片，单击第一个图形。

2）执行“插入→超链接”命令，或者右击鼠标，在弹出的快捷菜单中执行“超链接”命令，打开“插入超链接”对话框，如图 4-52 所示。

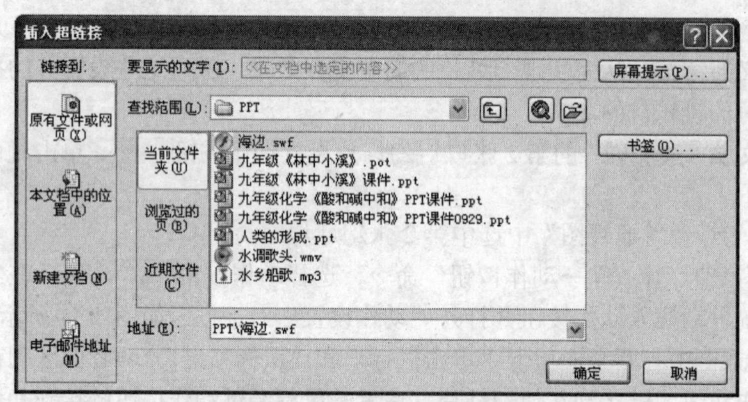

图 4-52 “插入超链接”对话框

在对话框左侧有 4 个按钮可以选择。

“原有的文件或网页”按钮：用于链接到已经存在的文件或者 Internet 的网页，可以将文件的路径或者网页的地址输入到“地址”栏后，单击“确定”按钮。

“本文档中的位置”按钮：用于链接到本演示文稿中的其他张幻灯片，这是最常用的方式。在右边的列表框中会用目录树的形式列举出本演示文稿的所有幻灯片，单击选择要链接到的幻灯片后，单击“确定”按钮即可。

“新建文档”按钮：可以在右边的“新建文档名称”一栏中输入要链接到的新文档的名称。

“电子邮件地址”按钮：可以在右边的“电子邮件地址”一栏中输入要链接到的邮件的地址和主题。

在“插入超链接”对话框中，单击“本文档中的位置”按钮，然后在右边列表框中选择第 8 张幻灯片，在“幻灯片预览”部分会出现该幻灯片的缩略图，如图 4-53 所示。

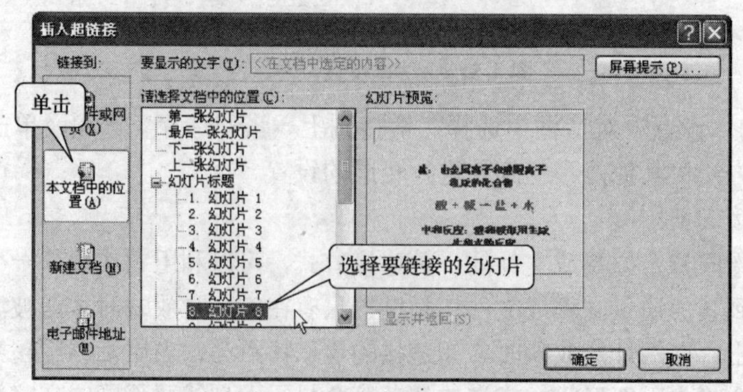

图 4-53 选择超链接位置

4.6 PowerPoint 课件制作实例

4.6.1 制作准备

演示文稿的制作，一般要经历下面几个步骤。

1）准备素材：主要是准备演示文稿中所需要的一些图片、声音和动画等文件。

2）确定方案：对演示文稿的整个构架作一个设计。

3）初步制作：将文本、图片等对象输入或插入到相应的幻灯片中。

4）装饰处理：设置幻灯片中的相关对象的要素（包括字体、大小、动画等），对幻灯片进行装饰处理。

5）预演播放：设置播放过程中的一些要素，然后进行播放并查看效果，满意后可正式输出播放。

演示文稿的制作原则：

1）主题鲜明，文字简练。

2）结构清晰，逻辑性强。

3）和谐醒目，美观大方。

4）生动活泼，引人入胜。

1. 首页要整洁

首页是一个演示文稿正式放映前使用的一个页面，一般来说是一个欢迎页面，这里不需要太多的内容，一幅优美的风景画或一幅符合主题的画面再加上一段简洁的欢迎词和一个按钮就差不多了。为了让等待的过程不至于太枯燥，可以设置让欢迎词动起来，另外由于这是一个等待的时间，最好能插上一段轻音乐或符合主题的其他音乐。

2. 目录要简洁

课件的目录就像是一个导向牌，指向观众想去的地方，应当简洁清晰。完整的目录应该具备标题、导航条和退出按钮。

3. 对文字的处理应合理

一般在课件中都有文字内容，有时只有少数几个文字作为注解，有时有很多文字。文字较少时可采用相对较大的字号，但不要让文字充斥整个屏幕，要留有一定的空间；文字比较少时，可在空余的地方插入一些不太容易引人注意的图片或 GIF 小动画。

4. 对图片的处理要注意效果

在处理图片时，可以运用大量的手法和手段，图片比较多时可采用进入、退出或移动等效果。一个页面里有较多的图片同时出现时，图片和图片之间不要有重叠，并且尽量对齐，或按照一定的规则排列。图文混排时要注意重点突出，不要让陪衬的其他内容喧宾夺主，文字尽量不覆盖在图案上。

5. 按钮的设置要统一

在课件中按钮相当于日常生活中的交通工具，它可以采用文字、图片或图标来设置。一般在主目录里除“退出”按钮以外都采用文字来作为按钮（即导航条）；而在具体的内容里，一般采用图标做按钮。在设置时要注意按钮的大小、位置要适当，尽量放在底部角落里，不要覆盖在要表达的主要内容上；按钮尽量不要吸引观众的注意力，但在需要时能让操作人员很容易地找到，而且效果相同的按钮尽量使用统一图标。

6. 整体色调、风格要协调

一个好的课件其整体的色调、风格应该是统一的，主要体现在对背景色的处理上，切忌花哨、凌乱，没有特别的需要一般不要更改背景设置的色调或风格。可使用 PowerPoint 自带的模板设计，也可以自己设置课件背景风格。

7. 设置超链接、动画要完整

课件中通常存在大量的超链接和动画，在设置完这些链接和动画以后一定要通过播放来检查一下链接和动画的正确性，以防出现死链或不应有的动画，这是保证课件质量的重要环节。在设置完链接或动画以后进行测试，往往能发现一些表面上看不出来的问题，可避免课件在正式场合使用时出错。

制作一个好的课件不光要有好的构思，还要有耐心。不能把一些素材简单地叠加，若对小问题不重视，也会导致整个课件的失败。

4.6.2 中学语文课件实例

本例是一个九年级语文第二单元“故乡”（苏教版）的课件，课件封面如图 4-54 所示。课件中运用了大量的图片和动画效果，这些直观形象的媒体素材，有利于创设情景，激发学生的兴趣，达到突出教材重难点的目的。

图 4-54 课件“故乡”封面效果

课件中每张幻灯片都有连接到各个模块的超链接，为避免重复制作，为该课件先制作一个母版，以方便每张幻灯片重复利用。

1. 制作课件母版

1）运行 PowerPoint 2003，新建一张空白版式的幻灯片。

2）执行“视图→母版→幻灯片母版”命令，打开幻灯片母版视图，删除所有不需要的占位符。

3）在幻灯片空白位置右击，在弹出的快捷菜单中执行“背景”命令，打开“背景”对话框，按图 4-55 所示操作，设置幻灯片背景效果。

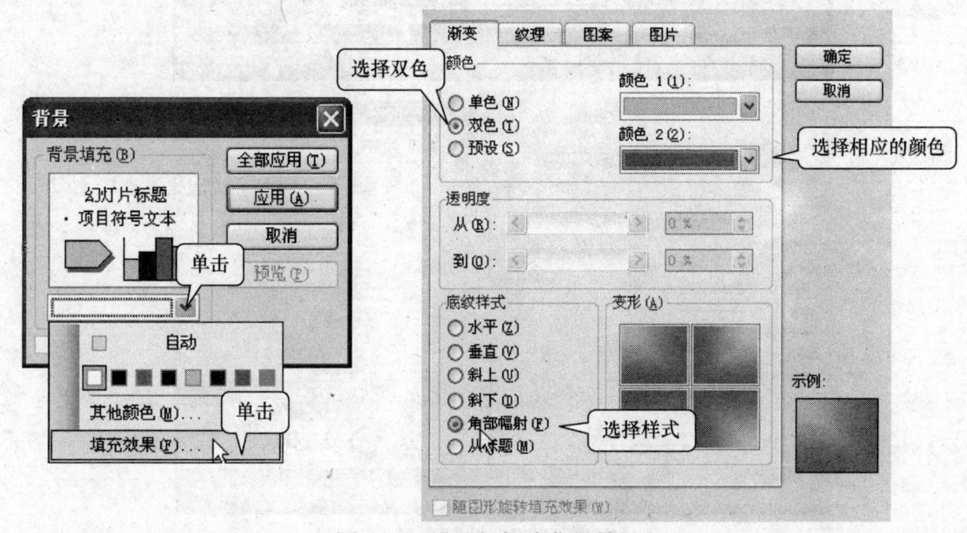

图 4-55　设置幻灯片背景效果

4）按图 4-56 所示操作，在幻灯片的左上角绘制一个圆角矩形，双击圆角矩形，打开“设置自选图形格式”对话框，修改其填充效果和边框颜色。

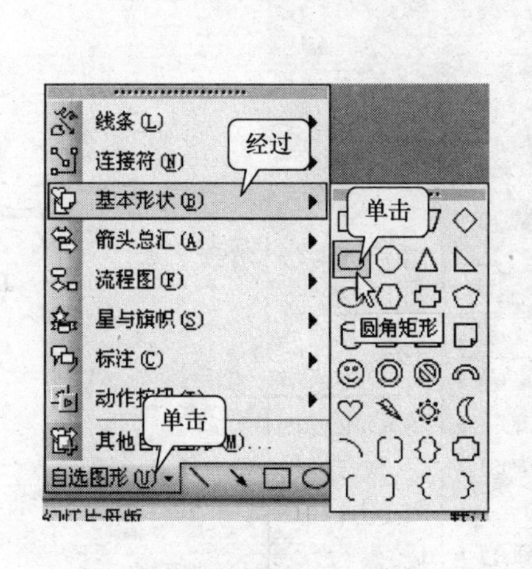

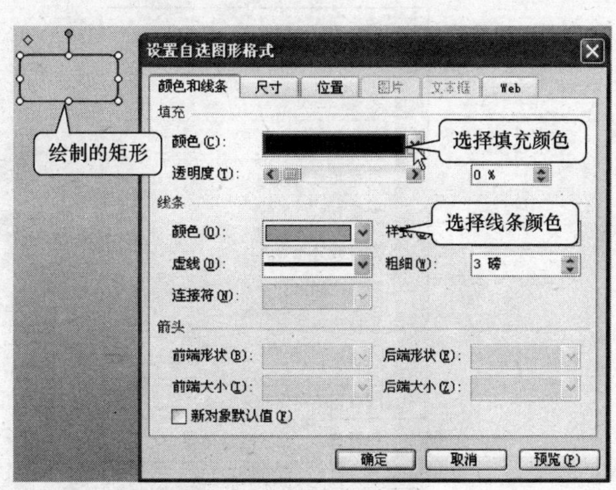

图 4-56　边框设置

5）单击“矩形”工具，在幻灯片最下方绘制一个宽度与幻灯片相同的矩形，设置为上下深蓝、中间淡蓝的填充效果，边框设置成无线，如图 4-57 所示。

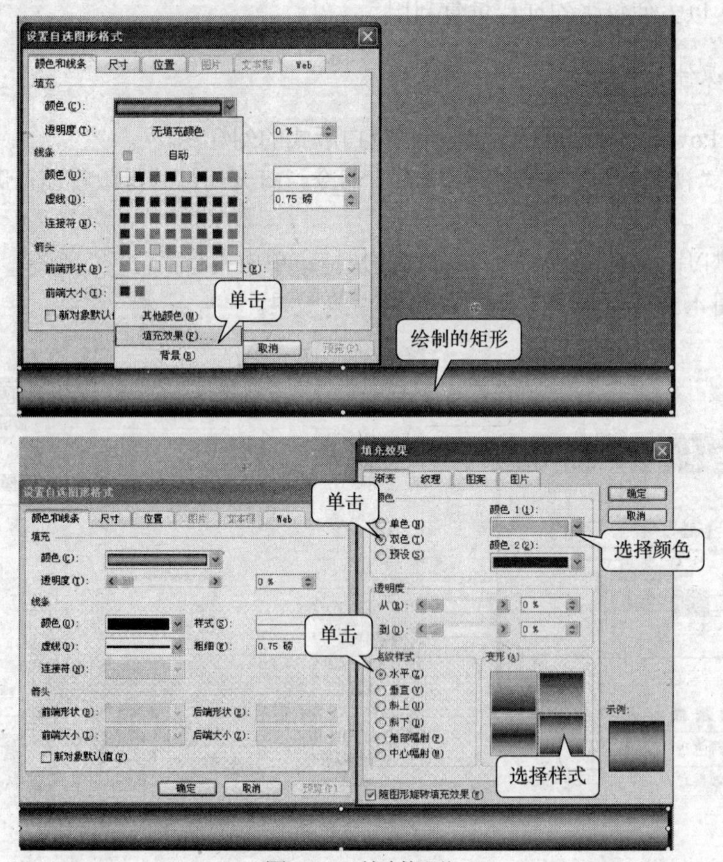

图 4-57 绘制矩形

6）将步骤 4）所绘制的圆角矩形复制一份，拖动到矩形的左侧，按图 4-58 所示操作，将“圆角矩形”的形状改为椭圆。

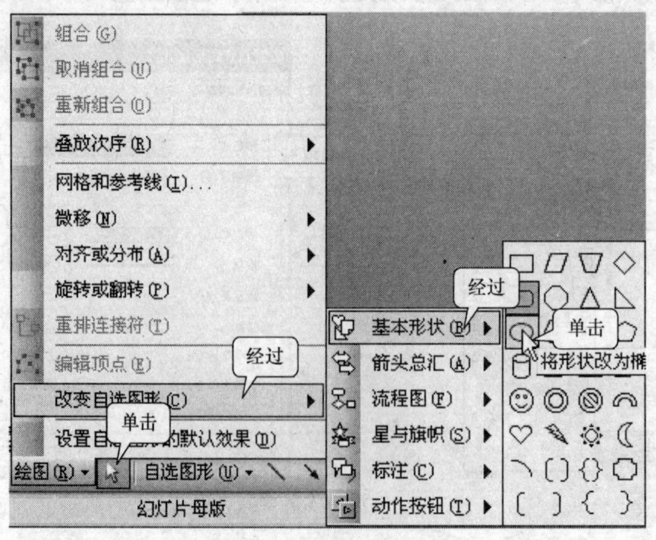

图 4-58 改变图形形状

7）在椭圆上右击，在弹出的快捷菜单中执行“添加文本”命令，如图 4-59 所示，输入文字“了解作者”，设置文字格式为：18 磅、加粗、白色、居中对齐。

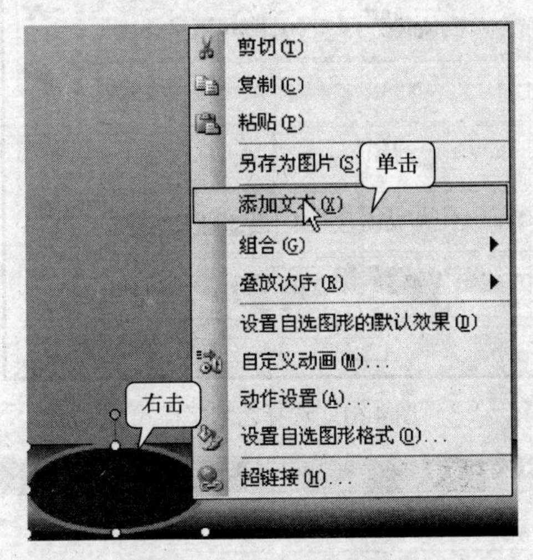

图 4-59　在图形中添加文本

8）将椭圆复制 3 份，排列在矩形的上面，将其中的文字分别修改成“了解作者”，“导入新课”、“人物对比”和“研读课文”，效果如图 4-60 所示。

9）再将步骤 4）绘制的圆角矩形复制一份，拖动到矩形的右侧，添加“退出”文字，效果如图 4-60 所示。

图 4-60　课件导航设置

10）关闭幻灯片母版视图，返回到普通视图。

2. 制作课件封面

1）执行“插入→图片→外部图片”命令，插入图片“故乡.jpg”。

2）调整图片大小，使其覆盖幻灯片除下面导航按钮外的所有区域。

3）单击“文本框”按钮，在幻灯片右上角插入一个文本框，内容为“苏教版《语文》九年级　上册”，文字格式为：黑体、18 磅、加粗、红色。

4）单击“艺术字”按钮，在打开的“艺术字库”对话框中，选择第 3 行第 4 列的样式，单击“确定”按钮，如图 4-61 所示。

5）在打开的“编辑‘艺术字’文字”对话框中，如图 4-62 所示，输入文字并设置字体格式。

6）在“艺术字”工具栏上单击“设置艺术字格式”按钮，在打开的“设置艺术字格式”对话框中，设置艺术字的填充效果为“黄色”，线条颜色为“褐色”。

7）按如图 4-63 所示操作，设置艺术字的阴影效果。

8）在幻灯片左下角添加一个文本框，输入作者姓名并设置合适的字体格式。

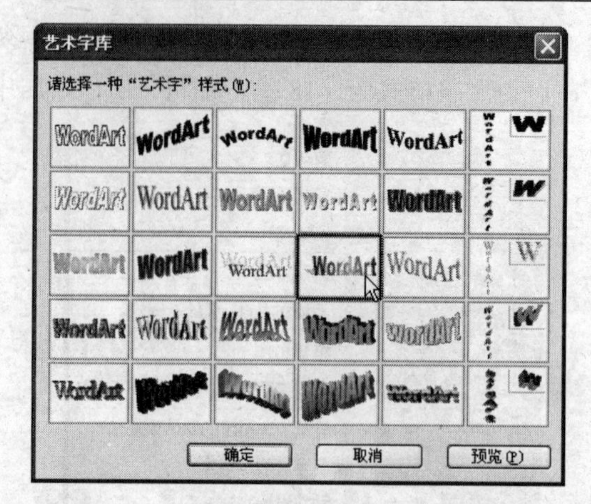

图 4-61　选择艺术字样式

图 4-62　设置艺术字字体格式

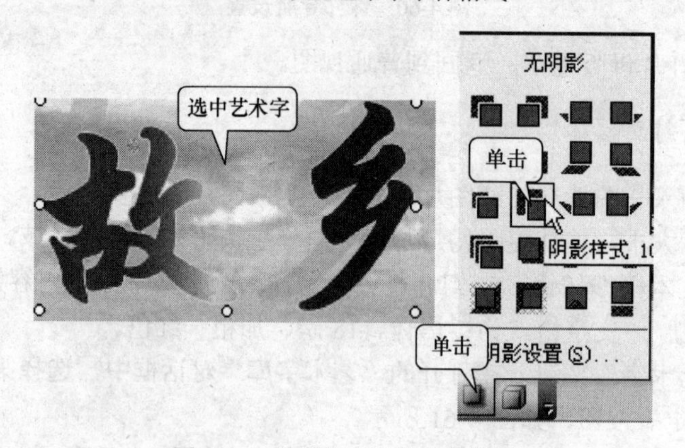

图 4-63　设置艺术字的阴影效果

3. 制作课件内容

限于篇幅，下面仅介绍部分幻灯片的制作过程，其他幻灯片的制作请读者自行完成。

1）在第 1 张幻灯片之后新增一张空白幻灯片，执行“插入→新幻灯片”命令，打开“幻灯片版式”窗格，在“其他版式”中选择“标题，文本与剪贴画”版式，如图 4-64 所示。

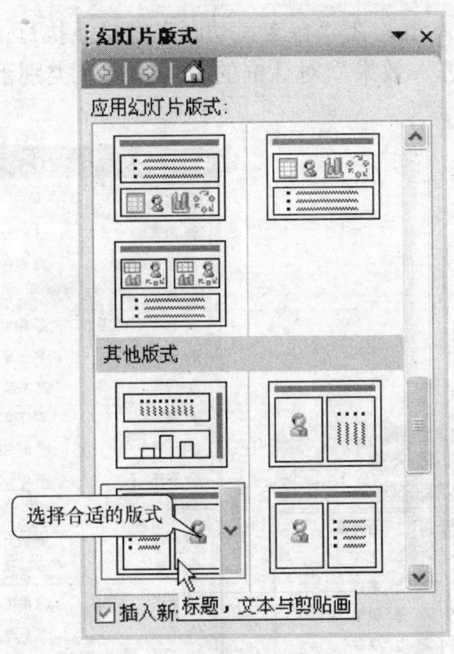

图 4-64　选择幻灯片版式

2）在标题框处输入“作者简介”，在左边的文本框内输入鲁迅的简单介绍，并设置相应的字体格式，如图 4-65 所示。

3）删除幻灯片右边的剪贴画占位符，插入图片“鲁迅.jpg”到幻灯片的右边，适当调整图片大小，如图 4-65 所示。

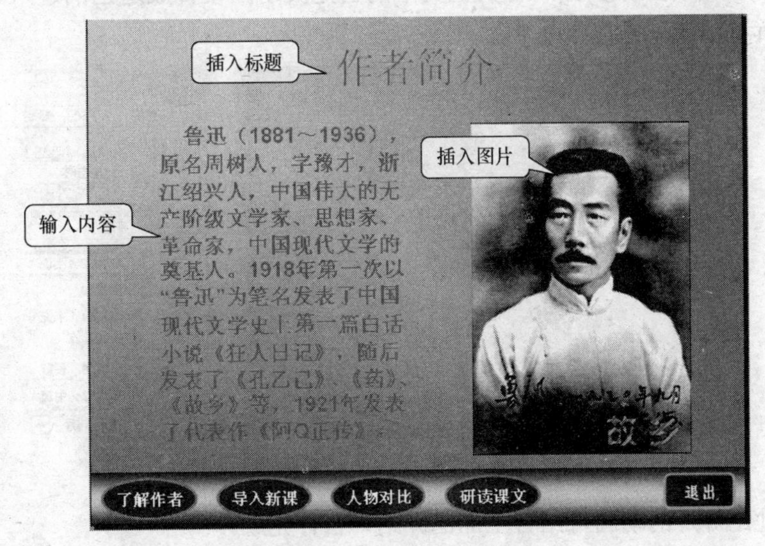

图 4-65　添加文本及图片

4. 设置自定义动画

1）单击第 3 张幻灯片，执行“幻灯片放映→自定义动画”命令，打开“自定义动画”窗格。

2）选中“小说”文本框，在“自定义动画”窗格下执行“添加效果→进入→其他效果”命令，在“添加进入效果”对话框的“华丽型”类别下选中“浮动”选项，如图 4-66 所示。

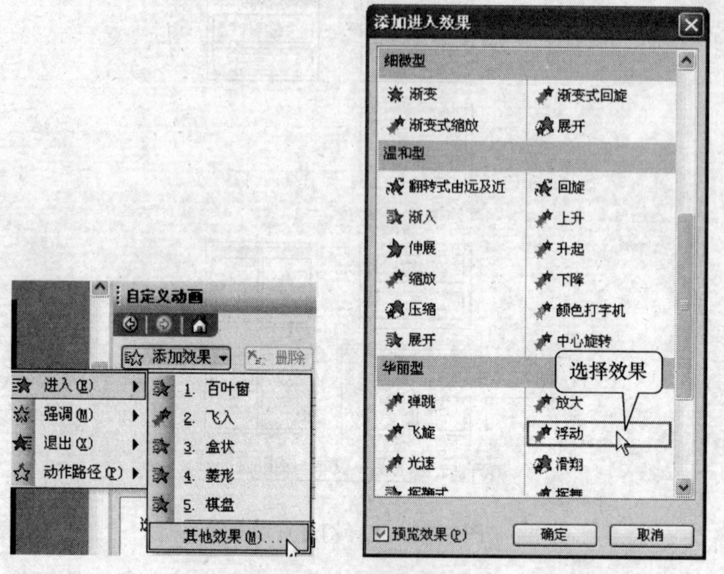

图 4-66　设置动画效果

当“浮动”效果被选中过一次后，在以后设置自定义动画时它就会出现在“进入”的下一级列表中。

3）参照上面的操作步骤，将其他文本的自定义动画设置成适当的进入方式。效果如图 4-67 所示。

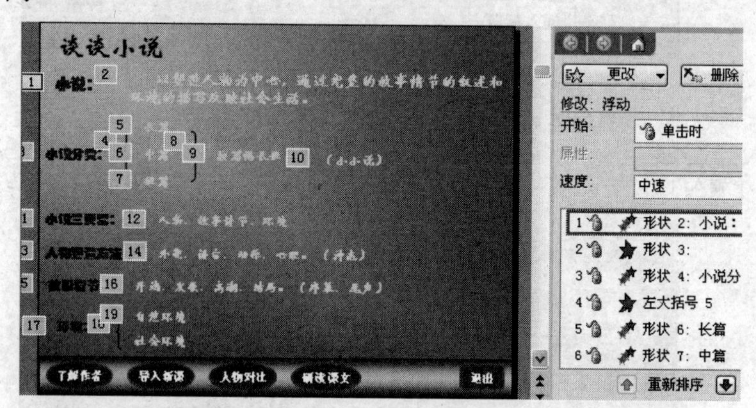

图 4-67　设置其他文本的动画效果

4）其他幻灯片的动画可结合上面的介绍，自行完成。

5. 设置超链接

1）执行“视图→母版→幻灯片母版”命令，打开“幻灯片母版视图”。

2）右击“了解作者”按钮，在弹出的快捷菜单中执行“超链接”命令，打开“插入超链接”对话框。在“链接到”列表中，选择“本文档中的位置”选项，在“请选择文档中的位置”列表中，选择第 2 张幻灯片，单击“确定”按钮，将“了解作者”按钮链接到第 2 张幻灯片，如图 4-68 所示。

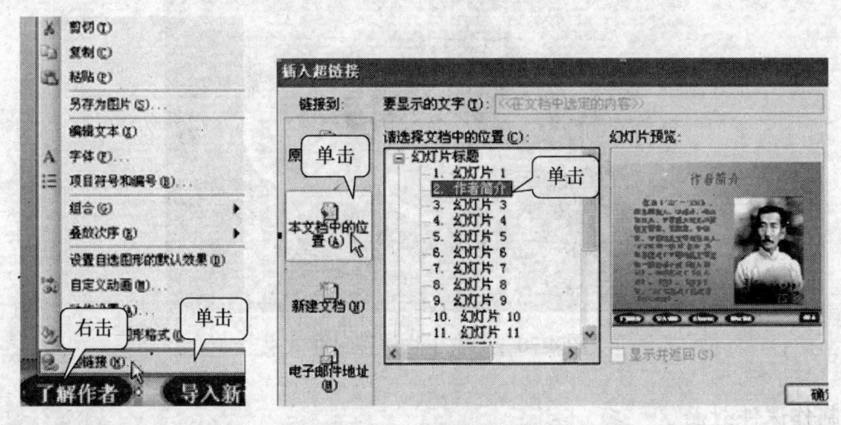

图 4-68　设置超链接

3）操作步骤同上，分别将按钮“导入新课”、“人物对比”和“研读课文”链接到第 6、10 和 19 张幻灯片。

4）右击“退出”按钮，在弹出的快捷菜单中，执行“动作设置”命令，打开“动作设置”对话框，在“超链接到”下拉列表中选择“结束放映”选项，如图 4-69 所示。

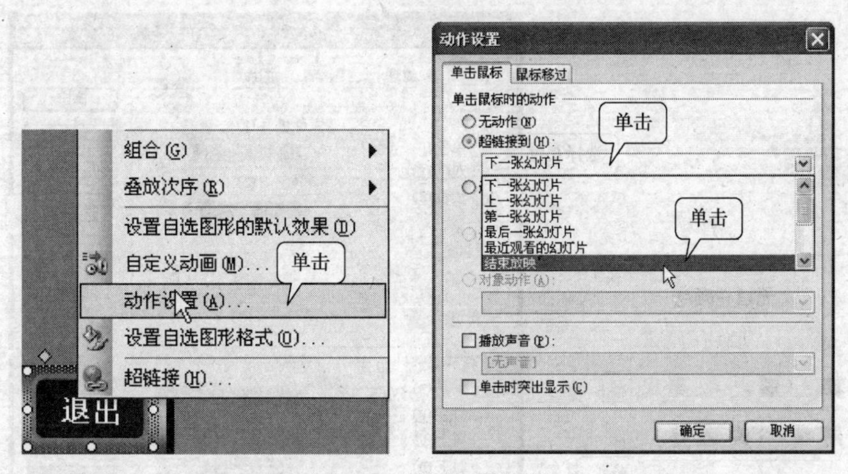

图 4-69　设置退出按钮

5）关闭母版视图，并保存课件。

4.6.3　中学生物课件实例

本例是初中生物教学中的内容“发生在肺内的气体交换”，限于篇幅，在此仅介绍部分幻灯片的制作方法和要点，以及课件的整体设计和控制技巧，其他部分的制作请参考相关内容自行完成。教学内容分为 3 个部分，与此相应课件封面安置了 3 个按钮分别链接到“位置与结构”、“呼吸运动”和“气体交换”。课件封面如图 4-70 所示。

图 4-70 初中生物课件封面效果

1. 制作课件封面

1）新建一张幻灯片，执行“格式→幻灯片设计”命令，在“幻灯片设计”面板，选择 Ocean 模板。

2）单击“矩形”按钮，在幻灯片最上面绘制一个矩形，设置其填充效果为双色，如图 4-71 所示。

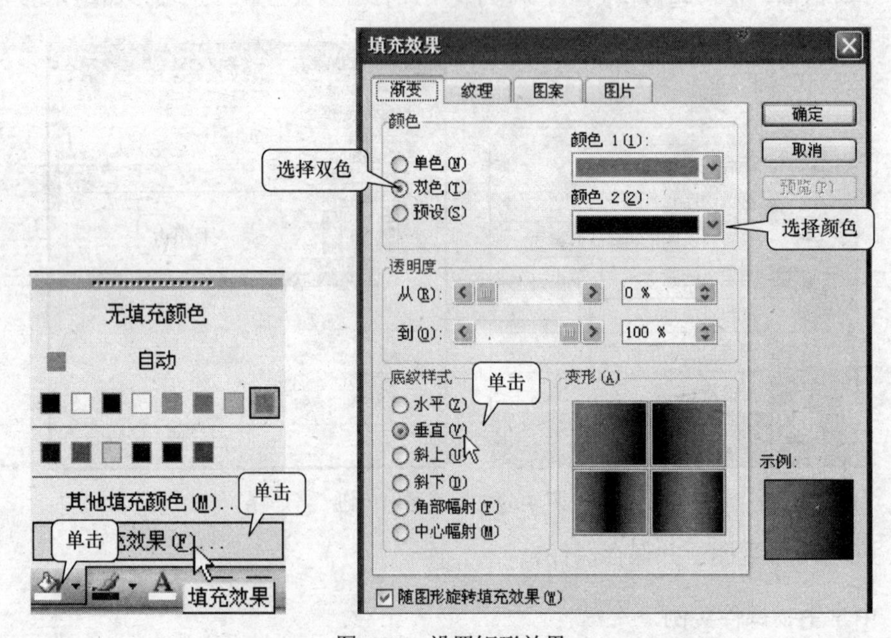

图 4-71 设置矩形效果

3）右击矩形，在弹出的快捷菜单中执行“添加文本”命令，输入文字“第四单元《生物圈中的人》第三章”，如图 4-72 所示。

4）将矩形复制一份到幻灯片下面，修改文字为“苏教版初中生物七年级下册”。

5）在幻灯片中间插入一个文本框，文字为“第二节 发生在肺内的气体交换”，并设置合适的字体字号，如图 4-72 所示。

图 4-72　添加文本及标题

6）执行“插入→图片→来自文件”命令，找到图片“按钮.jpg”，将其插入到幻灯片中，并适当调整其大小和位置。

7）执行“插入→图片→艺术字”命令，打开“艺术字”对话框，选择第 2 行第 2 列样式后，在弹出的“编辑‘艺术字’文字”对话框中，设置好字体字号，输入文字“位置与结构”。

8）插入艺术字后，将艺术字形状设置为第 3 行第 3 列的样式，如图 4-73 所示。

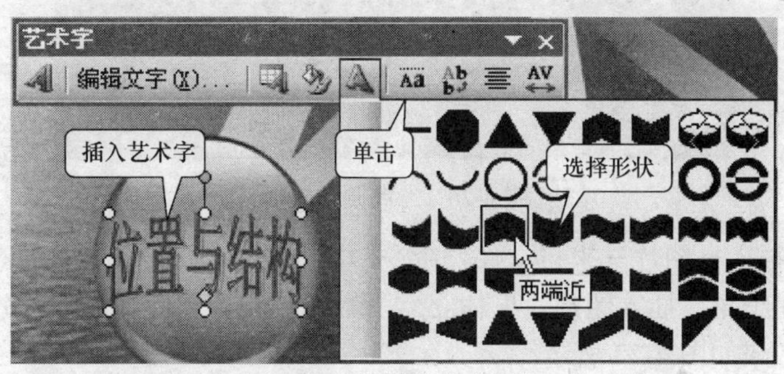

图 4-73　设置艺术字形状

9）将刚制作好的艺术字复制两份，将文字分别修改为“呼吸运动”和“气体交换”。

10）将艺术字拖放到适当的位置，效果如图 4-74 所示。

图 4-74　封面按钮效果

2. 制作“位置与结构模块”

1）在封面幻灯片后面新增一张“空白”版式幻灯片。

2）在幻灯片的最上面插入一个文本框，输入文字“一、肺的位置和结构”，并设置合适的字体和字号。

3）选择直线工具，在标题下方绘制一条直线，其长度同幻灯片的宽，设置双线形的样式，颜色为白色，粗细为 4.5 磅，效果如图 4-75 所示。

图 4-75　幻灯片顶端效果

4）在幻灯片中间插入一个圆角矩形，并设置其填充和线条颜色，如图 4-76 所示。

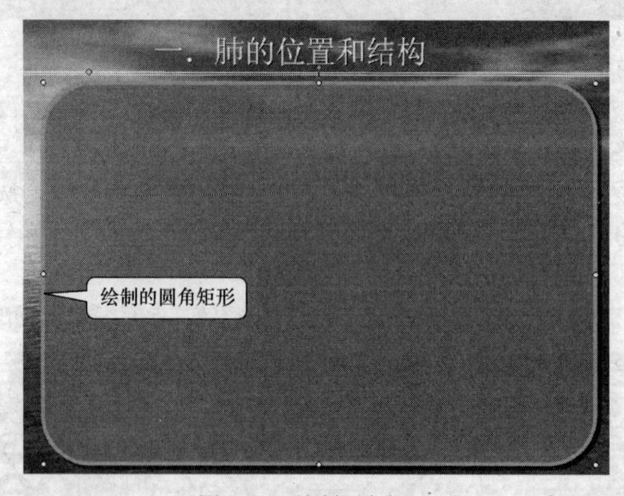

图 4-76　绘制圆角矩形

5）执行“插入→图片→来自文件”命令，插入图片“人物.jpg”到幻灯片中，将其拖到幻灯片的左上角，插入图片“人体.jpg”和“肺.jpg”到幻灯片中，分别位于幻灯片左边和右边，效果如图 4-77 所示。

6）在图片“人体.jpg”上方插入艺术字“肺的位置”，在图片“肺.jpg”下面插入一个文本框并输入文字，效果如图 4-77 所示。

7）将第 2 张幻灯片复制一份成为第 3 张幻灯片，删除不需要的部分，然后完成第 3 张幻灯片的制作。

3. 制作“呼吸运动”模块

1）按照第 2 张幻灯片的制作方法完成第 3、4、5 张幻灯片的制作。

2）复制第 5 张幻灯片，作为第 6 张幻灯片，双击艺术字将其修改为“小结”，删除图片，重新插入图片“呼吸运动.jpg”。

3）执行“插入→表格”命令，插入一个 3 行 7 列的表格，并适当改变其高和宽。

4）在表格中输入文字并设置排版效果，如图 4-78 所示。

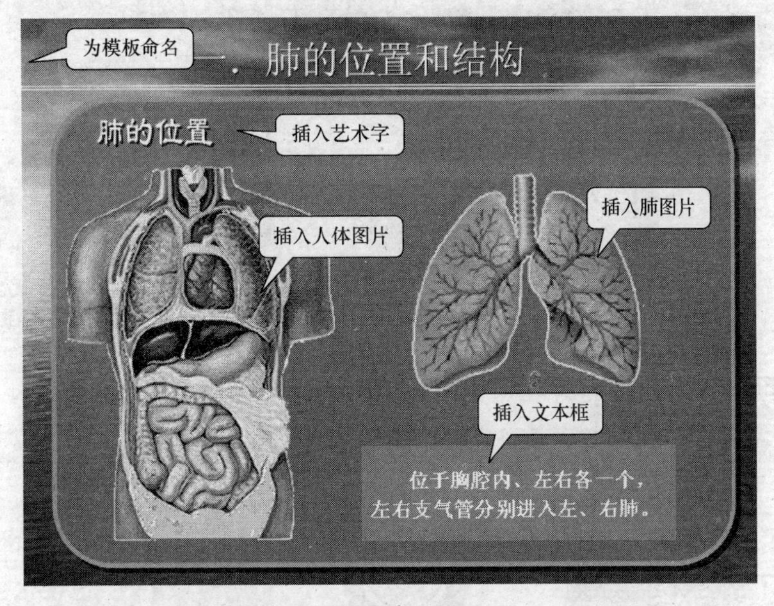

图 4-77　添加教学素材

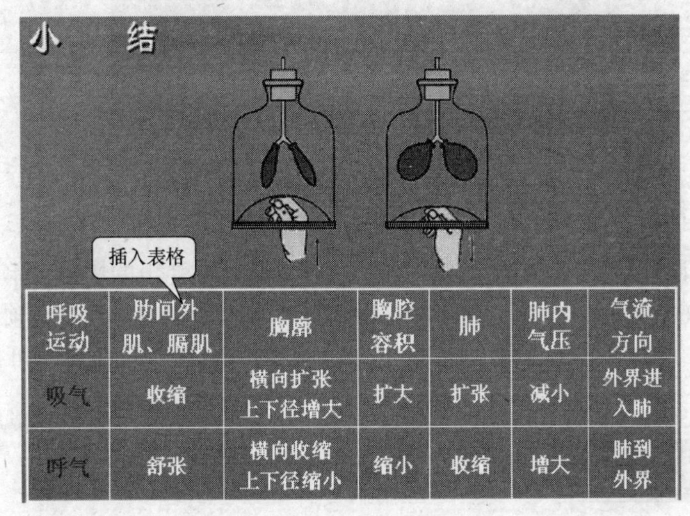

呼吸运动	肋间外肌、膈肌	胸廓	胸腔容积	肺	肺内气压	气流方向
吸气	收缩	横向扩张 上下径增大	扩大	扩张	减小	外界进入肺
呼气	舒张	横向收缩 上下径缩小	缩小	收缩	增大	肺到外界

图 4-78　在幻灯片中插入表格

4. 制作“气体交换模块”

1）参照前面的制作方法完成第 7、8 张幻灯片的制作。

2）将第 8 张幻灯片复制一份作为第 9 张幻灯片，修改艺术字为“气体交换”，删除幻灯片中不需要的内容。

3）执行“视图→工具栏→控件工具箱”命令，单击“控件工具箱”面板中的“其他控件”按钮，选择 Flash 控件 Shockwave Flash Object，并在幻灯片中间拖动一个矩形。

4）右击矩形，在弹出的快捷菜单中，执行“属性”命令，将 Flash 控件 Movie 属性设置为“气体交换.swf”，如图 4-79 所示。设置好属性后，矩形中就会显示 Flash 动画的首页，如图 4-80 所示。

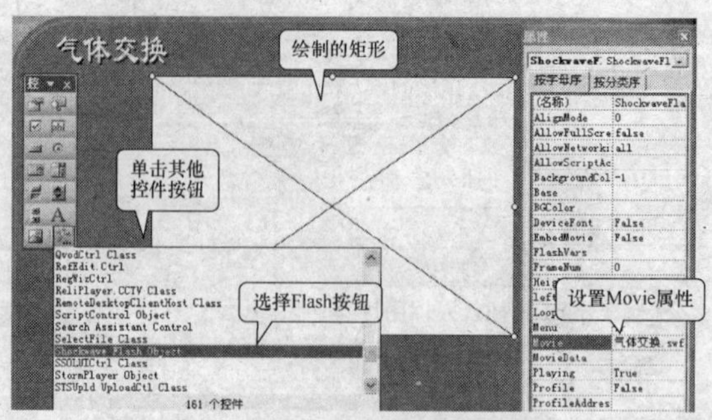

图 4-79　绘制 Flash 控件并设置属性

5）在 Flash 控件下面插入 3 个文本框，输入相应的文字，如图 4-80 所示。

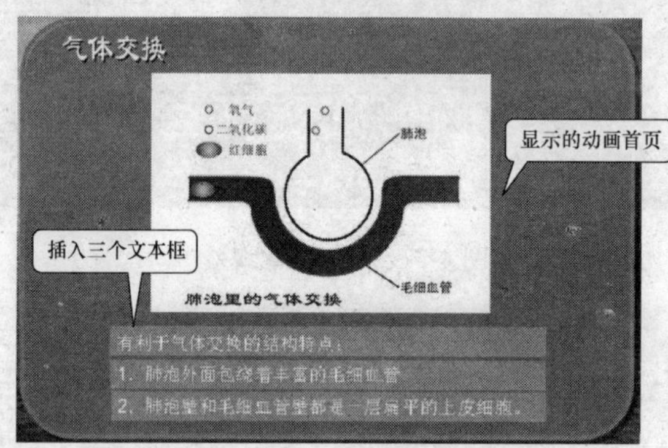

图 4-80　气体交换效果

5．完善课件

1）切换到课件封面，右击艺术字“位置与结构”，在弹出的快捷菜单中，执行“超链接”命令，在“插入超链接”对话框左边选择“本文档中的位置”选项，在“请选择文档中的位置”列表中，选择“幻灯片 2”选项，将其链接到第 2 张幻灯片，如图 4-81 所示。

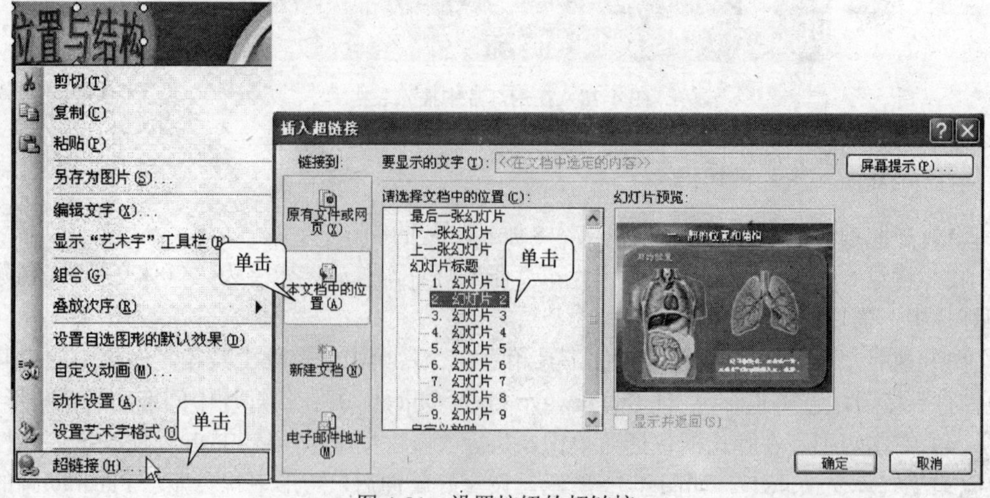

图 4-81　设置按钮的超链接

2）参照上面的操作，分别将“呼吸运动”和“气体交换”链接到第 4、7 张幻灯片。

3）分别将第 3、6、9 张幻灯片上的返回按钮链接到第 1 张幻灯片。

4）执行“幻灯片放映→幻灯片切换”命令，在“幻灯片切换”窗口中选择“垂直百叶窗”选项，单击“应用于所有幻灯片”按钮，将所有幻灯片都设置成“垂直百叶窗”的切换方式，如图 4-82 所示。

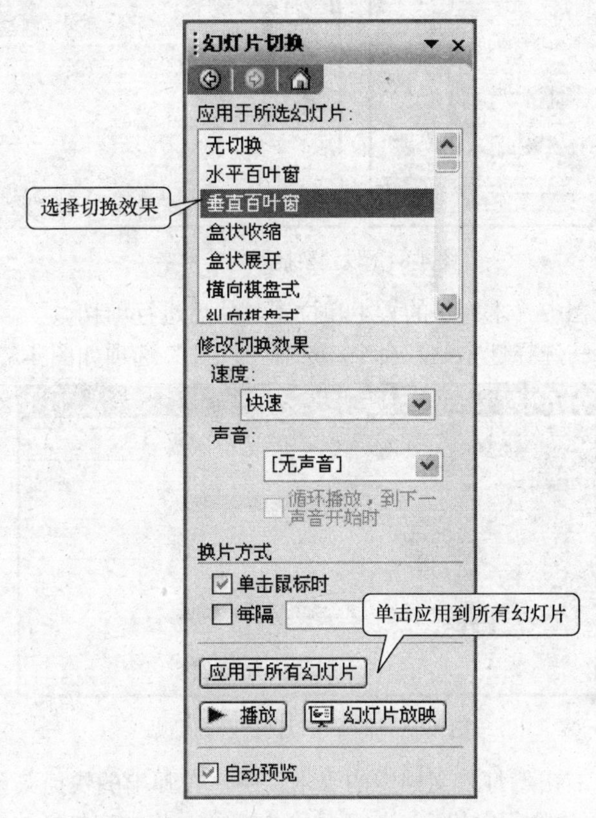

图 4-82　设置幻灯片切换方式

5）单击“常用”工具栏上的“保存”按钮，保存课件。

4.6.4　汉字笔画顺序的实现

在小学语文教学中，认识生字时常常会教学生学习生字的笔画顺序，本例以“木”字来讲解如何在演示文稿中实现这一教学内容。操作步骤如下所述。

1）新建一空白演示文稿，并建立一张新幻灯片，将背景设置为淡黄色。

2）在新幻灯片上用执行“绘图工具→自选图形”命令，绘制田字格，如图 4-83 所示。

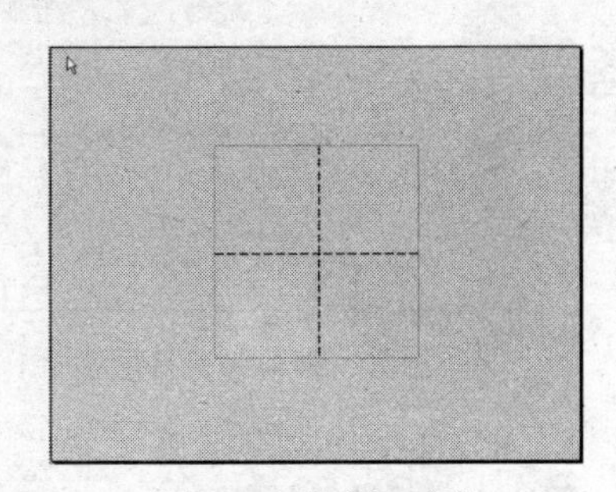

图 4-83　绘制田字格

3）执行“插入→图片→艺术字”命令，选择艺术字库第 1 行第 1 列的样式，单击“确定”按钮。将字体设为：楷体_GB2312、加粗，字号根据情况适当大些，便于操作。输入“木”字，单击“确定”按钮，将“木”字插入文档，如图 4-84 所示。

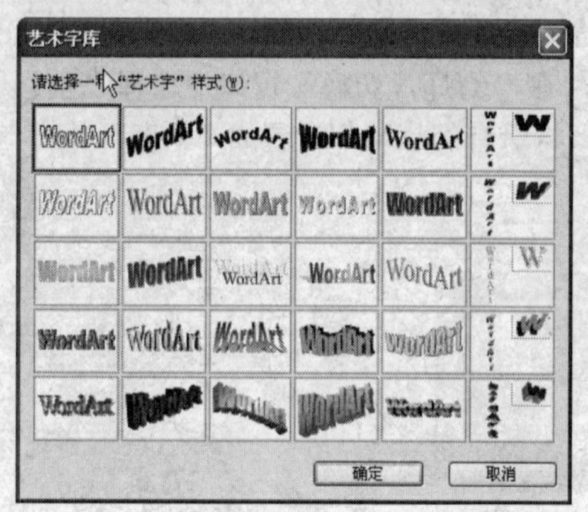

图 4-84　设置要插入的艺术字

4）适当调整文档中“木”字的大小和位置，然后进行剪切。

5）执行“编辑→选择性粘贴”命令，选择“图片”选项如图 4-85 所示。

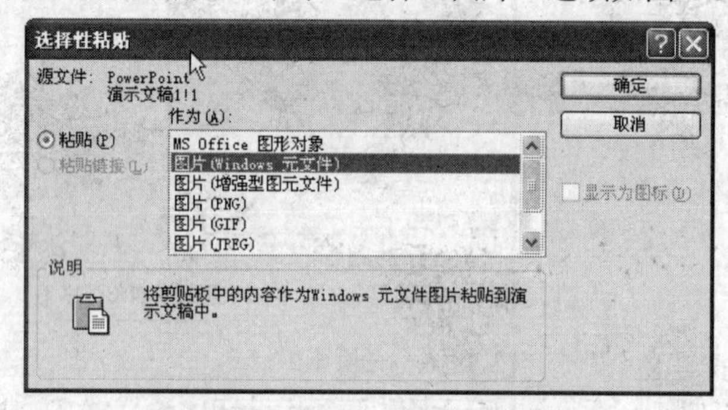

图 4-85　将木字以图片形式粘贴

6）打散文字：右击幻灯片文档中的“木”字，在弹出的快捷菜单中执行“组合→取消组合”命令，再次执行“组合→取消组合”命令，将文字打散，如图 4-86 所示。

7）选中“木”字的第一笔“横”，填充颜色，然后设置自定义动画：“进入→擦除”，方向设为“自左部”，速度设为“中速”，其他为默认设置，如图 4-87 所示。

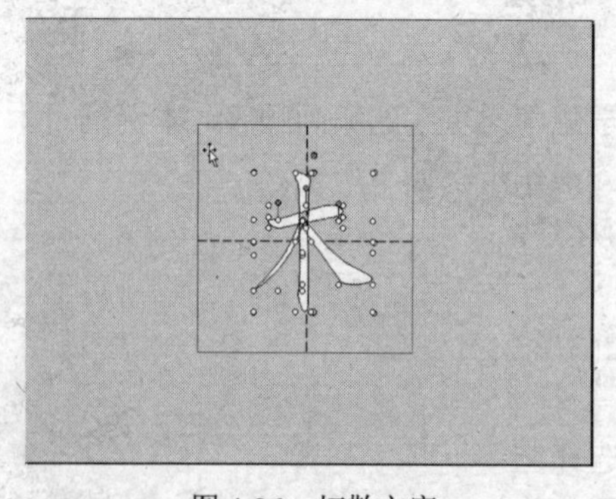

图 4-86　打散文字

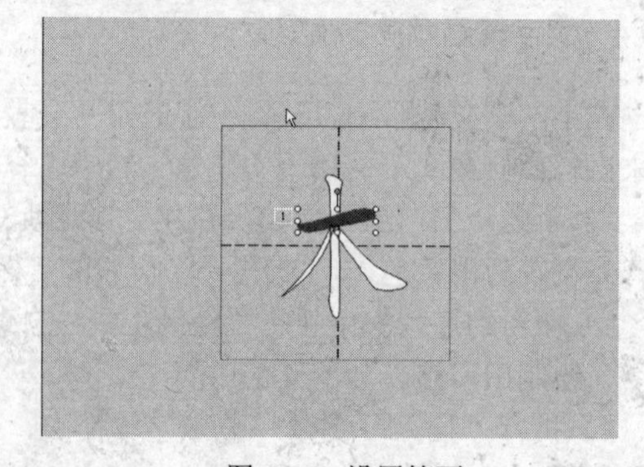

图 4-87　设置笔画

8）选中“木”字第 2 笔“竖”，设置颜色，自定义动画设置：“进入→擦除”，方向设为“自顶部”，速度为“中速”。

9）选中“木”的第 3 笔“撇”，设置颜色，自定义动画设置：“进入→擦除”，方向设为“自右侧”，速度为“中速”。

10）选中“木”的第 4 笔“捺”，设置颜色，自定义动画设置：“进入→擦除”，方向设为“自左侧”，速度为“中速”。

11）测试放映，按笔画顺序写字的效果就出来了。

12）其他字的做法和“木”字类似，只是在动画设置的方向上不同。

4.6.5　练习型课件制作实例

为了让学生通过练习的形式来训练、强化某方面的知识或能力，做练习题在常规教学中是必不可少的环节。在计算机多媒体辅助教学过程中也不例外。练习型课件是可让学生自己使用课件答题，然后计算机进行判断并给出题目答案或点评的一种交互式教学模式。利用 PowerPoint 控件和简单的 VBA 代码，就可以实现练习型课件的制作。

单项选择题、是非判断题、多项选择题、填空题等练习型课件的制作将用到 PowerPoint 的单选项按钮、复选框、命令按钮和文本框控件等。执行“视图→工具栏→控件箱”命令，打开控件工具箱。如图 4-88 所示，单击相应控件，在幻灯片上单击，就能获得一个对应按钮。选中相应按钮，右击，在弹出的快捷菜单中执行“属性”命令，打开控件“属性”对话框，如图 4-89 所示。练习题课件常用到的属性有：Caption 可在其右边输入答案选项；Font 可以设置字体、字号；ForeColor 可以设置前景颜色；BackStyle 中如果选择 0-fmBackStyleTransparent，可以使选项的背景透明等。

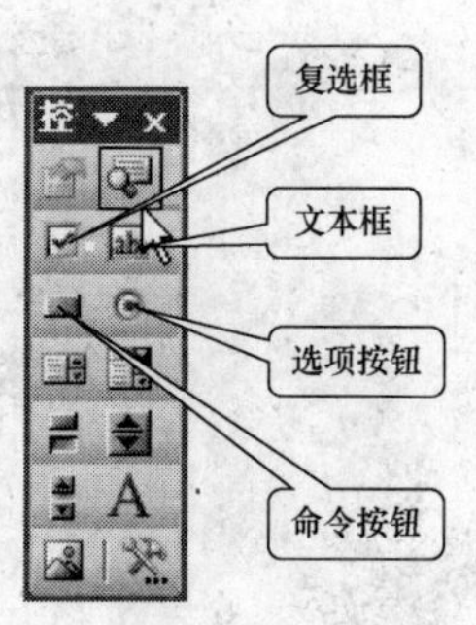

图 4-88　控件工具箱

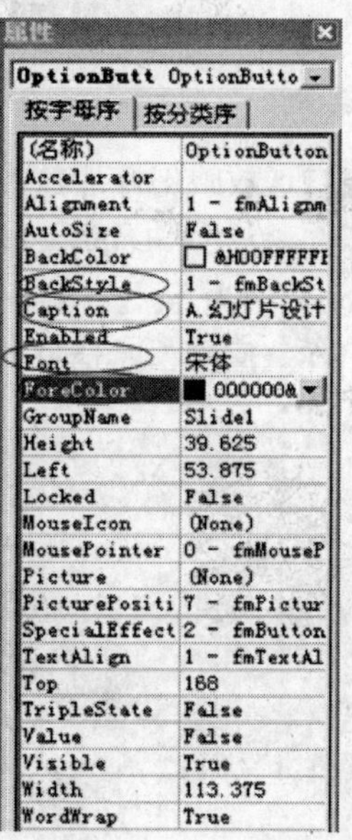

图 4-89　控件属性

1. 单项选择题制作实例

设置好幻灯片的界面后输入题目的题干部分，用单选框控件分别做 4 个选项。也可以在做好 1 个以后，复制得到其他 3 个，修改属性 Caption，然后，按住 Shift 键依次选中 4 个选项，将它们对齐并分布均匀，如图 4-90 所示。

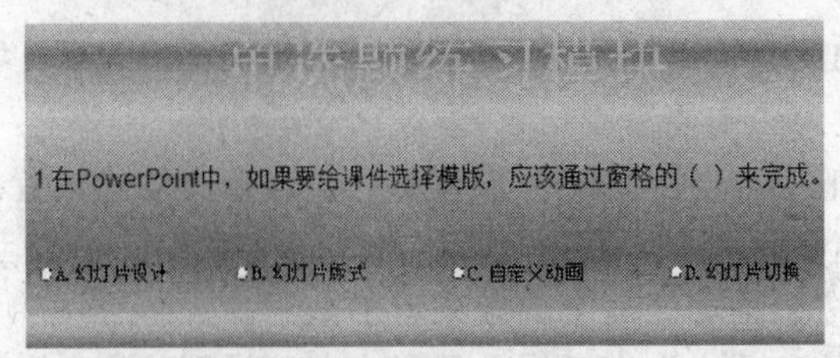

图 4-90 单选题界面

选中代表正确答案的单选项“A.幻灯片设计”，右击，在弹出的快捷菜单中执行“查看代码”命令，打开如图 4-91 所示的代码窗口，在窗口中找到 Private Sub OptionButton1_Click()和 End Sub 代码。在这两句代码中间插入：

```
MsgBox("恭喜您，答对了！")
    OptionButton2.Value=False And OptionButton3.Value=False And OptionButton4.Value = False
```

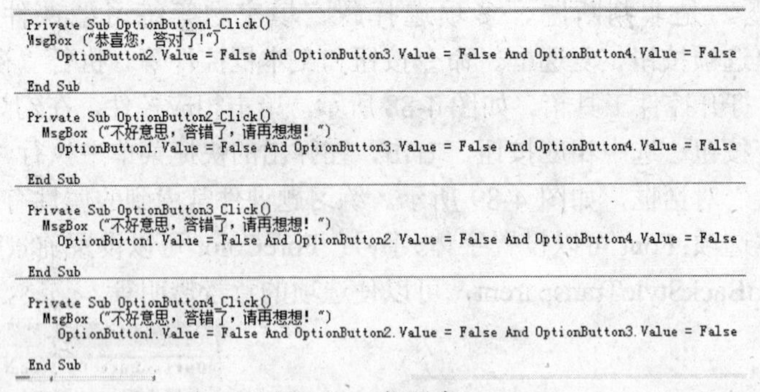

```
Private Sub OptionButton1_Click()
MsgBox ("恭喜您，答对了！")
    OptionButton2.Value = False And OptionButton3.Value = False And OptionButton4.Value = False
End Sub

Private Sub OptionButton2_Click()
  MsgBox ("不好意思，答错了，请再想想！")
    OptionButton1.Value = False And OptionButton3.Value = False And OptionButton4.Value = False
End Sub

Private Sub OptionButton3_Click()
  MsgBox ("不好意思，答错了，请再想想！")
    OptionButton1.Value = False And OptionButton2.Value = False And OptionButton4.Value = False
End Sub

Private Sub OptionButton4_Click()
  MsgBox ("不好意思，答错了，请再想想！")
    OptionButton1.Value = False And OptionButton2.Value = False And OptionButton3.Value = False
End Sub
```

图 4-91 代码窗口

关闭窗口，放映幻灯片，单击选项 A，结果如图 4-92 所示。代码第 1 句设置提示框及提示信息；第 2 句代码则是在单击 A 选项后使其他各选项恢复到未选中状态。OptionButton*（*为 1、2、3、4）分别表示制作出的 4 个单选项。它是以单选项制作顺序排列的，在“属性”对话框的“名称”处可以看到。

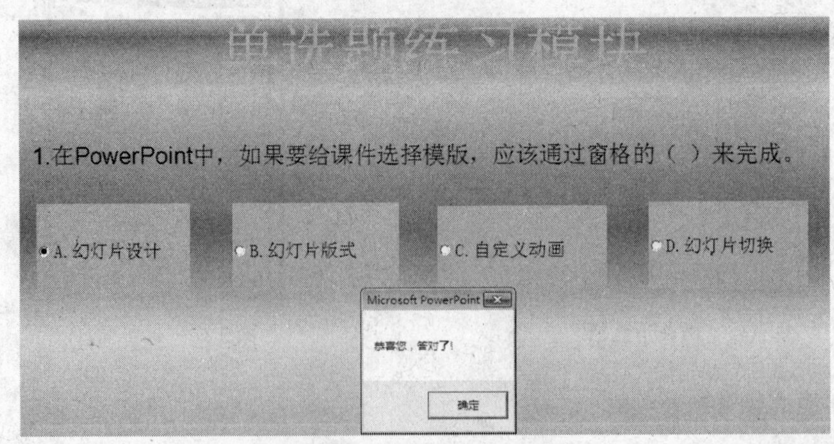

图 4-92 单选题正确的结果

照着葫芦画瓢，给其他的 3 个选项也设置上类似的代码，如图 4-91 所示。注意提示信息及第 2 句代码中相应数字的调整。单击其中任意一个错误选项，其结果如图 4-93 所示。

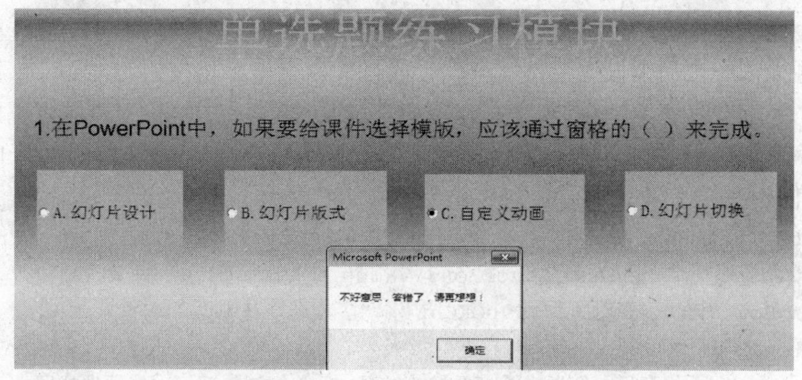

图 4-93　单选题错误的结果

2. 是非判断题

是非判断题可视为只有两个选项的单选题，其做法与单项选择题是一样的，只需将代码稍加修改即可。其运行效果和代码如图 4-94 所示。

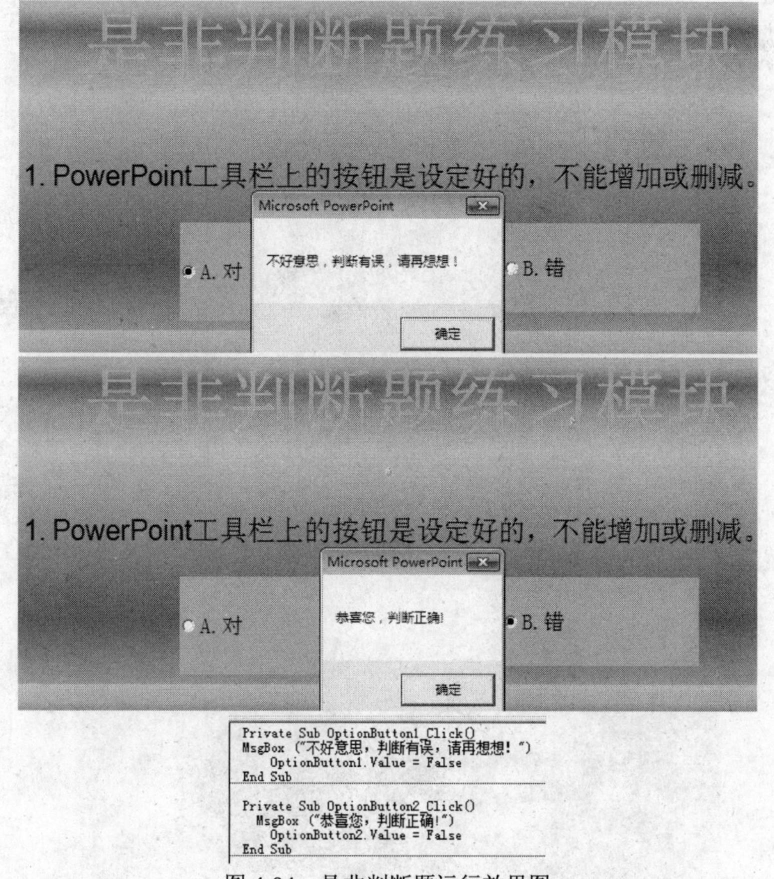

图 4-94　是非判断题运行效果图

3. 多项选择题制作实例

多项选择题需要用到复选框。假定有 4 个选项，其中只有 B、C、D 3 项全选才为正确，多选、少选或不选均为错误。用制作单项选择题实例的方法插入 4 个复选框，调整好位置。再插入一个命令按钮控件，打开“属性”对话框，将按钮的 Caption 属性值设为“答案”。选中“答案”按钮，右击，在弹出的快捷菜单中执行“查看代码”命令，打开代码编辑窗口。同样，在代码窗口中找到 Private Sub CommandButton1_Click()和 End Sub，在它们中间插入以下代码：

```
    If CheckBox1.Value = False And CheckBox2.Value = True And
CheckBox4.Value = True And CheckBox3.Value = True Then
    MsgBox "厉害，答对了！", vbOKOnly, "多项选择题"
    Else
    MsgBox "不好意思，您做错了。再仔细想想?", vbOKOnly, "多项选择题"
       CheckBox1.Value = False
       CheckBox2.Value = False
       CheckBox3.Value = False
       CheckBox4.Value = False
    End If
```

放映幻灯片，如果正确，如图 4-95 所示；否则，如图 4-96 所示。

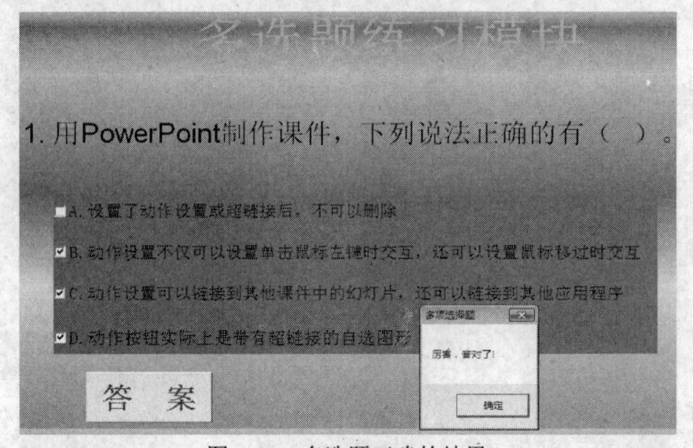

图 4-95　多选题正确的结果

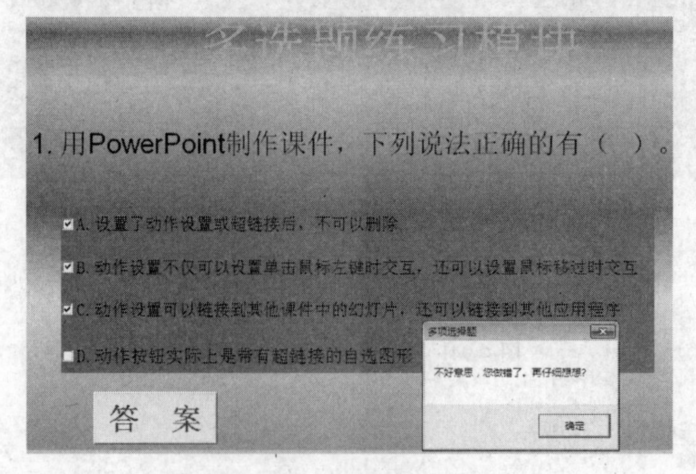

图 4-96　多选题错误的结果

4. 填空题制作实例

制作带有短横线表示填空区的题目。在幻灯片上拖出一个大小合适的“文本框”控件放在填空横线上，调整好位置，打开其“属性”对话框，设置相关属性，比如字体、透明背景等格式。选中文本框，打开其代码编辑窗口，在 Private Sub TextBox1_Change() 和 End Sub 中间插入如下代码：

```
If TextBox1.Value = "视图" Then
    MsgBox "不错，你填对了!", vbOKOnly, "填空题"
Else
    MsgBox "不对吧?再想想!", vbOKOnly, "填空题"
    TextBox1.Text = ""
End If
```

放映幻灯片时，填“视图”是正确的答案，如图 4-97 所示；填其他字符为错误答案，在弹出错误提示的同时将清除已填写的内容，如图 4-98 所示。

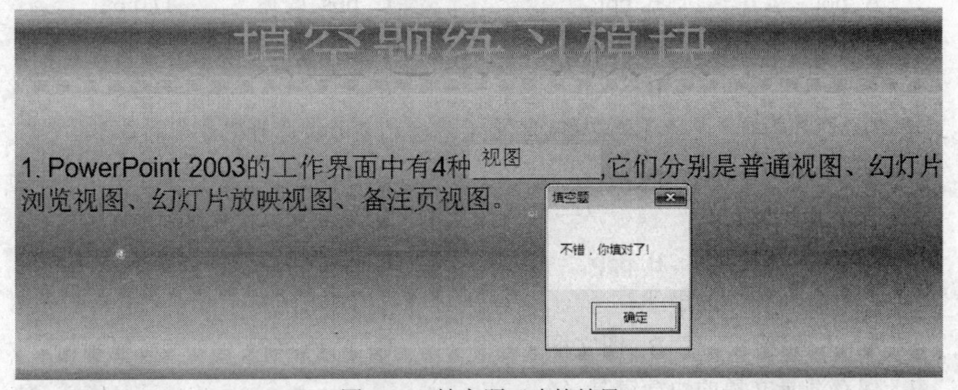

图 4-97　填空题正确的结果

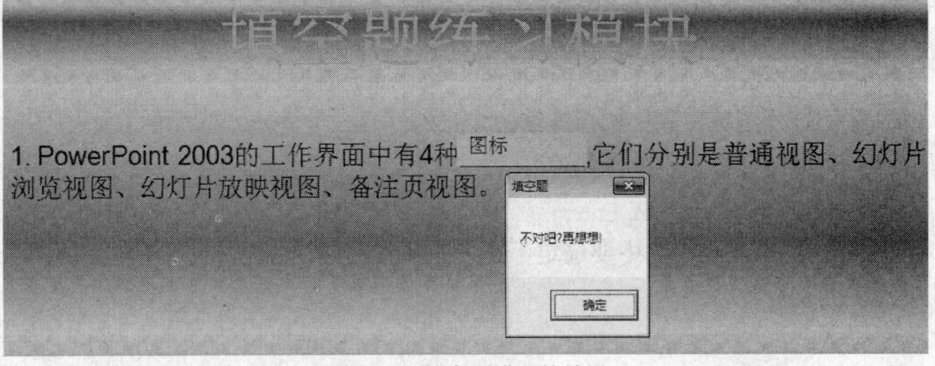

图 4-98　填空题错误的结果

小　结

本章介绍了 PowerPoint 的基础知识和基本操作方法，通过一些具体实例，从演示文稿的创建与管理、添加课件的教学内容、图形与声音等素材的添加方法、制作动画效果以及制作交互效果几个方面，对课件制作的基本知识和操作技巧进行了系统介绍。最后通过两个大的完整实例的介绍，使用户能从整体上把握课件的设计，进一步提高制作技巧。

习　题

一、选择题

1．在 PowerPoint 中，能自动播放演示文稿的文件，其扩展名是（　　）。

A. pot　　B. ppt　　C. pps　　D. ppa

2．保存演示文稿时的默认扩展名是（　　）。

A. pot　　B. ppt　　C. pps　　D. ppa

3．“幻灯片版式”任务窗格中包含了（　　）类幻灯片版式。

A. 4　　B. 5　　C. 6　　D. 3

4．“幻灯片版式”任务窗格中包含了（　　）个可供选择的幻灯片版式。

A. 28　　B. 29　　C. 30　　D. 31

5．在 PowerPoint 中，模板是一种特殊文件，扩展名是（　　）。

A. pot　　B. ppt　　C. pps　　D. ppa

6．幻灯片布局中的虚线框是（　　）。

A. 占位符　　B. 图文框　　C. 特殊字符　　D. 显示符

7．保存演示文稿的快捷键是（　　）。

A. Ctrl+O　　B. Ctrl+S　　C. Ctrl+A　　D. Ctrl+D

8．（　　）是制作幻灯片的主要场所。

A. 浏览视图　　B. 备注页视图　　C. 普通视图　　D. 大纲视图

9．在幻灯片浏览视图中选择连续的多张幻灯片，要先选定起始的一张幻灯片，然后按住（　　）键，再选定末尾的幻灯片。

A. Ctrl　　B. Enter　　C. Alt　　D. Shift

10．在幻灯片浏览视图中要选定不连续的多张幻灯片，先按住（　　）键，再逐个单击要选定的幻灯片。

A. Alt　　B. Enter　　C. Shift　　D. Ctrl

11．关于 PowerPoint 的说法中，正确的是（　　）。

A. 启动 PowerPoint 后只能建立或编辑一个演示文稿文件

B. 启动 PowerPoint 后可以建立或编辑多个演示文稿文件

C. 启动 PowerPoint 后，不能编辑多个演示文稿文件

D. 在新建一个演示文稿之前，必须关闭当前正在编辑的演示文稿文件

二、填空题

1．在 PowerPoint 中，模板是一种特殊文件，其扩展名为＿＿＿＿＿＿。

2．“页眉和页脚”是＿＿＿＿＿＿菜单中的命令。

3．在 PowerPoint 2003 中，有＿＿＿＿＿、＿＿＿＿＿、＿＿＿＿＿和＿＿＿＿＿4 种类型。

4．PowerPoint 2003 有＿＿＿＿＿、＿＿＿＿＿、＿＿＿＿＿和＿＿＿＿＿4 种常用的视图。

5．＿＿＿＿＿＿是 PowerPoint 对幻灯片各种对象预设的动画效果。

6．＿＿＿＿＿＿是 PowerPoint 提供的带有预设动作的按钮对象。

7．PowerPoint 2003 有＿＿＿＿＿、＿＿＿＿＿和＿＿＿＿＿3 种常见的放映方式。

第 5 章　利用 Flash 制作多媒体 CAI 课件

Flash 是 Macromedia 公司推出的一款优秀的矢量动画编辑软件，它凭借便捷、完美、舒适的动画编辑环境，深受广大动画制作爱好者的喜爱，在互联网、多媒体课件制作及游戏软件等领域得到了广泛应用。利用 Flash 软件制作的动画尺寸要比位图动画文件（如 GIF 动画）尺寸小得多，用户不但可以在动画中加入声音、视频和位图图像，还可以制作交互式的影片或者具有完备功能的网站。

5.1 Flash 8.0 基础知识

Flash 是一种创作工具，设计人员和开发人员可使用它来创建演示文稿、应用程序和其他允许用户交互的内容。Flash 可以包含简单的动画、视频内容、复杂演示文稿和应用程序以及介于它们之间的任何内容。通常，使用 Flash 创作的各个内容单元称为应用程序，即使它们可能只是很简单的动画。用户可以通过添加图片、声音、视频和特殊效果，构建包含丰富媒体的 Flash 应用程序。

Flash 特别适用于创建通过互联网提供的内容，因为它的文件非常小。Flash 是通过广泛使用矢量图形做到这一点的。与位图图形相比，矢量图形需要的内存和存储空间小得多，因为它们是以数学公式而不是大型数据集来表示的。位图图形之所以大，是因为图像中的每个像素都需要一组单独的数据来表示。

要在 Flash 中构建应用程序，可以使用 Flash 绘图工具创建图形，并将其他媒体元素导入 Flash 文档。接下来，定义如何以及何时使用各个元素来创建设想中的应用程序。Flash 文档的文件扩展名为 .fla（FLA）。

完成 Flash 文档的创作后，执行“文件→发布”命令，可以发布它。会创建文件的一个压缩版本，其扩展名为 .swf（SWF）。然后，就可以使用 Flash Player 在 Web 浏览器中播放 SWF 文件，或者将其作为独立的应用程序进行播放。

5.1.1 Flash 8.0 的基本工作环境

Flash 8.0 的工作环境包括几大部分：时间轴、舞台、工具栏以及一些面板。Flash 8.0 的工作环境如图 5-1 所示。

1. 时间轴

时间轴用于组织和控制文档内容在一定时间内播放的图层数和帧数。时间轴外观如图 5-2 所示。

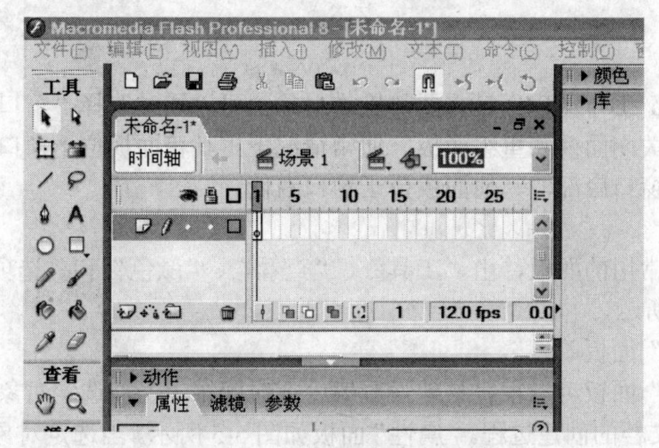

图 5-1　Flash 8.0 的工作环境

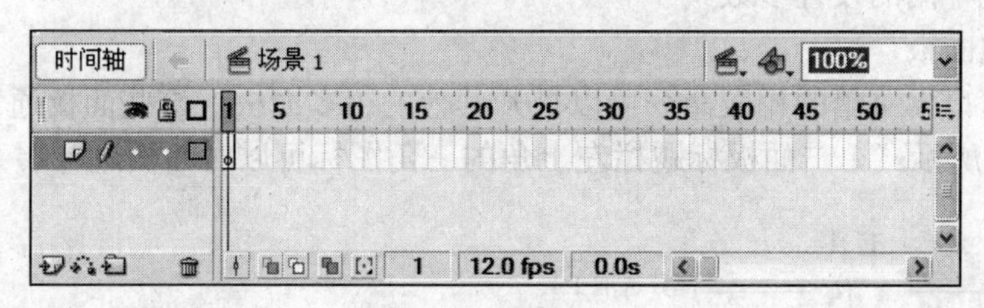

图 5-2　时间轴

时间轴左侧是图层，图层就像堆叠在一起的多张幻灯胶片一样，在舞台上一层层地向上叠加。如果上面一个图层上没有内容，那么就可以透过它看到下面的图层。

Flash 中有普通层、引导层、遮罩层和被遮罩层 4 种图层类型，为了便于图层的管理，用户还可以使用图层文件夹。

2. 舞台

舞台位于时间轴下方，是放置动画内容的矩形区域，这些内容可以是矢量插图、文本框、按钮、导入的位图图形或视频剪辑等。

工作时根据需要可以改变舞台显示的比例大小，可以在时间轴右上角的“显示比例”中设置显示比例，最小比例为 8%，最大比例为 2000%，在下拉菜单中有 3 个选项，“符合窗口大小”选项用来自动调节最合适的舞台比例；“显示帧”选项可以显示当前帧的内容；“全部显示”选项能显示整个工作区中，包括在“舞台”之外的元素。

3. 工具栏

工具栏包括主工具栏、控制器和编辑栏。主工具栏是 Windows 下应用程序的标准界面，如图 5-3 所示。主工具栏可以对文件进行新建、打开、保存、打印、剪切、复制、粘贴以及其他常用操作。

图 5-3　主工具栏

4. 面板

面板是 Flash 工作窗口中最重要的操作对象，可以通过选择“窗口”菜单中的相应命令打开面板、关闭面板和重组面板。通常情况下工具箱面板位于窗口左侧，动作面板和属性面板位于窗口底部，其他面板位于窗口右侧。

（1）工具箱

工具箱是最常用的面板，由“工具”、“查看”、“颜色”和“选项”4 部分组成。工具箱如图 5-4 所示。

（2）“属性”面板

使用“属性”面板可以很容易地设置舞台或时间轴上当前选定对象的常用属性，从而加快了 Flash 文档的创建过程。“属性”面板如图 5-5 所示。当选定对象不同时，“属性”面板中会出现不同的设置参数。

（3）其他面板

通过“窗口”菜单的相应命令可以打开其他的很多面板，这些面板通常位于窗口右侧，如图 5-6 所示。单击面板标题栏左上角的三角图标可以对面板进行展开与收缩。

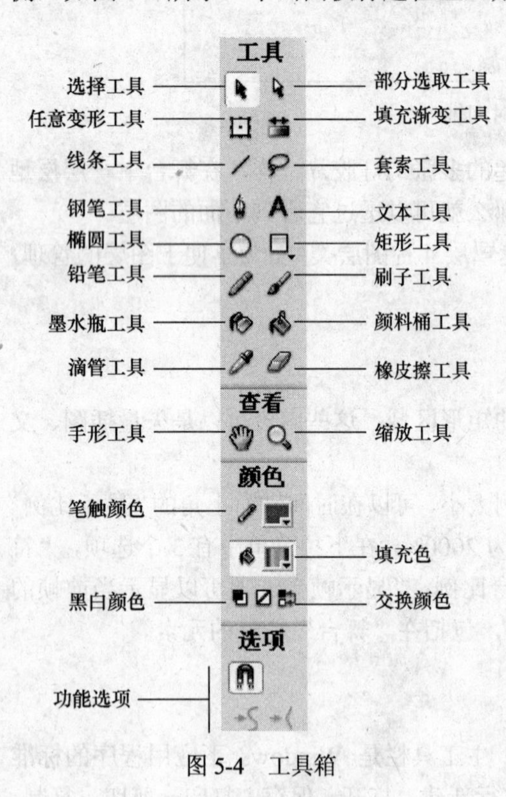

图 5-4 工具箱

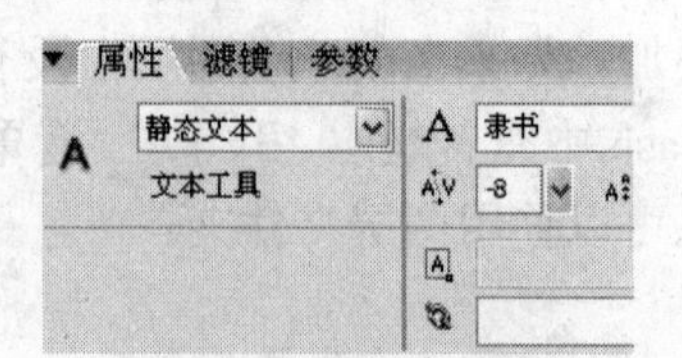

图 5-5 “属性”面板

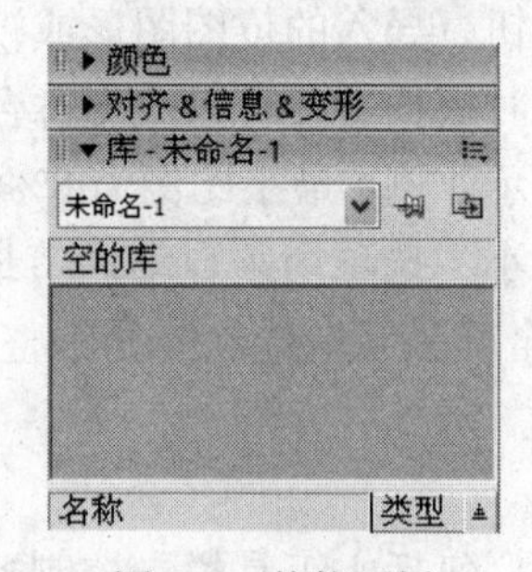

图 5-6 其他面板

5.1.2 Flash 8.0 文档的基本操作

Flash 文档的基本操作包括动画文档的新建、打开、保存、关闭和发布等。

1. 新建文档

在 Flash 中，创建新文档的方法如下所述。

1）启动 Flash。

2）执行“文件→新建”命令，打开如图 5-7 所示的“新建文档”对话框。

3）在如图 5-7 所示的对话框中，选择“常规”选项卡，在“类型”列表框中选择“Flash 文档”选项。

4）单击“确定”按钮，返回 Flash 编辑窗口，如图 5-1 所示。

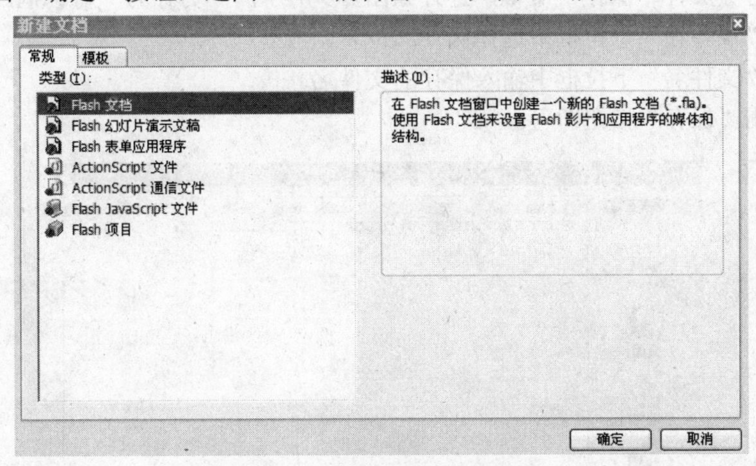

图 5-7 “新建文档”对话框

2. 打开文档

打开 Flash 文档的方法有如下 3 种。

1）双击需要打开的 Flash 文档。

2）右击需要打开的 Flash 文档，在弹出的快捷菜单中，执行“打开”命令。

3）启动 Flash，执行“文件→打开”命令，弹出如图 5-8 所示的“打开”对话框，在对话框中通过“查找范围”下拉框找到需要打开的 Flash 文档，然后单击鼠标选定，最后单击“打开”按钮即可。

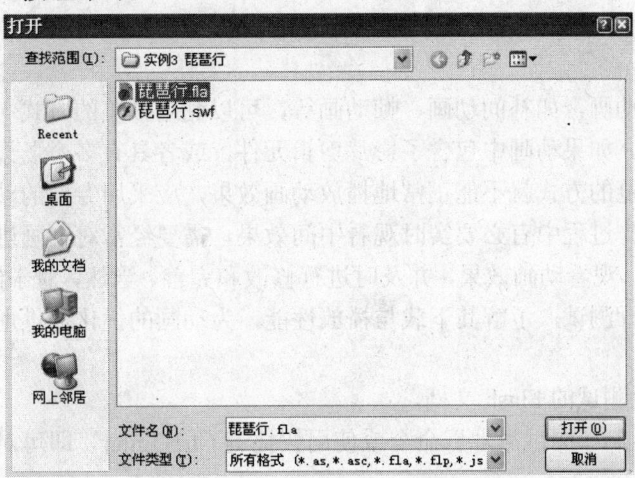

图 5-8 “打开”对话框

3. 保存文档

保存 Flash 文档的方法随保存文档的目的不同而不同。

当新建一个 Flash 文档后需要对其进行第 1 次保存，第 1 次保存时需要指定保存的路径和文件名。当对一个保存过的 Flash 文档修改过后也需要保存，此时保存的位置和文件名不需要指定，直接单击“保存”按钮即可，但是如果希望用不同的位置或文件名重新保存时，则执行“另存为”命令。具体操作步骤如下。

1）执行“文件→保存”命令，打开如图 5-9 所示的“另存为”对话框。

2）在“保存在”下拉框中选择保存的位置。

3）在“文件名”下拉框中输入保存的文件名。

4）单击“保存”按钮即可。

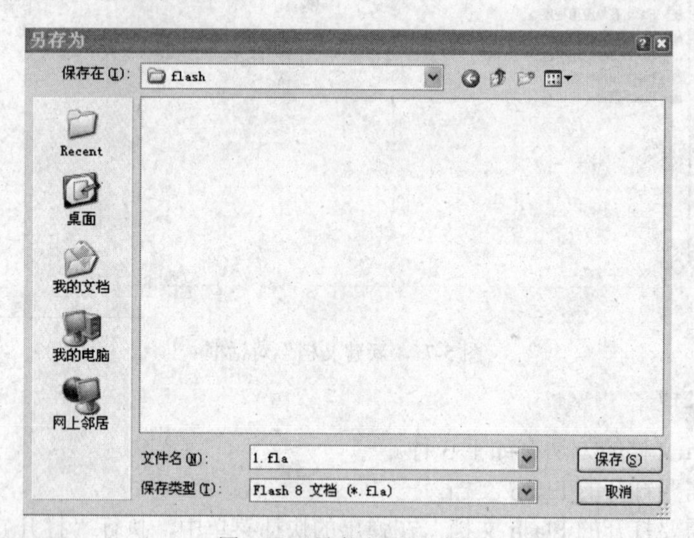

图 5-9 “另存为”对话框

提示：保存后的文件扩展名为*.fla，通常称为源文件，需要重新修改时，打开源文件即可。

4. 测试文档

对于简单的动画，如补间动画、帧动画等，可以利用预览的方式（按下 Enter 键）来观看动画效果。如果动画中包含了影片剪辑元件，或者具有多个场景，或者设置了动作脚本，采用预览的方式就不能正常地播放动画效果，应采用专门的动画测试命令。

在动画的制作过程中有必要实时观看中间效果，需要经常对动画进行测试，以了解制作的中间过程，观看动画效果，并及时进行修改和完善。当然，对于制作完成的动画，也有必要对其进行测试，了解其下载与播放性能，为动画的优化提供理论依据。具体步骤如下所述。

1）打开需要测试的 Flash 文档。

2）执行“控制→测试影片”命令或使用快捷键 Ctrl+Enter，即可对文档进行测试，观看其运行效果。

5. 发布文档

Flash 文档创建完成并保存后需要进行发布，在发布之前通常需要进行发布设置，设置好发布所需的格式后，单击“发布”按钮即可。具体步骤如下所述。

1）执行“文件→发布设置”命令，打开“发布设置”对话框，如图 5-10 所示。

2）选择“格式”选项卡，选择需要发布的文件类型。

3）单击“发布”按钮即可。

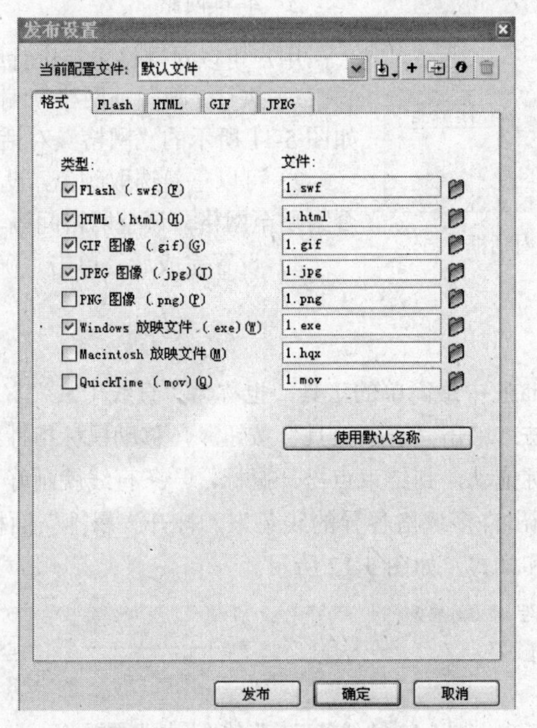

图 5-10 “发布设置”对话框

提示：发布后所选择的每种文件类型生成一个相应的文件，并和源文件保存在相同位置。

5.2 Flash 的文本与图形

要想使多媒体作品具有强大的视觉冲击效果，就需要富有创造性地创建各种简单优美的图像元素，灵活运用各种变形技巧和交互设置才能完成一个生动活泼、引人入胜的作品。

5.2.1 绘图网格

当在文档中显示网格时，将在所有场景中的插图之后显示一系列的直线。用户可以将对象与网格对齐，也可以修改网格大小和网格线颜色。

1. 显示网格

网格线有助于对齐图形、精确控制图形的大小和位置。

显示网格的方法如下两种。

1）执行“视图→网格→显示网格”命令。

2）使用组合键 Ctrl+’（单引号）。

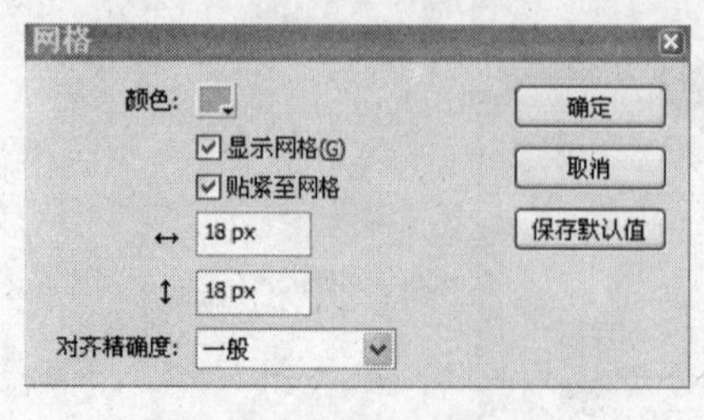

图 5-11 “网格”对话框

2. 编辑网格

用户可以对网格重新进行编辑，方法如下所述。

1）执行“视图→网格→编辑网格”命令，打开如图 5-11 所示的“网格”对话框。

2）可以重新选取颜色，设置是否显示网格、是否紧贴至网格，调整网格间隔，选取对齐精确度。

3）设置完成后，单击“确定”按钮即可。

5.2.2 线条工具

“线条工具”是 Flash 中最简单的工具，也称为“直线工具”。

画一条直线的方法：单击“线条工具”按钮，移动鼠标指针到舞台上，在希望直线开始的地方按住鼠标拖动，到结束点松开鼠标，一条直线就画好了。

“线条工具”能画出许多风格各异的线条来。打开“属性”面板，在其中，可以定义直线的颜色、粗细和样式，如图 5-12 所示。

图 5-12 “线条工具”的“属性”面板

在如图 5-12 所示的“属性”面板中，单击其中的“笔触颜色”按钮，会出现一个调色板对话框，同时光标变成滴管状。用滴管直接拾取颜色或者在文本框里直接输入颜色的十六进制数值。颜色以#开头，如#CCFF00，如图 5-13 所示。

现在来画出各种不同的直线。单击“属性”面板中的“自定义”按钮，会弹出一个“笔触样式”对话框，如图 5-14 所示。

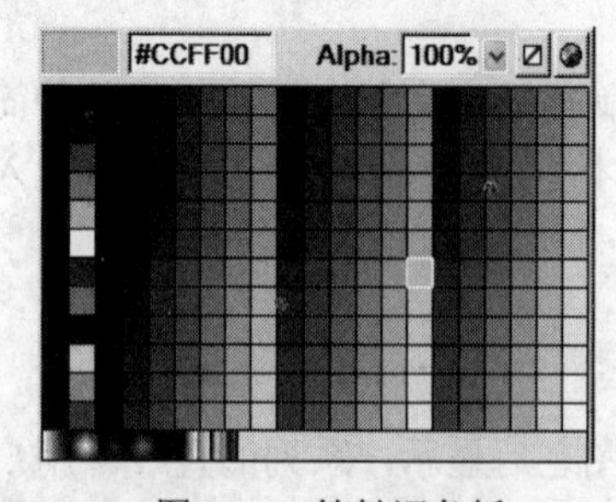

图 5-13 笔触调色板

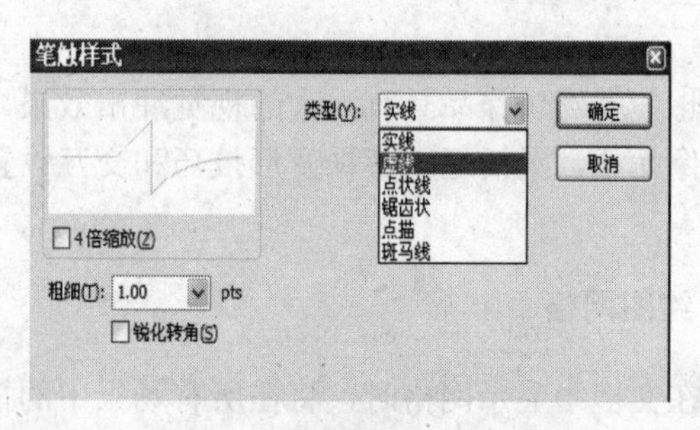

图 5-14 “笔触样式”对话框

提示：如何画水平、垂直或 45° 角线条：先单击“线条工具”，然后按住 Shift 键不放，在舞台上拖动即可。

5.2.3　铅笔与钢笔工具

1. 铅笔工具

使用“铅笔工具” 可以绘制线条和形状，绘画的方式与使用真实铅笔大致相同。按住鼠标左键任意拖曳，可以绘制出各种形状、各种类型的线形。按住 Shift 键后再拖动鼠标，可以绘制出水平或垂直的线条。

若要在绘画时平滑或伸直线条或形状，可以在“工具箱”的“选项”中设置铅笔模式，如图 5-15 所示。

2. 钢笔工具

“钢笔工具” 提供了一种绘制精确的直线或曲线线段的方法。单击鼠标可创建直线线段上的点，拖动鼠标可创建曲线线段上的点。用户可以通过调整线条上的点来调整线段。

单击“钢笔工具” ，光标变成钢笔标志，即可在舞台上绘制直线或曲线。在舞台中要绘制的线条的起点处单击，在线条要到达的下一个点继续单击，重复此过程至整条线条绘制完毕。若要将部分线条绘制成曲线，则在该线条将要到达的断点处按下鼠标左键不放并拖动，即可得到一条线段控制该点处曲线的曲率。通过调节该线段的长短和角度来控制曲线在该处的曲率，如图 5-16 所示。

图 5-15　铅笔模式

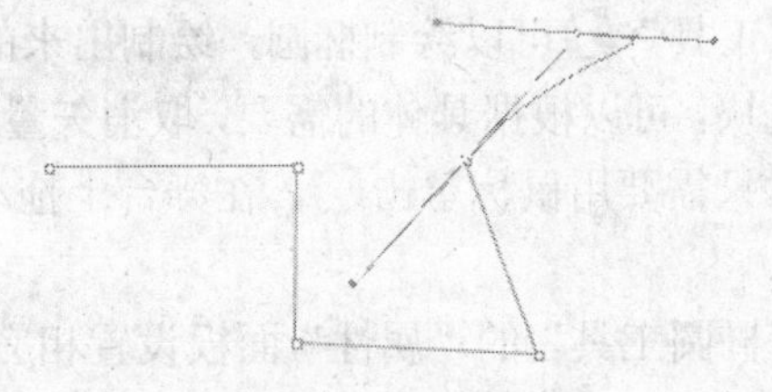

图 5-16　钢笔工具

选择钢笔工具，将光标在线段上移动，当光标变成钢笔形状，并且在钢笔的左下角出现一个“+”号，如果单击鼠标左键，就会增加一个锚点；如果将光标移动到一个已有的锚点上，当光标变成钢笔形状，并且在钢笔的左下角出现一个“-”号时，如果双击鼠标，就会删除该锚点。

利用钢笔属性面板可以设置钢笔的一些属性，也可以执行“编辑→首选参数”命令，弹出“首选参数”对话框，在“类别”列表框中，选择“绘画”选项，如图 5-17 所示，在该对话框中设置钢笔属性。

提示：锚点转换：要将转角点转换为曲线点，请使用“部分选取”工具来选择该点，然后按住 Alt 键拖动该点来放置切线手柄；要将曲线点转换为转角点，可用钢笔工具单击该点即可。

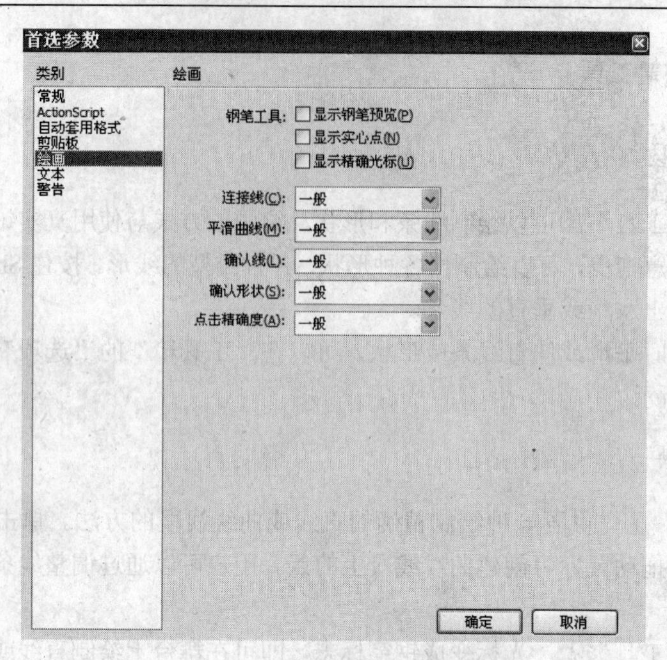

图 5-17 “首选参数”对话框

5.2.4 椭圆与矩形工具

1. 椭圆工具

使用“椭圆工具”可以绘制椭圆，绘制出来的图形不仅包括矢量线，还能够在矢量线内部填充色块，可以根据具体的需要，取消矢量线内部的填充色块或外部的矢量线。

绘制椭圆时只需要用鼠标单击，在舞台上拖动鼠标，确定椭圆的轮廓后，释放鼠标即可。

可以通过“椭圆工具”的“属性”面板设置相应的属性，如图 5-18 所示，然后绘制出椭圆。

图 5-18 “椭圆工具”的“属性”面板

提示：如何画正圆：先单击“椭圆工具”，然后按住 Shift 键不放，在舞台上拖动即可。

2. 矩形工具

使用“矩形工具”不但可以绘制矩形，还可以绘制矩形轮廓线。单击，在舞台上拖动鼠标，确定矩形的轮廓后，释放鼠标即可。

通过“矩形工具”的“属性”面板可以对各参数进行修改，或指定填充和笔触颜色，如图 5-19 所示。

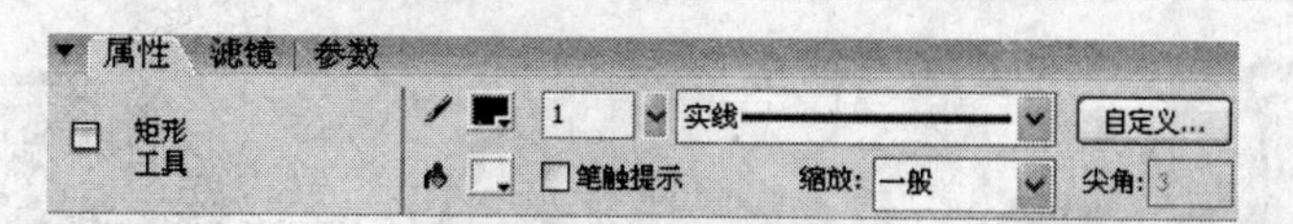

图 5-19 “矩形工具”的“属性”面板

绘制圆角矩形的步骤如下。

1）单击“矩形工具”。

2）单击选项区域的边角半径设置，打开如图 5-20 所示的“矩形设置”对话框。

3）在“边角半径”文本框中输入一个具体的半径值，单击“确定”按钮，即可画出圆角矩形，如图 5-21 所示。

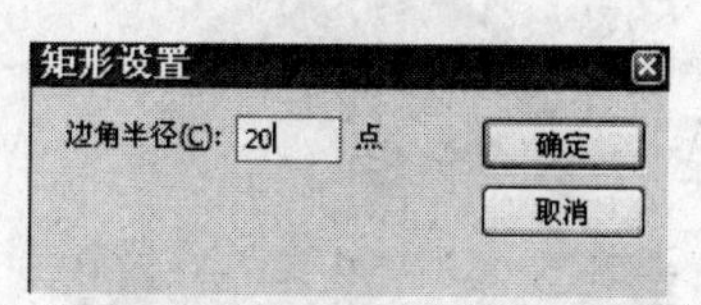

图 5-20 “矩形设置”对话框

图 5-21　圆角矩形

提示：按住 Shift 键不放，可绘制出正方形。

5.2.5　刷子与橡皮擦工具

1. 刷子工具

使用“刷子工具”可以建立自由形态的矢量色块，随意绘制出形状多变的色块。单击按钮，在选项区域将出现 5 种属性，如图 5-22 所示。

应用“刷子模式”的属性可以设置笔刷对舞台中其他对象的影响方式，单击“刷子模式”按钮，将出现如图 5-23 所示的菜单，提供了 5 种刷子模式。

图 5-22 “刷子工具”的“选项”属性

图 5-23 “刷子模式”按钮选项

“标准绘画”模式：可对同一层的线条和填充涂色，如图 5-24 所示。

“颜料填充”模式：对填充区域和空白区域涂色，不影响线条，如图 5-25 所示。

“后面绘画”模式：在舞台上同一层的空白区域涂色，不影响线条和填充，如图 5-26 所示。

“颜料选择”模式：使用这种模式只会影响选择区的部分，如果图形上没有选区，那么这个模式无效，如图 5-27 所示。

“内部绘画”模式：对开始刷子笔触时所在的填充进行涂色，不对线条涂色；在空白区域中开始涂色，则填充不会影响任何现有填充区域，如图 5-28 所示。

图 5-24 “标准绘画”模式　　图 5-25 “颜料填充”模式　　图 5-26 “后面绘画”模式

图 5-27 “颜料选择”模式

图 5-28 “内部绘画”模式

2. 橡皮擦工具

“橡皮擦工具”与传统意义上的橡皮一样，可以用来擦除线条或填充。

单击“橡皮擦工具”后，“橡皮擦工具”的选项区域如图 5-29 所示，可以选择橡皮擦模式，设置橡皮擦的大小和形状。单击“橡皮擦模式”按钮，会弹出一个下拉菜单，如图 5-30 所示，提供了 5 种擦除模式。

选项

图 5-29 “橡皮擦工具”的“选项”区域

标准擦除
擦除填色
擦除线条
擦除所选填充
内部擦除

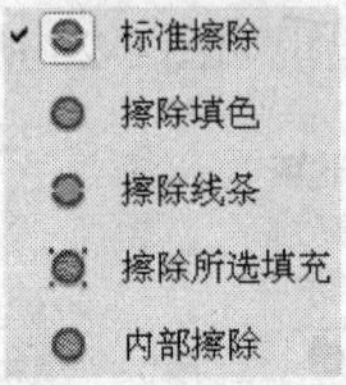

图 5-30 “橡皮擦模式”按钮选项

“标准擦除”模式：擦除同一层上的笔触和填充。
“擦除填色”模式：只擦除填充，不擦除笔触。
“擦除线条”模式：只擦除笔触，不擦除填充。
“擦除所选填充”模式：只擦除当前选定的填充，不擦除笔触。
“内部擦除”模式：只擦除橡皮擦笔触开始处的填充。

提示：双击“橡皮擦工具”可以快速删除舞台上的所有内容。

“橡皮擦工具”的擦除方法如下。

1）单击“橡皮擦工具”。
2）单击“橡皮擦模式”按钮，弹出图 5-30 所示菜单，选取一种擦除模式。
3）单击“橡皮擦形状”下拉框，选取一种形状和大小。

4）在舞台上拖动即可。

提示：使用“水龙头”模式可以删除笔触段或填充区域。

5.2.6　颜料桶、墨水瓶与填充变形工具

1．颜料桶工具

“颜料桶工具”用来将指定颜色填充到指定的区域。选择好填充颜色后，用“颜料桶工具”在指定对象上单击即可。

单击“颜料桶工具”后，单击工具箱选项区域的“空隙大小”按钮，会弹出一个下拉菜单，如图 5-31 所示，提供了 4 种填充模式。

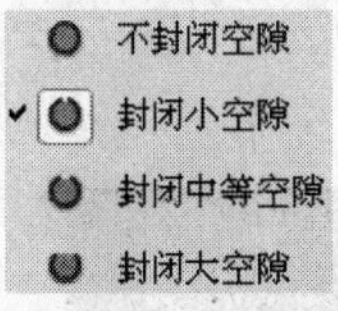

不封闭空隙
封闭小空隙
封闭中等空隙
封闭大空隙

图 5-31　“空隙大小”按钮选项

1）“不封闭空隙”模式：填充区域必须是完全封闭状态才能填充。

2）“封闭小空隙”模式：填充区域有小缺口的情况下也能填充。

3）“封闭中等空隙”模式：填充区域有中等缺口的情况下也能填充。

4）“封闭大空隙”模式：填充区域有较大缺口的情况下也能填充。

如果缺口比较大，在选择了“封闭大空隙”选项后仍然无法填色，可以把图形缩小。但如果空隙太大，就只能用线条手动封闭缺口。

2．墨水瓶工具

使用“墨水瓶工具”修改线条或者形状轮廓的笔触颜色、宽度和样式。

“墨水瓶工具”的使用方法如下。

1）单击“墨水瓶工具”，在如图 5-32 所示的“墨水瓶工具”属性面板上选择“笔触颜色”、“笔触高度”和“笔触样式”。

2）单击舞台上需要修改线条的对象即可。

图 5-32　“墨水瓶工具”的“属性”面板

图 5-33 显示了对圆应用“墨水瓶工具”修改线条后的不同效果。

图 5-33　使用“墨水瓶工具”修改线条后的效果

3. 填充变形工具

“填充变形工具”主要用于调整和修改渐变色。单击“填充变形工具”后，对舞台中的对象以某一点为圆心作旋转、拉伸，实现对象填充图的变形。

“填充变形工具”的使用方法如下。

1）在工具箱上单击“填充变形工具”。

2）单击舞台上用渐变或位图填充的区域。

3）将鼠标移动到右边直线上的小圆环上，拖动鼠标使填充图形旋转变形。

4）将鼠标移动到右边直线上的小方框上，拖动鼠标使填充图形拉伸变形，如图 5-34 所示。

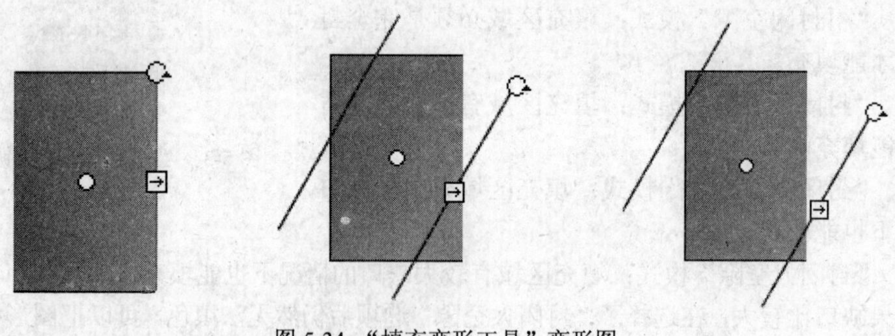

图 5-34 “填充变形工具”变形图

5.2.7 文本工具

1. 创建文本

在 Flash 中可以创建 3 种类型的文本：静态文本、动态文本和输入文本。

“静态文本”：用于不改变的文本。

“动态文本”：用于需要动态更新的文本，如当前时间等。

“输入文本”：用于需要用户输入的文本，如用户名、密码等。

在工具箱上单击“文本工具”，将鼠标移动到舞台上的合适位置，单击文本的起始位置，可以创建在一行中显示的文本，除非按 Enter 键，否则不会换行。此时的文本框为标签文本框，该文本框右上角有一个圆形手柄，如图 5-35 所示。

如果要创建定宽（水平文本）或定高（垂直文本）的文本字段，则需要将指针放在文本的起始位置，然后拖到所需的宽度或高度。输入文本达到宽度或高度时会自动换行。此时的文本框为区块文本框，该文本框右上角有一个方形手柄，如图 5-36 所示。

图 5-35　标签文本框

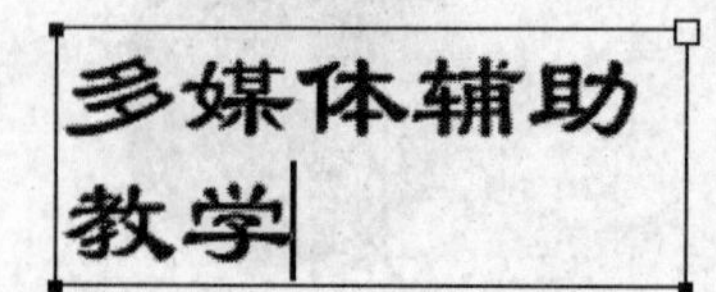

图 5-36　区块文本框

提示：用鼠标拖动圆形手柄或方形手柄可以改变文本框的宽度，一旦拖动圆形手柄，圆形手柄会变为方形手柄，即再输入文本也会自动换行。

2. 设置文本样式

通过如图 5-37 所示的“文本工具”的“属性”面板可以设置文本的字体和段落属性。

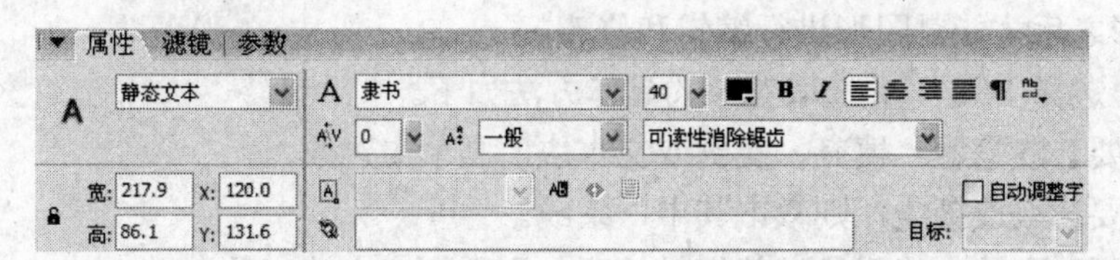

图 5-37 “文本工具”的“属性”面板

字体属性包括字体系列、磅值、样式、颜色、字母间距、自动字距微调和字符位置。段落属性包括对齐、边距、缩进和行距。

“磅值”用来设置字体大小。

3. 为文本添加滤镜效果

使用滤镜可以为文本添加特殊的视觉效果，具体方法如下。

1）使用选择工具在舞台上单击选定需要添加滤镜效果的文本。

2）单击如图 5-37 所示“文本工具”的“属性”面板的“滤镜”选项卡。

3）单击“添加滤镜”按钮，如图 5-38 所示，然后选择一个滤镜，可以添加多个滤镜，直到达到所需的效果。

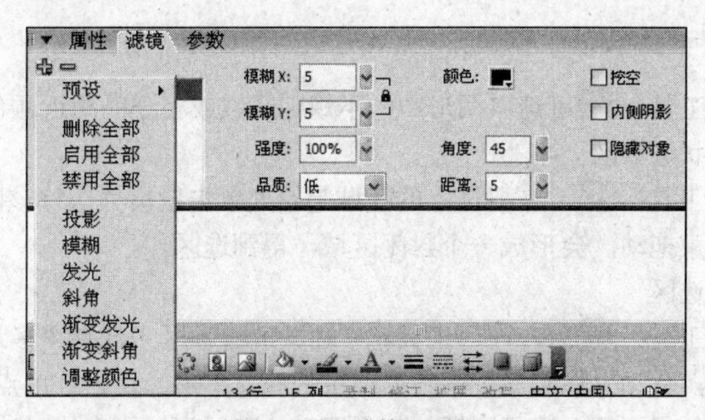

图 5-38 “滤镜”面板

图 5-39 所示为添加“投影”滤镜后的效果。

图 5-39 “投影”滤镜的效果

提示：删除滤镜：从滤镜列表中选择要删除的滤镜，然后单击“删除滤镜”即可。

5.2.8　编辑工具

1. 选择工具

"选择工具"又称为"箭头工具"，用于选取图形、移动图形和编辑图形，只有在选取图形之后才能对图形进行编辑和修改。

使用"选择工具"选取对象的具体方法如下。

1）若要选取笔触、填充、实例或文本块，则单击对象。

2）若要选取连接线，则双击其中一条线。

3）若要选取填充的形状及其笔触轮廓，则需要双击填充。

4）若要选取多个对象，则需要拖动鼠标把对象包含在矩形选取框内。

可以使用"选择工具"拖动线条上的任意点来改变线条或形状轮廓的形状，指针会发生变化，如图 5-40 所示。

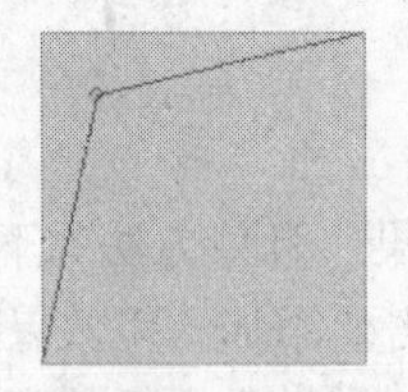
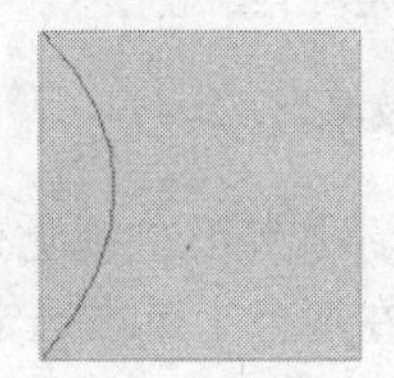

图 5-40　使用"选择工具"改变形状

提示： 拖动"选择工具"时按住 Ctrl 键可以在图形上增加新的点。

2. 套索工具

使用"套索工具"可选取图形中的不规则区域或相连的相近颜色的区域。

（1）任意形状选取区

选择"套索工具"，在要选取的区域起始处单击鼠标并围绕该区域拖动，在起始位置附近结束拖动，会形成一个封闭区域，得到选区。

（2）多边形选区

单击"套索工具"后，在"工具箱"面板的选项区中选择"多边形模式"，单击设定起始点，移动鼠标到第一条线要结束的地方单击，设定结束点。继续设定其他线段的结束点，如果要闭合选择区域，双击即可，则得到一个多边形选区。

（3）魔术棒

单击"套索工具"后，在"工具箱"面板的选项区中选择"魔术棒"，可以选取图形中颜色相似的区域，但图形必须是分离的状态。单击"魔术棒设置"，会弹出"魔术棒设置"对话框，如图 5-41 所示，设置魔术棒的参数。其中"阈值"越小，选择的颜色范围越小。选择"魔术棒"后，单击要选取的图形对象就得到了选区。

3. 任意变形工具

使用"任意变形工具"或执行"修改→变形"命令，可以将图形对象、文本块和实例进行任意变形，包括旋转、缩放、倾斜、移动和扭曲。

可以单独执行某种变形操作，也可以执行多种变形操作。

使用方法如下所述。

1）单击工具箱上的“任意变形工具”。

2）单击舞台上需要变形的对象，如图 5-42 所示。

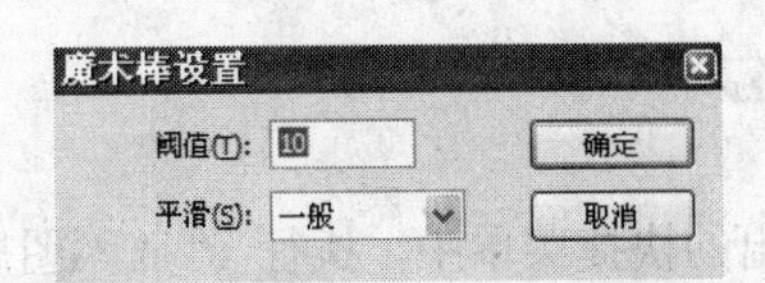

图 5-41　“魔术棒设置”对话框

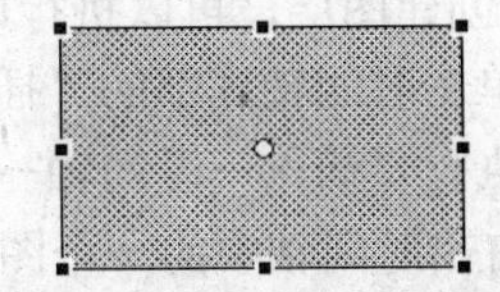

图 5-42　使用“任意变形工具”的效果

3）在所选对象的周围移动指针，指针发生各种形状变化，指明各种变形功能。

4）按住鼠标拖动即可执行相应的变形。

提示：要重新设置变形中心点，用鼠标拖动变形点到新位置即可。

使用变形操作时须注意以下几点。

1）按住 Shift 键旋转对象，可以以 45° 为增量进行旋转。

2）若要围绕对角旋转，按住 Alt 键拖动。

3）要扭曲形状，按住 Ctrl 键拖动角手柄或边手柄。

4）要扭曲文本，先执行两次“修改→分离”命令。

5）要锥化对象，同时按住 Shift 键和 Ctrl 键再拖动角部的手柄。

5.3　Flash 的图层、帧和元件

图层和帧是 Flash 对于动画的两种非常重要的组织手段，从空间维度和时间维度将动画有效地组合了起来。元件的应用更是节省了大量的空间、简化了操作、加快了动画播放速度。

5.3.1　操作图层

图层可以有力地帮助组织文档中的图形。可以在某个图层上绘制和编辑对象，而不会影响其他图层上的对象。图层就像透明的玻璃纸，在没有内容的区域中，可以透过该图层看到下面的图层。

要绘制、涂色或者进行修改，需要先在时间轴中选择该图层以激活它。在时间轴中，图层或文件夹名称旁边的铅笔图标表示该图层或文件夹处于活动状态。一次只能有一个图层处于活动状态。

当创建了一个新的 Flash 文档之后，它仅包含一个图层，要在文档中组织插图、动画和其他元素，可以添加更多的图层，可以隐藏、锁定或重新排列图层。创建的图层数仅受计算机内存的限制，增加图层不会增加发布的 SWF 文件的大小，只有在图层中增加对象才会增加文件的大小。

1. 创建图层

在创建了一个新图层或文件夹之后，它将出现在所选图层的上面。新添加的图层将成为活动图层。

（1）新建图层

若要创建图层，可以执行以下操作之一。

1）单击时间轴底部的“插入图层”按钮。

2）执行“插入→时间轴→图层”命令。

3）右击时间轴中的一个图层名称，从弹出的快捷菜单中，执行 “插入图层”命令，如图 5-43 所示。

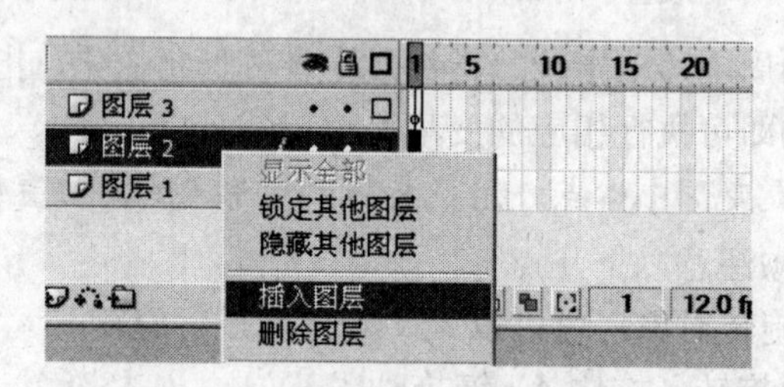

图 5-43 执行“插入图层”命令

（2）新建图层文件夹

若要创建图层文件夹，可以执行以下操作之一。

1）单击时间轴底部的“插入图层文件夹”按钮。

2）在时间轴中选择一个图层或文件夹，然后执行“插入→时间轴→图层文件夹”命令。

3）右击时间轴中的一个图层名称，从弹出的快捷菜单中，执行“插入文件夹”命令，新文件夹将出现在所选图层或文件夹的上面。

2. 选取、删除和重命名图层

（1）选取图层或文件夹

执行下面任何一个操作即可选取图层或文件夹。

1）单击时间轴中图层或文件夹的名称。

2）在时间轴中单击要选择的图层的任意一个帧。

3）在舞台中选择要选择的图层中的一个对象。

4）按住 Shift 键的同时在时间轴中单击图层的名称，可以选择连续的图层或文件夹。

5）按住 Ctrl 键的同时在时间轴中单击图层的名称，可以选择不连续的图层或文件夹。

（2）删除图层

要删除图层，可单击时间轴中图层或文件夹的名称，选中图层或图层文件夹，然后执行下列任何一个操作。

1）单击时间轴中的“删除图层”按钮。

2）将图层或图层文件夹拖到“删除图层”按钮上即可。

3）右击图层或图层文件夹的名称，从弹出的快捷菜单中，执行“删除图层”命令。

提示：删除图层文件夹后，所有包含的图层及其内容都会删除。

（3）重命名图层

为了方便管理，可以根据内容给图层命名。用鼠标在图层名称上双击，输入新的图层名称即可，如图 5-44 所示。

3. 复制和移动图层

图 5-44　重命名图层

（1）复制图层

复制新图层实际上用到的就是复制帧和粘贴帧的方法，操作方法如下。

1）单击时间轴中的图层名称以选择该图层的全部帧。

2）执行“编辑→时间轴→复制帧”命令，或在帧上右击，在弹出的快捷菜单中，执行“复制帧”。

3）单击“插入图层”按钮，创建新图层。

4）单击该新图层，执行“编辑→时间轴→粘贴帧”命令。

（2）复制图层文件夹的内容

操作方法如下。

1）折叠文件夹。

2）单击文件夹的名称以选择整个文件夹。

3）执行“编辑→时间轴→复制帧”命令。

4）执行“插入→时间轴→复制图层文件夹”命令，创建新文件夹。

5）单击新文件夹，执行“编辑→时间轴→粘贴帧”命令。

（3）移动图层

用鼠标拖动需要移动的图层到新位置后释放鼠标即可。

4. 显示、隐藏与锁定图层

（1）显示或隐藏图层

要显示或隐藏图层或文件夹，可执行以下操作之一。

1）单击时间轴中图层或文件夹名称右侧的“眼睛”列，可以隐藏该图层或文件夹。再次单击它可以显示该图层或文件夹。

2）单击眼睛图标，可以隐藏时间轴中的所有图层和文件夹。再次单击它，可以显示所有的层和文件夹。

3）在“眼睛”列中拖动，可以显示或隐藏多个图层或文件夹。

4）按住 Alt 键单击图层或文件夹名称右侧的“眼睛”列，可以隐藏所有其他图层和文件夹。再次按住 Alt 键单击，可以显示所有的图层和文件夹。

（2）锁定或解锁

要锁定或解锁图层或文件夹，可执行以下操作之一。

1）单击时间轴中图层或文件夹名称右侧的“锁定”列，可以锁定该图层或文件夹。

再次单击它，可以解锁该图层或文件夹。

2）单击挂锁图标🔒，可以锁定时间轴中的所有图层和文件夹。再次单击它，可以解锁所有的层和文件夹。

3）在“锁定”列中拖动可以锁定或解锁多个图层或文件夹。

4）按住 Alt 键单击图层或文件夹名称右侧的“锁定”列，可以解锁所有其他图层和文件夹。再次按住 Alt 键单击可以锁定所有的图层和文件夹。

5.3.2　操作帧

帧是动画制作中重要的概念，帧可以说是事件的单位。各个帧使舞台上的对象发生变形或者位置的变换，当所有的帧逐一显示时就形成动画。动画实际上就是利用人的视觉暂留效果产生“动”的幻觉：将一些连续的画面动起来，使人们感觉不到这些原本是静止的画面。帧是动画制作的基本单位，一帧里面包含了图形文字和声音等多种对象。

1. 创建帧

Flash 中的帧有 3 种类型，即帧、关键帧和空白关键帧，它们在动画中所起的作用是不同的。

要创建帧，可执行以下操作之一。

1）执行“插入→时间轴→帧”或“关键帧”或“空白关键帧”命令，如图 5-45 所示。

2）右击时间轴上的某一帧，弹出如图 5-46 所示的快捷菜单，执行“插入帧”或“插入关键帧”或“插入空白关键帧”命令。

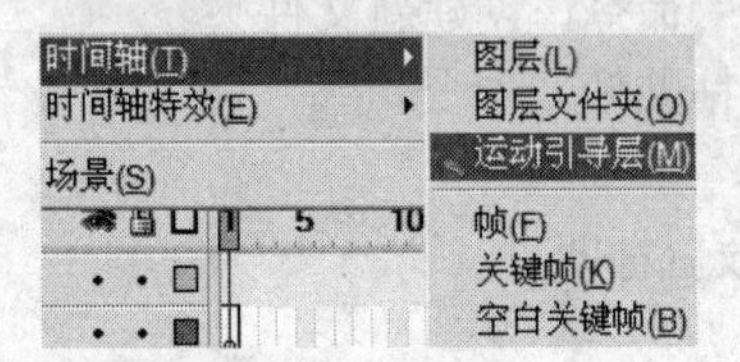

图 5-45　从“标准菜单”中插入帧

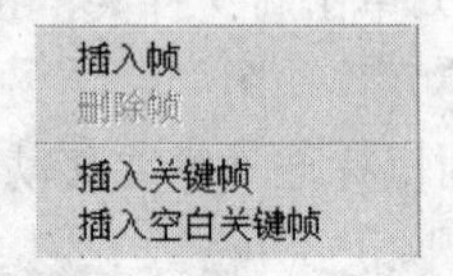

图 5-46　从“快捷菜单”中插入帧

3）按 F5 键插入“帧”，按 F6 键插入“关键帧”，按 F7 键插入“空白关键帧”。

2. 选择、复制和移动帧

（1）选择帧

选择一个帧：单击该帧即可。

选择多个连续的帧：单击“起始帧”后按住 Shift 键再单击“结束帧”，即可选择它们之间的帧，或者用鼠标拖动选择。

选择多个不连续的帧：按住 Ctrl 键单击或拖动。

选择时间轴中的所有帧：执行“编辑→时间轴→选择所有帧”命令，或右击，从弹出快捷菜单中，执行“选择所有帧”命令。

（2）复制帧

拖动法：选择需要复制的帧或帧序列，按住 Alt 键将这些帧拖到新位置即可。

菜单命令法：

1）选择帧或序列。

2）执行“编辑→时间轴→复制帧”命令。

3）选择新的帧位置，执行“编辑→时间轴→粘贴帧”命令。

快捷菜单法：

1）选择帧或序列。

2）右击，从弹出的快捷菜单中，执行“复制帧”命令。

3）选择新的帧位置，右击，从弹出的快捷菜单中，执行“粘贴帧”命令。

（3）移动帧

拖动法：选择需要复制的帧或帧序列，按住鼠标左键将这些帧拖到新位置即可。

菜单命令法：

1）选择帧或序列。

2）执行“编辑→时间轴→剪切帧”命令。

3）选择新的帧位置，执行“编辑→时间轴→粘贴帧”命令。

快捷菜单法：

1）选择帧或序列。

2）右击，从弹出的快捷菜单中，执行“剪切帧”命令。

3）选择新的帧位置，右击，从弹出快捷菜单中，执行“粘贴帧”命令。

3. 删除帧、清除帧和翻转帧

（1）删除帧

删除帧的方法如下。

1）选择帧或序列。

2）执行“编辑→时间轴→删除帧”命令，或者右击选择的帧，从弹出的快捷菜单中，执行“删除帧”命令。

（2）清除帧

清除帧的方法如下。

1）选择帧或序列。

2）执行“编辑→时间轴→清除帧”命令，或者右击选择的帧，从弹出的快捷菜单中执行“清除帧”命令。

提示：清除帧相当于把当前选择帧转换为空白帧，不会改变帧数。删除帧是删除掉当前选择的帧，会使动画的帧数减少。

（3）清除关键帧

清除关键帧的方法如下。

1）单击关键帧。

2）执行“编辑→时间轴→清除关键帧”命令，或者右击选择的帧，从弹出的快捷菜单中，执行“清除关键帧”命令。

（4）翻转帧

翻转帧的方法如下。

1）选择帧序列。

2）执行“修改→时间轴→翻转帧”命令，或者右击选择的帧序列，从弹出的快捷菜单中执行“翻转帧”命令。

提示：位于翻转帧序列的起始帧和结束帧必须是关键帧。

5.3.3 操作元件

元件是指在 Flash 中创建的图形、按钮或影片剪辑，可以包含从其他应用程序中导入的插图。元件的优点是只需要创建一次，就可以在整个文档或其他文档中重复使用该元件。

实例是指位于舞台上或嵌套在另一个元件内的元件副本。实例可以与它的元件在颜色、大小和功能上有差别。编辑元件会更新它的所有实例，但编辑实例时只会更新该实例。

在文档中使用元件可以显著减小文件的大小，可以加快 SWF 文件的回放速度。

创建的任何元件都会被自动地放到当前文档的库中，在“库”面板中，可以完成使用和管理元件的工作。

每个元件都有一个唯一的时间轴、舞台及图层。可以将帧、关键帧和图层添加至元件时间轴，就像可以将它们添加到主时间轴一样。

创建元件时需要选择元件类型，Flash 中的元件包括 3 种类型：图形元件、按钮元件和影片剪辑元件。

1. 元件的创建

（1）图形元件的创建

图形元件可由矢量图形、图像、动画或声音组成。可用于静态图像，并可用来创建连接到主时间轴的可重用动画片段。图形元件与主时间轴同步运行。交互式控件和声音在图形元件的动画序列中不起作用。由于没有时间轴，图形元件在 FLA 源文件中的尺寸小于按钮或影片剪辑。

创建图形元件的步骤如下。

1）执行“插入→新建元件”命令，弹出“创建新元件”对话框，如图 5-47 所示。

2）在“名称”文本框中输入元件名称，在“类型”选项组中选择“图形”单选按钮。

3）单击“确定”按钮，进入该元件的编辑界面，如图 5-48 所示。

图 5-47 “创建新元件”对话框

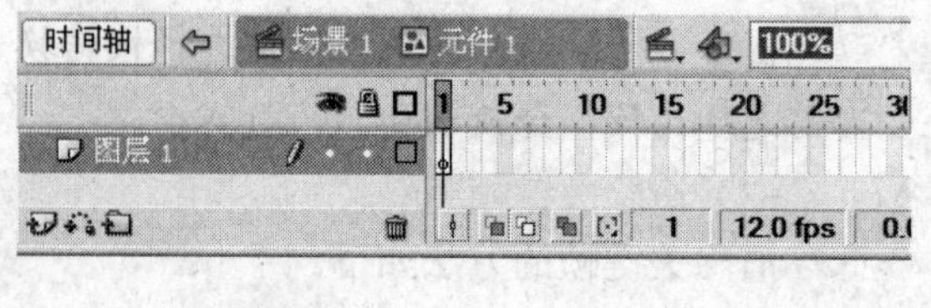

图 5-48 元件的编辑界面

4）在该模式下编辑元件内容，如使用绘图工具绘制、导入图形图像或者创建其他元件的实例。

5）执行“文件→导入”命令，导入一个图形素材。

将舞台上的对象转换为图形元件，具体步骤如下。

1）单击舞台上需要转换为图形元件的对象。

2）执行“修改→转换为元件”命令，或右击，在弹出快捷菜单中，执行“转换为元件”命令。

3）在如图 5-49 所示的“转换为元件”对话框中输入元件的名称，选择元件的类型。

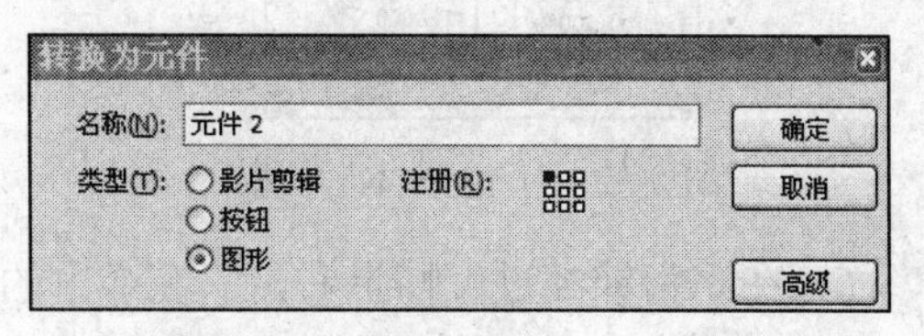

图 5-49 “转换为元件”对话框

（2）按钮元件的创建

按钮元件具有强大的交互功能，它不是一个单一的图形。按钮元件有 4 种状态：弹起、指针经过、按下和单击，每种状态都可以通过图形、元件以及声音来定义。在一般情况下按钮的制作需要经过绘制图案、添加关键帧和编写事件 3 个步骤。

例 5-1　创建按钮。

操作步骤如下所述。

1）启动 Flash，执行“文件→新建”命令。

2）执行“插入→新建元件”命令，打开如图 5-50 所示的“创建新元件”对话框，在“名称”文本框中输入“圆形按钮”作为元件的名称，在“类型”选项组中选择“按钮”单选项。

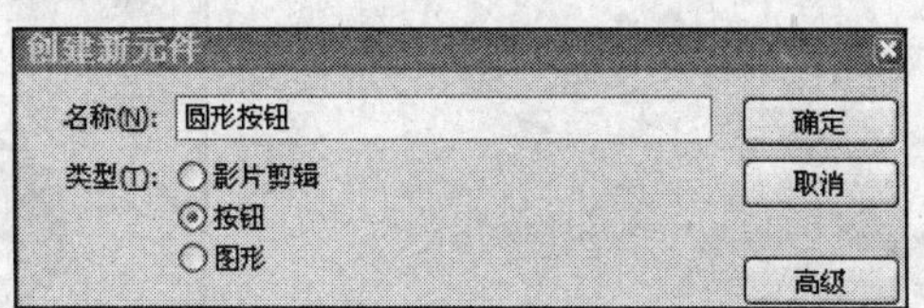

图 5-50 “创建新元件”对话框

3）单击“确定”按钮，进入元件编辑状态。

4）在工具箱上选择“椭圆工具”，在舞台中心点按住 Shift 键拖动画出一个正圆，如图 5-51 所示。

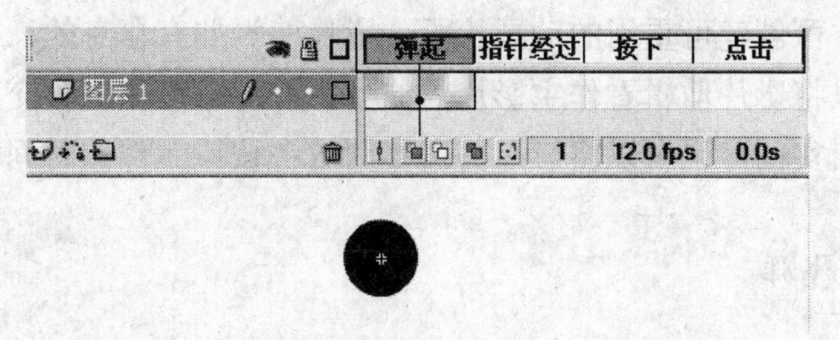

图 5-51　绘制圆

5）在“颜色样本”面板上选择“放射状”渐变类型，左指针颜色为白色，右指针颜色为红色，如图 5-52 所示。选择“颜料桶工具”并单击舞台上的圆，得到一个红色球体，如图 5-53 所示。

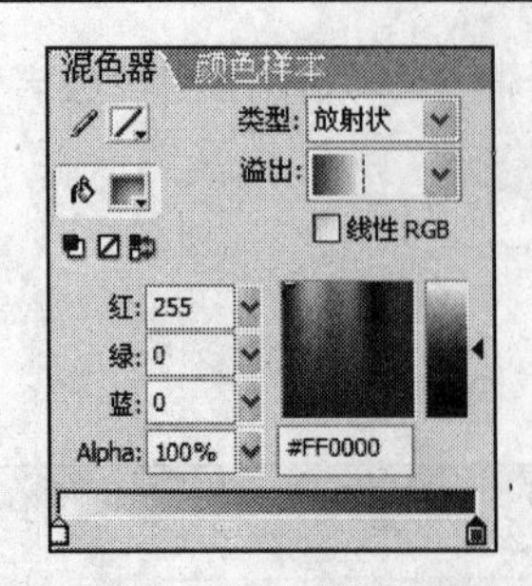

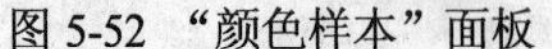

图 5-52 “颜色样本”面板

图 5-53 使用“颜料桶工具”填充圆

6）在“指针经过”帧上右击，在弹出的快捷菜单中，执行“插入关键帧”命令。

7）在“颜色”面板上修改右指针颜色为蓝色，选择“颜料桶工具”，单击舞台上的圆，得到一个蓝色球体。

8）用同样的方法在“按下”帧插入关键帧，在“颜色”面板修改右指针颜色为绿色，选择“颜料桶工具”并单击舞台上的圆，得到一个绿色球体。

9）在“单击”帧插入关键帧。

10）单击舞台左上角的“场景 1”返回场景，如图 5-54 所示。

11）按 Ctrl+L 组合键，打开如图 5-55 所示的“库”面板，从“库”中将按钮右击拖动到舞台上。

12）按 Ctrl+Enter 组合键，测试动画，观看鼠标在按钮上移动、单击按钮和离开按钮时的变化。

图 5-54 返回主场景

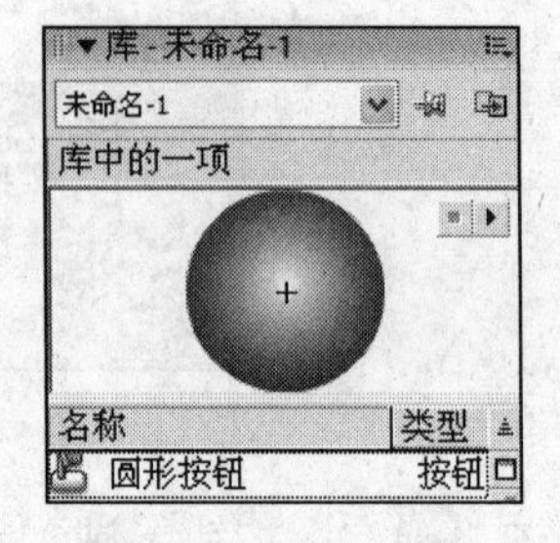

图 5-55 “库”面板

（3）影片剪辑元件

影片剪辑元件可创建可重用的动画片段。影片剪辑拥有自身的、独立于主影片的多帧时间轴。既可以将影片剪辑看作主影片内的小影片，它可以包含交互式控件、声音，甚至其他影片剪辑实例，也可以将影片剪辑实例放在按钮元件的时间轴内，以创建动画按钮。

例 5-2　蝴蝶飞舞。

操作步骤如下。

1）新建文档，修改背景色为浅蓝色。

2）选择“椭圆工具”，设置“笔触颜色”为粉色，“填充颜色”为黄色，在其“属性”面板中单击“自定义”按钮，在弹出的“笔触样式”对话框中进行如图 5-56 所示的设置。

3）在舞台上拖动鼠标绘制一个圆并用“选择工具”反复调整成蝴蝶的翅膀，如图 5-57 所示。

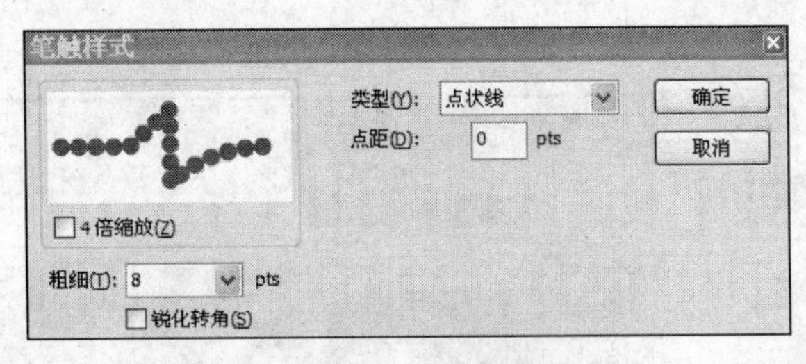

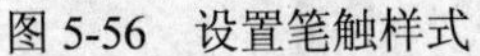
图 5-56　设置笔触样式

图 5-57　蝴蝶翅膀

4）用同样的方法绘制出下面蝴蝶的小翅膀，如图 5-58 所示。全部选择，按 Ctrl+G 组合键组合。

5）选择翅膀，按 Ctrl+C 组合键复制，然后按 Ctrl+V 组合键粘贴。执行“修改→变形→水平翻转”命令，调整位置如图 5-59 所示。

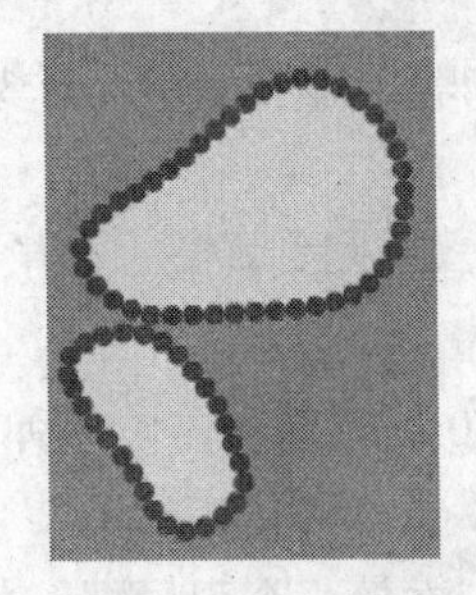
图 5-58　制作蝴蝶翅膀

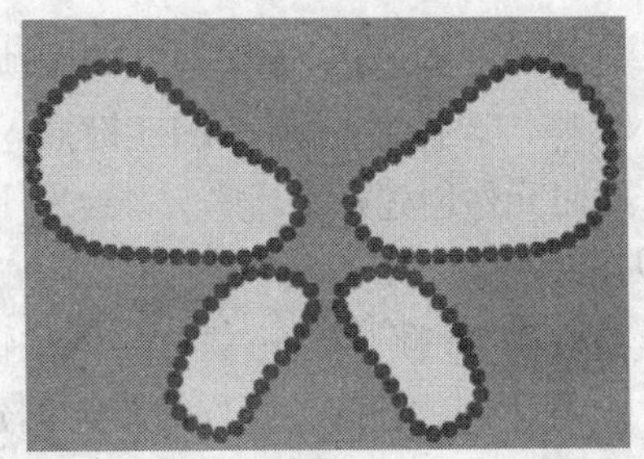
图 5-59　“水平翻转”出另一侧翅膀

6）选择“椭圆工具”，设置“笔触颜色”为无，“填充颜色”为白色，拖动鼠标绘制蝴蝶的身体，并用“选择工具”进行调整，用“刷子工具”点出两个眼睛，如图 5-60 所示。

7）移动蝴蝶的身体到合适位置，用“铅笔工具”绘制出触角，全部选中，按 Ctrl+G 组合键组合全部图形，完成的效果如图 5-61 所示。

图 5-60　制作蝴蝶身体本身

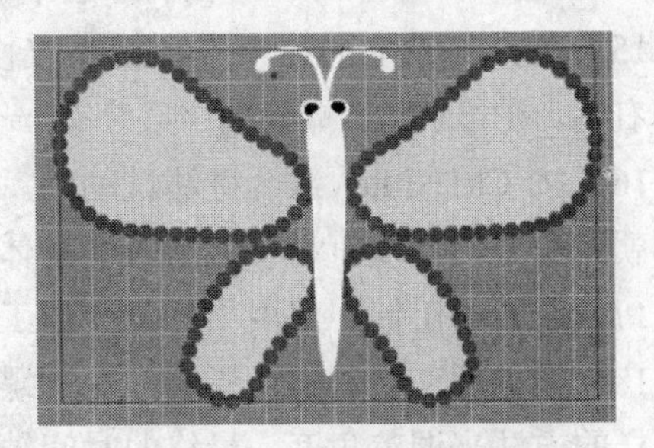
图 5-61　完成的蝴蝶

8）选择绘制好的蝴蝶，按 F8 键，弹出“转换为元件”对话框，在“名称”文本框中输入“蝴蝶”，在“类型”选项组中选择“影片剪辑”单选项，单击“确定”按钮，如图 5-62 所示。

9）这时蝴蝶转换为影片元件，双击蝴蝶，进入元件编辑状态。元件“蝴蝶”的名称会出现在舞台的左上角，表示当前是元件编辑状态，并有一个十字表示该元件的注册点，如图5-63所示。

图5-62 “转换为元件”对话框

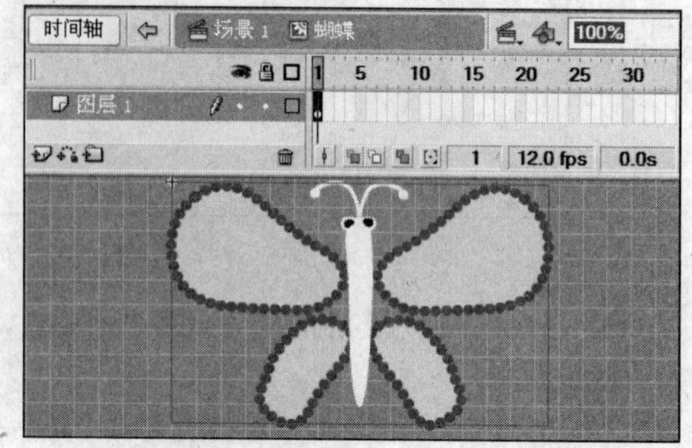

图5-63 “蝴蝶”元件的编辑状态

10）选择第3帧，按F6键插入关键帧，把第3帧的蝴蝶图形利用“任意变形工具”横向缩小一些，选择第4帧，按F5键插入帧。

11）此时元件创建好了，单击舞台左上方的按钮 场景 1 返回到场景。如果蝴蝶太大了，可以用“任意变形工具”缩小。

12）选择第30帧并按F6键，插入关键帧，在第1～30帧之间右击，从弹出的快捷菜单中，执行“创建补间动画”命令，创建动作补间动画，如图5-64所示。

13）单击“时间轴”面板的“添加引导层”按钮，添加一个引导层，如图5-65所示。

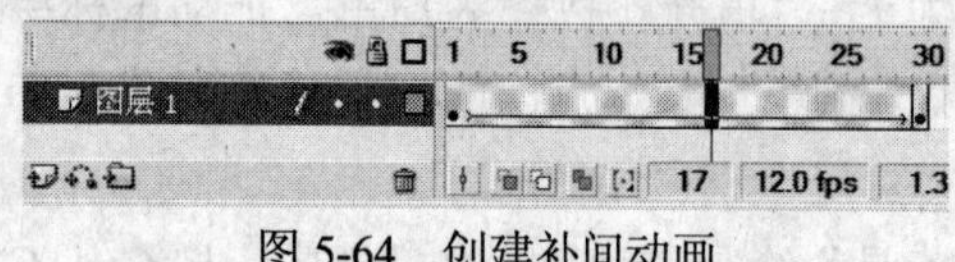

图5-64 创建补间动画

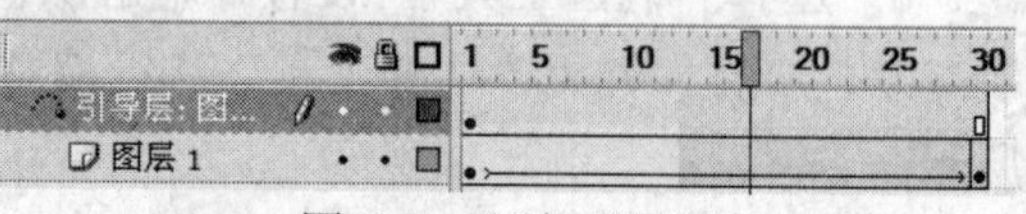

图5-65 添加引导层

14）选择“铅笔工具”，在引导层绘制一条引导曲线。

15）选择图层1的第1帧，把蝴蝶移动到线的左端。选择第30帧，把蝴蝶移动到线的右端。在移动时，蝴蝶的中心会有一个小圆圈，拖动这个圆圈并对准引导线的两端。

16）按Ctrl+Enter组合键测试动画。看到蝴蝶沿着固定轨迹运动飞行。但是蝴蝶始终都朝一个方向，没有沿着方向改变身体。下面继续进行完善。

17）选择第1帧，使用“任意变形工具”旋转蝴蝶。

18）根据运动轨迹拖动指针，在蝴蝶需要改变方向的位置按F6键，插入关键帧，用同样的方法来调整角度，最终的时间轴如图5-66所示。

提示：如果要减慢动画的运动速度，可以把帧频的值减少，默认帧频为12f/s。

2. 元件的操作

元件的基本操作主要包括元件的复制、元件的删除、重定义元件类型等。

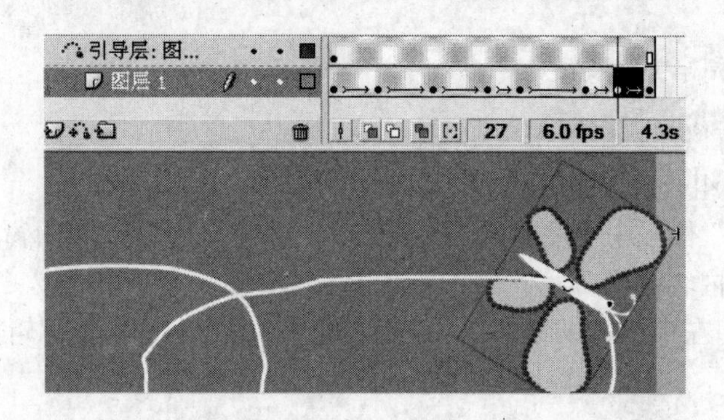

图 5-66　完成后的时间轴

（1）复制元件

可以使用现有元件作为创建新元件的起点，实现复制元件的操作。复制元件的操作步骤如下。

1）打开“库”面板，在需要复制的元件上右击，在弹出的快捷菜单中，执行“直接复制”命令，则会弹出“直接复制元件”对话框，如图 5-67 所示，这样会把元件复制到本文件的“库”中。另外，用户也可在弹出的快捷菜单中，执行“复制”命令，将元件复制到其他文件的“库”中。

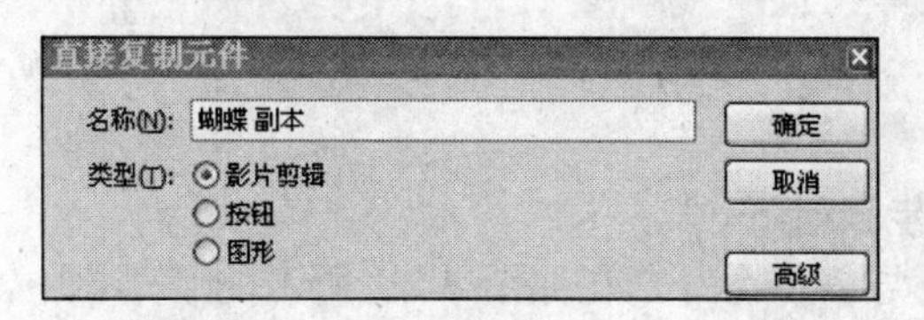

图 5-67 “直接复制元件”对话框

2）在对话框的“名称”文本框中输入元件的名称，或用默认的名称。在“类型”区域选择一种元件类型。

3）设置完成后，单击“确定”按钮，实现元件的复制。

（2）删除元件

删除一个元件的操作可通过打开“库”面板，选择需要删除的元件并右击，在弹出的快捷菜单中，执行“删除”命令，即可删除所选择的元件。

（3）重定义元件类型

打开“库”面板，选择需要重定义类型的元件并右击，在弹出的快捷菜单中，执行“属性”命令，则会弹出“元件属性”对话框，如图 5-68 所示。在该对话框的“类型”区域选择元件类型，单击“确定”按钮，即可实现重定义元件类型。

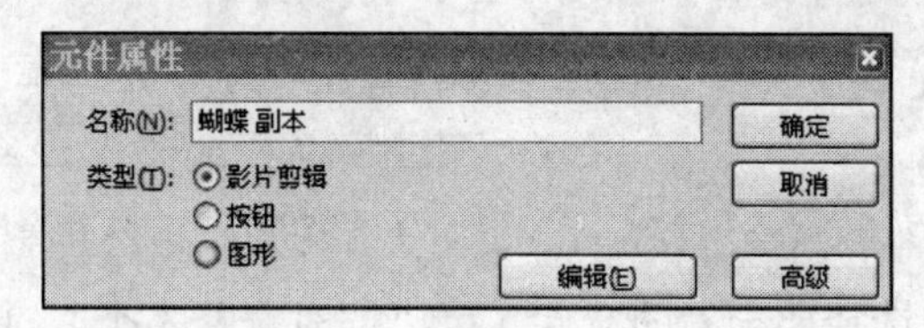

图 5-68 “元件属性”对话框

3. 元件的编辑

元件的编辑可以通过以下步骤实现。

1）按 Ctrl+L 组合键，打开“库”面板。

2）双击“库”面板中需要编辑的元件图标，即可进入元件编辑窗口。

3）完成元件内容编辑后，执行“编辑→编辑文档”命令，或按 Ctrl+E 组合键，或单击元件编辑窗口左上角的场景名称，如 场景 1，即可返回场景编辑舞台。

5.4 添加多媒体对象

Flash 有一个非常开放的工作环境，可以从外部导入图像、声音、视频和动画等多媒体对象。跟元件一样，所有导入的多媒体对象都会自动放置在“库”面板之中。多媒体对象的添加可以增强作品的感染力，有效地表达教学思想、展示教学过程，从而提高教学效果和教学质量。

5.4.1 添加图像

1. 导入图像

导入图像的操作步骤如下。

1）执行“文件→导入”命令，在如图 5-69 所示的子菜单中，执行“导入到库”或“导入到舞台”命令。

2）弹出如图 5-70 所示的对话框。

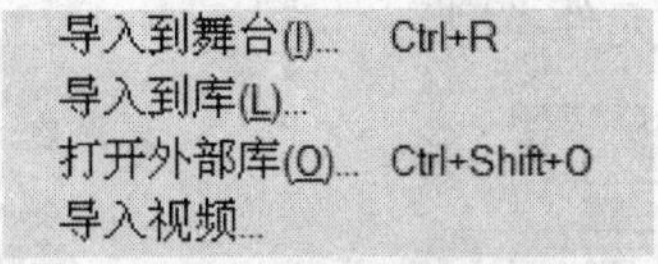

导入到舞台(I)... Ctrl+R
导入到库(L)...
打开外部库(O)... Ctrl+Shift+O
导入视频...

图 5-69 “导入”子菜单

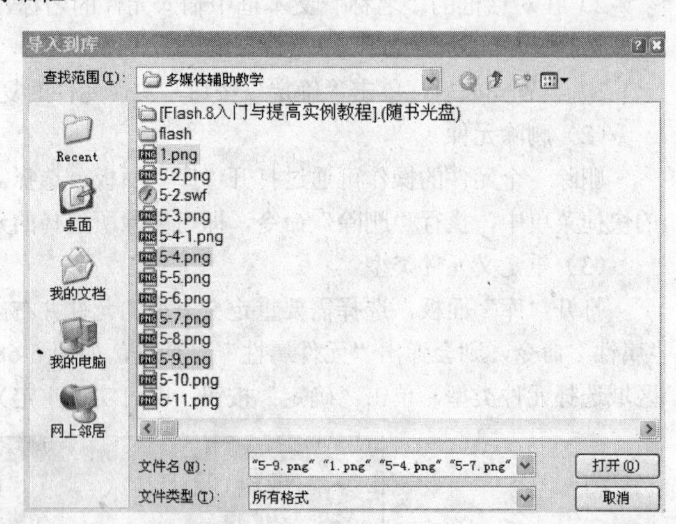

图 5-70 “导入到库”对话框

3）在该对话框中选择要导入的文件（可以同时选择多个），单击“打开”按钮，选择的文件就会导入到当前文档中。

提示：所有导入到 Flash 文档中的图像都会自动添加到该文档的“库”中。

2. 位图转换为矢量图

转换位图为矢量图是将位图转换为具有可编辑的离散颜色区域的矢量图形。可以将图像当矢量图形进行处理，而且能够减小文件的大小。

位图转换为矢量图的具体步骤如下。

1）在舞台上选择需要转换的位图图像，然后执行“修改→位图→转换位图为矢量图”命令。

2）这时弹出“转换位图为矢量图”对话框，如图 5-71 所示。

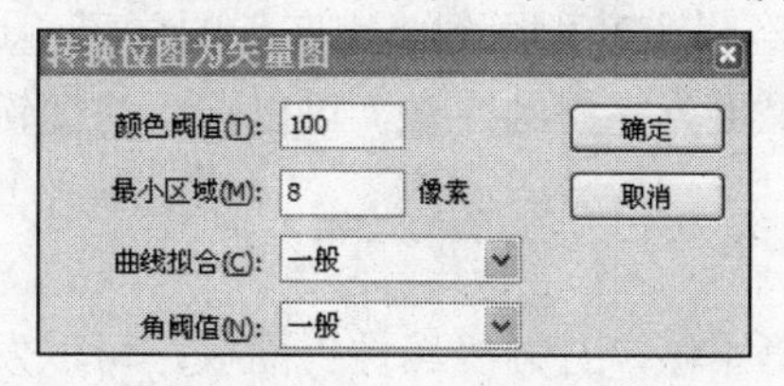

图 5-71 “转换位图为矢量图”对话框

3）在该对话框中设置相应的参数值，单击“确定”按钮即完成转换。

提示：位图转换为矢量图后变成了一个个独立的填充区或线条，可以对各个部分进行独立的操作。

5.4.2 添加声音

Flash 提供了许多使用声音的方式。可以使声音独立于时间轴连续播放，或使动画与一个声音同步播放。还可以向按钮添加声音，使按钮具有更强的感染力。另外，通过设置淡入、淡出效果还可以使声音更加优美。

1. 将声音导入 Flash

只有将外部的声音文件导入到 Flash 中以后，才能在 Flash 作品中加入声音效果。能直接导入 Flash 的声音文件，主要有 WAV 和 MP3 两种格式。

导入声音的操作步骤如下。

1）执行“文件→导入→导入到库”命令，弹出“导入到库”对话框，在该对话框中，选择要导入的声音文件，单击“打开”按钮，将声音导入。

2）在“库”面板中可以看到刚刚导入的声音文件，今后可以像使用元件一样使用声音对象了，如图 5-72 所示。

2. 引用声音

将声音从外部导入 Flash 中以后，时间轴并没有发生任何变化。必须引用声音文件，声音对象才能出现在时间轴上，才能进一步应用声音。

1）将放置声音的图层重新命名为“声音”，选择第 1 帧，然后将“库”面板中的声音对象拖放到场景中，如图 5-73 所示。

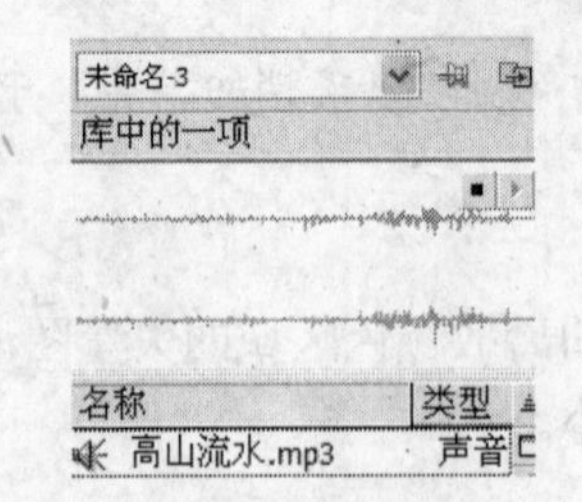

图 5-72 “库”面板中的声音文件

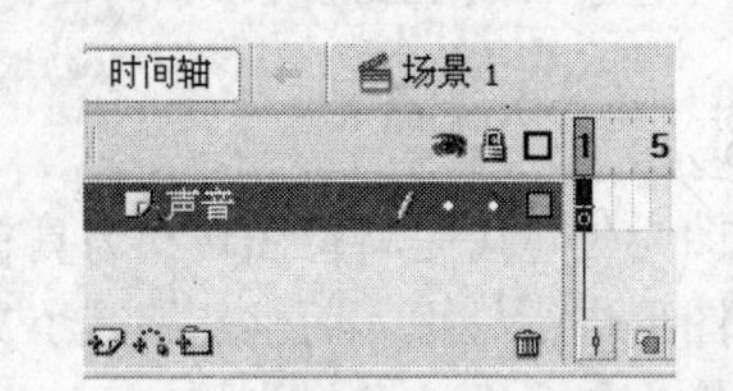

图 5-73 将声音引用到时间轴上

2）这时会发现“声音”图层第 1 帧出现一条短线，这其实就是声音对象的波形起始，任意选择后面的某一帧，比如第 30 帧，按下 F5 键，就可以看到声音对象的波形，如图 5-74 所示。这说明已经将声音引用到“声音”图层了。这时按 Enter 键，就可以听到声音了，如果想听到效果更为完整的声音，可以按下快捷键 Ctrl+Enter。

3. 声音属性设置和编辑

选择“声音”图层的第 1 帧，打开“属性”面板，可以发现，“属性”面板中有很多设置和编辑声音对象的参数，如图 5-75 所示。

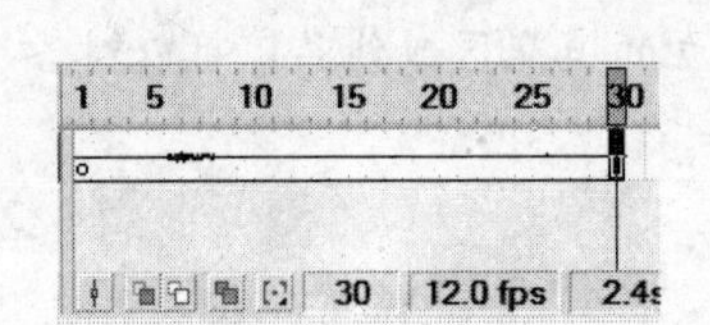

图 5-74 图层上的声音

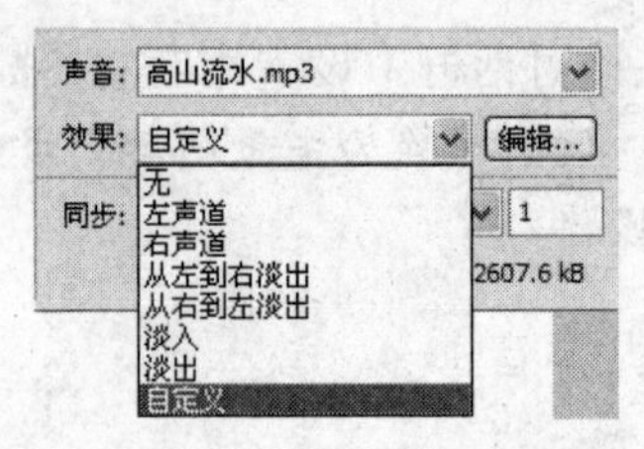

图 5-75 “声音”的属性面板

面板中各参数的意义如下。

“声音”下拉列表：从中可以选择要引用的声音对象，这也是另一个引用库中声音的方法。

“效果”下拉列表：从中可以选择一些内置的声音效果，比如让声音淡入、淡出等效果。

“编辑”按钮：单击这个按钮可以进入到声音的编辑对话框中，对声音进行进一步的编辑。

“同步”下拉列表：从中可以选择声音和动画同步的类型，默认的类型是“事件”类型。另外，还可以设置声音重复播放的次数。

引用到时间轴上的声音，往往还需要在声音的“属性”面板中对它进行适当的属性设置，才能更好地发挥声音的效果。

5.4.3　添加视频

Flash 视频具备创造性的技术优势，允许把视频、数据、图形、声音和交互式控制融为一体，从而创造出引人入胜的丰富体验。

Flash 支持的视频类型会因计算机所安装的软件不同而不同。

如果机器上已经安装了 QuickTime 7 及其以上版本，则在导入嵌入视频时支持包括 MOV（QuickTime 影片）、AVI（音频视频交叉文件）和 MPG/MPEG（运动图像专家组文件）等格式的视频剪辑，见表 5-1。

表 5-1　Flash 8.0 支持的视频格式（一）

文件类型	扩展名
音频视频交叉	.avi
数字视频	.dv
运动图像专家组	.mpg、.mpeg
QuickTime 影片	.mov

如果系统安装了 Direct X 9 或更高版本，则在导入嵌入视频时支持以下视频文件格式，见表 5-2。

表 5-2　Flash 8.0 支持的视频格式（二）

文件类型	扩展名
音频视频交叉	.avi
运动图像专家组	.mpg、.mpeg
Windows Media 文件	.wmv、.asf

默认情况下，Flash 使用 On2 VP6 编解码器导入和导出视频。编解码器是一种压缩/解压缩算法，用于控制多媒体文件在编码期间的压缩方式和回放期间的解压缩方式。

下面介绍导入视频到 Flash 中的步骤。

1）新建一个 Flash 8.0 影片文档。

2）执行“文件→导入→导入视频”命令，弹出“导入视频”向导，如图 5-76 所示。

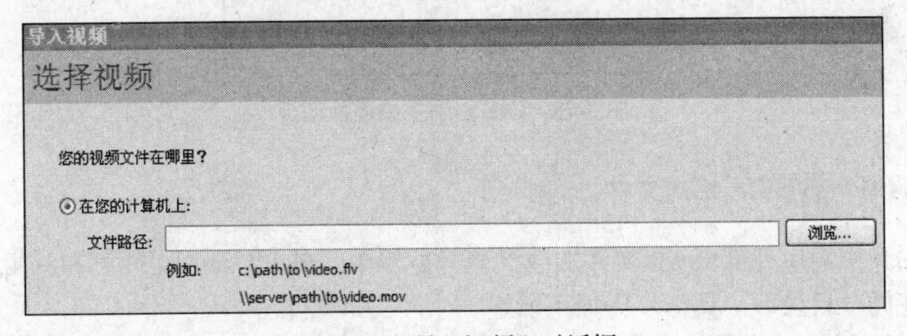

图 5-76　“导入视频”对话框

3）在“文件路径”文本框中，输入要导入的视频文件的本地路径和文件名。或者单击后面的“浏览”按钮，弹出“打开”对话框，在其中选择要导入的视频文件。如图 5-77 所示，单击“打开”按钮，这样“文件路径”文本框中自动出现要导入的视频文件路径。

4）根据向导对话框提示，设置相应的参数即可完成视频的导入，这里不再详细说明。

5）导入完成后，按 Ctrl＋Enter 组合键，测试影片。

提示： 添加视频也可以执行“文件→导入→导入到库”命令，调整参数把视频导入到“库”面板，然后再将视频从“库”面板拖到舞台上。

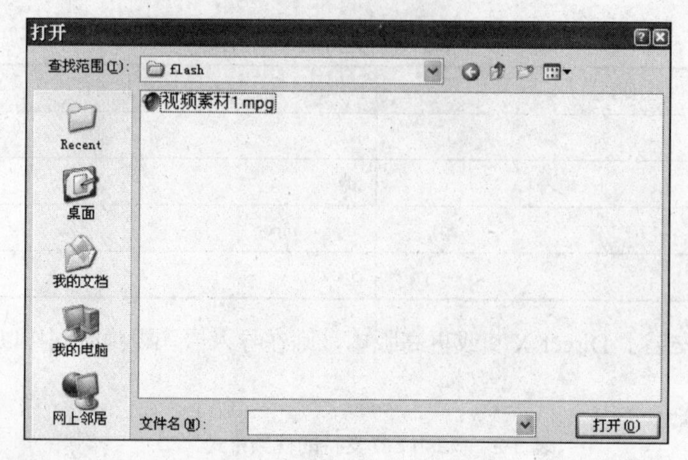

图 5-77 “打开”对话框

5.4.4 添加 GIF 动画

添加 GIF 动画的方法与前面添加图像的方法是一样的，执行“文件→导入→导入到库”或“导入到舞台”命令即可。GIF 动画导入到舞台后将生成逐帧动画，如图 5-78 所示。

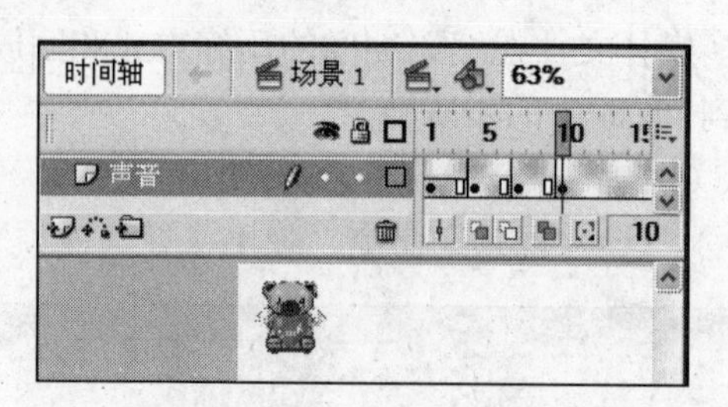

图 5-78 GIF 动画生成逐帧动画

5.4.5 调用外部 SWF 格式文件

下面介绍调用外部*.swf 文件加载到影片剪辑中。外部*.swf 文件要和编辑的 Flash 文件放在同一目录下，具体步骤如下所述。

1）新建立一个空的影片剪辑 mc1，把它放在场景中，实例名是 mc1。

2）新建一个图层，制作两个按钮（一个调用，一个清除）拖放到此层中。

3）调用按钮上的动作脚本。

```
on(release){                          //鼠标离开按钮后执行下面的代码;
   loadMovie("1.swf","mc1");//加载外部的“1.swf”文件到“mc1”空影片剪辑中;
   mc1._x=70;                         //加载影片的 X 轴坐标;
   mc1._y=20;                         //加载影片的 Y 轴坐标;
   mc1._xscale=70;                    //加载影片的宽度;
   mc1._yscale=70;                    //加载影片的高度;
}
```

4）清除按钮上的动作脚本。

```
on(release){                     //鼠标离开按钮后执行下面的代码;
    unloadMovie(mc1);            //删除用 loadMovie 加载的*.swf 文件;
}
```

5）按 Ctrl+Enter 组合键，进行测试。

5.5 制作动画效果

动画的本质就是一系列连续播放的画面，利用人眼的视觉滞留效应所呈现出来的动态影像。

动画在课件中经常使用，它能将一些抽象的原理、难以说清的现象和道理，以动画的效果直观清晰地表现出来，能有效地帮助学生理解课堂教学中的重点。通常，动画的效果主要有放大、缩小、旋转、变色、淡入淡出、形状改变、位置移动等。

Flash 8.0 中的 5 种常见的动画形式为逐帧动画、补间动画、引导层动画、遮罩动画和时间轴特效动画。对于每一种动画，其工作原理是不同的，创建方法也是不同的，而且它们的应用场合也有所不同。

5.5.1 逐帧动画

逐帧动画（Frame By Frame），这是一种常见的动画手法，它的原理是在“连续的关键帧”中分解动画动作，也就是每一帧中的内容不同，连续播放而成动画。

由于逐帧动画的帧序列内容不一样，不仅增加制作负担而且最终输出的文件量也很大，但它的优势也很明显。因为它与电影播放模式相似，很适合于表演很细腻的动画，如 3D 效果、人物或动物急剧转身等效果。

1. 逐帧动画的概念和在时间帧上的表现形式

逐帧动画是指在每个帧上都有关键性变化的动画，它由许多单个的关键帧组合而成，当连续播放这些关键帧时，就形成了动画。逐帧动画适合制作相邻关键帧变化不大的动画。

逐帧动画在时间帧上表现为连续出现的关键帧，如图 5-79 所示。

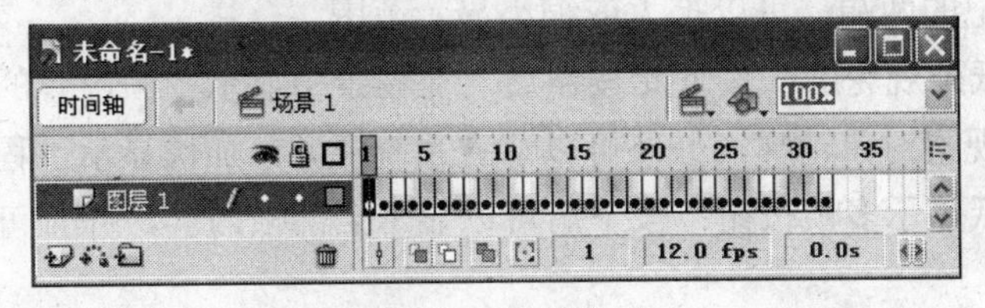

图 5-79　逐帧动画

2. 创建逐帧动画的几种方法

（1）用导入的静态图片建立逐帧动画

用 JPG、PNG 等格式的静态图片连续导入到 Flash 中，就会建立一段逐帧动画。

（2）绘制矢量逐帧动画

用鼠标或压感笔在场景中一帧帧地画出帧内容。

（3）文字逐帧动画

用文字做帧中的元件，实现文字跳跃、旋转等特效。

（4）导入序列图像

可以导入 GIF 序列图像、SWF 动画文件或者利用第三方软件（如 Swish、Swift、3ds max 等）产生的动画序列。

3. 绘图纸功能

（1）绘画纸的功能

绘画纸是一个帮助定位和编辑动画的辅助功能，这个功能对制作逐帧动画特别有用。通常情况下，Flash 在舞台中一次只能显示动画序列的单个帧。使用绘画纸功能后，就可以在舞台中一次查看两个或多个帧了。

图 5-80 所示是使用绘画纸功能后的场景，可以看出，当前帧中内容用全彩色显示，其他帧内容以半透明显示，使看起来好像所有帧内容是画在一张半透明的绘图纸上，这些内容相互层叠在一起。当然，这时用户只能编辑当前帧的内容。

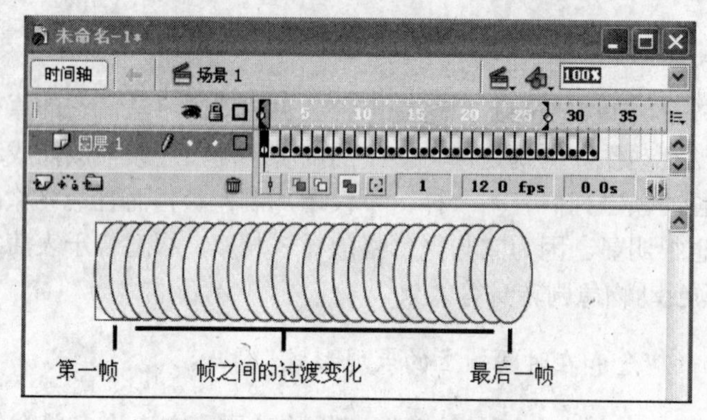

图 5-80 同时显示多帧内容的变化

（2）绘图纸各个按钮的介绍

1）绘图纸外观按钮：按下此按钮后，在时间帧的上方，出现绘图纸外观标记。拉动外观标记的两端，可以扩大或缩小显示范围。

2）绘图纸外观轮廓：按下此按钮后，在场景中显示各帧内容的轮廓线，填充色消失，特别适合观察对象轮廓，另外可以节省系统资源，加快显示过程。

3）绘图纸显示多帧按钮：按下后可以显示全部帧内容，并且可以进行“多帧同时编辑”。

4）修改绘图纸标记：按下后，弹出菜单，菜单中有以下选项。

①“总是显示标记”选项：会在时间轴标题中显示绘图纸外观标记，无论绘图纸外观是否打开。

②“锚定绘图纸外观标记”选项：会将绘图纸外观标记锁定在它们在时间轴标题中

的当前位置。通常情况下，绘图纸外观范围是和当前帧的指针以及绘图纸外观标记相关的。通过锚定绘图纸外观标记，可以防止它们随当前帧的指针移动。

③“绘图纸 2”选项：会在当前帧的两边显示 2 个帧。

④“绘图纸 5”选项：会在当前帧的两边显示 5 个帧。

⑤“绘制全部”选项：会在当前帧的两边显示全部帧。

5.5.2　补间动画

补间动画是制作好若干关键帧的画面，由 Flash 自动生成中间各帧，使得画面从一个关键帧渐变到另一个关键帧。在补间动画中，Flash 存储的仅仅是帧之间的改变值，中间的动画由计算机自动处理。补间动画可分为两类：形状补间动画和动作（动画）补间动画。

补间动画是创建随时间移动而更改的动画的一种有效方法，并且最大限度地减小所生成的文件大小。

对于关键帧来说，有内容的关键帧以该帧前面的实心圆表示，而空白的关键帧则以该帧前面的空心圆表示。以后添加到同一层的帧的内容将和关键帧相同。

动作（动画）补间动画：在补间动画中，在一个时间点定义一个实例、组或文本块的位置、大小和旋转等属性，然后在另一个时间点改变那些属性。也可以沿着路径应用补间动画。补间动画用起始关键帧处的一个黑色圆点指示；中间的补间帧有一个浅蓝色背景的黑色箭头，如图 5-81 所示。

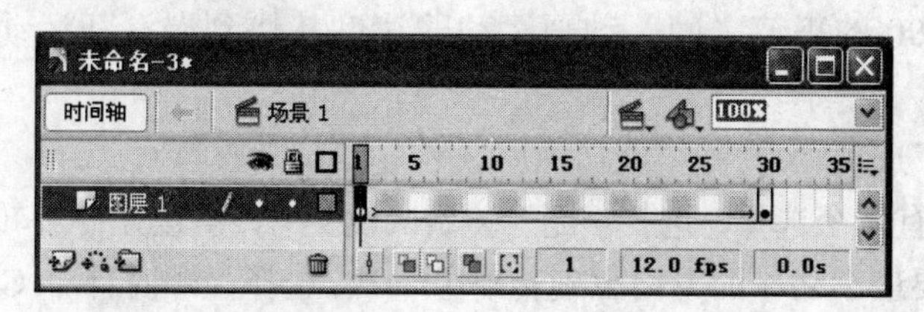

图 5-81　动作补间动画在时间帧面板上的标记

形状补间动画：在补间形状动画中，在一个时间点绘制一个形状，然后在另一个时间点更改形状或绘制另一个形状。Flash 将会内插二者之间的值或形状来创建动画。补间形状用起始关键帧处的一个黑色圆点指示；中间的帧有一个浅绿色背景的黑箭头，如图 5-82 所示。

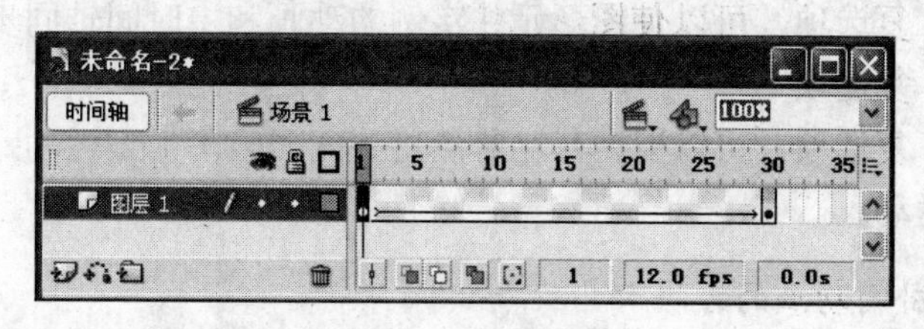

图 5-82　形状补间动画在时间帧上的表现

1. 动作补间动画

动作补间动画所处理的对象既可以是组合后的图形，也可以是元件，还可以是导入的图像。利用动作补间动画，可实现移动位置、大小变化、颜色变化、旋转，以及淡入淡出等动画效果。

动作补间的重要特征是：改变两个关键帧之间的帧数，或移动任一关键帧中的图形，Flash 将自动重新补间帧。

2. 动作补间动画的“属性”面板

在时间线“动作补间动画”的起始帧上单击，动作补间动画的“属性”面板会变成如图 5-83 所示。

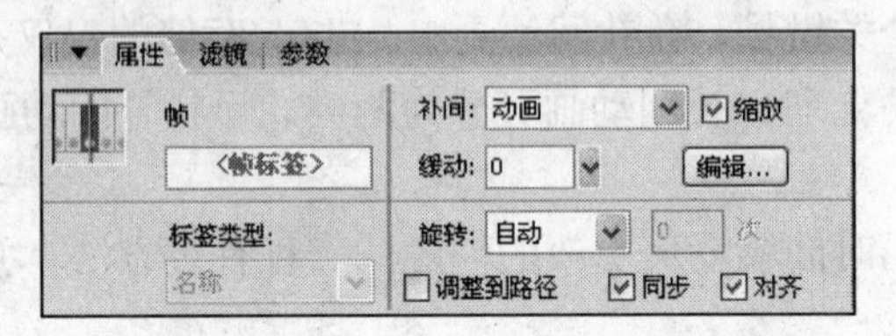

图 5-83 动作补间动画的“属性”面板

(1) “缓动”选项

在“0”旁边有个小三角，单击后上下拉动滑杆或填入具体的数值，补间动作动画效果会以下面的设置作出相应的变化，默认情况下，补间帧之间的变化速率是不变的。

1）在 1 到-100 的负值之间，动画运动的速度从慢到快，朝运动结束的方向加速补间。

2）在 1 到 100 的正值之间，动画运动的速度从快到慢，朝运动结束的方向减速补间。

(2) “旋转”选项

“旋转”选项有 4 个选择，选择“无”（默认设置），禁止元件旋转；选择“自动”，可以使元件在需要最小动作的方向上旋转对象一次；选择“顺时针”(CW)或“逆时针”(CCW)，并在后面输入数字，可使元件在运动时顺时针或逆时针旋转相应的圈数。

(3) “调整到路径”复选项

选中“调整到路径”复选项，可将补间元素的基线调整到运动路径，此项功能主要用于引导线运动，在下一节中要谈到此功能。

(4) “同步”复选项

选中“同步”复选项，可以使图形元件实例的动画和主时间轴同步。

(5) “对齐”复选项

选中“对齐”复选项，可以根据其注册点将补间元素附加到运动路径，此项功能主要也用于引导线运动。

3. 创建动作补间动画的方法

在时间轴面板上动画开始播放的地方创建或选择一个关键帧并设置一个元件，一帧中只能放一个项目，在动画要结束的地方创建或选择一个关键帧并设置该元件的属性，再单击开始帧，在“属性”面板上单击“补间”旁边的“小三角”，在弹出的菜单中选择“动作”选项，或右击，在弹出的快捷菜单中，执行“创建补间动画”命令，就建立了“动作补间动画”。

创建动作补间动画的具体步骤如下。

1）新建一个 Flash 文档。

2）执行“文件→打开”命令，弹出“打开”对话框，在其中选择文件“动作补间动画素材.fla”，如图 5-84 所示，单击“打开”按钮，打开文件。

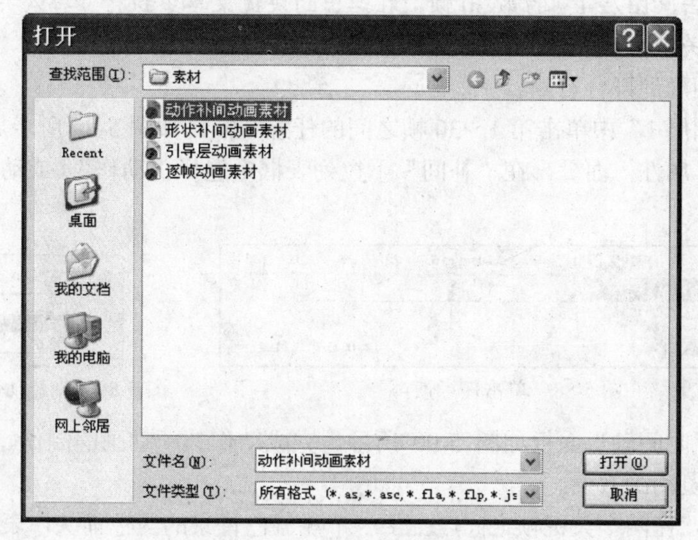

图 5-84　“打开”对话框

3）执行“窗口→库”命令，打开“库”面板，如图 5-85 所示。

4）将“库”面板中的“小鸭”元件拖到舞台中放置于右侧，如图 5-86 所示。

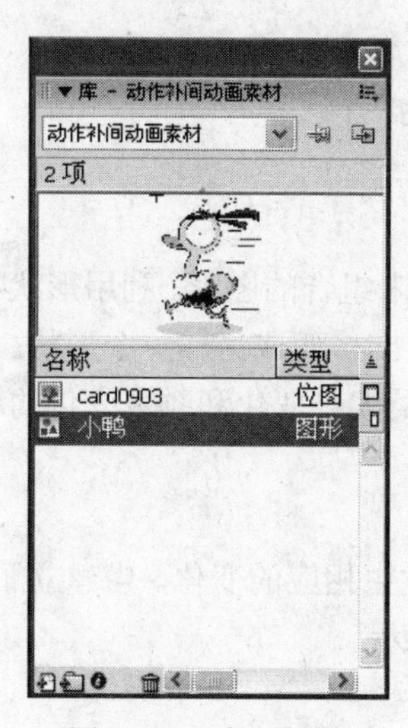

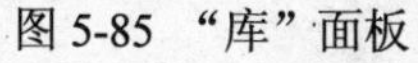
图 5-85　“库”面板

图 5-86　将元件拖动到舞台

注意：要创建动作补间动画，在图层中只能有一个图形，而且必须是组合图形或元件。

5）在“时间轴”中单击“图层 1”的第 30 帧，执行“插入→时间轴→关键帧”命令，如图 5-87 所示。

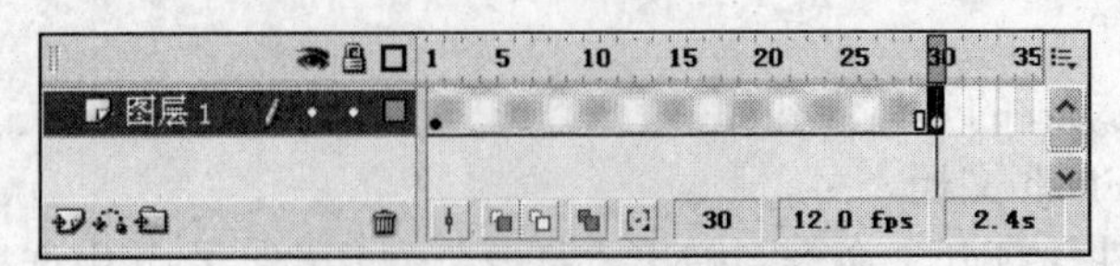

图 5-87　在第 30 帧插入关键帧

提示：右击“图层 1”的第 30 帧，在弹出的快捷菜单中执行“插入关键帧”命令，也可插入一个关键帧。

6）移动图形到舞台右侧。

7）在“图层 1”中单击第 1～30 帧之间的任意一帧，如图 5-88 所示。

8）打开“属性”面板，在“补间”下拉列表框中选择“动作”（或动画）选项，如图 5-89 所示。

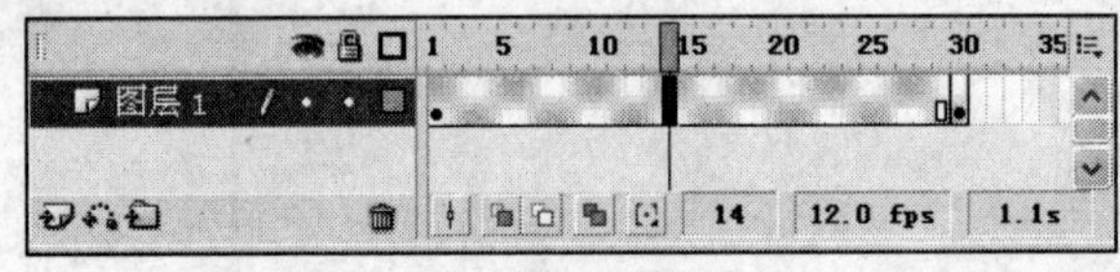

图 5-88　单击任意帧

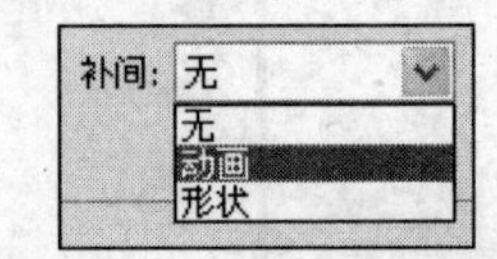

图 5-89　创建动作补间动画

9）此时“时间轴”面板如图 5-90 所示，完成动作补间动画的制作。按 Ctrl+Enter 组合键，可预览动画效果。

可以看到，在两个关键帧之间产生了一个浅蓝色背景的黑色箭头，表示这是一个动作补间动画。

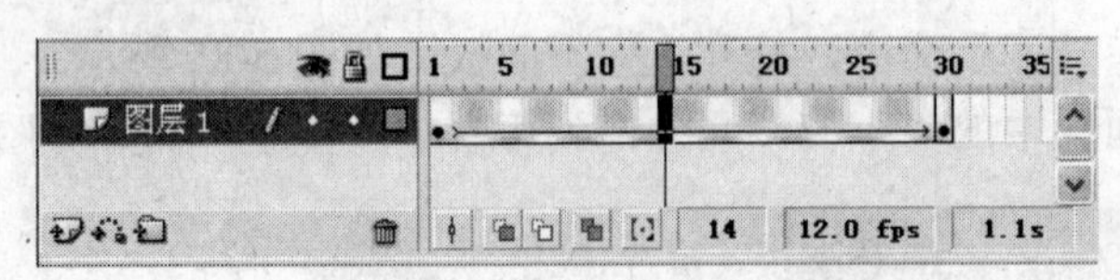

图 5-90　“时间轴”面板

4. 形状补间动画

形状补间动画所处理的对象是图形，而且必须是未组合的图形。利用形状补间动画，可以创建类似于形变的效果，即一个形状随着时间的推移变成另外一个形状。

此外，利用形状补间动画，也可以实现移动位置、大小变化和颜色变化的动画效果。

5. 形状补间动画的“属性”面板

Flash 的“属性”面板随鼠标选定的对象不同而发生相应的变化。当建立了一个形状补间动画后，单击时间帧，“属性”面板如图 5-91 所示。

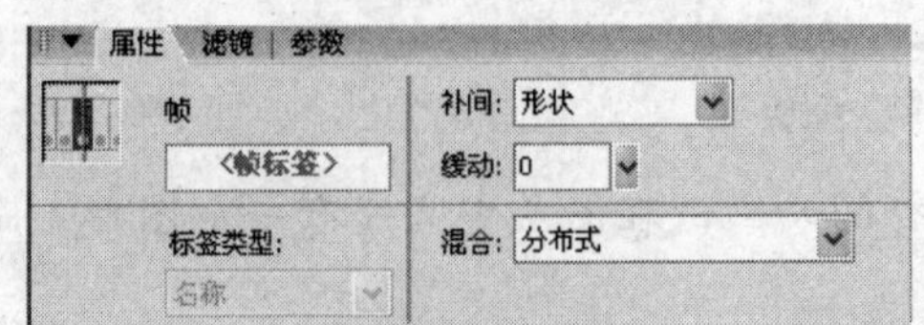

图 5-91　形状补间动画的“属性”面板

形状补间动画的“属性”面板上只有两个参数。

（1）“缓动”下拉列表

“缓动”下拉列表中各选项的含义同动作补间动画的“缓动”下拉列表中的选项。

（2）“混合”下拉列表

“混合”下拉列表中有两个选项供选择。

“角形”选项：创建的动画中间形状会保留原始形状的角度和直线，适合于具有锐化转角和直线的混合形状。

“分布式”选项：创建的动画中间形状比较平滑和不规则。

6. 创建形状补间动画的方法

在时间轴面板上动画开始播放的地方创建或选择一个关键帧并设置要开始变形的形状，一般一帧中以一个对象为好，在动画结束处创建或选择一个关键帧并设置要变成的形状，再单击开始帧，在“属性”面板上单击“补间”旁边的小三角，在弹出的菜单中选择“形状”选项，一个形状补间动画就创建完毕。

创建形状补间动画的具体步骤如下。

1）新建一个 Flash 文档。

2）执行“文件→导入→打开外部库”命令，弹出“作为库打开”对话框，从中选择文件“形状补间动画素材.fla”，如图 5-92 所示，单击“打开”按钮打开文件。

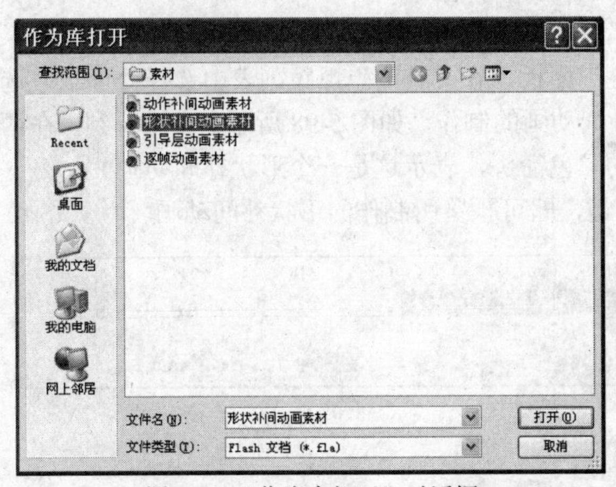

图 5-92 “作为库打开”对话框

3）单击“窗口→库”命令，打开“库”面板。

4）在“库”面板中将元件“鸡”拖到舞台中，如图 5-93 所示。利用“对齐”面板将其放置在舞台的正中。

5）确保选择舞台中的元件“鸡”，执行“修改→分离”命令，分离元件，如图 5-94 所示。

6）在“时间轴”中用鼠标右击“图层 1”的第 30 帧，在弹出的快捷菜单中执行“插入空白关键帧”命令，如图 5-95 所示。

7）在“库”面板中将元件“羊”拖到舞台中，如图 5-96 所示。

8）确保选择舞台中的元件“羊”，执行“修改→分离”命令分离元件，如图 5-97 所示。

图 5-93　将元件拖动到舞台

图 5-94　分离后的元件

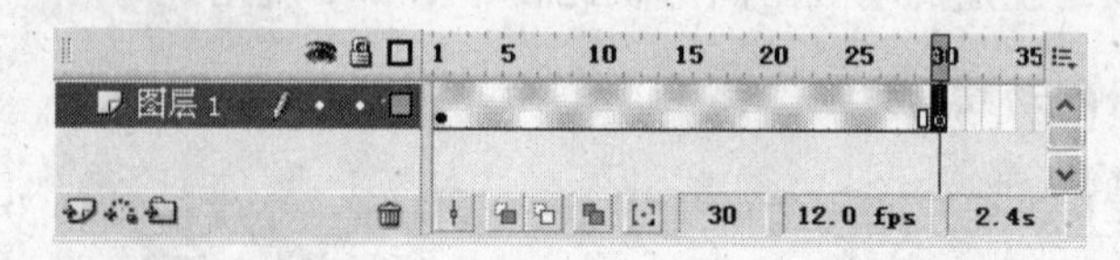

图 5-95　在第 30 帧插入空白关键帧

图 5-96　将元件拖动到舞台

图 5-97　分离后的元件

9）在“图层 1”中单击第 1～30 帧之间的任意一帧。

10）打开“属性”面板，在“补间”下拉列表中选择“形状”选项。

11）完成形状补间动画的制作，如图 5-98 所示。可以看到，在两个关键帧之间产生了一个浅蓝色背景的黑色箭头，表示这是一个形状补间动画。

12）按下 Enter 键，即可预览所制作的形状补间动画。

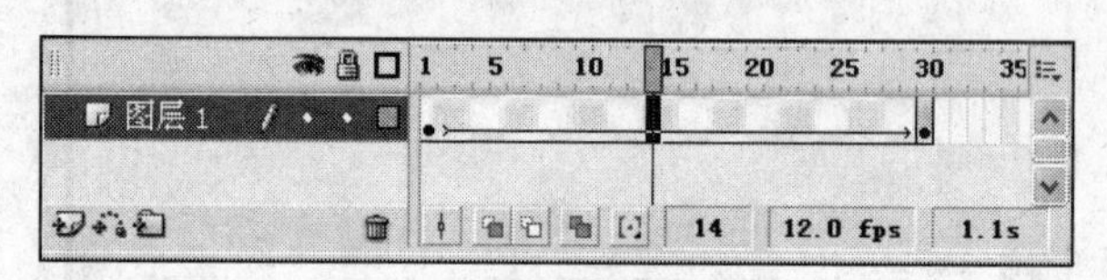

图 5-98　“时间轴”面板

7. 形状提示的作用

在“起始形状”和“结束形状”中添加相对应的“参考点”，使 Flash 在计算变形过渡时依一定的规则进行，从而较有效地控制变形过程。

（1）添加形状提示的方法

先在形状补间动画的开始帧上单击一下，再执行“修改→形状→添加形状提示”命令，该帧的形状就会增加一个带字母的红色圆圈，相应地，在结束帧形状中也会出现一个“提示圆圈”，用鼠标左键单击并分别按住这两个“提示圆圈”，在适当位置安放，安放成功后开始帧上的“提示圆圈”变为黄色，结束帧上的“提示圆圈”变为绿色，安放不成功或不在一条曲线上时，“提示圆圈”颜色不变。

（2）添加形状提示的技巧

形状提示包含字母（从 a 到 z），用于识别起始形状和结束形状中相对应的点。最多可以使用 26 个形状提示。

起始关键帧上的形状提示是黄色的，结束关键帧的形状提示是绿色的，当不在一条曲线上时为红色。

按逆时针顺序从形状的左上角开始放置形状提示，它们的工作效果最好。

形状提示要在形状的边缘才能起作用，在调整形状提示位置前，要打开工具栏上“选项”下面的“吸附开关”，这样，会自动把“形状提示”吸附到边缘上，如果发觉“形状提示”仍然无效，则可以用工具栏上的“放大工具”单击形状，放大到 2000 倍，以确保“形状提示”位于图形边缘上。

另外，要删除所有的形状提示，可执行“修改→形状→删除所有提示”命令。如要删除单个形状提示，右击，在弹出的快捷菜单中，执行“删除提示”命令。

5.5.3　引导层动画

单纯依靠设置关键帧，有时仍然无法实现一些复杂的动画效果，有很多运动是弧线或不规则的，如月亮围绕地球旋转、鱼儿在大海里遨游等，在 Flash 中能不能做出这种效果呢？答案是肯定的，这就是“引导层动画”。

将一个或多个层链接到一个运动引导层，使一个或多个对象沿同一条路径运动的动画形式被称为引导层动画。这种动画可以使一个或多个元件完成曲线或不规则运动，从而实现对动作补间动画运动轨迹的控制。

1. 引导层动画中的图层

（1）引导层和被引导层

一个最基本“引导层动画”由两个图层组成，上面一层是“引导层”，它的图层图标为，下面一层是“被引导层”，图标为，同普通图层的图标一样。

在普通图层上单击时间轴面板的“添加引导层”按钮，该层的上面就会添加一个引导层，同时该普通层缩进成为“被引导层”，如图 5-99 所示。

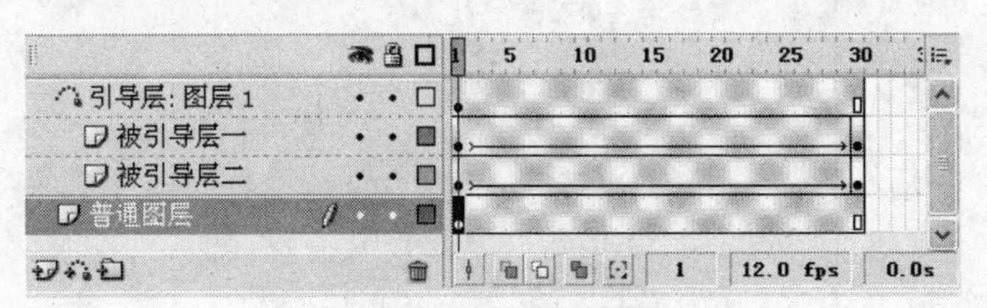

图 5-99　引导路径动画

（2）引导层和被引导层中的对象

引导层是用来指示元件运行路径的，所以“引导层”中的内容可以是用钢笔、铅笔、线条、椭圆工具、矩形工具或画笔工具等绘制出的线段。

而“被引导层”中的对象是跟着引导线走的，可以使用影片剪辑、图形元件、按钮和文字等，但不能应用形状。

（3）向被引导层中添加元件

“引导动画”最基本的操作就是使一个运动补间动画“附着”在“引导线”上。所以操作时特别要注意“引导线”的两端，被引导的对象起始、终点的两个“中心点”一定要对准“引导线”的两个端头。

2. 应用路径动画的技巧

1）“被引导层”中的对象在被引导运动时，还可作更细致的设置，比如运动方向，在“属性”面板中，选中“调整到路径”复选项，对象的基线就会调整到运动路径。而如果选中“对齐”复选项，元件的注册点就会与运动路径对齐。

2）引导层中的内容在播放时是看不见的，利用这一特点，可以单独定义一个不含“被引导层”的“引导层”，该引导层中可以放置一些文字说明、元件位置参考等，此时，引导层的图标为🔨。

3）在做引导层动画时，单击工具栏上的“对齐对象”按钮🧲，可以使“对象附着于引导线”的操作更容易成功。

4）过于陡峭的引导线可能使引导动画失败，而平滑圆润的线段有利于引导动画成功制作。

5）被引导对象的中心对齐场景中的十字星，也有助于引导动画的成功。

6）向被引导层中放入元件时，在动画开始和结束的关键帧上，一定要让元件的注册点对准线段的开始和结束的端点，否则无法引导，如果元件为不规则形，可以按下工具栏上的任意变形工具，调整注册点。

7）如果想解除引导，可以把被引导层拖离“引导层”，或在图层区的引导层上右击，在弹出的快捷菜单中，执行“属性”命令，在对话框中选择“一般”作为图层类型，如图 5-100 所示。

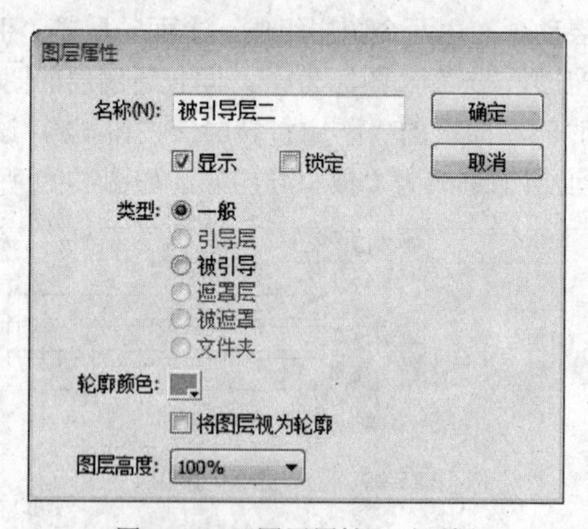

图 5-100 “图层属性”对话框

8）如果想让对象作圆周运动，可以在“引导层”画个圆形线条，再用橡皮擦去一小段，使圆形线段出现 2 个端点，再把对象的起始、终点分别对准端点即可。

9）引导线允许重叠，比如螺旋状引导线，但在重叠处的线段必须保持圆润，让 Flash 能辨认出线段走向，否则会使引导失败。

3. 创建路径动画的具体步骤

1）新建一个 Flash 文档。在做引导层动画之前，首先要创建补间动画。

2）执行“文件→导入→打开外部库”命令，弹出“作为库打开”对话框，从中选择文件“引导层动画素材.fla”，如图 5-101 所示，单击“打开”按钮打开文件。

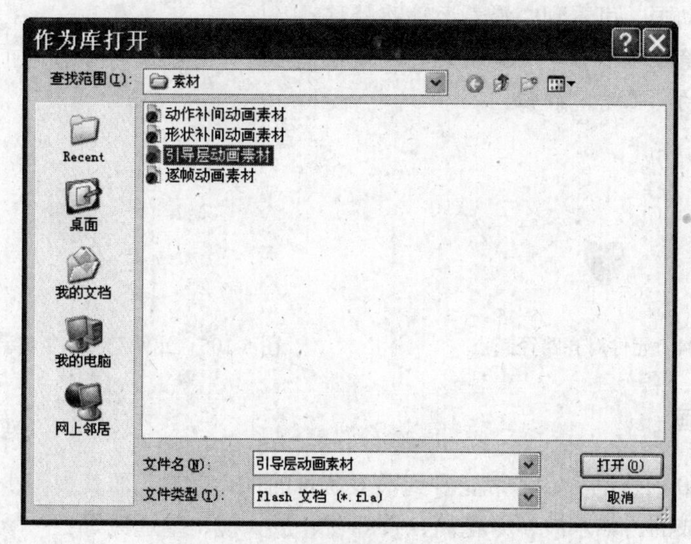

图 5-101 “作为库打开”对话框

3）执行“窗口→库”命令，打开“库”面板。

4）在“库”面板中将元件“心”拖到舞台中。利用“对齐”面板将其放置在舞台的正中。

5）在“时间轴”面板的第 35 帧处右击，在弹出的快捷菜单中，执行“插入关键帧”命令，插入一个关键帧，然后将舞台中的心移动一段距离。

6）右击“图层 1”的第 1～35 帧之间的任意一帧，在弹出的快捷菜单中，执行“创建补间动画”命令，创建动作补间动画，如图 5-102 所示。

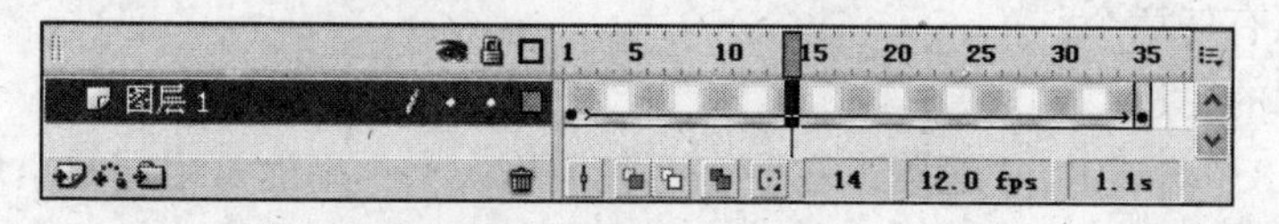

图 5-102 创建动作补间动画

7）选择“图层 1”，执行“插入→时间轴→运动引导层”命令。Flash 将在所选择的图层之上创建一个新的图层，该图层名称的左侧有一个运动引导层图标，如图 5-103 所示。

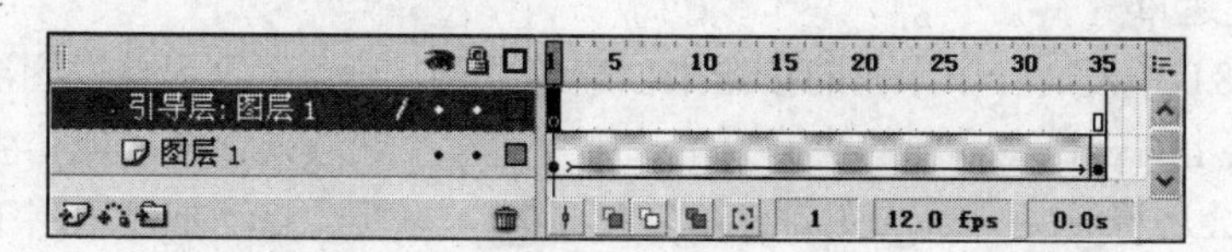

图 5-103 创建运动引导层

技巧：用鼠标右击包含动画的图层，在弹出的快捷菜单中，执行“添加引导层”命令，也可添加引导层。

8）利用“钢笔工具”、“铅笔工具”等在引导层第1帧中绘制所需的路径，如图5-104所示。将第1帧中的元件拖动并使中心附着到路径起点上。

9）选择第35帧，将舞台上的元件的中心附着到路径终点上，如图5-105所示。

10）预览动画，可看到心沿着运动路径移动。

技巧：要隐藏运动引导层和线条，以便在工作时只有对象的移动是可见的，可单击运动引导层上的“眼睛”按钮。

图5-104 元件对齐路径起点　　图5-105 元件对齐路径终点

5.5.4 遮罩动画

在Flash 8.0的作品中，常常能看到很多炫目的神奇效果，而其中不少就是用最简单的“遮罩”完成的，如水波、万花筒、百叶窗、放大镜、望远镜等。

在Flash 8.0中实现“遮罩”效果有两种做法：一种是用补间动画的方法，一种是用AS动作语句的方法。在本小节中，只介绍第一种做法。

1. 遮罩动画的概念

（1）什么是遮罩

“遮罩”，顾名思义就是遮挡住下面的对象。

在Flash 8.0中，“遮罩动画”也确实是通过“遮罩层”来达到有选择地显示位于其下方的“被遮罩层”中的内容的目的，在一个遮罩动画中，“遮罩层”只有一个，“被遮罩层”可以有任意个。

（2）遮罩的用途

在Flash 8.0动画中，“遮罩”主要有两种用途：一个用途是用在整个场景或一个特定区域，使场景外的对象或特定区域外的对象不可见；另一个用途是用来遮罩住某一元件的一部分，从而实现一些特殊的效果。

2. 创建遮罩的方法

（1）创建遮罩

在Flash 8.0中没有一个专门的按钮来创建遮罩层，遮罩层是由普通图层转化的。只要在某个图层上右击，在弹出的快捷菜单选中“遮罩”选项，该图层就会生成遮罩层。“层图标”就会从普通层图标变为遮罩层图标，系统会自动把遮罩层下面的一层关联为“被遮罩层”，在缩进的同时图标变为，如果想关联更多被遮罩层，只要把这些层拖到被遮罩层下面即可，如图 5-106 所示。

1 5 10 15 20 25
图层 5
被遮罩层一
被遮罩层二
被遮罩层三
1
12.0 fps

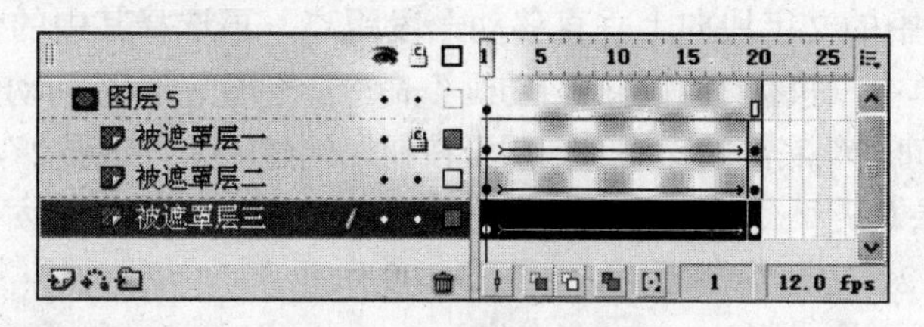

图 5-106　多层遮罩动画

（2）构成遮罩和被遮罩层的元素

遮罩层中的图形对象在播放时是看不到的，遮罩层中的内容可以是按钮、影片剪辑、图形、位图和文字等，但不能使用线条，如果一定要用线条，可以将线条转化为“填充”。

被遮罩层中的对象只能透过遮罩层中的对象被看到。在被遮罩层，可以使用按钮、影片剪辑、图形、位图、文字和线条。

（3）遮罩中可以使用的动画形式

可以在遮罩层、被遮罩层中分别或同时使用形状补间动画、动作补间动画、引导线动画等手段，从而使遮罩动画变成一个可以施展无限想象力的创作空间。

3. 应用遮罩时的技巧

遮罩层的基本原理是：能够透过该图层中的对象看到“被遮罩层”中的对象及其属性（包括它们的变形效果），但是遮罩层中的对象中的许多属性，如渐变色、透明度、颜色和线条样式等却是被忽略的。比如，不能通过遮罩层的渐变色来实现被遮罩层的渐变色变化。

1）要在场景中显示遮罩效果，可以锁定遮罩层和被遮罩层。

2）可以用 AS 动作语句建立遮罩，但这种情况下只能有一个“被遮罩层”，同时，不能设置_alpha 属性。

3）不能试图用一个遮罩层遮蔽另一个遮罩层。

4）遮罩可以应用在 GIF 动画上。

5）在制作过程中，遮罩层经常挡住下层的元件，影响视线，无法编辑，可以按下遮罩层时间轴面板的显示图层轮廓按钮▢，使之变成▣，使遮罩层只显示边框形状。在这种情况下，还可以拖动边框调整遮罩图形的外形和位置。

6）在被遮罩层中不能放置动态文本。

4. 创建遮罩动画的具体步骤

1）新建一个 Flash 文档。

2）选择“工具箱”中的“文本工具”，在舞台中输入文字，作为出现在遮罩中的对象，如图 5-107 所示。

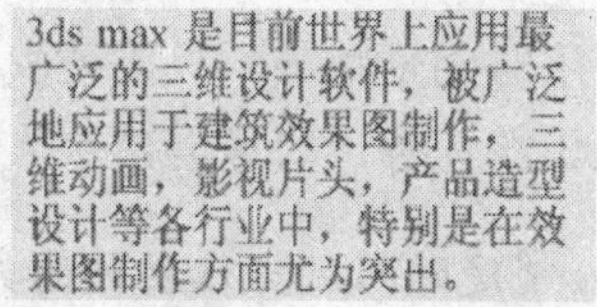

3ds max 是目前世界上应用最广泛的三维设计软件，被广泛地应用于建筑效果图制作，三维动画，影视片头，产品造型设计等各行业中，特别是在效果图制作方面尤为突出。

图 5-107　创建将出现在遮罩中的文字

3）在“图层 1”的第 35 帧上面右击，从弹出的快捷菜单中，执行“插入关键帧”命令，在此插入关键帧。

4）选择舞台中的文字块向上垂直移动一段距离。再选择其中的任何一帧，右击，在弹出的快捷菜单中，执行“创建补间动画”命令，创建动作补间动画。

5）单击“时间轴”底部的“插入图层”按钮，创建一个“图层 2”，如图 5-108 所示。

注意：遮罩层总是遮住紧贴其下的层，因此要确保在正确的地方创建遮罩层。

6）在“图层 2”上面绘制矩形，如图 5-109 所示。

图 5-108　创建新图层

图 5-109　绘制图形

注意：Flash 会忽略遮罩层中的位图、渐变色、透明、颜色和线条样式。在遮罩中的任何填充区域都是完全透明的；而任何非填充区域都是不透明的。

7）在“图层 2”上面右击，从弹出的快捷菜单中，执行“遮罩层”命令，将图层组转换成遮罩层，如图 5-110 所示。

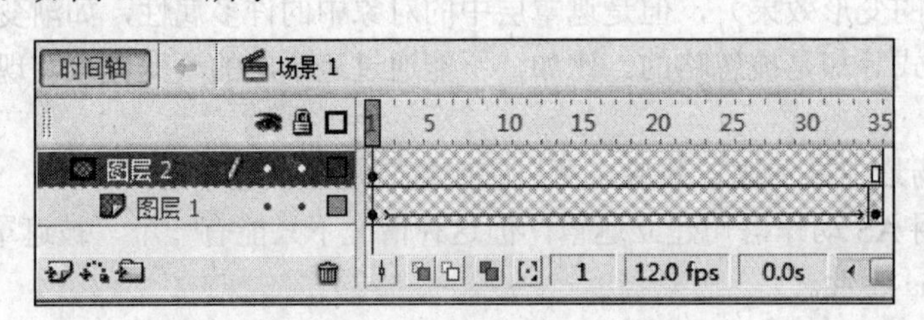

图 5-110　转换为遮罩层后的时间轴面板

注意：图层转换为遮罩层后，将用一个遮罩层图标来表示。紧贴下面的图层将链接到遮罩层，其内容会透过遮罩层上的填充区域显示出来。被遮罩的层的名称将以缩进形式显示，并以一个被遮罩层的图标来表示。

8）按下 Enter 键，即可预览所制作的形状补间动画。

人们可以发现，创建遮罩层之后，可在遮罩层中创建一个孔，通过这个孔可以看到下面的层。可以将多个图层组织在一个遮罩层之下来创建复杂的效果。

5.5.5　时间轴特效动画

利用时间轴特效，只需要执行几个简单步骤，即可完成以前既费时又需要精通动画制作知识的任务，快速创建令人耳目一新的动画效果，如模糊效果、爆炸效果等。

1. 创建时间轴特效动画的具体步骤

1）新建一个 Flash 文档。

2）选择“工具箱”中的“文本工具”，在舞台上输入文字，并设置适当的字体、字号。

3）确保文字处于选中状态，如图 5-111 所示。

提示：可以将文本、图形、元件和位图图像应用到时间轴特效。

4）执行“插入→时间轴特效→效果→展开”命令，弹出“展开”对话框，在该对话框中可以预览展开的效果。

5）可以根据需要进行修改设置，然后单击“更改预览”按钮，查看新设置的特效。单击“确定”按钮，关闭“展开”对话框，完成时间特效动画的制作，此时“时间轴”如图 5-112 所示。

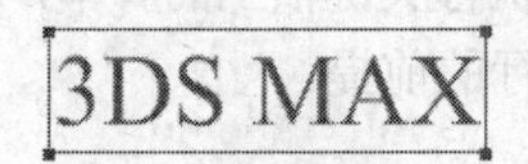

图 5-111　选择文本

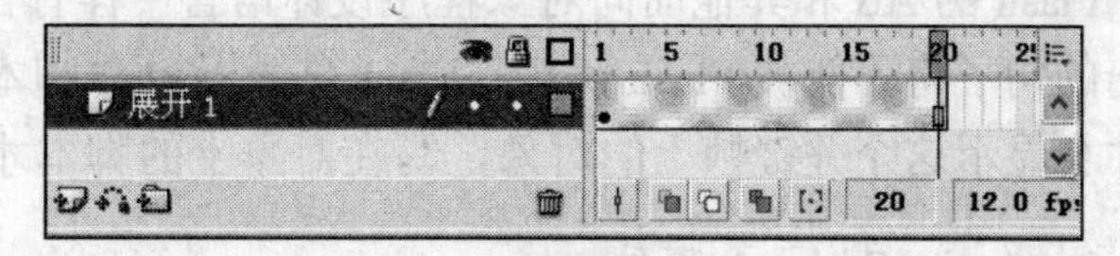

图 5-112　应用时间轴特效后的时间轴面板

提示：时间轴特效提供了多种不同的效果，请读者自行上机体验。

2. 编辑时间轴特效的方法

1）在舞台上选择具有时间轴特效的对象。

2）打开“属性”面板，单击“编辑”按钮，弹出“特效设置”对话框。或者用右击该对象，从弹出的快捷菜单中，执行“时间轴特效→编辑特效”命令。

3）在“特效设置”对话框中，根据需要进行编辑和设置，单击“确定”按钮。

3. 删除时间轴特效的方法

1）右击在舞台上具有时间轴特效的对象。

2）在弹出的快捷菜单中，执行“时间轴特效→删除特效”命令，即可删除时间轴特效动画。

5.6　交互设计

交互型课件是指在演示或动画型课件的基础上，教师能够根据教学情况，对课件的内容进行控制，并能够实现简单的人机交互的课件。例如，单击按钮播放或后退、单击目录供选择课件内容、用按键控制课件内容、录入答案判断正误、将图形拖动到正确的位置、控制时钟等。实践证明，交互型课件一方面能够充分调动学生学习的积极性，另一方面也使得教师应用多媒体 CAI 课件辅助教学更加灵活、方便。

1. ActionScript 简介

Flash 的动作脚本（ActionScript，AS）代码控制是 Flash 实现交互性的重要组成部分。

在 Flash 中添加脚本有两种方式。

1）把脚本编写在时间轴上面的关键帧上面。

注意：必须是关键帧上才可以添加脚本。

2）把脚本编写在对象上，比如把脚本直接写在 MC（影片剪辑元件 Movie Clip）的实例上、按钮上。

如果要将 AS 语句添加到关键帧或空白关键帧上，就要先选中关键帧，然后打开动作面板，输入 AS 语句；如果要把脚本编写在对象身上，就要先选中对象，再输入 AS 语句。AS 中的对象包括数据、MC 和按钮等。每种对象又有自己的属性，在使用这些属性时可以随时翻阅脚本字典。

Flash 的 AS 和其他面向对象程序设计语言一样有自己的使用规则，违背了这些规则写出的句子将不能被 Flash 辨识。Flash 在执行动作脚本时首先执行关键帧上的脚本，然后才会显示这个关键帧上的对象，写在对象上的脚本才有可执行的前提。

2. ActionScript 和事件

在 Flash 中，事件发生时会执行 ActionScript 代码。例如，在加载影片剪辑时、在进入时间轴上的关键帧时或者在用户单击某个按钮时。事件可以由用户或系统触发。用户单击鼠标按钮或按键；在满足特定条件或进程完成（SWF 文件加载、时间轴到达特定的帧、图形完成下载等）时，系统会触发相关事件。事件发生时，应编写一个事件处理函数，从而在该事件发生时让一个动作响应该事件。了解事件发生的时间和位置将有助于用户确定在什么位置、以什么样的方式用一个动作响应该事件，以及在各种情况下分别应该使用哪些 ActionScript 工具。

准确地说，事件是 SWF 文件播放时发生的事情，如鼠标释放、按下键盘按键或加载影片剪辑。用户可以使用动作脚本确定事件何时，发生并根据事件执行特定的动作脚本。

事件可以划分为以下几类：鼠标和键盘事件，发生在用户通过鼠标和键盘与 Flash 应用程序交互时；剪辑事件，发生在影片剪辑内；帧事件，发生在时间轴上的帧中。

事件处理代码的结构都是一样的，用自然语言来描述就是：

```
当这个事件发生时（事件名称）
{
    //执行这些操作
}
```

例如：

```
on(release){
    gotoAndPlay("场景 2", 16)
}
```

其中，release 就是事件名称，gotoAndPlay("场景 2", 16)就是执行的操作。

（1）鼠标和键盘事件

用户与 SWF 文件或应用程序交互时触发鼠标和键盘事件。例如，当用户滑过一个按钮时，将发生 Button.onRollOver 或 on（rollOver）事件；当用户单击某个按钮时，将发生 Button.onRelease 事件；如果按下键盘上的某个键，则发生 on（keyPress）事件。可在帧上编写代码或向实例附加脚本，以处理这些事件以及添加所需的所有交互操作。即当事件发生时，在事件后面大括号中的代码就会被执行。常用的鼠标和键盘事件有以下几种。

On(press)：鼠标按下。

On(release)：鼠标释放。

On(releaseOutside)：在外部释放鼠标。

On(rollOver)：鼠标滑过。

On(rollOut)：鼠标滑离。

On(dragOver)：鼠标拖过。

On(dragOut)：鼠标拖出。

On(keyPress "k")：键盘事件（设置快捷键）。

（2）剪辑事件

在影片剪辑中，用户可以响应用户进入或退出场景或使用鼠标或键盘与场景进行交互时触发的多个剪辑事件。例如，可以在用户进入场景时将外部 SWF 文件或 JPG 图像加载到影片剪辑中，或允许用户使用移动鼠标的方法在场景中调整元素的位置，以及添加所需的所有交互操作。常用的剪辑事件详见脚本字典。

（3）帧事件

在主时间轴或影片剪辑时间轴上，当播放头进入关键帧时会发生系统事件，叫做帧事件。帧事件可用于根据时间的推移（沿时间轴移动）触发动作或与舞台上当前显示的元素交互。如果向一个关键帧中添加了一个脚本，则在回放期间到达该关键帧时将执行该脚本。附加到帧上的脚本称为帧脚本。常用的帧事件详见脚本字典。

3. 时间轴控制语句

时间轴控制语句是常用的动作语句，课件制作内容经常需要使用到这些语句。时间轴控制语句包括如下一些语句。

gotoAndPlay：从第几帧开始播放。

gotoAndStop：跳转并停止在某帧上。

nextFrame：跳转到前一帧并停止。

prevFrame：跳转到后一帧并停止。

play：从当前帧开始播放。

stop：停止在当前帧上。

提示：可以按键盘上的 F1 键调用帮助文档，查看 Flash 动作脚本语法格式、语句的功能等。

5.6.1 按钮和按键交互

使用按钮和按键是控制课件播放时常用的两种方式。用按钮交互是指，用单击课件中的一个或几个按钮来对课件进行交互控制；用按键交互是指，通过键盘上的一个或几个按钮来对课件进行快速交互控制。使用按钮和按键能够让课件在实际课堂教学中更加灵活、方便，并能根据学生情况及时调整课件内容。

本例是针对中学的物理和化学实验演示型课件制作的应用模板，通过按钮交互跳转到相关界面，具有一定的通用性和可移植性。

利用按钮和按键实现交互的具体步骤如下。

1）打开文件“理化实验课件模板.fla”，如图 5-113 所示，单击“打开”按钮，打开文件。

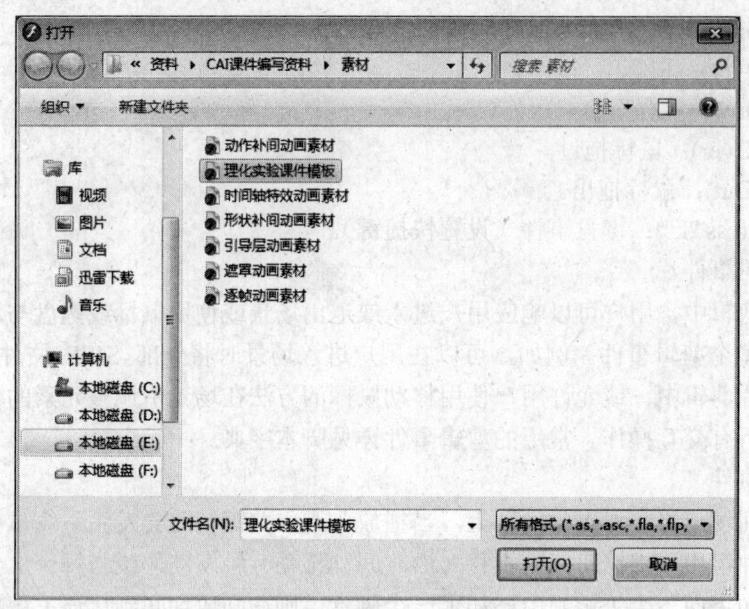

图 5-113 “打开”对话框

2）在“时间轴”面板中新建图层，命名为“按钮层”，分别在“背景层”、“矩形框”和“按钮层”的第 40 帧处插入空白帧，如图 5-114 所示。

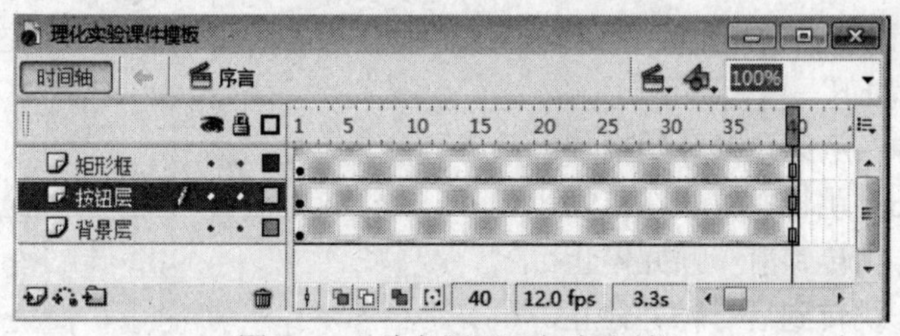

图 5-114 给各图层添加空白帧

3）执行“窗口→库”命令，打开“库”面板。

4）激活“按钮层”，在“库”面板中将按钮元件“实验目的”、“知识要点”、“实验装置”、“实验方法”和“注意事项”拖到舞台中，如图 5-115 所示。利用“对齐”面板将其放置在舞台的左侧。

5）选中“实验目的 M”按钮，打开动作脚本录入窗口，输入动作语句，为“实验目的 M”按钮添加动作脚本，如图 5-116 所示。

6）用与前一步骤同样的方法，分别给按钮“知识要点 Y”、“实验装置 Q”、“实验方法 S”和“注意事项 C”添加动作脚本。动作语句如下。

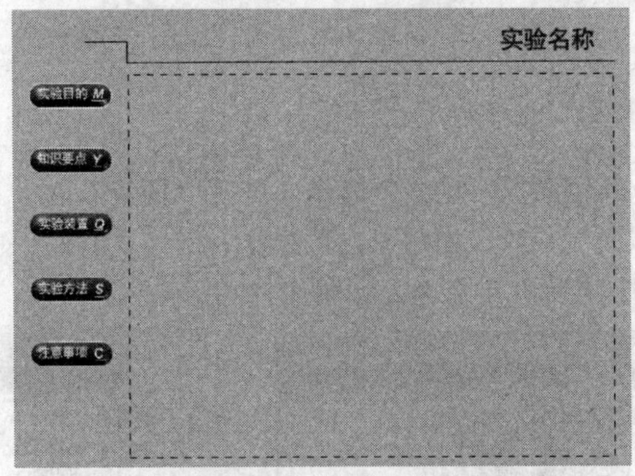

图 5-115　将按钮元件拖动到舞台后的效果

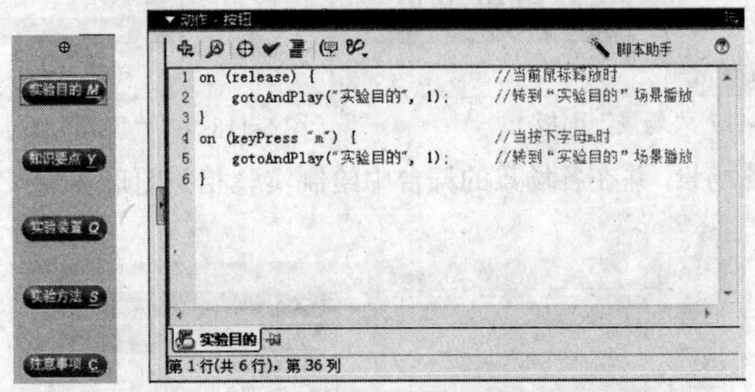

图 5-116　为"实验目的"按钮添加动作脚本

"知识要点 Y"动作脚本：

```
on(release) {
    gotoAndPlay("知识要点", 1);
}
on(keyPress "Y") {
    gotoAndPlay("知识要点", 1);
}
```

"实验装置 Q"动作脚本：

```
on(release) {
    gotoAndPlay("实验装置", 1);
}
on(keyPress "Q") {
    gotoAndPlay("实验装置", 1);
}
```

"实验方法 S"动作脚本：

```
on(release) {
    gotoAndPlay("实验方法", 1);
}
on(keyPress "S") {
    gotoAndPlay("实验方法", 1);
}
```

"注意事项 C"动作脚本：

```
on(release) {
    gotoAndPlay("注意事项", 1);
```

```
    }
    on(keyPress "C") {
       gotoAndPlay("注意事项", 1);
    }
```

7）执行“窗口→其他面板→场景”命令，打开“场景”面板。单击“直接复制场景”按钮，将场景复制5次，如图5-117所示。

8）依次双击各场景名称并重命名，如图5-118所示。

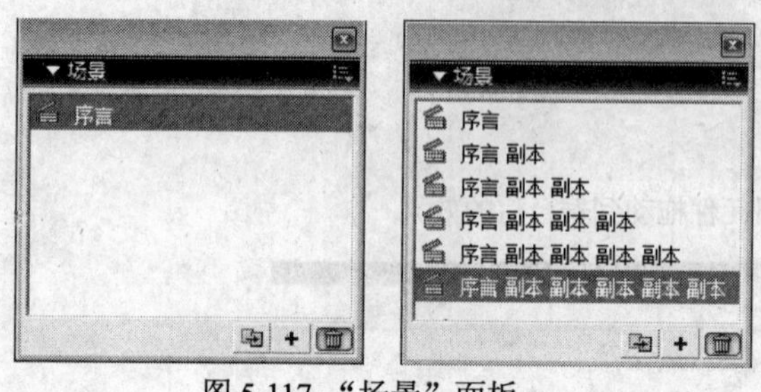

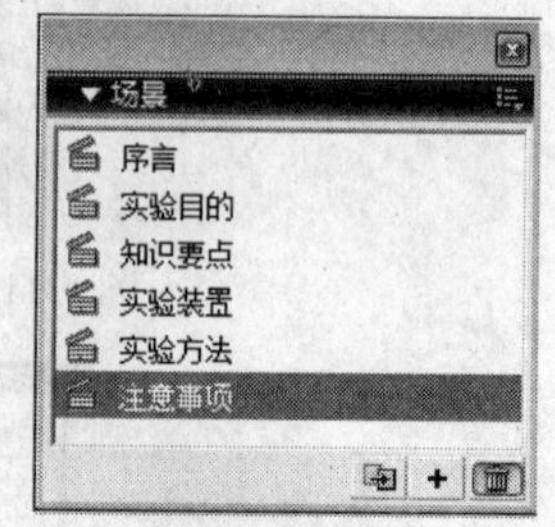

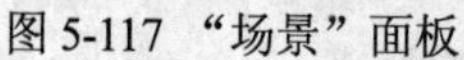

图 5-117　“场景”面板　　　　图 5-118　在“场景”面板中重命名场景名称

9）依次选择各场景，并在各场景的舞台中绘制实验相关图形和录入文字，如图5-119所示。

图 5-119　在各场景的舞台中编辑相关内容

10）按 Ctrl+Enter 组合键，预览课件的播放效果，完善课件内容。

5.6.2　用热对象和文本交互

用热对象交互是指，将课件中的某个事物作为交互对象并产生变化，使用热对象交互能够使课件更生动、更人性化。文本交互通常能够让教师或学生在课件中输入文本内容、填写答案，实现简单的人机交互功能。

5.6.3　用条件和时间交互

用条件和时间交互是课件制作中的两种高级交互方式。用条件交互就是指当某一个动作、事件或结果出现时，如果满足设定的条件要求，则会触发相关的课件内容；用时间交互是指在某个时刻到达时，触发相关的课件内容或显示相关的课件内容。

5.7　Flash 课件制作实例

5.7.1　中学语文课件制作实例

中学语文课件比较适合于做成演示型课件，通过 Flash 的幻灯片演示文稿和演示文稿模板都可完成演示型课件的制作。

这里以八年级语文课文《美酒》为例制作一份演示型课件，最终制作结果如图 5-120 所示。具体制作步骤如下。

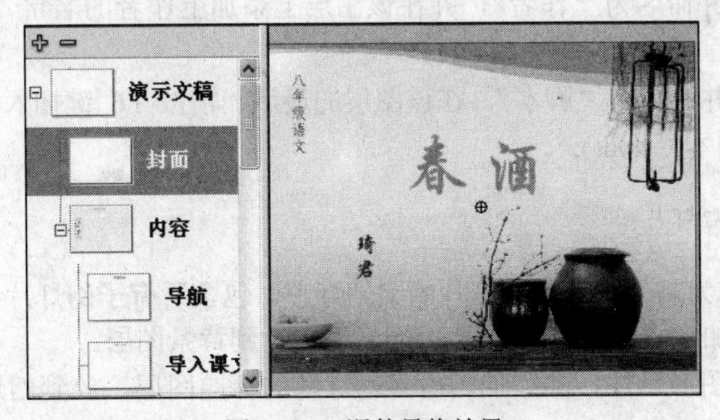

图 5-120　课件最终效果

1. 新建演示文稿

执行“文件→新建→常规→Flash 幻灯片演示文稿”命令，创建一个新的演示文稿，如图 5-121 所示。

2. 插入幻灯片

新建一个演示文稿后，系统会自动插入第 1 张幻灯片，在制作过程中，根据需要可以不断插入新的幻灯片。选中某张幻灯片后，右击，在弹出的如图 5-122 所示的快捷菜单中，执行“插入屏幕”命令或单击左上角的按钮 ✚ 即可插入幻灯片。

提示：如果在如图 5-122 所示的快捷菜单中，执行“插入嵌套屏幕”命令，即可为当前幻灯片插入（嵌套）一张子幻灯片。

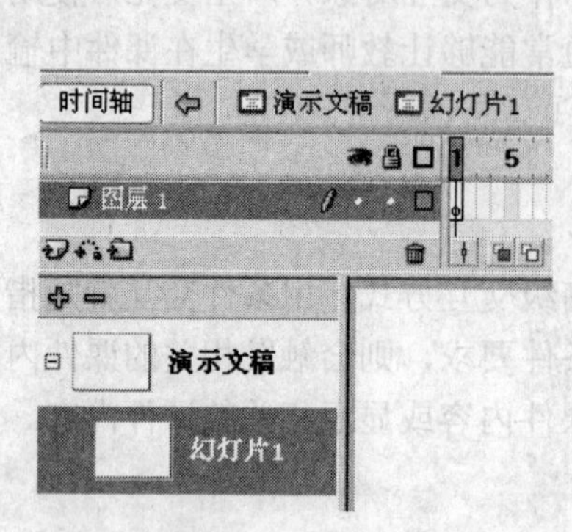

图 5-121 新建的幻灯片演示文稿

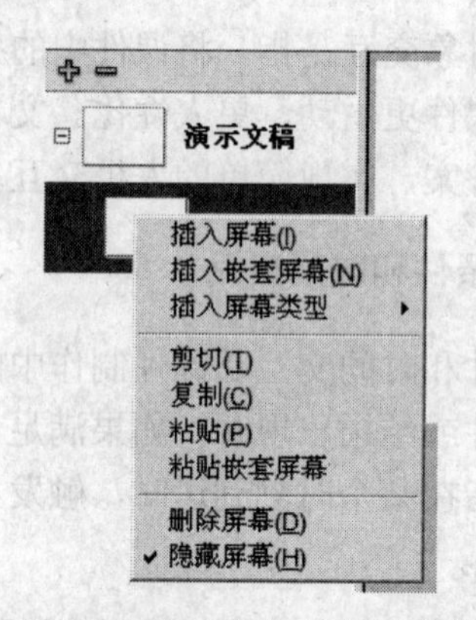

图 5-122 插入幻灯片的快捷菜单

3. 制作封面

1）双击演示文稿下的幻灯片 1 并重命名为“封面”。

2）把“封面”幻灯片的图层 1 命名为“背景”，执行“文件→导入→导入到库”命令，导入一张背景图片，并从库里把“背景图.jpg”拖到背景图层的第 1 帧。

3）在背景图层的上方新建一图层并命名为“春酒”，在该图层使用文字工具添加上课件标题“春酒”，并为标题文字设置演示和动作补间动画。

4）新建图层并命名为“作者”，并在该图层上添加上作者的名字“琦君”，并设置好颜色。

5）新建图层并命名为“脚本”，在该图层的最后一帧按 F6 键插入关键帧，并为此关键帧添加动作脚本“stop();”。

4. 制作内容幻灯片

内容幻灯片作为剩下其他子幻灯片的父幻灯片，包含所有子幻灯片都共有的信息。

1）从库里添加一张名为“背景图 1.jpg”的图片到背景图层。

2）制作一个图形元件，并添加到内容幻灯片的标题图层，放到幻灯片顶部，作为标题背景。

5. 制作导航菜单

按照上面同样的方法制作导航幻灯片，这一幅是整个作品的菜单，实现演示内容跳转功能。

1）选择一幅画将其导入到库，然后再插入到幻灯片中，为每个菜单项添加一个图层。

2）把每个菜单项制作成一个图形元件，添加到相应的图层上。

3）并让各个元件依次出现，最终效果如图 5-123 所示。

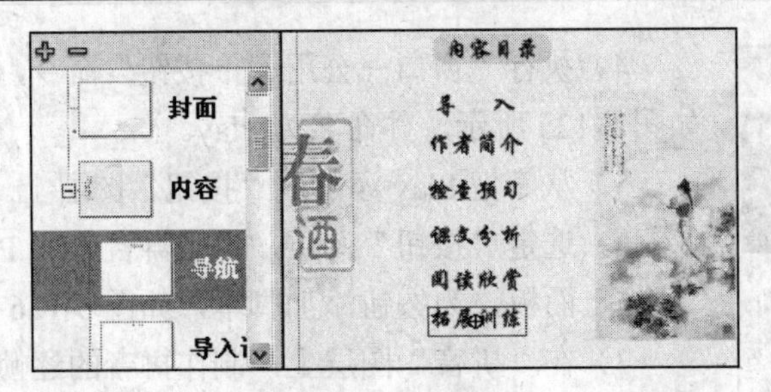

图5-123　导航菜单

6. 制作课文导入

1）新建一个名为“导入文本”的图形元件。

2）编辑“导入文本”元件，用文字工具输入导入的文本信息，并设置文本字体、颜色和字号。

3）从库中把“导入文本”元件添加到图层1上。

4）新建一个名为“方块”的图形元件，用矩形工具在该元件中心绘制一个长方形。

5）新建一个图层，把“方块”元件添加到该图层上变成“方块”实例，并在该图层制作一个方块，即从上到下由小变大的动作补间动画。

6）把“方块”实例所在图层作为遮罩层。最终效果如图5-124所示。

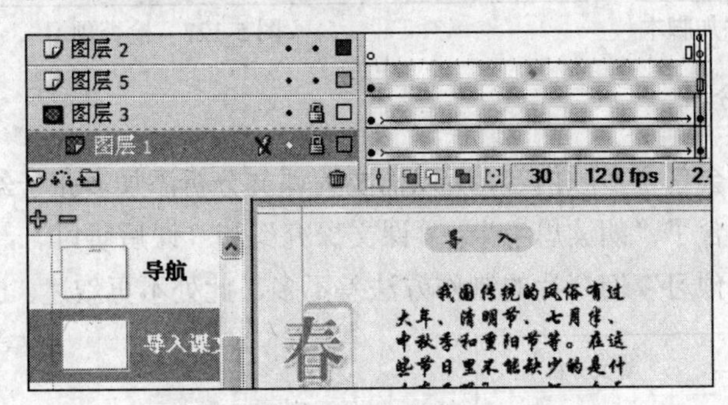

图5-124　课文导入

7. 制作作者简介

用与上面类似的方法制作本幻灯片。

1）添加一幅作者照片。

2）添加作者文字信息。

3）添加一个名为“圆”的元件。

4）为“圆”实例制作动作补间，并把该图层作为遮罩层。

8. 制作检查预习

1）创建4个图层，分别命名为“文字”、“按钮”、“拼音”和“脚本”。

2）创建一个名为“检查预习”的图形元件，编辑此元件，输入文字内容。

3）把“检查预习”元件添加到“文字”图层上。

图 5-125 插入按钮

4）执行“窗口→公用库→按钮”命令，插入一个按钮到库，如图 5-125 所示，并命名为 Play。

5）从库把 Play 添加到“按钮”图层上。

6）选定“按钮”图层，单击舞台上的 Play 按钮实例，打开“动作”面板，为按钮添加脚本，如图 5-126 所示。

7）在“拼音”图层上，制作拼音的逐帧动画。

8）在“脚本”图层上，与“拼音”图层相应的每个关键帧的前一帧插入关键帧，并为每一关键帧添加脚本“stop();”。最终效果如图 5-127 所示。

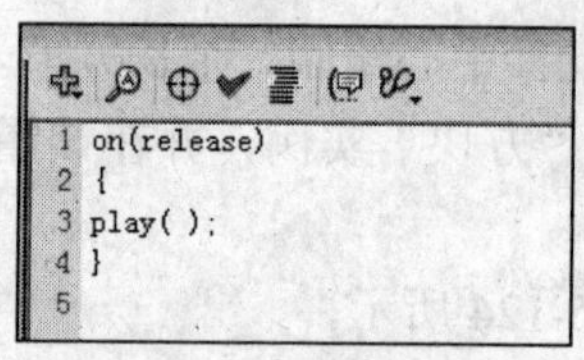

图 5-126 为 Play 添加脚本

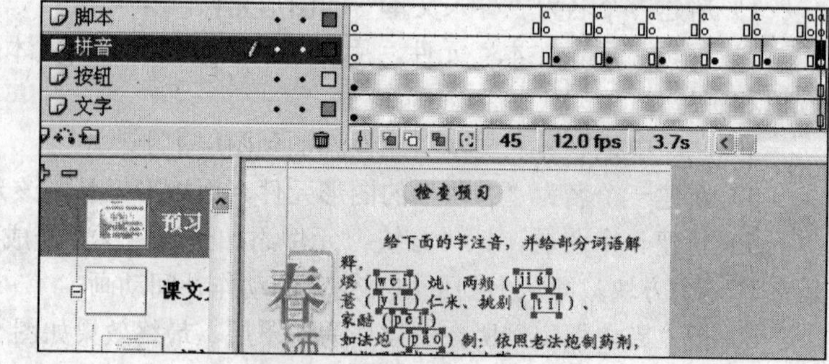

图 5-127 检查预习

9. 制作课文分析

一般课文分析会包含多项内容，所以需要为课文分析添加多张子幻灯片，如图 5-128 所示。课文分析包含了“朗读思考”、“课文探究”和“课后研讨”，这 3 张幻灯片的制作方法与“检查预习”幻灯片的制作方法差不多，此处不再叙述。

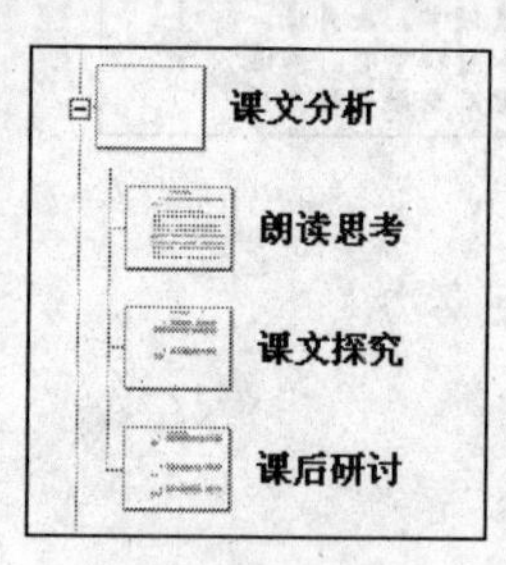

图 5-128 课文分析

图 5-129 “遮罩层”快捷菜单

10. 制作课文欣赏

1）添加两个图形元件，分别命名为“课文欣赏文本”和“课文欣赏文本 1”。

2）编辑图形元件，输入相应的文字信息，设置文字格式，包括字体、颜色和字号。

3）创建 6 个图层，分别命名为“文本 1”、“遮罩 1”、“文本 2”、“遮罩 2”、“标题”和“脚本”。

4）把“课文欣赏文本”元件拖放到“文本 1”图层的第一帧。

5）把“方块”元件拖放到“遮罩 1”图层的第 1 帧，创建“方块”实例的动作补间动画，在“遮罩 1”图层上右击，在弹出的如图 5-129 所示的快捷菜单中，执行“遮罩”命令，即可把该图层作为“文本 1”图的遮罩层。

6）用同样的方法制作“文本 2”和“遮罩 2”层，最终效果如图 5-130 所示。

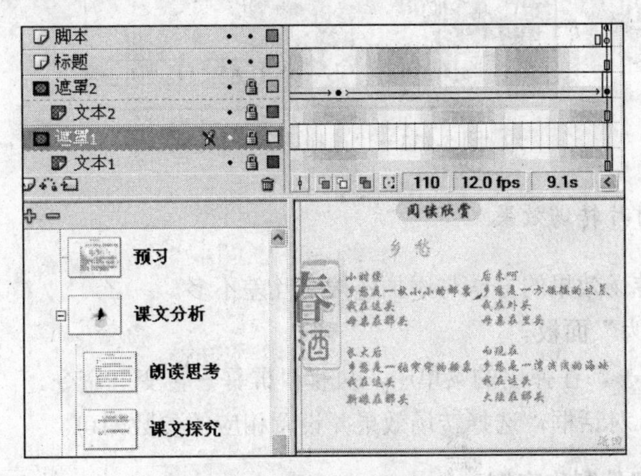

图 5-130　课文欣赏

11. 制作课后拓展

1）添加一个名为“拓展训练文本”的图形元件，并编辑该元件。

2）用同样的方法为该元件制作遮罩层。

12. 添加链接交互

1）在“导航”幻灯片上选定需要添加链接的对象，如“作者简介”，执行“窗口→行为”命令，打开如图 5-131 所示的“行为”面板。在“行为”面板上单击按钮，在弹出的菜单中，执行“屏幕→转到幻灯片”命令，如图 5-132 所示。

图 5-131　“行为”面板

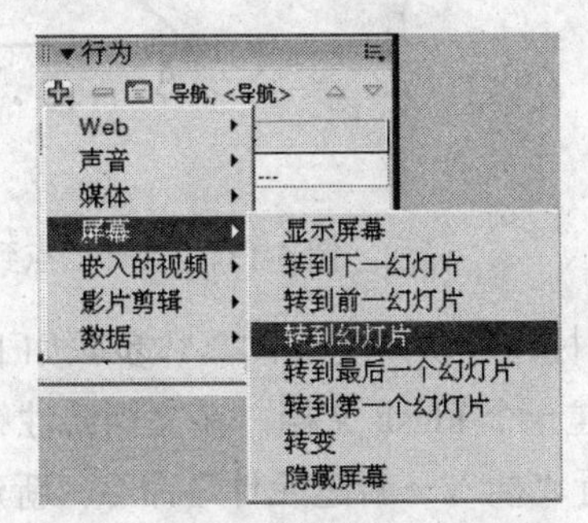

图 5-132　“行为”面板弹出菜单

2）选择“跳转到幻灯片”选项后，弹出图 5-133 所示的对话框，在“演示文稿”中选择要跳转到的幻灯片片名，例如，本例子中选择“作者简介”。

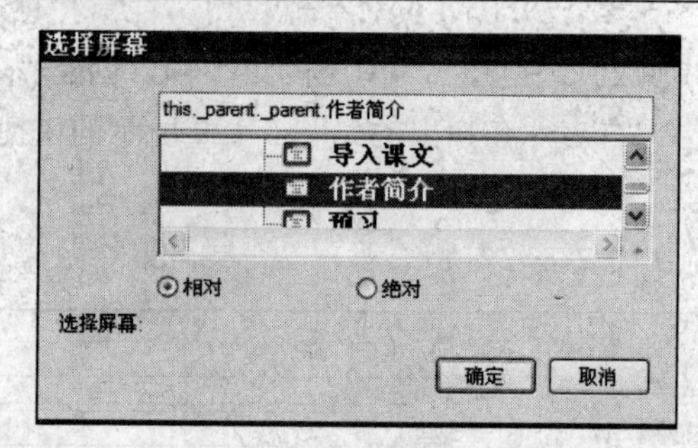

图 5-133 “选择屏幕”对话框

13. 添加幻灯片转场效果

添加幻灯片转场效果的方法与添加链接交互差不多。

1）打开“行为”面板。

2）单击按钮，在弹出的菜单中，执行“屏幕→转变”命令。

弹出“转变”对话框，选择转场效果并设置相应的参数即可。

5.7.2 中学数学课件制作实例

本例对应的内容出自中学几何课程“点到直线的距离”部分，课件效果如图 5-134 所示。当用鼠标移动 A 点时，PA 的值将发生变化，从而体现垂线 PO 的距离最短。

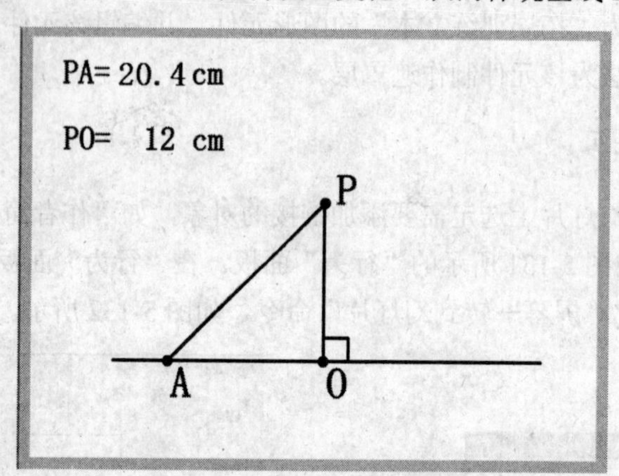

图 5-134 课件“点到直线的距离”播放效果

利用鼠标拖动实现交互的具体步骤如下所述。

1）新建一个 Flash 文档，在文档属性中将帧频设置为 30f/s。

2）执行“插入→新建元件”命令，新建影片剪辑元件并命名为：A 点。在该元件的图层 1 中绘制一个黑色小圆并删除笔触，输入文字 A，并在“信息”面板中设置圆的参数如图 5-135 所示。

3）新建图层 2，绘制一个圆，大小正好可以覆盖图层 1 中的小圆和文字，删除圆的笔触，并在“颜色”面板中设置圆的参数，如图 5-136 所示。

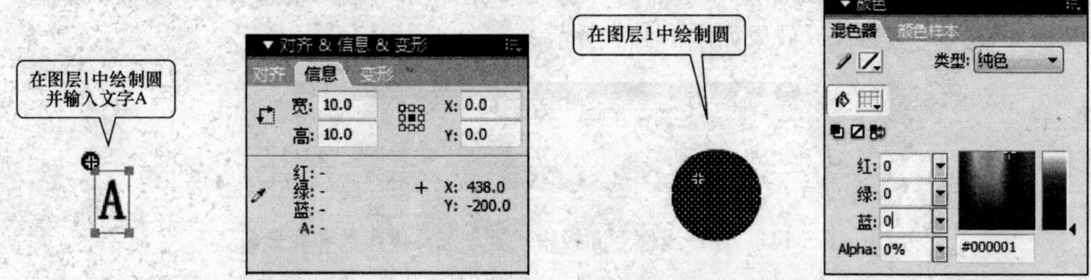

图 5-135　在“信息”面板中设置圆的位置和大小　　图 5-136　在“颜色”窗口中设置圆颜色

提示：将 Alpha 值设置为 0，可以使得图形呈透明显示。

4）在“库”面板中选择 A 点元件，右击，在弹出的快捷菜单中，执行“复制”命令，并将复制的元件命名为：O 点，将其再复制一个，命名为：P 点。分别编辑 O 点元件和 P 点元件，将元件中的文字 A 分别改为：O 和 P，效果如图 5-137 所示。

5）回到场景 1，将图层 1 更名为“背景”，并在场景中绘制简单的背景，效果如图 5-138 所示。

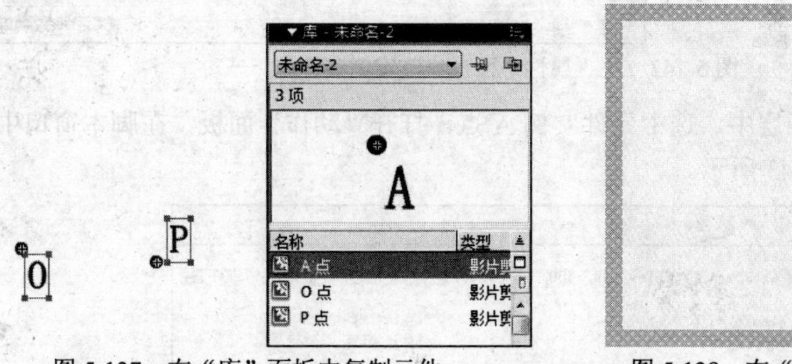

图 5-137　在“库”面板中复制元件　　图 5-138　在“背景”图层中绘制背景

6）新建图层 2，将图层 2 更名为“文字”，并在场景中绘制需要的文字，效果如图 5-139 所示。

7）新建图层 3，将图层 3 更名为“线条”，并在场景中绘制需要的线条，在“信息”面板中设置垂线长度为 120 像素，效果如图 5-140 所示。

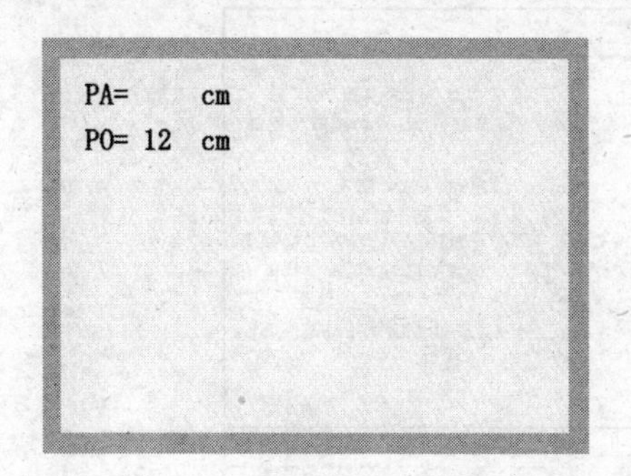

图 5-139　在“文字”图层中输入文字

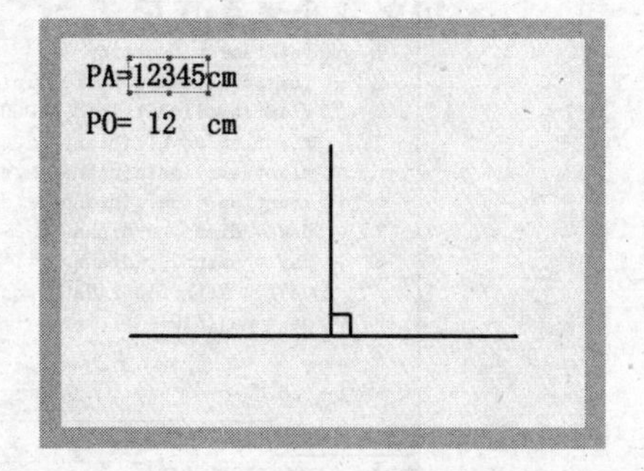

图 5-140　在“线条”图层中绘制线条

提示：为了在脚本中控制 A 点的位置，在绘制水平直线时，在“信息”面板中设置 y 值为 300。

8）新建图层 4，将图层 4 更名为“交互”，在场景中输入动态文本，并在“属性”面板中设置相应参数，效果如图 5-141 所示。

图 5-141　在“属性”面板中设置动态文本参数和变量名

9）在“交互”图层中，将元件 A 点、O 点、P 点拖动到舞台放在相应位置，并在“属性”面板中更改各元件的实例名称分别为 diana、diano、dianp，效果如图 5-142 所示。

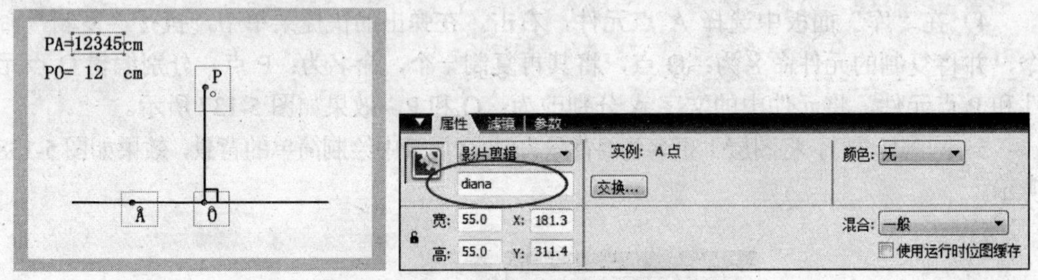

图 5-142　在“属性”面板修改实例名称

10）在“交互”图层中，选中元件实例 A 点，打开“动作”面板，在脚本窗口中添加动作脚本，如图 5-143 所示。

```
1 on (press) {                                      //当鼠标按下该元件时
2     startDrag("", false, 30, 300, 500, 300);     //开始拖动，并定义A点拖动的范围
3 }
4 on (release) {                                    //当鼠标释放时
5     stopDrag();                                   //停止拖动
6 }
```

图 5-143　为元件 A 点添加动作脚本

11）新建图层 5，将图层 5 更名为 Action，选中该图层的第 1 帧，打开“动作”面板，在脚本窗口中添加动作脚本，效果如图 5-144 所示。

```
1  onEnterFrame = function () {
2      this.createEmptyMovieClip("xiantiao",0);        //定义一个空元件
3      xiantiao.lineStyle(3,0x000000,100);           //定义线条粗细为：3，颜色为黑色
4      xiantiao.moveTo(dianp._x,dianp._y);
5      xiantiao.lineTo(diana._x,diana._y);             //从P点到A点划线
6      xiantiao.lineTo(diano._x,diano._y);             //从P点到O点划线
7      pax = dianp._x-diana._x;                        //计算P点与A点的x坐标差值
8      pay = dianp._y-diana._y;                        //计算P点与A点的y坐标差值
9      pajl = Math.floor(Math.sqrt(pax*pax+pay*pay)); //计算P点与A点的距离
10     pa = pajl/10;                                 //将P点与A点的距离值赋给动态文本pa
11 };

Action : 1
第 10 行(共 11 行)，第 41 列
```

图 5-144　为 Action 图层第 1 帧添加动作脚本

12）按 Ctrl+Enter 组合键，预览课件的播放效果，完善课件内容。

5.7.3　中学物理课件制作实例

本例对应的内容出自中学物理“凸透镜成像原理”部分，课件效果如图 5-145 所示。当用鼠标拖动左边的蜡烛时，课件右上角显示成像规律的文字说明，同时出现相应光路图，以及所成的像（不能成像、虚像或实像）。

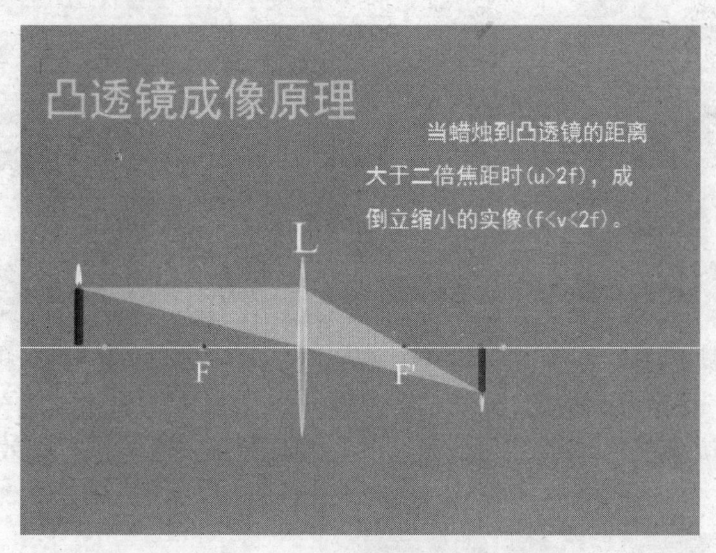

图 5-145　“凸透镜成像原理”课件效果

“凸透镜成像原理”课件实现的具体步骤如下所述。

1）新建一个 Flash 文档，在文档属性中将帧频设置为 30f/s，背景颜色为浅蓝。

2）执行“插入→新建元件”命令，新建影片剪辑元件并命名为“蜡烛”。制作一段蜡烛燃烧的动画，效果如图 5-146 所示。

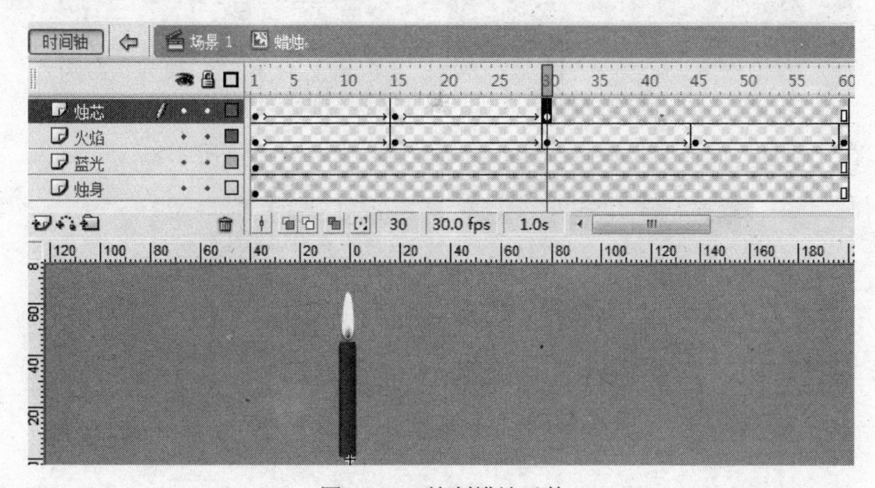

图 5-146　绘制蜡烛元件

3）执行“插入→新建元件”命令，新建影片剪辑元件并命名为“凸透镜”。用椭圆工具绘制一个较扁的凸透镜，利用渐变填充使得中间是蓝色，外侧是白色，制作一块从侧面能看见的凸透镜，效果如图 5-147 所示。

4）执行“插入→新建元件”命令，新建影片剪辑元件并命名为“焦点”。用椭圆工具和渐变填充绘制焦点，效果如图 5-148 所示（是放大 5 倍后的效果）。

5）回到场景 1，将图层 1 命名为“标题”，并在场景中绘制标题文字，效果如图 5-149 所示。

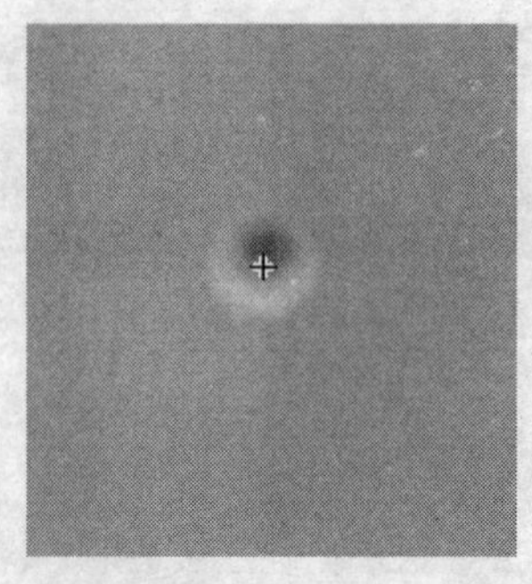

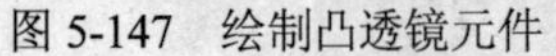

图 5-147　绘制凸透镜元件　　图 5-148　绘制焦点元件　　图 5-149　输入标题文字

6）新建一个图层，将图层命名为：“凸透镜”。在场景中绘制一条白色的直线，将凸透镜元件拖放到舞台，命名实例名称为 ttj，在凸透镜上方输入字母 L，效果如图5-150 所示。

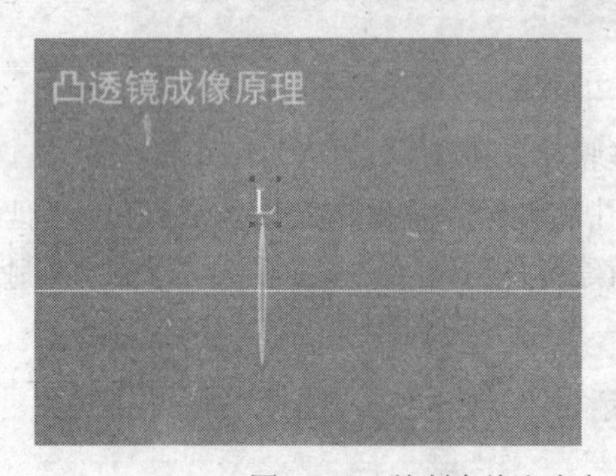

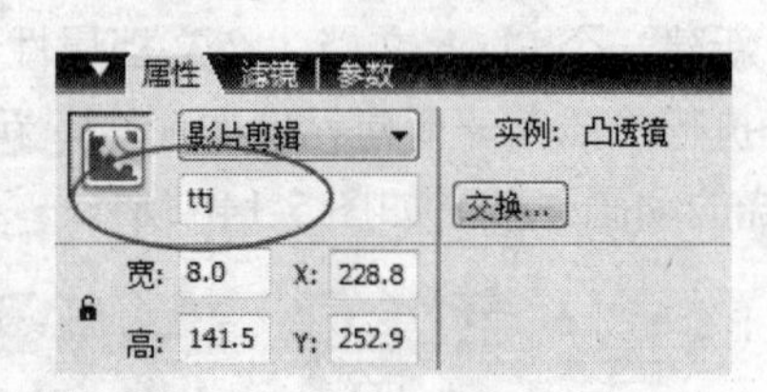

图 5-150　绘制直线和命名凸透镜元件的实例名称

7）在“信息”面板中设置直线和凸透镜位置，如图 5-151 所示。

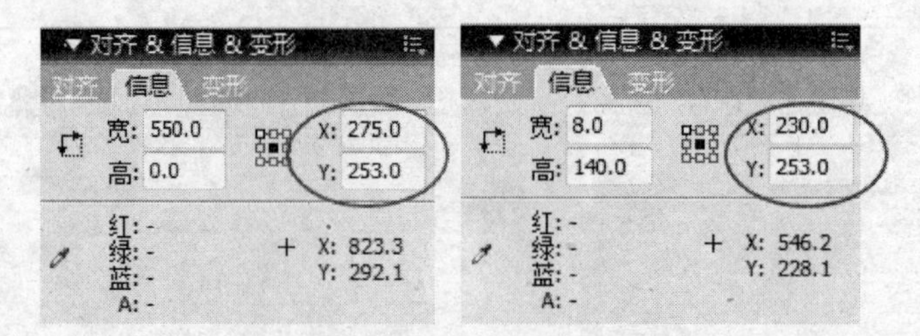

图 5-151　在“信息”面板中设置直线和凸透镜位置

8）新建一个图层，将图层命名为“焦点”。从库中拖动两个焦点元件到舞台，放置在凸透镜的两侧，两个焦点到凸透镜的距离要相等，分别将左、右两个焦点元件的实例名称命名为 jd 和 jd1，并在两个焦点的下方输入文字 F 和 F’，效果如图 5-152 所示。

9）在“焦点”图层，从库中拖动两个焦点元件到舞台，放置在凸透镜的两倍焦距处，两个焦点到凸透镜的距离也要相等，将这两个点略微缩小，并将其色调设置为黄色以区别于一倍焦距处的两个点，将左侧实例点的实例名称命名为 jd2，效果如图 5-153 所示。

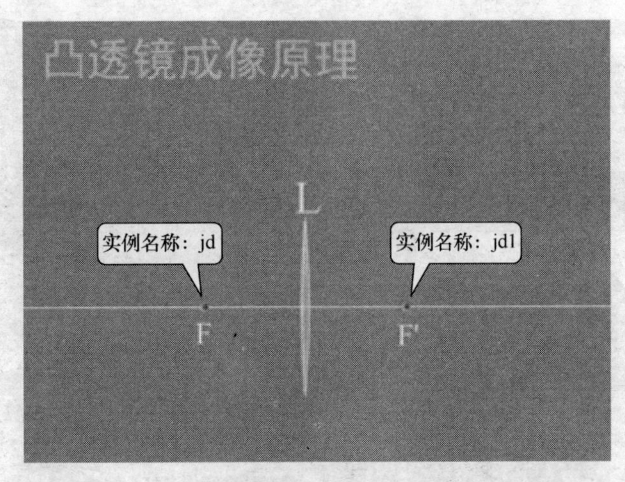

图 5-152　放置焦点并命名焦点元件的实例名称

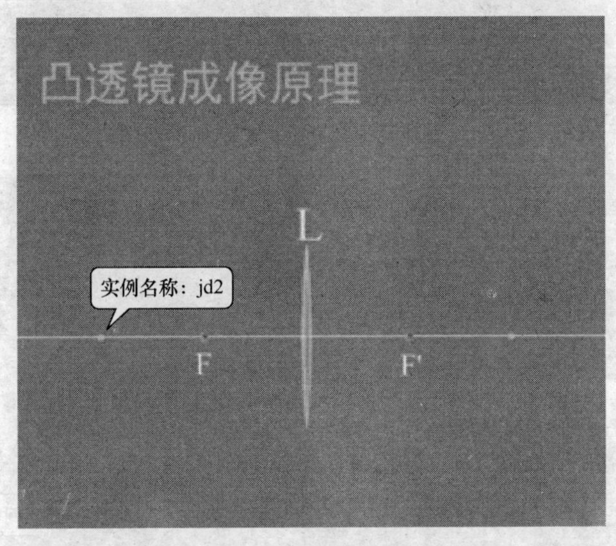

图 5-153　放置两倍焦距焦点并命名焦点元件的实例名称

10）新建一个图层，将图层命名为“蜡烛”。从库中拖动 3 个蜡烛元件到舞台，两个放置在凸透镜的左侧中线的上方，一个放置在右侧中线的下方，选中右侧的蜡烛，执行“修改→变形→垂直翻转”命令，将蜡烛垂直翻转，从左往右依次将这 3 个元件的实例名称命名为：wu（物）、xx（虚像）、sx（实像），效果如图 5-154 所示。

提示：实物蜡烛、虚像、实像放置的准确位置在脚本代码中将精确计算，在此不作具体要求。

11）新建一个图层，将图层命名为“连接点”。从库中拖动 6 个焦点元件到舞台并分别命名 6 个焦点实例的名称，设置这 6 个实例的透明度均设置为 0，这 6 个实例将用来作为光路图的连接点，放置位置和实例名称如图 5-155 所示。

提示：lj4 点、lj5 点放置的准确位置在脚本代码中将精确计算，在此不作具体要求。

12）新建一个图层，将图层命名为“规律”。插入一个 4 行的动态文本框，设置文本框属性，字号为 18，颜色为白色，动态文本为多行，变量为 gl_txt，如图 5-156 所示。

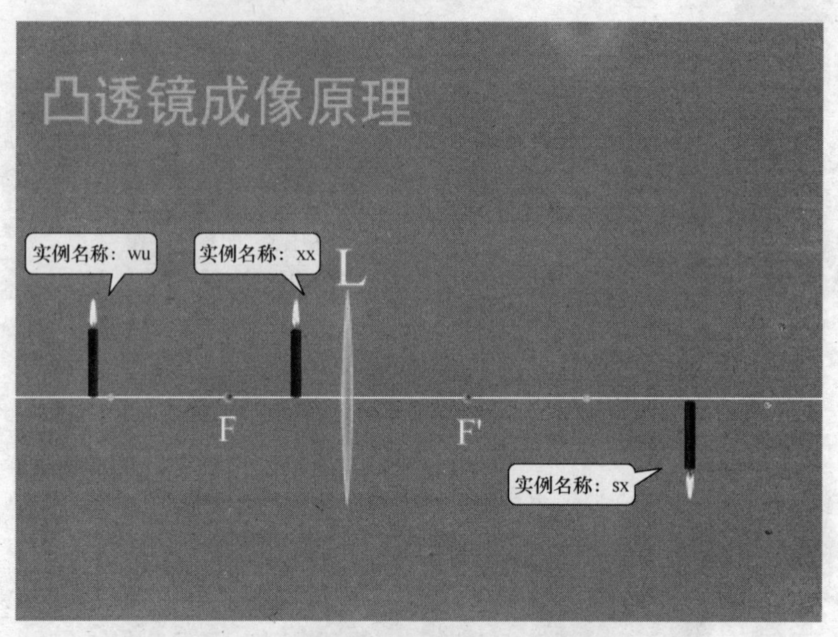

图 5-154 放置蜡烛元件并命名蜡烛元件的实例名称

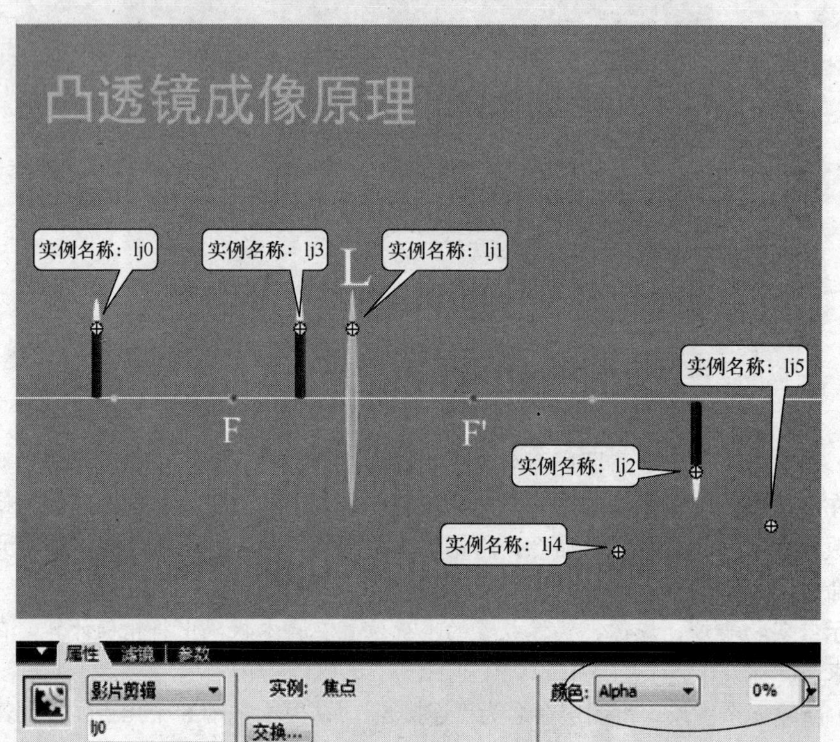

图 5-155 放置光路图的连接点并设置连接点的透明度

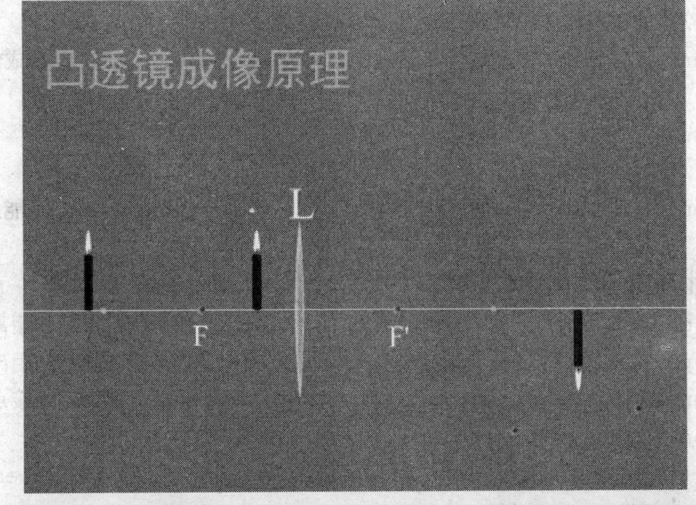

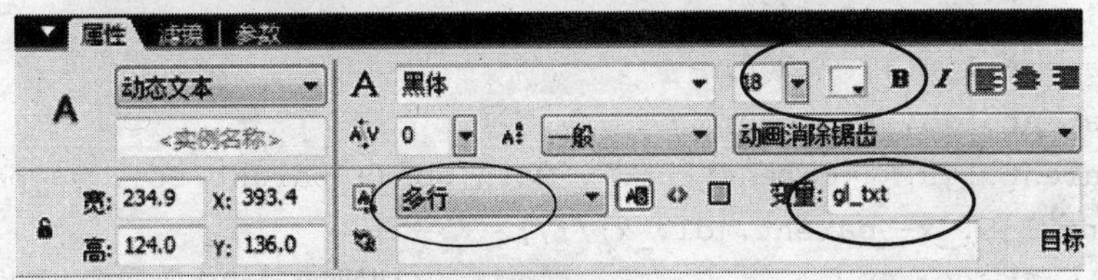

图 5-156　插入动态文本框并设置属性参数

13）选中实例 wu，打开动作面板，添加控制蜡烛随鼠标移动的代码：

```
on(press){                                   //当鼠标按下该元件时
    startDrag("", false,0,253,229,253);//开始拖动，并定义实物蜡烛拖动的范围
}
on(release){                                 //当鼠标释放时
    stopDrag();                              //停止拖动
}
```

14）添加蜡烛 wu 移动到各个位置时，动态文本 gl_txt 显示成像规律的代码：

```
onClipEvent(enterFrame){
    if(_parent.wu._x>_parent.jd._x+1){
        //蜡烛在一倍焦距之内
  _parent.gl_txt="当蜡烛到凸透镜的距离小于一倍焦距时(u<f)，成正立放大的虚像(v<0)。";
  }else if(_parent.wu._x<_parent.jd._x-1 && _parent.wu._x>_parent.jd2._x+1){
     //蜡烛在两倍和一倍焦距之间
  _parent.gl_txt="当蜡烛到凸透镜的距离大于一倍焦距小于两倍焦距时(f<u<2f)，成倒立放大的实像(v>2f)。";
 }else if(_parent.wu._x<=_parent.jd2._x+1&&_parent.wu._x>=_parent.jd2._x-1){
     //蜡烛两倍焦距
  _parent.gl_txt="当蜡烛到凸透镜的距离等于两倍焦距时(u=2f)，成倒立等大的实像(v=2f)。";
  }else if(_parent.wu._x<_parent.jd2._x-1){
```

```
            //蜡烛在两倍焦距之外
        _parent.gl_txt="当蜡烛到凸透镜的距离大于两倍焦距时(u>2f)，成倒立缩小的实像
(f<v<2f)。";
        } else {
            //蜡烛一倍焦距
        _parent.gl_txt="当蜡烛到凸透镜的距离等于一倍焦距时(u=f)，不能成像。";
        }
```

15）添加计算相关数据的代码:

```
        f = _parent.ttj._x-_parent.jd._x;   //计算焦点到凸透镜的距离，即焦距
        u = _parent.ttj._x-_parent.wu._x;   //计算物体到凸透镜的距离，即物距
        _parent.lj0._x=_parent.wu._x;       //以下计算光路图各连接点的位置
        _parent.lj0._y=_parent.lj1._y;
_parent.lj4._x=_parent.ttj._x+Math.abs(u*(_parent.lj4._y-_parent.ttj._y)/
(_parent.ttj._y-_parent.lj1._y));
        _parent.lj4._y = 500;
        _parent.lj5._x = 600;
        _parent.lj5._y=parent.ttj._y+Math.abs((_parent.ttj._y-_parent.lj1.
_y)*(_parent.lj5._x-_parent.jd1._x)/f);
        x2 = f*u/(u-f);                            //根据凸透镜成像公式计算出像距
        H1 = _parent.wu._height;                   //计算蜡烛 wu 的高度
        W1 = _parent.wu._width;                    //计算蜡烛 wu 的宽度
        H2 = Math.abs(x2/u)*H1;                    //根据物距和像距的比例计算像的高度
        W2 = Math.abs(x2/u)*W1;                    //根据物距和像距的比例计算像的宽度
        H3 = Math.abs(x2/u)*(_parent.ttj._y-_parent.lj1._y);
                                                   //实像上的点到中线的距离
```

16）添加蜡烛在一倍焦距以外成像情况的代码，此时成实像:

```
        if(_parent.wu._x<_parent.jd._x-1) {      //如果物距大于一倍焦距成实像
            _parent.line2.removeMovieClip();     //删除成虚像时的光路图
            _parent.line3.removeMovieClip();
            _parent.sx._x = x2+_parent.ttj._x; //实像的位置
            _parent.sx._y = _parent.ttj._y;
            _parent.sx._alpha = 80;              //实像的透明度
            _parent.sx._height = H2;             //实像的高度
            _parent.sx._width = W2;              //实像的宽度
                                                 //实像的位置和大小
            _parent.xx._alpha = 0;               //虚像透明度为 0，即虚像消失
            _parent.lj2._x = _parent.sx._x;
            _parent.lj2._y = _parent.ttj._y+H3;
                                                 //实像上的点连接到连接点 2 的位置
            _parent.createEmptyMovieClip("line1",1);//建立一个空的影片剪辑 line1
            _parent.line1.beginFill(0xffffcc,50); //填充以下用线连接形成的光路图
            _parent.line1.moveTo(_parent.lj0._x,_parent.lj0._y);
            _parent.line1.lineTo(_parent.lj1._x,_parent.lj1._y);
```

```
        _parent.line1.lineTo(_parent.lj2._x,_parent.lj2._y);
        _parent.line1.lineTo(_parent.lj0._x,_parent.lj0._y);
//用线连接点 0、1 和 2，形成封闭区域
}
```

17）添加蜡烛在一倍焦距以内成像情况的代码，此时成虚像：

```
else if(_parent.wu._x>_parent.jd._x+1){//如果物距小于一倍焦距成虚像
        _parent.line1.removeMovieClip();     //删除成实像时的光路图
        _parent.xx._x = x2+_parent.ttj._x; //虚像的位置
        _parent.xx._y = _parent.ttj._y;
        _parent.xx._alpha = 60;              //虚像的透明度
        _parent.xx._height = H2;             //虚像的高度
        _parent.xx._width = W2;              //虚像的宽度
        _parent.sx._alpha = 0;               //实像的透明度为 0，即实像消失
        _parent.lj3._x = _parent.xx._x;
        _parent.lj3._y = _parent.ttj._y-H3;//虚像上的点连接到连接点 3 的位置
        _parent.createEmptyMovieClip("line2",1);//新建一个空的影片剪辑 line2
        _parent.line2.beginFill(0xffffcc,50);//填充以下用线连接形成的光路图
        _parent.line2.moveTo(_parent.lj0._x,_parent.lj0._y);
        _parent.line2.lineTo(_parent.lj1._x,_parent.lj1._y);
        _parent.line2.lineTo(_parent.lj5._x,_parent.lj5._y);
        _parent.line2.lineTo(_parent.lj4._x,_parent.lj4._y);
        _parent.line2.lineTo(_parent.lj0._x,_parent.lj0._y);
        //用线连接点 0、1、5 和 4，形成封闭的光路图
        _parent.createEmptyMovieClip("line3",2);//新建一个空的影片剪辑 line3
        _parent.line3.beginFill(0xffffcc,20);//填充以下用线连接形成的光路图
        _parent.line3.moveTo(_parent.lj0._x,_parent.lj0._y);
        _parent.line3.lineTo(_parent.lj3._x,_parent.lj3._y);
        _parent.line3.lineTo(_parent.lj1._x,_parent.lj1._y);
        _parent.line3.lineTo(_parent.lj0._x,_parent.lj0._y);
        //用线连接点 0、3 和 1，形成封闭的光路图
}
```

18）添加蜡烛在一倍焦距时的像代码，此时不成像：

```
else{
        _parent.line1.removeMovieClip();
        _parent.line2.removeMovieClip();
        _parent.line3.removeMovieClip();
        //删除用线连接成的光路图
        _parent.sx._alpha = 0;           //所成实像消失
        _parent.xx._alpha = 0;           //所虚像消失
}
```

19）课件代码添加完毕，按 Ctrl+Enter 组合键，预览课件的播放效果，完善课件内容。

5.7.4 练习型课件制作实例

利用文本、Flash 组件和 ActionScript（AS）的简单代码，就可以制作具有热对象或文本交互功能的练习型课件。文本交互能让教师或学生在课件中填写答案，实现简单的人机交互功能；热对象交互使课件更生动、更人性化。

1. 单项选择题制作实例

单项选择题课件运行界面，如图 5-157 所示。除了包括界面背景、系统类型外，主要还有题目文字、答案选项、交卷按钮、评分系统等。制作步骤如下所述。

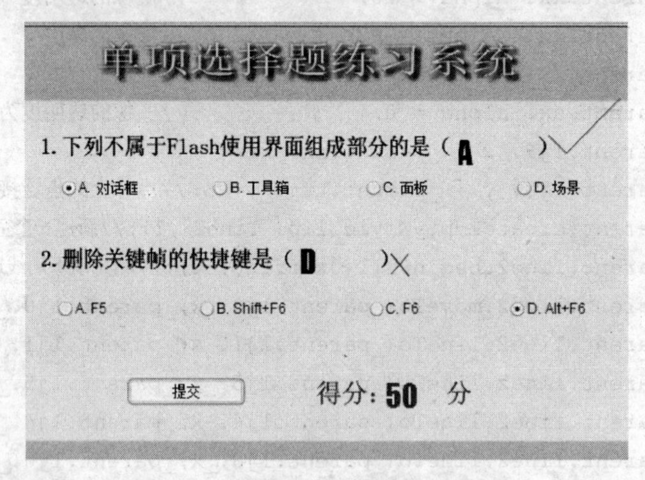

图 5-157 单项选择题课件运行效果图

1）把显示选对的√和选错的×制作成影片剪辑元件“对错”，如图 5-158 所示为“√”和“×”、第 2 帧为“√”、第 3 帧为“×”。

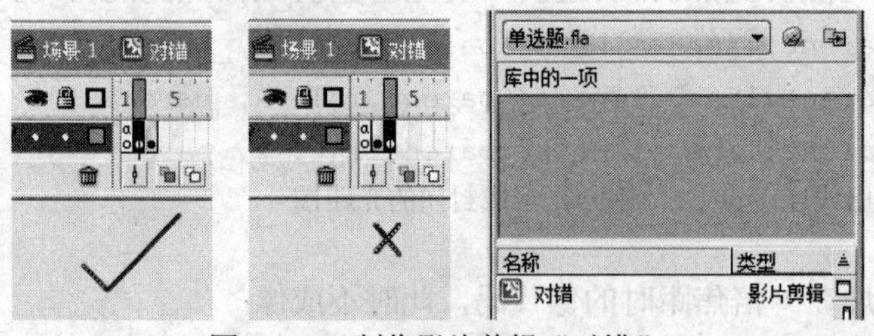

图 5-158 制作影片剪辑“对错”

2）把每个题都做成一个影片剪辑元件，如图 5-160 库面板中的 d1t、d2t 等，做完所有题目。以第 1 题为例，如图 5-159 所示。

① 用“静态文本工具”输入题目的题干部分。

② 在其括号内制作一个变量名为 show1 的“动态文本”。

③ 从库中把“对错”元件拖至主题目右边，并设置其实例名称为 dc_mc。

④ 执行“窗口→组件”命令，打开“组件”面板，如图 5-160 所示。用单选框组件 RadioButton 分别做 4 个选项，也可以在做好一个以后，复制得到其他 3 个，并把各个选项的<实例名称>改为 d1、d2、d3 和 d4。在各参数中的 label 右边输入框中分别输入其对

应的备选答案，其他参数设为默认即可。完成后，按住 Shift 键依次选中它们，然后将它们对齐并分布均匀，如图 5-160 所示。

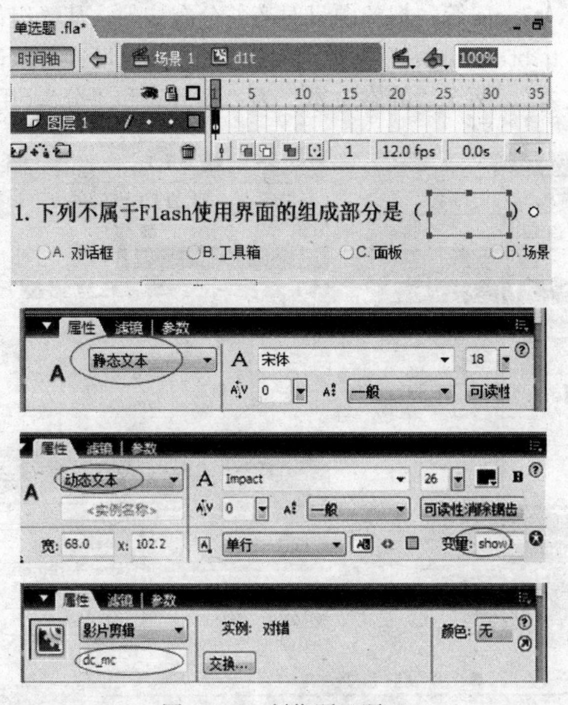

图 5-159　制作题目题干

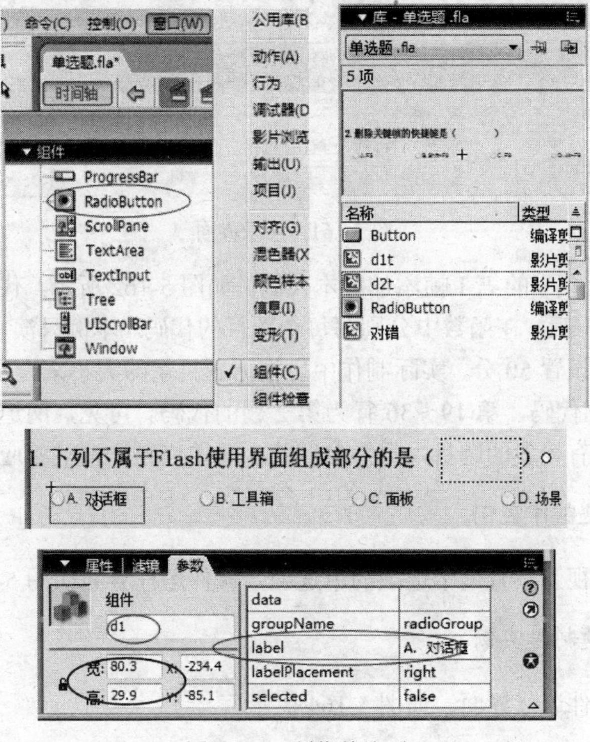

图 5-160　制作单选项

⑤ 回到场景，在图层“界面”的第1帧，如图5-161所示，分别制作课件的画布大小、背景图案、标题、从库面板中依次把各题目拖到场景内，并把各题目元件的<实例名称>命名为t1_mc、t2_mc等，把各题目对齐并分布均匀；从“组件”面板中拖一个按钮，<实例名称>为 tj_bt，“label”参数为“提交”，其他设置为默认；制作一个变量名为score的“动态文本”、两个“静态文本”为“得分”和“分”，用于显示分数。

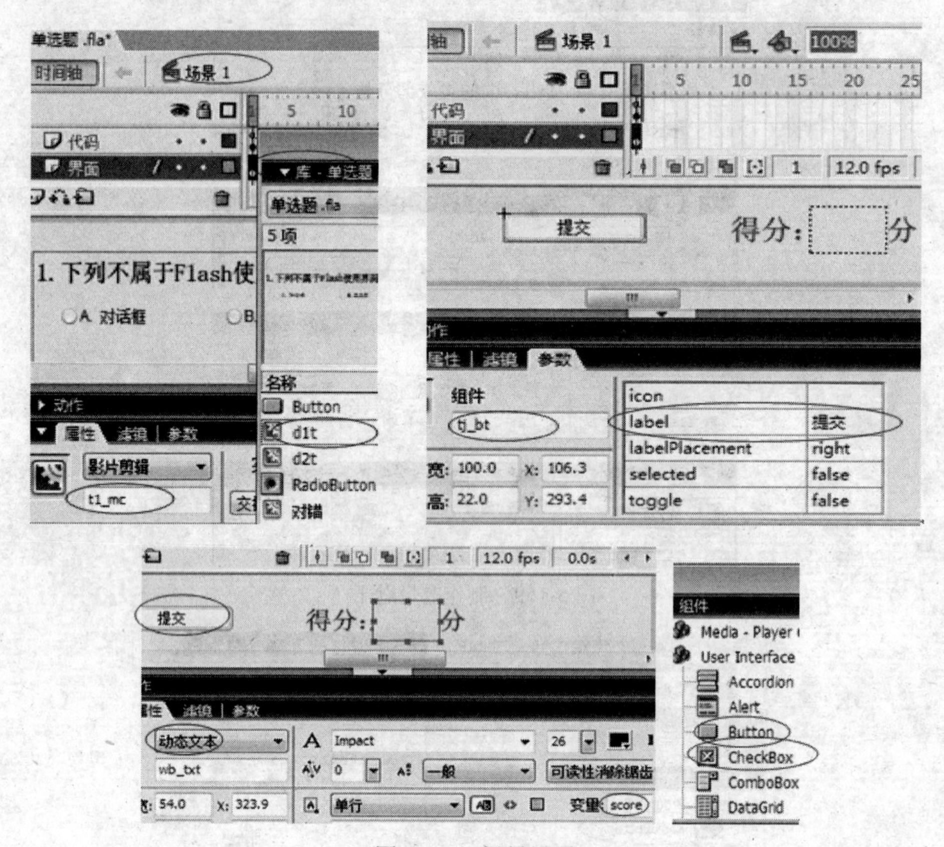

图5-161 场景界面

3）为图层“代码”的第1帧添加脚本代码。如图5-162所示，代码第1句表示当按下提交按钮“tj_bt”后，在函数中分别写每个题目的代码。本例只演示了两道题的测试，代码中每道题目只设置50分，实际制作中可根据题目量的大小来设定分值。其中第2～18语句为第1题的代码，第19～36行为第2题的代码。可见，两道题的代码写法是一致的。所以，如果有较多的题目，只需复制第1题的代码，调整相应的实例名称即可。

2. 是非判断题制作实例

是非判断题可视为只有两个选项的单选题，课件运行界面如图5-163所示。

3. 多项选择题制作实例

多项选择题课件运行界面，如图5-164所示。

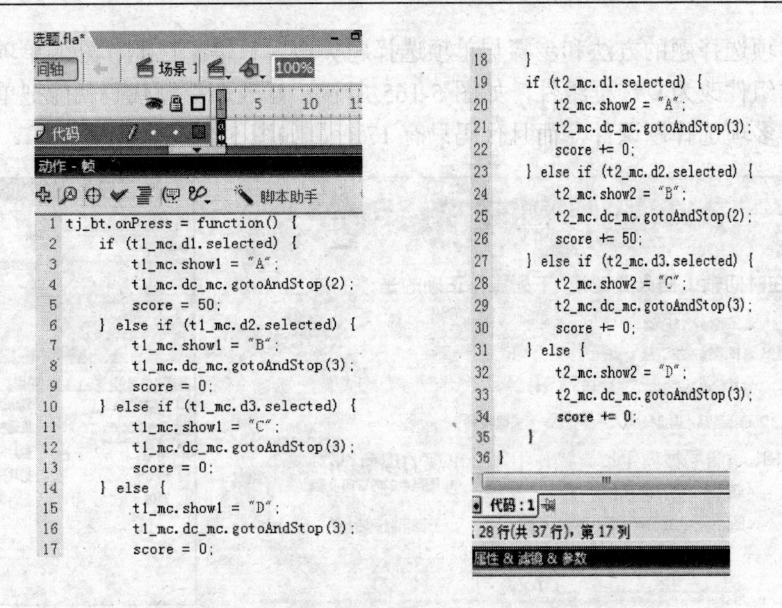

图 5-162　添加代码

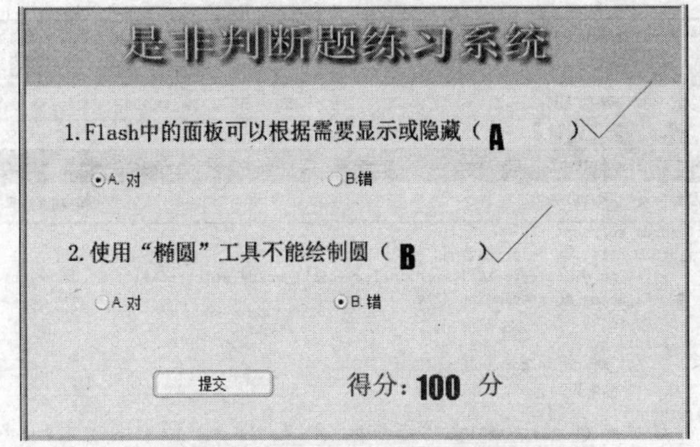

图 5-163　是非判断题课件运行效果图

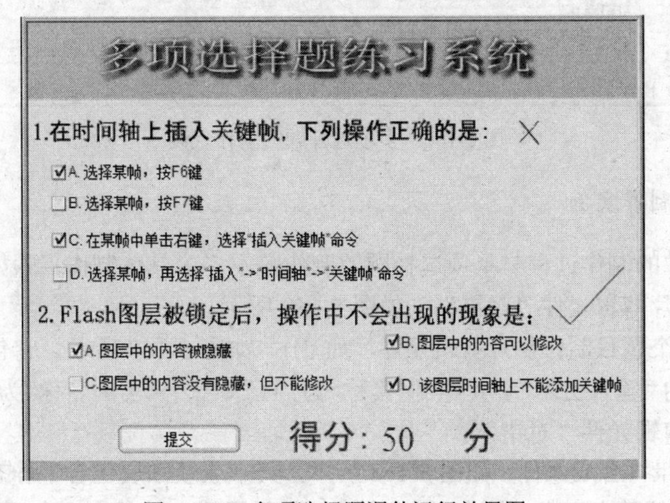

图 5-164　多项选择题课件运行效果图

制作多项选择题的方法和步骤与单项选择题类似。只需把已制作好的单项选择题课件中单选框组件改为复选框组件，如图 5-165 所示，修改命令帧代码就能把单项选择题课件修改为多项选择题课件，而且代码只有 17 行，如图 5-166 所示。

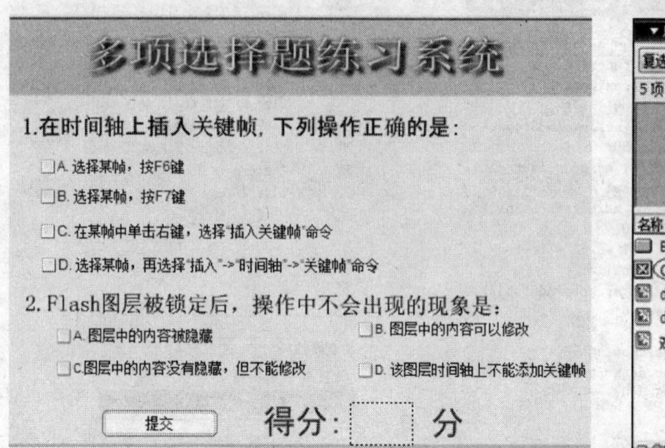

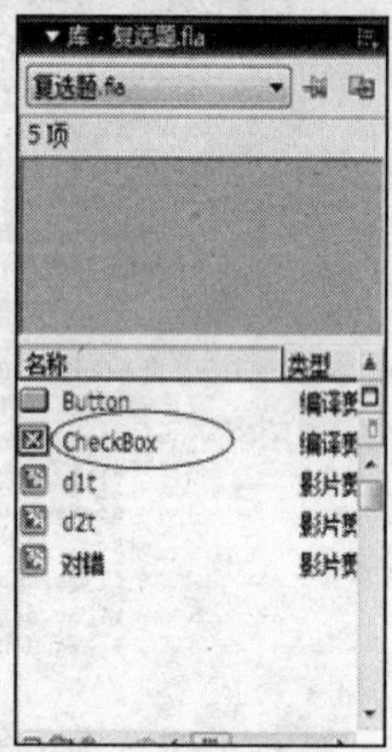

图 5-165　多项选择题制作界面与库面板

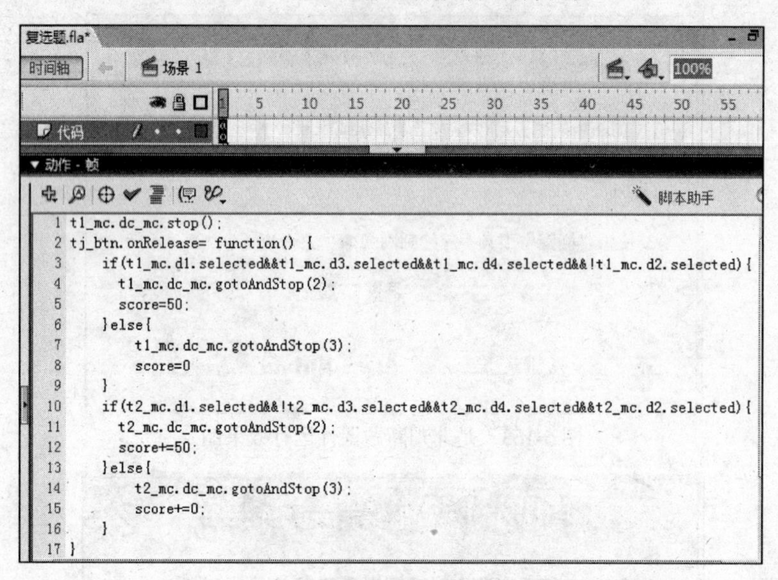

图 5-166　多项选择题的动作代码

4. 填空题制作实例

填空题课件的制作过程与单项选择题的制作差不多，具体制作步骤如下。

1）制作影片剪辑元件“对错”，如图 5-158 所示。

2）为每一个题目制作影片剪辑元件，如 d1t。如图 5-167 所示，它包括题目文字、一个用于填空的“输入文本”，其<实例名称>为“t1”、一个<实例名称>为 dc_mc 的“√”和“×”影片剪辑元件“对错”。

3）回到场景，合成课件。如图 5-168 所示，其中成绩图层包含了静态文本“成绩”、变量名为 score 的动态文本、静态文本“分”；代码层第 1 帧只有 1 条语句“stop()”;、第 2 帧是本例的核心代码，每小题才 7 条语句；“按钮”图层的第 1 帧是“提交”按钮、第 2 帧是“返回”按钮，所有代码如图 5-169 所示。

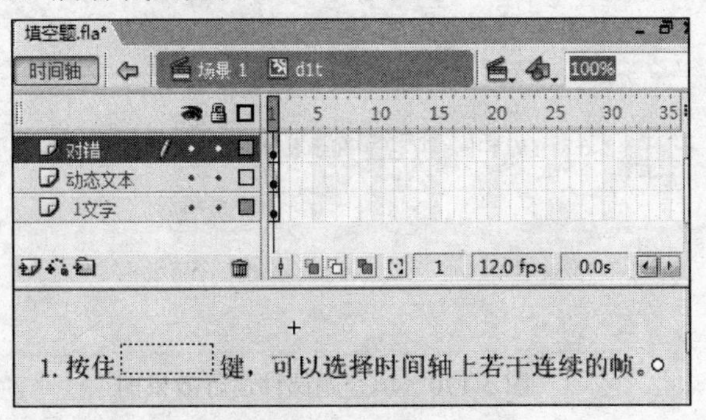

图 5-167　制作影片剪辑“对错”

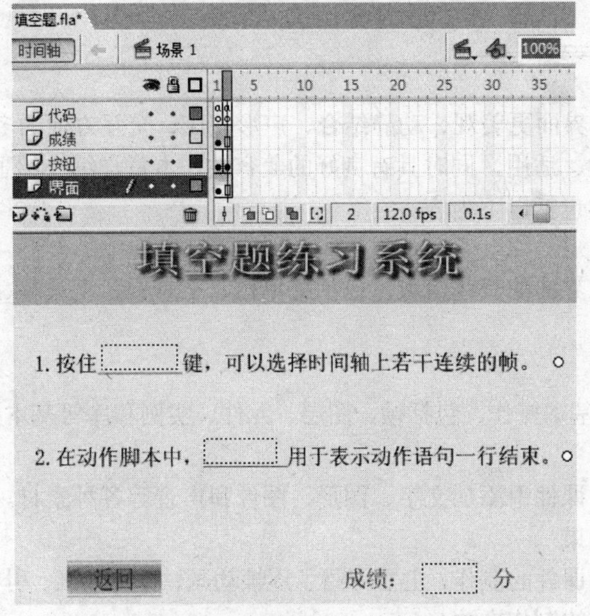

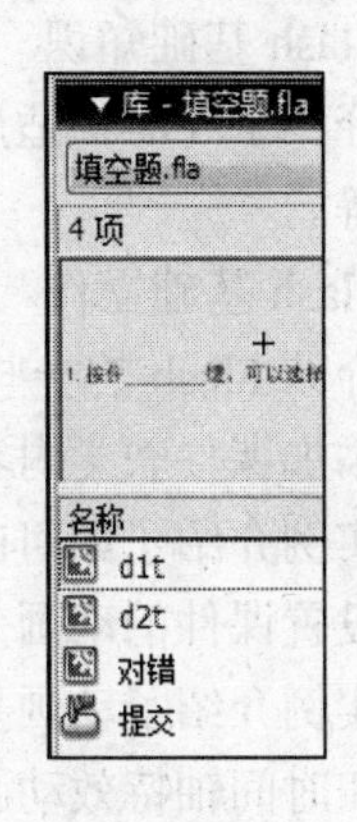

图 5-168　填空题制作界面

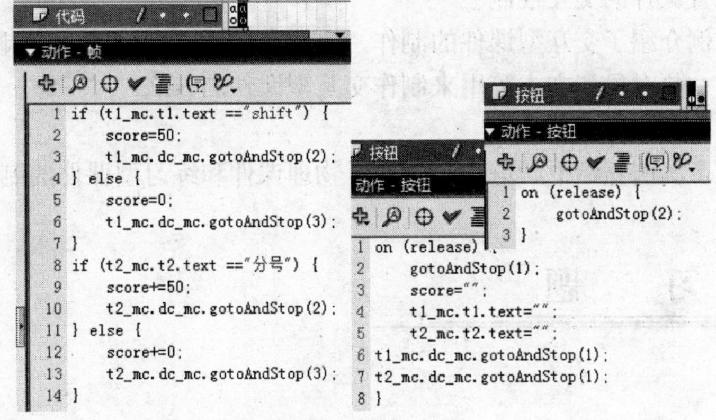

图 5-169　制作填空题的代码

填空题课件运行效果如图 5-170 所示。

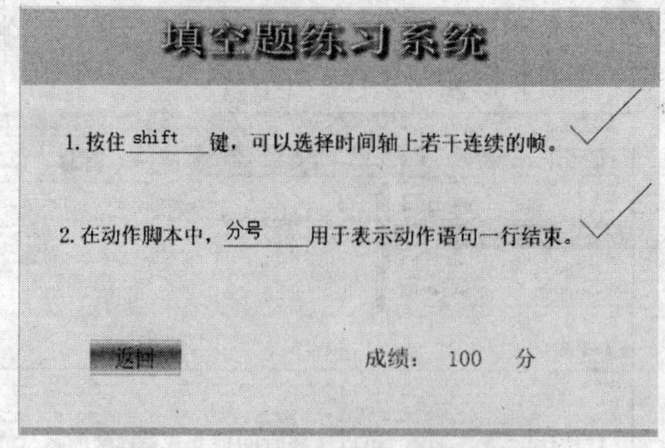

图 5-170 填空题课件运行效果图

小 结

利用 Flash 可以制作出界面更美观、动静结合、声形并茂、交互方便的多媒体 CAI 课件，而且操作简单、易学、适用，同时具有良好的兼容性。本章详细介绍了 Flash 课件的制作方法和技巧，具体包括以下内容。

（1）Flash 基础知识

主要介绍了 Flash 适用界面的具体组成，包括菜单栏、工具栏、工具箱、时间轴、属性面板等。

（2）Flash 基础操作

主要介绍 Flash 的一些基本操作，包括帧、图层、元件、实例和库等基本操作方法。

（3）添加课件教学内容

通过实例介绍了如何向课件中添加文字、图形、图像和声音等各种素材。

（4）设置课件的动画效果

通过实例介绍了动画型课件的制作，主要介绍了逐帧动画、补间动画、引导层动画、遮罩动画和时间轴特效动画的制作方法。

（5）设置课件的交互控制

通过实例介绍了交互型课件的制作，主要介绍了 Flash 的动作脚本中常用的代码、按钮和按键、热对象和文本等用来制作交互型课件的方法。

（6）制作综合课件

通过几个实例介绍中学语文、数学、物理课件和练习型课件的制作方法。

习 题

一、单选题

1．下列不属于 Flash 使用界面的组成部分的是（ ）。

A. 工具箱　B. 对话框　C. 场景　D. 面板

2. 要选择时间轴上若干个连续的帧，需要先按住的键是（　）。

A. Ctrl　B. Shift　C. Alt　D. Enter

3. 在时间轴上插入关键帧，下列操作错误的是（　）。

A. 选择某帧，按 F6 键

B. 选择某帧，按 F7 键

C. 在某帧中右击，在弹出的快捷菜单中，执行“插入关键帧”命令

D. 选择某帧，再执行“插入→时间轴→关键帧”命令

4. 以下（　）工具可用于选取对象。

A. 箭头　B. 椭圆　C. 任意变形　D. 橡皮擦

5. 删除关键帧的快捷键是（　）。

A. F5　B. F6　C. Shift+ F6　D. Alt+ F6

6. 在动作脚本中，（　）用于表示动作语句一行结束。

A. 分号　B. 逗号　C. 句号　D. 引号

7. （　）位于时间轴下方，是放置动画内容的矩形区域。

A. 图层　B. 面板　C. 舞台　D. 工具栏

8. （　）是 Flash 中最简单的工具，也称为“直线工具”。

A. 铅笔工具　B. 选择工具　C. 钢笔工具　D. 线条工具

9. （　）提供了一种绘制精确的直线或曲线线段的方法。

A. 矩形工具　B. 铅笔工具　C. 钢笔工具　D. 椭圆工具

10. （　）用来修改线条或者形状轮廓的笔触颜色、宽度和样式。

A. 刷子工具　B. 颜料桶工具　C. 墨水瓶工具　D. 填充变形工具

二、多选题

1. Flash 8.0 用于选择图形的工具有（　）。

A. 选择工具　B. 钢笔工具　C. 铅笔工具　D. 套索工具

2. 对图形进行任意变形，包括（　）。

A. 缩放　B. 旋转　C. 倾斜　D. 扭曲

3. 在 Flash 8.0 中，元件类型分为（　）。

A. 图形　B. 按钮　C. 动画　D. 影片剪辑

4. 在 Flash 8.0 中，可以创建的文本类型包括（　）。

A. 静态文本　B. 动态文本　C. 输入文本　D. 输出文本

5. 在 Flash 8.0 中，可以导入的声音文件格式有（　）。

A. WAV　B. MP3　C. MOV　D. AVI

6. Flash 8.0 支持的视频文件格式有（　）。

A. AVI　B. MOV　C. WMV　D. ASF

7. Flash 8.0 的动画类型分为（　）。

A. 补间动画　B. 逐帧动画　C. 图形动画　D. 时间轴特效动画

8．补间动画又分为（　　）。

A. 动作补间　B. 形状补间　C. 过度补间　D. 帧补间

9．在 Flash 8.0 中，可以为以下哪些对象添加动作脚本（　　）。

A. 图形　B. 帧　C. 按钮　D. 影片剪辑

10．在 Flash 8.0 中可以对图形进行各种编辑处理，包括图形的（　　）。

A. 变换　B. 组合　C. 调整　D. 对齐

三、填空题

1．Flash 中有普通层、__________、__________和被遮罩层 4 种图层类型，为了便于图层的管理，用户还可以使用图层文件夹。

2．Flash 文档的文件扩展名为__________。

3．动画的本质就是一系列连续播放的__________，利用人的眼睛视觉滞留效应所呈现出来的动态影像。

4．__________是指在每个帧上都有关键性变化的动画，它由许多单个的关键帧组合而成，当连续播放这些关键帧时，就形成了动画。

5．使用“选择工具”时，按住__________键可以在图形上增加点。

6．单击__________菜单下的__________命令，可发布 Flash 动画。

7．__________用于组织和控制文档内容在一定时间内播放的图层数和帧数。

8．__________是指位于舞台上或嵌套在另一个元件内的元件副本。

9．__________拥有自身的、独立于主影片的多帧时间轴。

10．使用“矩形工具”画一个正方形时，需要先按住__________键。

四、判断题

1．在 Flash 8.0 中，所有的矢量图必须同时具备线条和填充图形。（　）

2．在 Flash 8.0 中，对于组合的图形不能对其进行取消组合。（　）

3．在 Flash 8.0 中，实例是由元件所创建的。（　）

4．在 Flash 8.0 中，利用动作脚本，可以创建具有交互功能的 Flash 动画。（　）

5．在 Flash 8.0 中，可以将已创建好的 Flash 文档保存为模板。（　）

6．用鼠标双击橡皮擦工具，不可以快速删除舞台上的所有内容。（　）

7．用鼠标双击图形的填充内容，也可以全选图形。（　）

8．从库中删除元件时，文档中该元件的所有实例也会被删除。（　）

9．所有导入到 Flash 中的位图图像都会自动添加到库面板中。（　）

10．Flash 动画是一种三维矢量动画，并具有交互功能。（　）

11．在 Flash 8.0 中，面板可以根据需要进行显示或隐藏。（　）

12．在 Flash 8.0 中，使用“椭圆”工具不能绘制出圆。（　）

第6章 利用“几何画板”制作多媒体CAI课件

“几何画板”是一个通用的数学、物理教学平台，可提供丰富而方便的创造功能，使用户可以随心所欲地编写出自己需要的教学课件，是非常出色的教学软件之一。它主要以点、线、圆为基本元素，通过对这些基本元素的变换、构造、测算、计算、动画和跟踪轨迹等，构造出其他较为复杂的图形。相比其他教学辅助软件，它有如下优点。

（1）“体积”小

软件本身的“体积”小，更为重要的是用“几何画板”制作的教学课件“体积”也小。

（2）强大的动画功能

经过运动按钮巧妙地组合后，可以产生良好、强大的动画效果，并且非常接近于实际，可以更好地达到数形结合，给学生一个直观的印象，起到良好的教学效果。

（3）操作简单、易于上手

“几何画板”的一切操作都只靠工具栏和菜单实现，而无需编制任何程序。在常用工具栏的菜单中所涉及的制作工具都与数学内容紧密联系在一起，一看就懂，非常简单。

（4）可以作为研发工具直接应用于课堂

在教学过程中，教师可以随时根据学生的实际情况边授课边制作，或者由学生小组亲自动手，制作一些简单的数学内容，从而可以实现直觉思维与逻辑思维相结合，这也是“几何画板”最大的优点。

6.1 “几何画板”的基础知识及工具栏的使用

6.1.1 “几何画板”的基础知识

1. 启动

执行“开始→程序→几何画板中文版→几何画板5.0”命令，或者双击屏幕快捷方式图标，开启“几何画板”窗口，并显示版权信息，进入“几何画板”系统后的屏幕画面如图6-1所示。

2. 窗口介绍

窗口各部分名称如图6-1所示，其作用分别如下。

（1）标题栏

显示打开软件与打开文件的文件名，和其他 Windows 软件一样，在标题栏的右边分别有最小化、最大化/还原和关闭按钮。

（2）菜单栏

菜单栏包括“文件”、“编辑”、“显示”、“构造”、“变换”、“度量”、“数据”、“绘图”、“窗口”和“帮助”等 10 个菜单项。凡是在“几何画板”里提供使用的功能菜单都能在菜单栏里面找到相应的菜单命令，有的菜单项会随着选定对象的不同而发生改变，具体见后面的实例。

（3）状态栏

提示操作状态，即提示选择了“工具箱”中的哪个工具，将进行什么操作或者当前操作将产生什么结果（在图 6-2 中，“构造一圆”提示此刻若在工作区拖动鼠标，可以绘制出一个圆）。操作时应该经常注意状态栏所提示的内容。

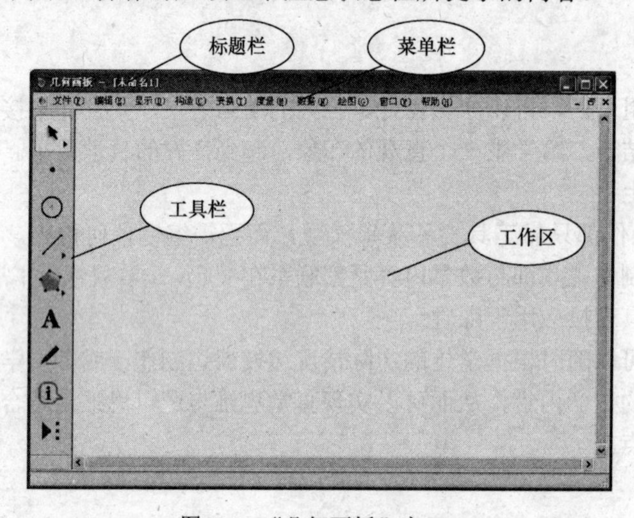

图 6-1 “几何画板”窗口

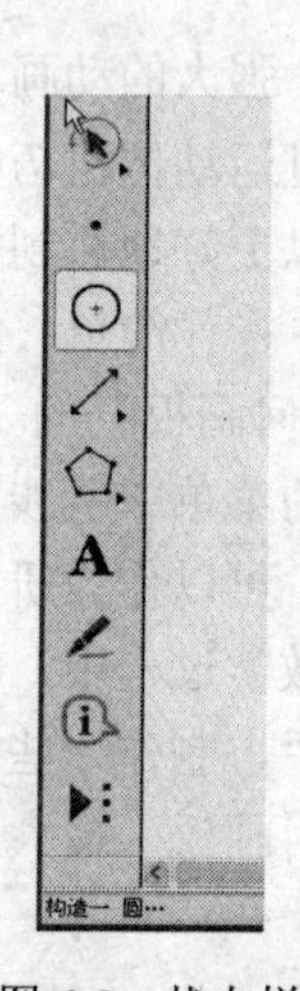

图 6-2 状态栏

（4）工作区

“几何画板”中对课件的所有操作都在工作区中完成。

（5）工具栏

工具栏的具体内容将在 6.1.2 小节中介绍。

6.1.2 工具栏的使用

“几何画板”窗口的左侧是画板工具栏，把光标移动到工具的上面，就会显示工具的名称，也可以将工具栏拖动到工作区上方，呈水平状态，如图 6-3 所示。

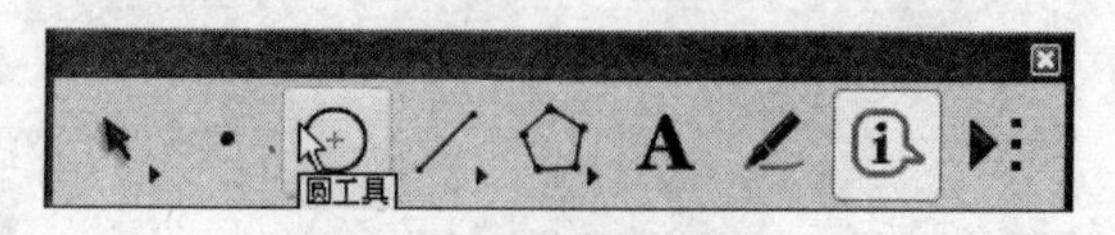

图 6-3 “几何画板”工具箱

画点：单击“点工具” · ，然后将鼠标移动到画板窗口中单击一下，就会出现一个点。

画线：单击“直尺工具”，然后拖动鼠标，将光标移动到画板窗口中单击一下，再拖动鼠标到另一位置松开鼠标，就会出现一条线段。

画圆：单击“圆规工具”，然后拖动鼠标，将光标移动到画板窗口中单击一下（确定圆心），并按住鼠标拖动到另一位置（起点和终点间的距离就是半径）松开鼠标，就会出现一个圆。

画多边形：单击“多边形工具”，然后在工作区依次单击出多边形的顶点，最后回到起点处单击即可

试一试：能否画出如图 6-4 所示的图形。

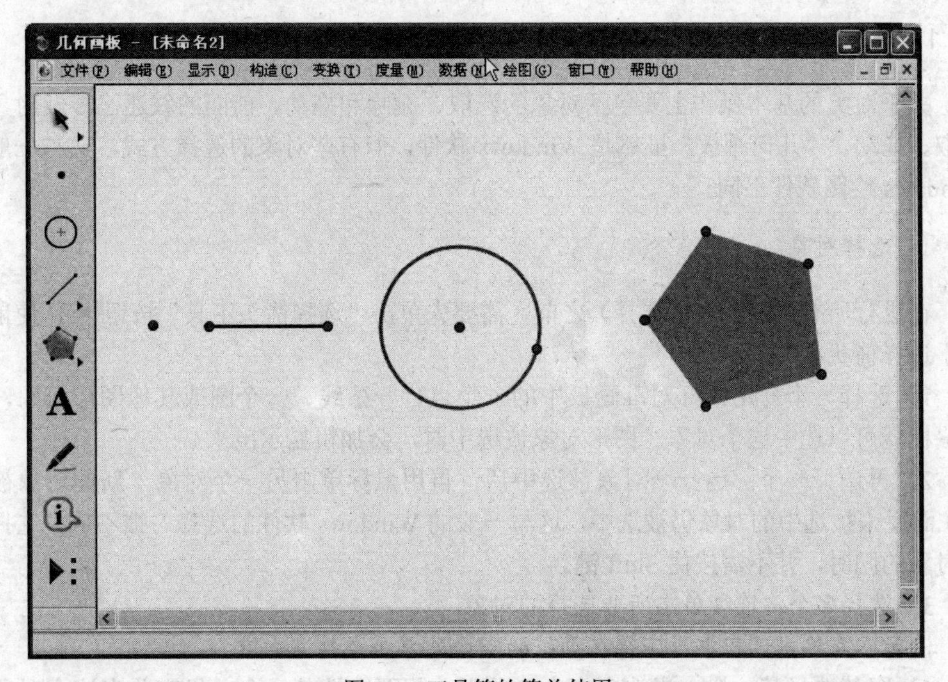

图 6-4　工具箱的简单使用

画交点：单击“选择箭头工具”，然后拖动鼠标将光标移动到线段和圆相交处，光标由形变成横向形，状态栏显示的是“单击构造交点”，单击一下，就会出现交点，如图 6-5 所示。

注意：交点只能由线段（包括直线、射线）间、圆间、线段（包括直线、射线）与圆之间单击构造。

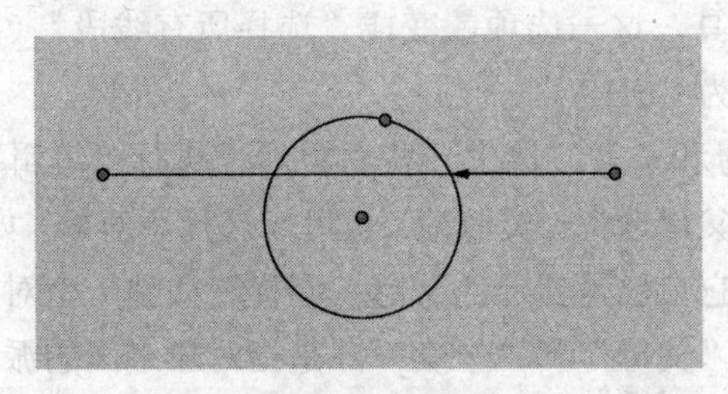

图 6-5　绘制交点

你可能已经发现“选择箭头工具”和“直尺工具”的右下角都有一个小三角，

用鼠标按住它约1秒，就会发现“选择箭头工具”展开有3个工具，分别是“移动”、“旋转”和“缩放”。选择不同的工具可以对选定对象实现移动、旋转和缩放操作。“直尺工具”展开也有3个工具，分别是“线段”、“射线”和“直线”。选择不同的工具可以在工作区分别绘制出线段、射线和直线。

6.2 “几何画板”的基本操作

6.2.1 对象的操作

关于对象的基本操作主要包括对象的选取、删除和拖动。前面的叙述已涉及对象的选取、拖动。“几何画板”虽然是Windows软件，但有些对象的选择方式，又与一般的Windows绘图软件不同。

1. 选择对象

在进行所有选择（或不选择）之前，需要先单击“选择箭头工具”按钮，使鼠标处于选择箭头状态。

1）选择一个：用鼠标对准画板中的一个点、一条线、一个圆或其他图形对象，单击鼠标就可以选中这个对象。图形对象被选中时，会加粗显示出来。

2）再选另一个：当一个对象被选中后，再用鼠标单击另一个对象，新的对象被选中，而原来被选中的对象仍被选中，这与一般的Windows软件的选择习惯不同，选择另一对象的同时，并不需按住Shift键。

3）选择多个：连续单击所要选择的对象。

注意：在单击过程中，不得在画板的空白处单击或按Esc键。

4）取消选择某一个：当选中多个对象后，想要取消某一个，只需单击这个对象，就取消了对这个对象的选择。

5）都不选中：如果在画板的空白处单击一下（或按Esc键），那么所有选中的标记就都没有了，没有对象被选中了。

6）选择所有：如果选择了画板工具箱中的选择工具，这时在编辑菜单中就会有一个“选择所有”选项；如果当前工具是画点工具，这一选项就变成选择“所有点”；如果是画线工具或画图工具，这一选项就变成“选择所有线段”（射线、直线）或“选择所有圆”。它的快捷键为Ctrl+A。

7）选择对象的父母和子女：选中一些对象后，执行“编辑→选择父对象”命令，就可以把已选中对象的父母选中。类似地，也可以选择子对象。如果一个对象没有父母，那么“几何画板”认为它自己是自己的父母；同样，如果一个对象没有子女，那么它自己是自己的子女。所谓“父母”和“子女”，是指对象之间的派生关系。例如，线段是由两点派生出来的，因此这两点的“子女”就是线段，而线段的“父母”就是两个点。

注意：画板最后构造对象，是处于选择状态。在选择对象之前最好在画板的空白处单击一下或按 Esc 键。

小技巧：选择多个对象还可以用拖框的方式，和一般的 Windows 软件的操作方法相同，如图 6-6 所示。

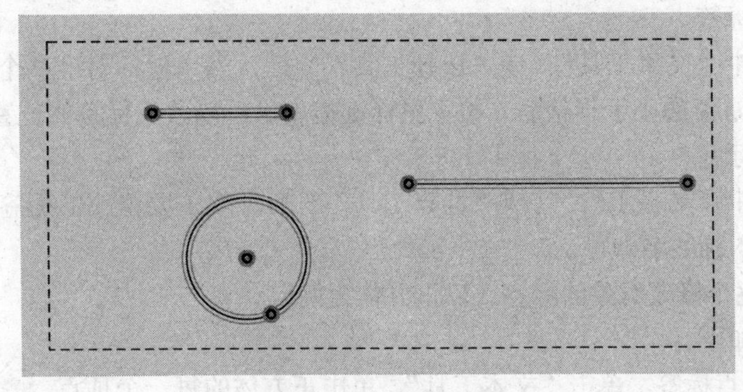

图 6-6　框选多个对象

选择对象的目的是为了对这个对象进行操作。这是因为在 Windows 中，所有的操作都只能作用于选中的对象上，也就是说，必须先选择对象，然后才能进行有关的操作。

2. 删除

删除就是把对象从屏幕中清除掉。方法是：先选中要删除的对象，然后再执行“编辑→清除”命令，或按键盘上的 Delete 键。

注意：这时与该对象有关的所有对象均会被删除。

3. 拖动

用鼠标可以选择一个或多个对象，当用鼠标拖动已经选中的对象在画板中移动时，这些对象也会跟着移动。由于几何面板中的几何对象都是通过几何定义构造出来的，而且“几何画板”的精髓就在于“在运动中保持几何关系不变”，所以，一些相关的几何对象也会相应地移动。

6.2.2　标签和说明

1. 标签

在“几何画板”中的每个几何对象都对应一个“标签”。当用户构造几何对象时，系统会自动给用户画的对象配标签。一般情况下，点的标签为从 A 开始的大写字母；线的标签是从 j 开始的小写字母；圆的标签是从小写字母 c 并带数字 1 开始的，即 c1。

（1）显示/隐藏标签

用鼠标单击画板工具箱中的“文字工具” A 后，鼠标会变为空心小手形状，把鼠标对准某个对象，待它变成黑色小手形状后单击，如果该对象没有显示标签，就会把标签显示出来；如果该对象的标签已经显示，就会把这个标签隐藏起来。

也可以用菜单命令实现标签的显示或隐藏，用鼠标选中一些没有显示标签的对象，执行“显示→显示标签”命令，就可以显示这些对象的标签，如图 6-7 所示。如果所选中一些对象的标签都已经显示，那么单击这个菜单项后，这些对象的标签就会隐藏起来。

注意：其快捷键 Ctrl+K 是一个使用频率较高的组合键。

（2）移动标签

用鼠标选中“文字工具”（或“选择工具”）后，当用鼠标对准某个对象的标签，鼠标变成带字母 A 的小手形状后，按下鼠标键拖曳，可以改变标签的位置。

（3）修改标签

用鼠标选中“文字工具”（或“选择工具”）后，双击要修改的标签，在弹出的对话框中重新输入标签名即可。

例 6-1 逐个修改对象的标签（以正方体为例）。

操作步骤如下。

1）显示顶点标签。单击“文本工具”，单击正方体的每一个顶点。

2）调整标签位置：当如果用鼠标对准某个对象的标签，鼠标变成带字母 A 的小手形状后，按下鼠标键拖曳鼠标，可以改变标签的位置。

3）改变标签文字和加下标，用带字母 A 的小手形状光标双击点 E 的标签，就出现了点 E 的属性对话框，如图 6-8 所示。

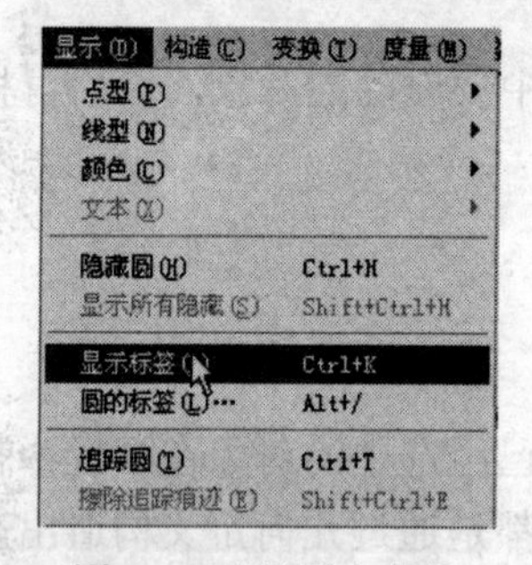

图 6-7 “显示”菜单

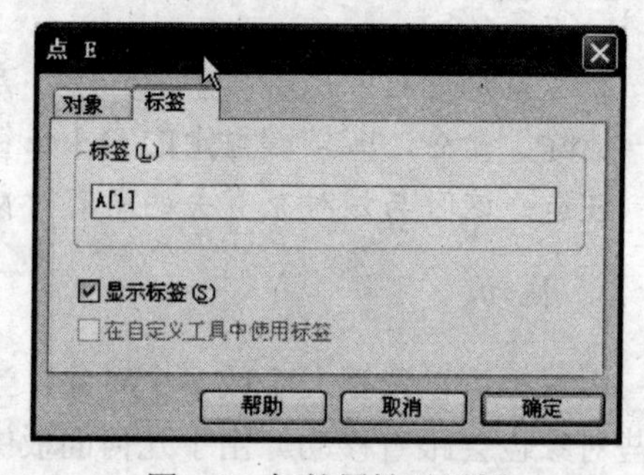

图 6-8 标签属性对话框

4）把点 E 改为“A[1]”后单击“确定”按钮。同样，改变点 F、G、H 的标签，如图 6-9 所示。

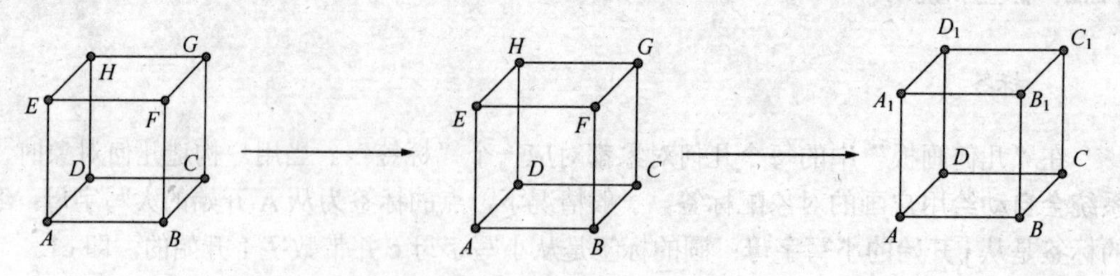

图 6-9 逐个修改对象的标签

例 6-2 让系统自动为所画的点标上标签。

操作步骤如下。

1）执行“编辑（E）→参数选项（F）”命令，出现“参数选项”的对话框，单击“文本”选项卡，如图 6-10 所示，选中“应用于所有新建点”复选项，然后单击“确定”

按钮。

2）在工作区绘制图形，系统就会给每一个新绘制的点加上标签。

2. 说明

使用工具栏中的“标签”工具不但可以为各种几何对象设置标签，而且可以作为文本框使用，给课件或者对象添加说明性文字，方便课件的使用。

例 6-3　给对象添加说明性文字。

操作步骤如下。

1）单击标签工具。

2）将鼠标移到空白处，按下左键斜向拖动出矩形框，松开鼠标。

3）在矩形框中输入文字。

4）在矩形框外单击鼠标，如图 6-11 所示。

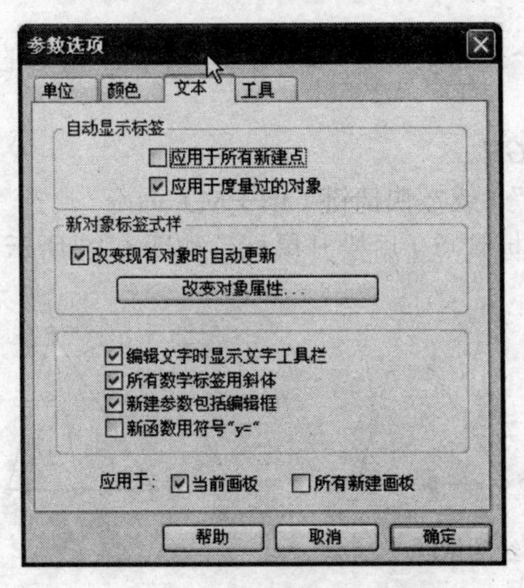

图 6-10　“参数选项”对话框

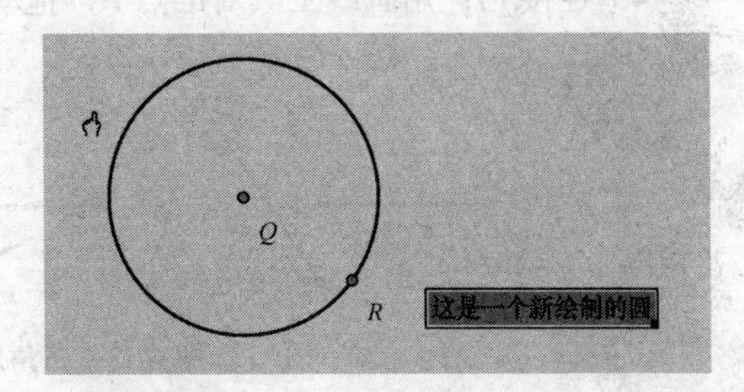

图 6-11　给对象添加说明

6.3　简单图像的绘制和应用

如前所述，除了可以利用工具栏上的做图工具在工作区绘制所需的几何图形外，还可以利用“构造”菜单进行快速而准确的图形绘制。

6.3.1　点和线的绘制与应用

1. 点的绘制

“几何画板”利用“构造”菜单画点的做法分为 3 类：对象上的点、中点和交点。

（1）对象上的点的做法

选定任何一个“对象”或多个“对象”，执行“构造→对象上的点”命令，计算机根据所选取的对象，构造出相应的点，点可以在对象上自由拖动。这里的对象可以是“线（线段、射线、直线、圆、弧)”、“内部”、“函数图像”等，但不能是“点”。

“构造”菜单是一个动态的菜单，选取的对象是“线段”，这时菜单显示的是“线段上的点”选项，选取的对象是“圆”，这时菜单显示的是“圆上的点”选项，如图 6-12 所示。

图 6-12 构造点的菜单

小技巧：一般情况下，除“内部外”，用“点工具”直接在对象上画出点（在画点状态下，用鼠标对准对象单击），这样更快。

（2）中点的做法

选取一条或者多条线段，执行“构造→线段的中点”命令，计算机就构造出所选线段的中点。

例 6-4 做三角形的中线。

操作步骤如下。

1）画三角形 *GHF*：用“画线工具”画一个三角形，用“标签工具”把三角形的顶点标上字母。

2）选定边 *GH*：用“选择工具”单击线段 *GH*。

3）做线段 *GH* 的中点：执行“构造→中点”（或按快捷键 Ctrl＋M）命令。

4）连接 *FI*：用画线工具对准点 *F*，拖动鼠标到点 *I* 后松开鼠标，如图 6-13 所示。

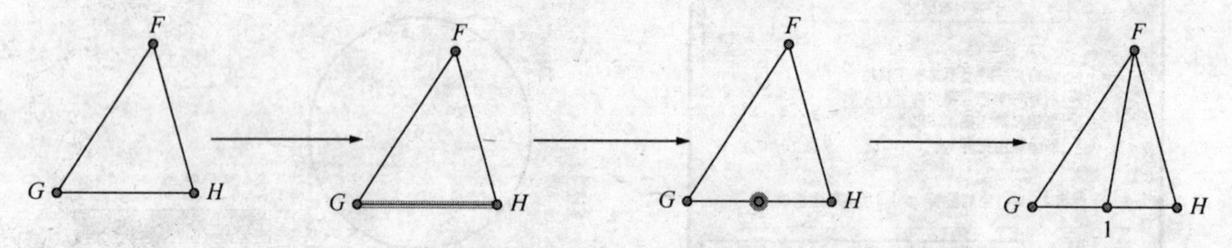

图 6-13 三角形中线的做法

小技巧：为了方便快捷，允许选取一条以上的线段，可同时画它们的中点，不妨做一做下面的练习。

（3）交点的做法

选取两条（当且仅当选取两条）呈相交状态的线（线段、射线、直线、圆、弧）后，执行“构造→交点”命令，得两线的交点。

例 6-5 画三角形的重心。

操作步骤如下。

1）画出一个三角形。

2）画出三角形的中线。

3）选中其中两条中线，执行“构造→交点”命令，结果如图 6-14 所示。

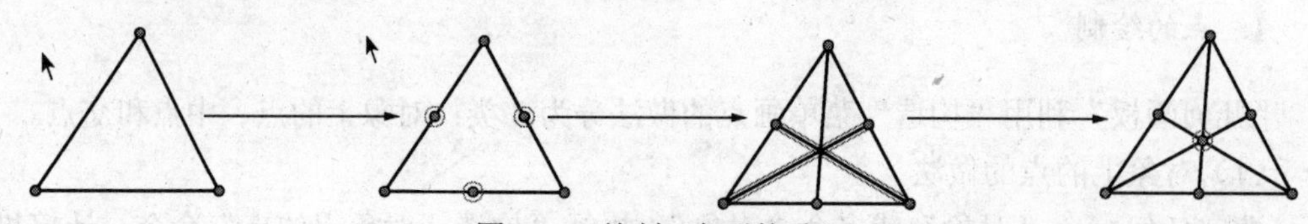

图 6-14 绘制三角形的重心

小技巧：一般情况，在选择状态下，用“选择工具”单击两线相交处，即得交点。

2. 直线形的构造

直线形的构造包括线段、射线、直线、平行线、垂线和角平分线。

（1）线段、直线、射线的构造

做法：选取两点，执行“构造→线段”（“射线”、“直线”）命令，就能构造一条线段（一条射线或直线）。

例 6-6　快速画中点四边形。

操作步骤如下。

1）画出 4 点并选定：按住 Shift 键，用点工具画出 4 点（或用点工具画出 4 点后，在选择状态下，用鼠标拉出一个矩形框，框住这 4 点）。

2）顺次连接 4 点：按 Ctrl＋L 组合键。

3）中点四边形：按 Ctrl＋M 组合键后，做出 4 边中点，再按 Ctrl＋L 组合键，连接中点，得中点四边形。制作过程和结果如图 6-15 所示。

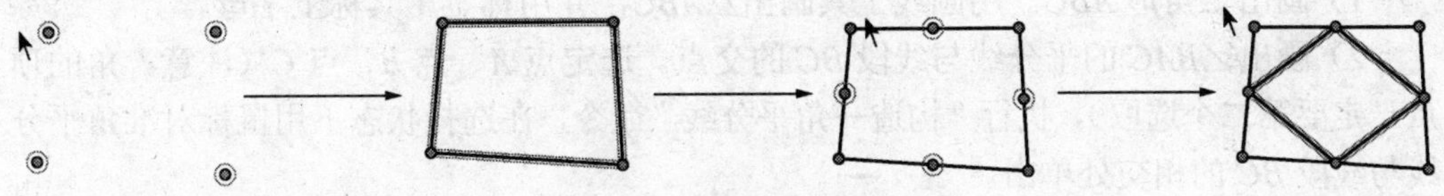

图 6-15　绘制中点四边形

（2）平行线或垂线的构造

过一点做已知直线（或线段或射线）的垂线或平行线。

做法：选定一点（或几点）和一直线；或选定一点和几条直线，执行“构造→平行线/垂线”命令，就能画出过已知点且平行或垂直于已知直线的平行线或垂线。

例 6-7　平行四边形的画法。

操作步骤如下。

1）用画线工具画出平行四边形的邻边，并用标签工具标上字母。

2）仅选取点 A 和线段 BC，执行“构造→平行线（E）”命令，画出过点 A 且与线段 BC 平行的直线；同样画出另一条过点 C 且与线段 AB 平行的直线；在两条直线的相交处单击一下得交点（注意：在选择状态下）。

3）隐藏直线：选取两条直线，执行“显示→隐藏平行线”（快捷键为 Ctrl＋H）命令。

4）连接 AD 和 CD（可以用画线工具或菜单命令）。制作过程和结果如图 6-16 所示。

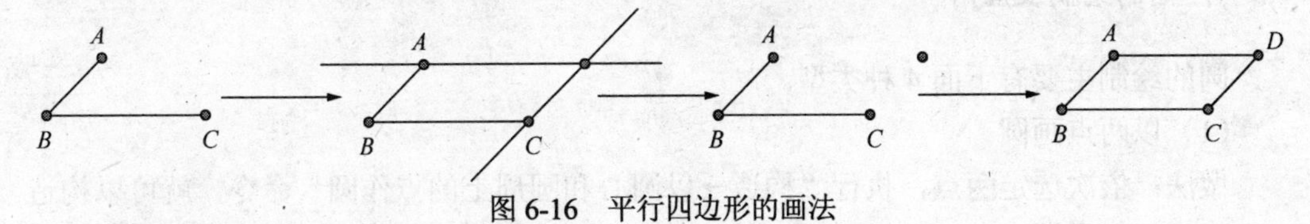

图 6-16　平行四边形的画法

例 6-8　直角三角形的画法。

操作步骤如下。

1）画线段 AB 并在选择状态下，拖出一个框，选中点 A 和线段 AB。

2）执行“构造→垂线（D）”命令。

3）做斜边。在画线段的状态下，对准点 B 单击，松开左键，移动光标到垂线单击。

4）隐藏垂线。选中垂线，按快捷键 Ctrl+H 并连接 AC。制作过程和结果如图 6-17 所示。

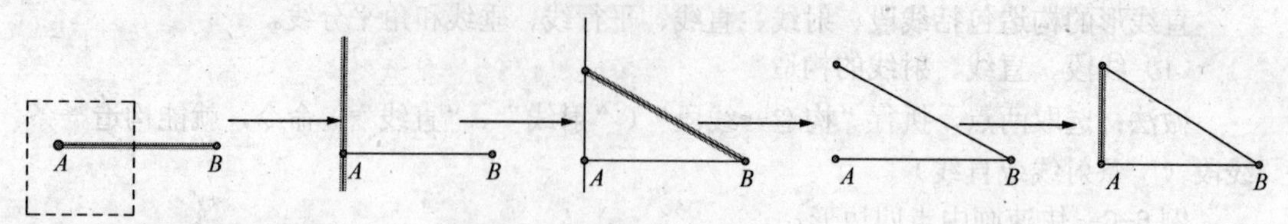

图 6-17　直角三角形的画法

（3）角平分线的画法

做法：选中相交的两条线段，或者选择构成角的 3 个点，注意顶点一定要第二个选中，执行“构造→角平分线”命令，绘出夹角的平分线。

例 6-9　绘制三角形的角平分线。

操作步骤如下。

1）画出三角形 ABC。用画线工具画出$\triangle ABC$，并用标签工具标上字母。

2）画出$\angle BAC$ 的平分线与线段 BC 的交点。选定点 A、点 B、点 C（注意：角的顶点一定要第二个选取），执行“构造→角平分线”命令，在选择状态下用鼠标对准角平分线与线段 BC 的相交处单击。

3）隐藏角平分线。在选择状态下，先用鼠标在空白处单击一下后，单击角平分线，再按快捷键 Ctrl＋H（或执行“显示→隐藏”命令）。

4）连接点 A 和点 D。选定点 A 和点 D 后，按快捷键 Ctrl+L（或执行“构造→线段”命令）。制作过程和结果如图 6-18 所示。

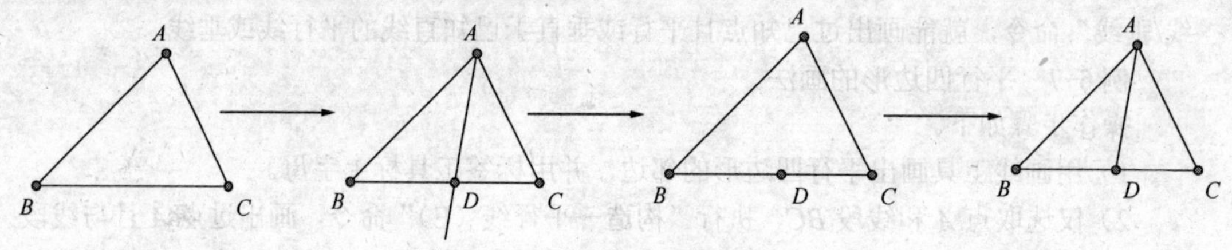

图 6-18　三角形角平分线的绘制

6.3.2　圆与弧的绘制及应用

1. 圆的绘制及应用

圆的绘制主要有下面 4 种类型。

（1）以两点画圆

做法：依次选定两点，执行“构造→以圆心和圆周上的点作圆”命令，就可以构造一个圆，圆心为第一个选定的点，半径为选定两点的距离，如图 6-19 所示。

（2）以圆心和指定半径画圆

做法：选定一点和一条线段，执行“构造→以圆心和半径作圆”命令，就可以构造一个圆，圆心为选定点，半径为选定的线段的长度，如图 6-20 所示。

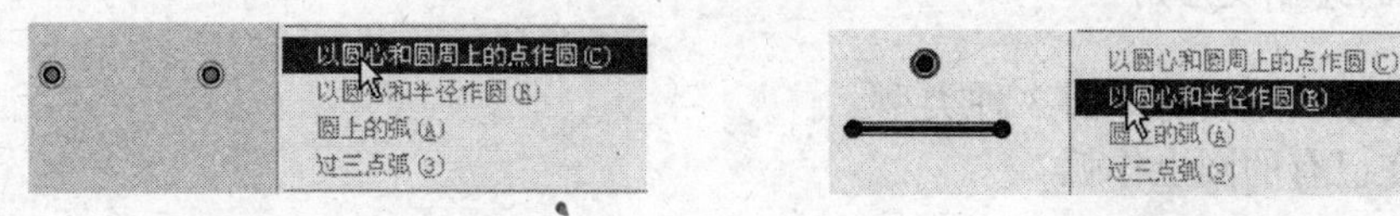

图 6-19 以两点画圆　　图 6-20 以圆心和指定半径作圆

（3）等圆的画法

做法：选定多点和一条线段，执行“构造→以圆心和半径作圆”命令，就可以构造多个等圆，圆心分别为选定点，半径为选定的线段的长度，结果如图 6-21 所示。

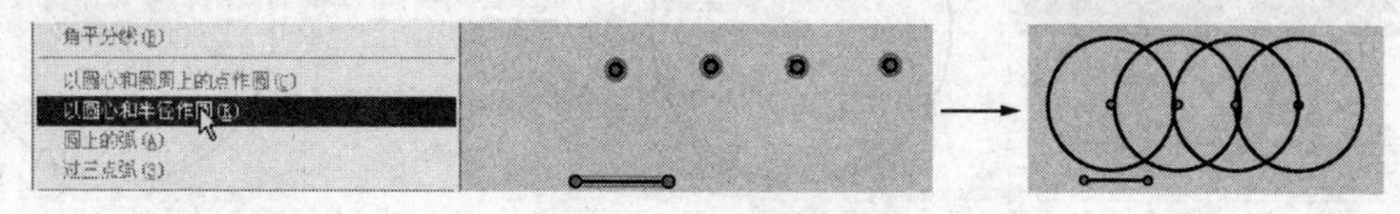

图 6-21 等圆的画法

例 6-10 正三角形的快速画法。

操作步骤如下。

1）画一条线段，选择线段和端点，按 Esc 键，取消画线状态。拖出一个框，使线段和端点全在框里。

2）画等圆，执行“构造→以圆心和半径绘圆”命令。

3）画三角形的另两条边，在画线状态下，光标对准线段左端点单击，松开左键，移动光标到两圆相交处单击（注意状态栏），松开左键，移动光标到线段右端点单击。

4）隐藏两圆，按 Esc 键，取消画线状态，选中两圆，按快捷键 Ctrl+H。制作过程结果如图 6-22 所示。

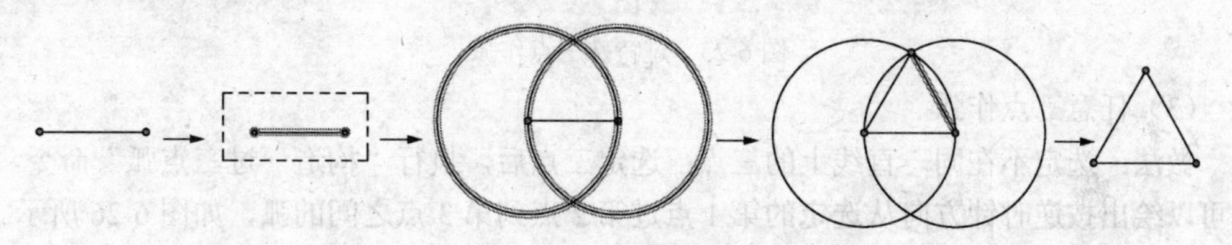

图 6-22 正三角形的快速画法

（4）同心圆的画法

做法：选定一点和多条线段后，执行“构造→以圆心和半径作圆”命令，就可以构造多个同心圆，圆心为选定点，半径分别为选定的线段的长度，如图 6-23 所示。

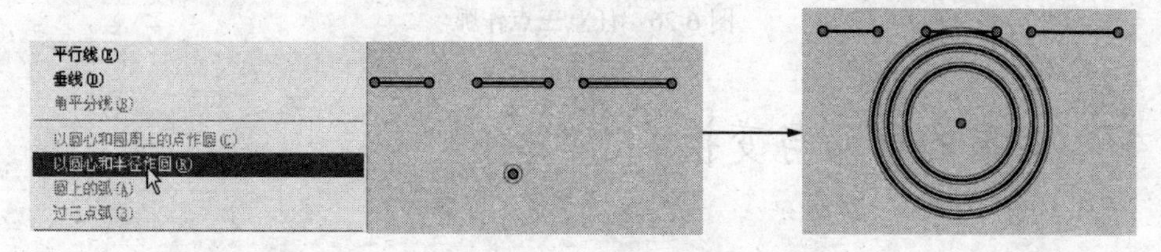

图 6-23 同心圆的画法

2. 弧的绘制及应用

圆弧的绘制主要有下面 3 种类型。

（1）在已有的圆上作弧

做法：选定一个圆和圆上的两点后，执行“构造→圆上的弧”命令，就可以绘出按逆时针方向从选定的第 1 点和第 2 点之间的弧，如图 6-24 所示。

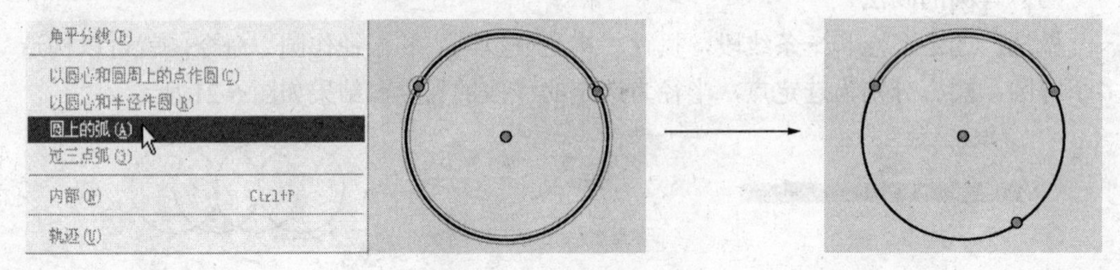

图 6-24 在已有圆上作弧

（2）特殊的三点作弧

做法：选定三点（第 1 点为线段中垂线上任意一点，另两点为线段的两端点），执行“构造→圆上的弧”命令，就可以绘出按逆时针方向从选定的第 2 点和第 3 点之间的弧，第 1 点为弧所在圆的圆心，如图 6-25 所示。

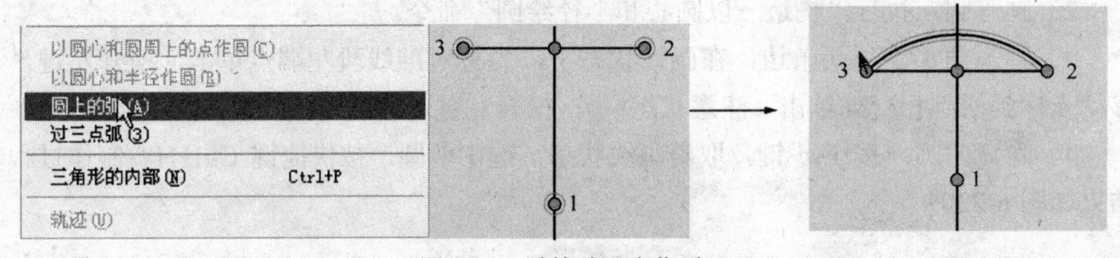

图 6-25 过特殊三点作弧

（3）任意三点作弧

做法：选定不在同一直线上的三点：选定三点后，执行“构造→过三点弧”命令，就可以绘出按逆时针方向从选定的第 1 点过第 2 点到第 3 点之间的弧，如图 6-26 所示。

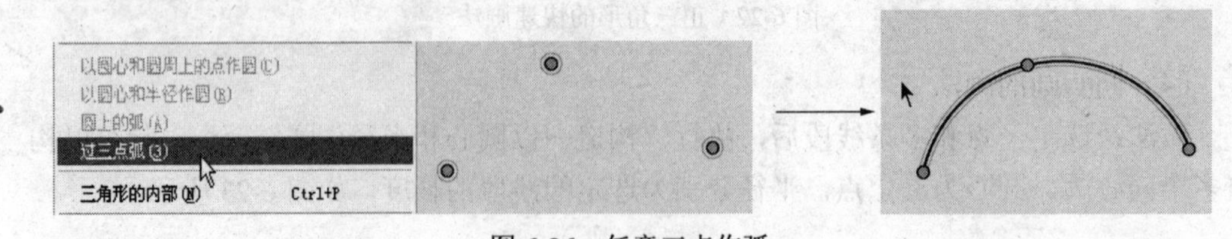

图 6-26 任意三点作弧

6.4 对象的移动与变换

在前面章节中已经介绍了利用工具栏或者是构造菜单在“几何画板”中进行图形的绘制。然而前面绘制的几何图形都是静态的，在制作课件或者是课堂讲述中，往往希望几何图形可以有动态的效果，在“几何画板”中可以采用对对象进行移动或者变换，从而得到动态效果。

6.4.1　对象的移动

使用“几何画板”画出的各类对象可以运动，对象“动”的方法有 3 种，前面介绍过的一种是拖动对象的某一部分（或一点、一线），使得由于各种几何关系连接起来的图形整体一起变化，还有两种方法，即对象的移动与动画。

“几何画板”中的移动只能是点到点的移动，表面上看起来不方便，但是只要想办法，照样可以作出各种对象的移动的效果，包括圆、线段、正方形等各种几何对象的移动，甚至可以插入“几何画板”中没有的各种图画和画片，使得这些对象也像几何对象一样运动。

1. 一点到一点的移动

在工作区中依次选中点 *A* 和点 *B* 后，执行“编辑→操作类按钮→移动”命令，打开移动属性对话框，如图 6-27 所示。根据需要选择适当的速度，单击“确定”按钮后在工作区中生成一个“移动按钮”。单击该按钮时，点 *A* 向点 *B* 移动，和点 *B* 重合时停止。注意点选择的顺序，移动时总是让第 1 点移动到第 2 点。

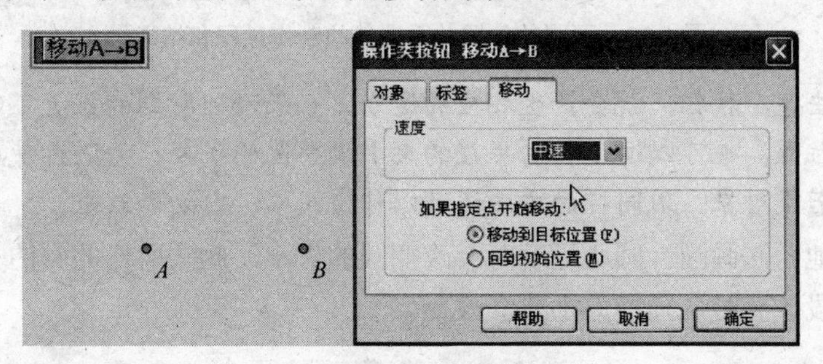

图 6-27　移动属性对话框

如果想实现文本的移动，可以把文本合并到点上，然后按上面的步骤生成点的移动按钮，再隐藏点，便可以通过按钮控制文本的移动了。

例 6-11　制作“两圆的位置关系”演示课件。

提示：制作两个圆，一个运动的圆，一个静止的圆，在静止的圆的外部和内部各画两个点，让运动的圆的圆心分别向这两个点移动，达到两圆相切和相交的效果。两圆的内含、内切也可用同样方法做出（注意选择顺序，先选运动点，再选目标点）。

操作步骤如下。

1）画线段 *AB*、*EF*、*GH*，在线段 *AB* 上构造点 *C*，选定点 *A* 和线段 *EF*，用“以圆心与半径作圆”的方法作圆，同样选定点 *C* 和线段 *GH*，作另一个圆。

2）在静止圆 *A* 的外部适当位置画一个点 *D*，在其内部适当位置也画一个点 *I*。

3）先选动圆的圆心 *C*，再选点 *D*，执行“编辑→操作类按钮→移动”命令，打开“移动速度”对话框。

4）选择“中速”选项，单击“确定”按钮，“几何画板”窗口出现“移动 C→D”按钮，可以用“标签”按钮将其文字改为外切。

5）按 Ctrl+Z 组合键，使得动圆回到原来位置，依照上一步作出圆心到点 I 的移动，将其移动按钮改为相交。过程和结果如图 6-28 所示。

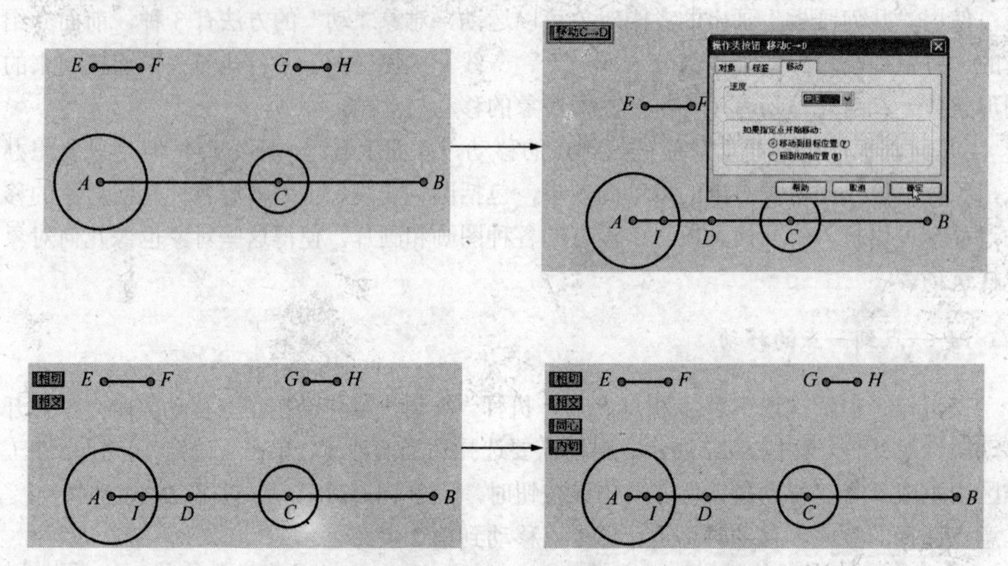

图 6-28　两圆的位置关系课件的制作过程和结果

说明：单击某个按钮，就会产生相应的运动。如果动圆所到的位置不够准确，可以调整目标点的位置，也可以通过拉动半径的大小调整圆的半径。为避免使用时误操作，可以适当隐藏若干对象。用同样的方法还可以作出同心、内切等效果。

如果用其他两法画圆，圆心运动时会改变圆的大小。此法所作的圆的大小，只有当作为半径的线段改变时，圆的大小才会改变。

2. 多点到多点的移动、外插对象的移动

用户也可以同时设多点的移动。设置了多对点的移动后，每对点都会同时到达目的点。另外，制作课件时为了使其更形象、生动，通常要使汽车、弹簧等物体进行运动，而汽车、弹簧等物体图片一般是插入到“几何画板”的外部图像。

例 6-12　制作“三角形平移”课件。

操作步骤如下。

1）绘制三角形 ABC。

2）选中三角形 ABC，执行“编辑→复制”命令，在工作区粘贴出另外一个三角形 DEF 并拖到合适位置。

3）依次选择顶点 A、D、B、E、C、F，执行“编辑→操作类按钮→移动”命令，打开“移动速度”对话框。

4）选择“中速”选项，单击“确定”按钮，“几何画板”窗口出现“移动点”按钮，将其文字改为“平移”。制作过程和结果如图 6-29 所示。

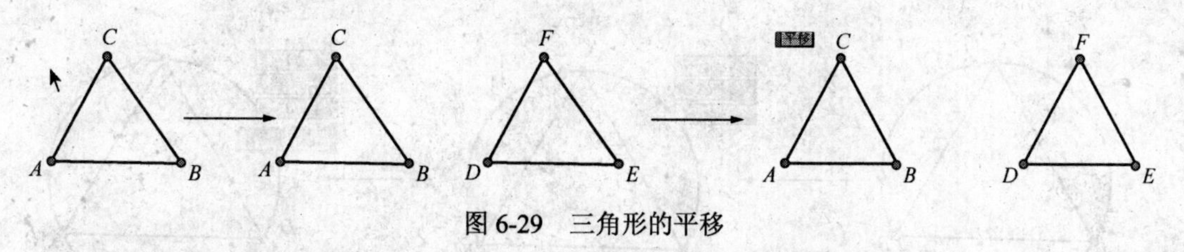

图 6-29　三角形的平移

例 6-13　弹簧的拉伸。

物理课件中弹簧的拉伸是常用的，用“几何画板”绘制弹簧图形比较困难，只能通过插入外部图片来完成。但上例插入的图片在运动中是不变形的，如何使其变形？这要把粘贴的图片粘在“几何画板”里的两个点上，让其中一点移动即可。

操作步骤如下。

1）做两条平行线 j、k，分别在 j、k 上作两点 A、B。

2）在打开的 Word 文档里，用“绘图”画出一个弹簧，选择两点 A、B，仿上例粘贴这个弹簧图片。

3）在直线 k 上再做一点 C，做点 B 到点 C 的“移动”按钮，并将按钮改名。

4）在直线 k 上点 B 附件再做一点 D，做点 B 到点 D 的“还原”按钮。制作过程和结果如图 6-30 所示。

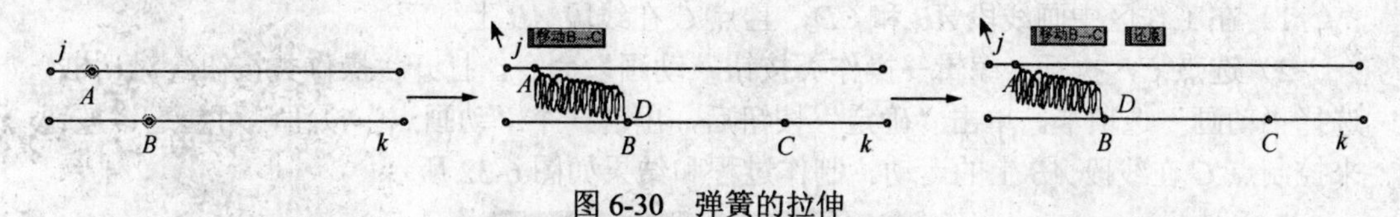

图 6-30　弹簧的拉伸

说明：如果插入的图片看不见，可调整 A、B 的位置。也可以用现成的比较美观的弹簧图片，扫描后插入。

3. 动点沿曲线移动、系列按钮

上述点对点的移动都是沿着动点到目标点的直线移动的，能否让动点沿着指定的曲线移动呢？其实，只要把动点设置在曲线上，这是可以办得到的。“系列”按钮可以将多个按钮的操作用一个按钮来代替，以简化操作界面和操作过程。在调节“系列”按钮时，必须注意所选的多个按钮的操作顺序。

例 6-14　三角形的旋转。

操作步骤如下。

1）画圆，在圆内画等边△ABC，在点 A、B、C 的旁边等距做点 D、E、F。

2）选点 A、E，执行“编辑→操作类按钮→移动”命令，制作顶点 A 的移动。

3）同上选取点 C、F，B、D，制作顶点 C 和 B 的移动。

4）选择移动按钮“移动 A→E”、“移动 C→F”、“移动 B→D”，执行“编辑→操作类按钮→系列”命令，弹出“操作类按钮”对话框，在其中选择“同时执行”。

5）单击“系列 3 个动作”即可。制作过程和结果如图 6-31 所示。

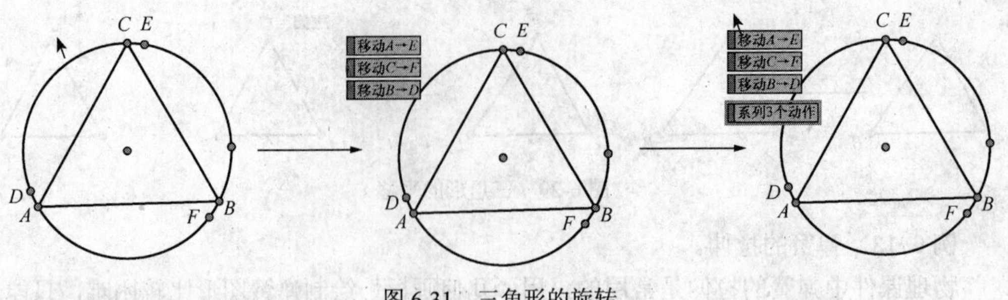

图 6-31　三角形的旋转

6.4.2 动画

移动虽有比较好的运动效果，但移动一次后便需恢复到原位，而动画功能却能很生动地连续表现运动效果。用动画可以非常方便地描画出运动物体的运动轨迹，而且轨迹的生成是动态的、逐步的，表现出轨迹产生的全过程。

在“几何画板”中，动画的实现首先要选择一个动点以及该点运行的路径。下面通过实例介绍“动画”按钮的制作。

例 6-15　点在线段上的运动。

操作步骤如下。

1）在工作区中画线段 *AB* 和 *CD*，且点 *C* 在线段 *AB* 上。

2）选点 *C*，执行“编辑→操作类按钮→动画”命令，打开“操作类按钮”对话框，选择“动画”选项卡。单击“确定”按钮后，出现一个“动画点”按钮，可通过该按钮来控制点 *C* 在线段 *AB* 上的运动。制作过程和结果如图 6-32 所示。

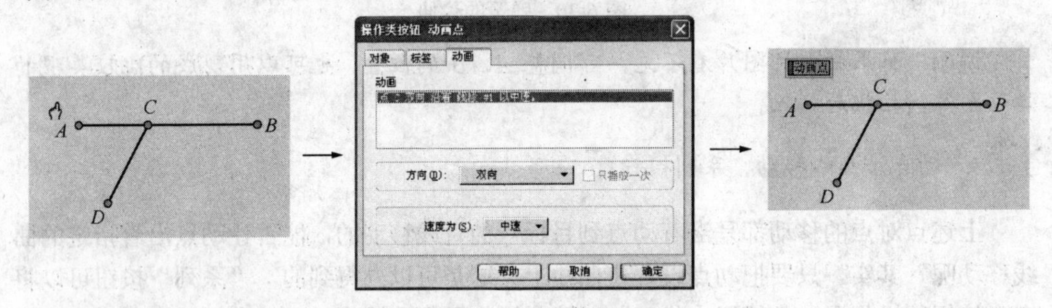

图 6-32　点在线段上的运动

例 6-16　点在圆上的运动。

操作步骤如下。

1）在工作区中画圆 *C* 和线段 *AB*。

2）选择点 *A*，执行“编辑→操作类按钮→动画”命令，制作“动画点”按钮，可通过该按钮来控制点 *A* 在圆周上的运动。制作过程和结果如图 6-33 所示。

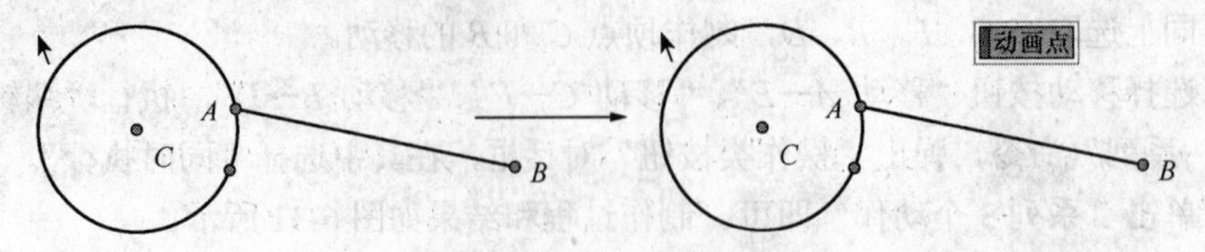

图 6-33　点在圆上的运动

例 6-17　图片的旋转。

前面的例子是用一个按钮控制一个点的动画，还可以用一个按钮同时控制几个点的动画。

操作步骤如下。

1）在工作区中画圆，并在圆上绘制点 *A*、*B*、*C*。

2）打开 Word 软件，在其中插入一张图片，并复制。

3）将 *A*、*B*、*C*3 点选中，执行“编辑→粘贴图片”命令，适当调整点 *A*、*B*、*C* 的位置。

4）将 *A*、*B*、*C*3 点选中，执行“编辑→操作类按钮→动画”命令，制作“动画点”按钮，通过该按钮可以让图片围绕圆旋转。

5）将点和圆周隐藏。制作过程和结果如图 6-34 所示。

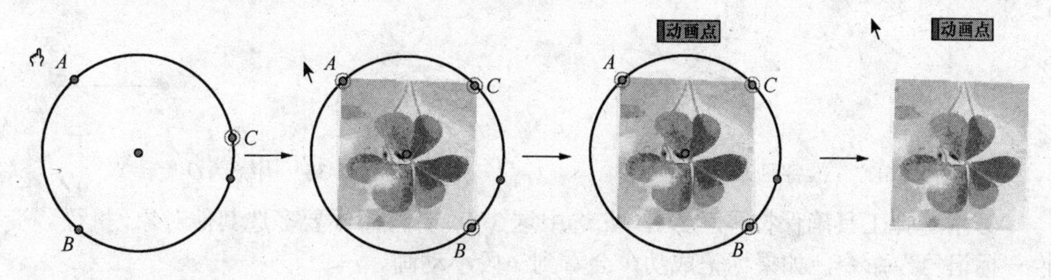

图 6-34　图片的旋转动画

6.4.3　对象复杂变换

数学中所谓“变换”，是指从一个图形（或表达式）到另一个图形（或表达式）的演变；在“几何画板”中，变换研究的是图形的演变，即能对图形进行平移、旋转、缩放、反射和迭代等变换。

1. 旋转对象

例 6-18　画一个正方形。

操作步骤如下。

1）画线段 *AB*，用选择工具双击点 *A*，点 *A* 被标记为中心。

2）用选择工具选取点 *B* 和线段 *AB*，执行“变换→旋转”命令，在弹出的“旋转”对话框中设置为旋转 90°，如图 6-35 所示。

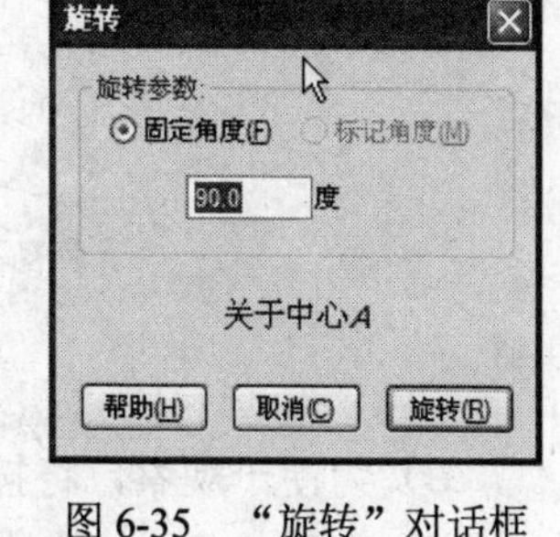

图 6-35　“旋转”对话框

3）双击点 *B*，标记新的中心。

4）用选择工具选取点 *A* 和线段 *AB*，执行“变换→旋转”命令，在弹出的“旋转”对话框中设置为旋转-90°。连接上方两个顶点得第 4 边。制作过程和结果如图 6-36 所示。

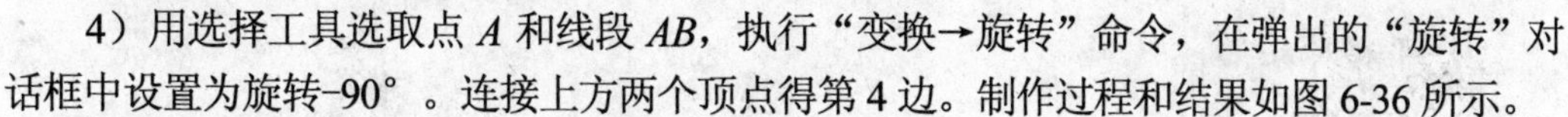

图 6-36　用旋转绘制正方形

例 6-19 设置中心对称的图形。

本例将在前面学习的基础上，学习“按标记的角”旋转对象，同时能通过改变角的大小来动态演示对象的旋转过程。

操作步骤如下。

1）进行准备工作，如图 6-37 所示。

2）用选择工具双击点 O，标记为中心。

3）同时选择点 A、B、C，线段 AB、AC、BC、OA、OB、OC，绕点 O 旋转 180°，如图 6-38 所示。

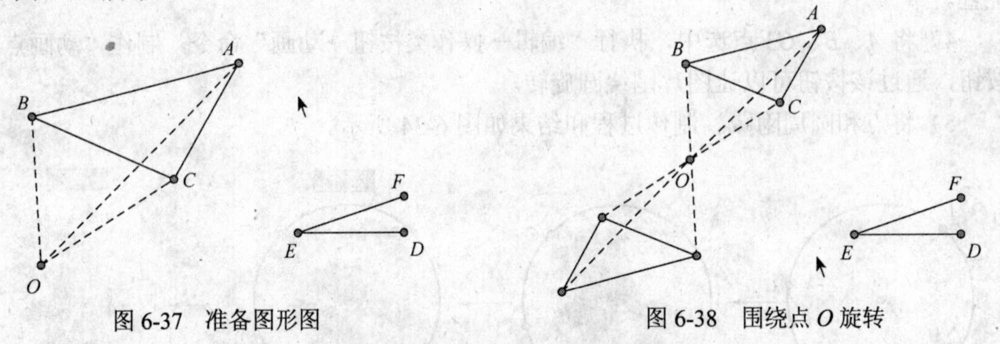

图 6-37 准备图形图　　　　图 6-38 围绕点 O 旋转

4）用选择工具确保按顺序 D、E、F 选中这 3 点，并注意不要多选其他对象，执行“变换→标记角”命令，如果标记成功，会看到一段小动画。

5）同时选择点 A、B、C，线段 AB、AC、BC、OA、OB、OC，执行“变换→旋转”命令，在弹出的对话框中作如图 6-39 所示的设置。

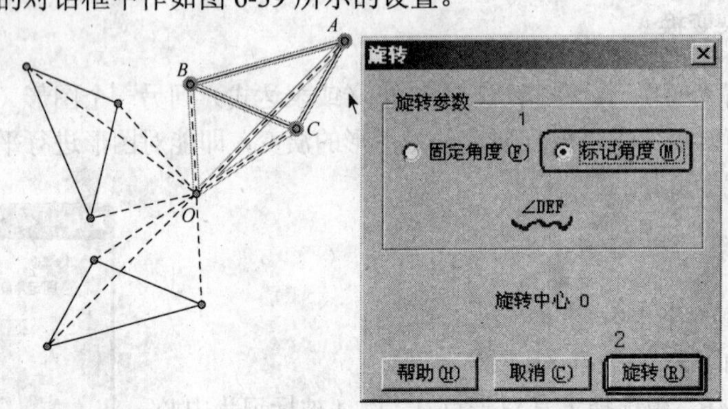

图 6-39 标记角度

6）为便于观察，将按角度旋转得到的所有对象改为红色，如图 6-40 所示。

7）拖动点 F，使线段 EF 与 ED 重合，可以看到红色三角形与△ABC 重合。

2. 平移对象

平移是指对于两个几何图形，如果在它们的所有点与点之间可以建立起一一对应关系，并且以一个图形上任一点为起点，另一个图形上的对应点为终点做向量，所得到的一切向量都彼此相等，那么，其中一个图形到另一个图形的变换叫做平移。在“几何画板”中，平移可以按 3 大类 9 种方法来进行，其中的有些方法事先要标记角、标记距离或标记向量。

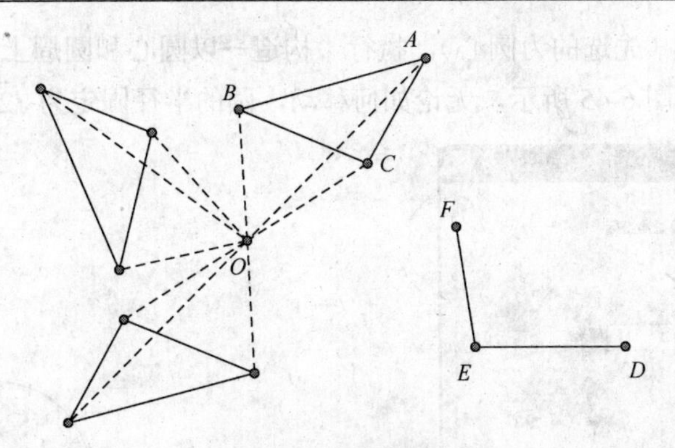

图 6-40　按角度旋转对象

在极坐标系中最多可以组合出 4 种方法，如图 6-41（a）所示，分别是：固定距离+固定角度、固定距离+标记角度、标记距离+固定角度、标记距离+标记角度。

在直角坐标系中也可以组合出 4 种方法，同上一样，也为固定距离+固定角度、固定距离+标记角度、标记距离+固定角度、标记距离+标记角度，如图 6-41（b）所示。

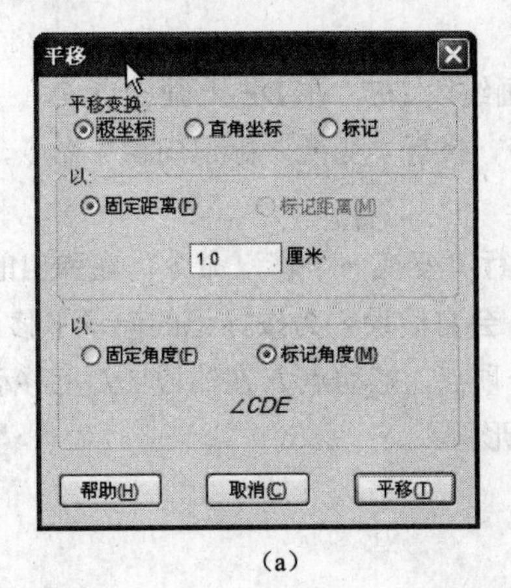

（a）

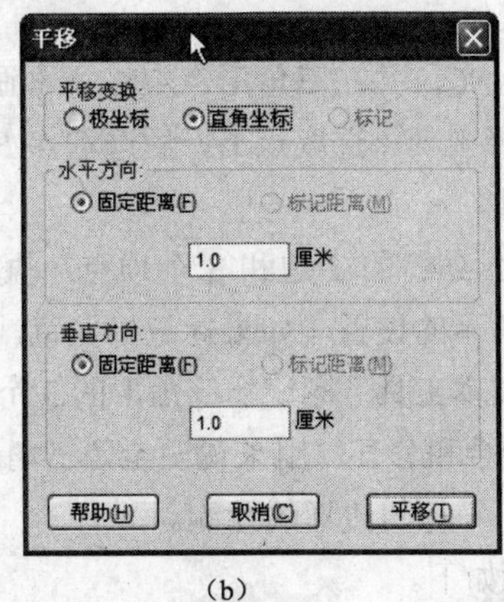

（b）

图 6-41　坐标系的平移组合对话框

按标记的向量平移有一种方法，如图 6-42 所示。

例 6-20　画一个半径为$\sqrt{2}$ cm 的圆。

本例要求得到一个半径为$\sqrt{2}$ cm 的圆，无论如何移动位置，半径保持不变。根据勾股定理，让一个点在直角坐标系中按水平方向、垂直方向都平移 1cm，得到的点与原来的点总是相距$\sqrt{2}$ cm，然后以圆心和圆周上的点画圆即可。

操作步骤如下。

1）画一个点 A。

2）选取点 A，执行“变换→平移”命令，在弹出的对话框中作如图 6-43 所示的设置，平移后得如图 6-44 所示。

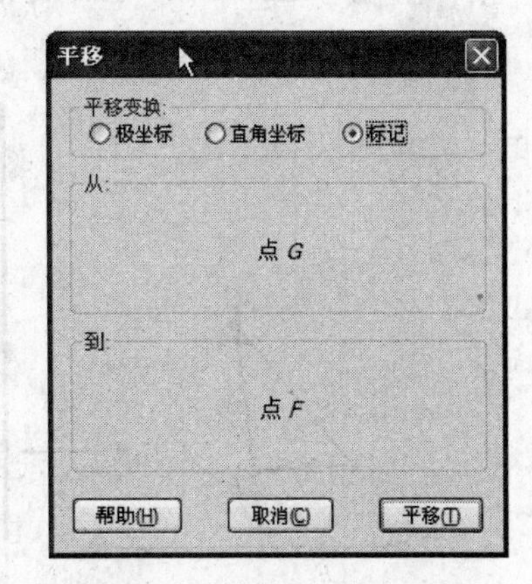

图 6-42　按标记平移对话框

3）选中这两点（先选的为圆心），执行“构造→以圆心和圆周上的点绘圆”命令。

4）最后结果如图 6-45 所示，无论如何移动，圆的半径固定为$\sqrt{2}$ cm。

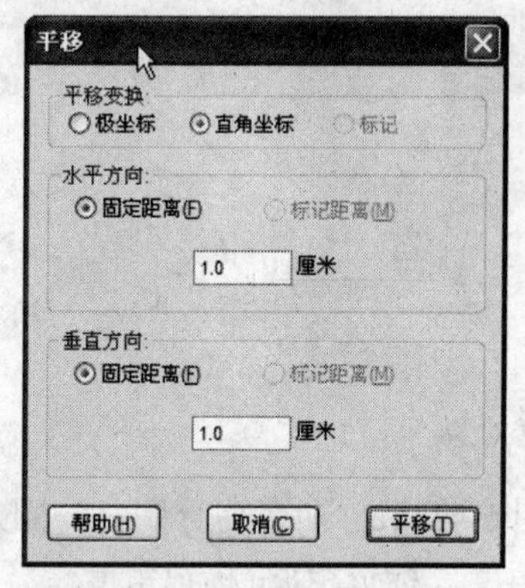

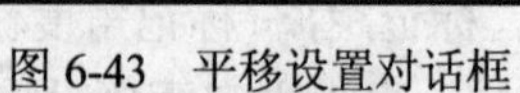

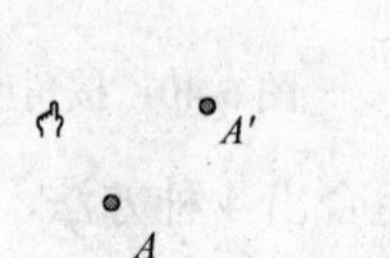

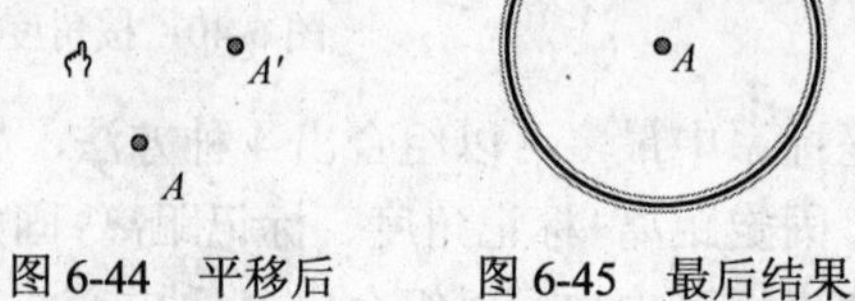

图 6-43 平移设置对话框　　图 6-44 平移后　　图 6-45 最后结果

例 6-21 全等三角形的绘制。

操作步骤如下。

1）画△*ABC*，并在三角形△*ABC* 下面画线段 *DE*，在 *DE* 上画一点 *F*。

2）用选择工具先选取点 *D*，后选取点 *F*，执行“变换→标记向量”命令，标记从点 *D* 到 *F* 的向量。

3）选取△*ABC* 的 3 边和 3 个顶点，执行“变换→平移”命令，在弹出的对话框中作如图 6-46 所示的设置（如果标记好向量，会自动设置为按标记的向量平移）。

4）用“文本工具”标记新三角形的 3 个顶点，拖动点 *F* 在线段 *DE* 上移动，可演示两个三角形重合和分开，用来说明全等三角形。

例 6-22 平行四边形的绘制。

操作步骤如下。

1）用“画线段”工具和“文本工具”，画出线段 *AB* 和 *AD*。

2）用“选择工具”按顺序选取点 *A*、*B*，执行“变换→标记向量”命令标记一个从点 *A* 指向点 *B* 的向量。

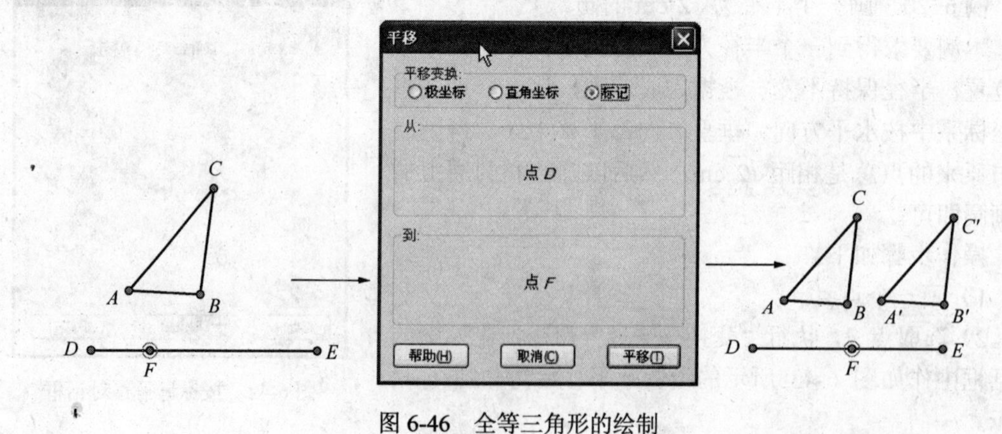

图 6-46 全等三角形的绘制

3）确保只选中线段 AD 和点 D，执行“变换→平移”命令，设置线段 AD 和点 D 按向量 AB 平移。

4）做出第 4 条边，改第 4 顶点标签为 C。绘制过程及结果如图 6-47 所示。

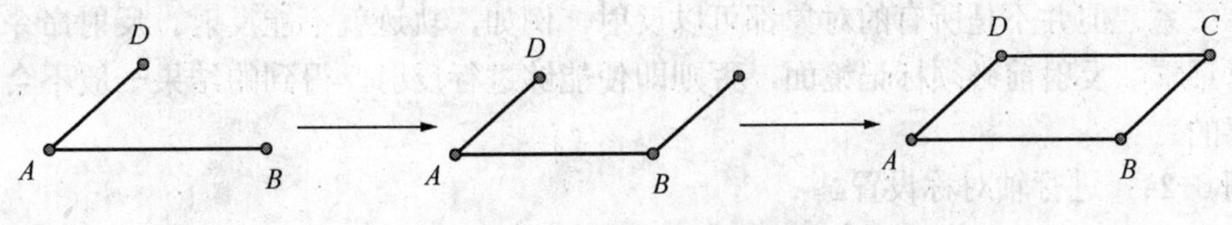

图 6-47　平行四边形的绘制

3. 缩放对象

缩放是指对象按“标记的中心”、“标记的比”进行相似变换。其中标记比的方法有如下 3 种。

1）选中两条线段，执行“变换→标记线段比例”命令（此命令会根据选中的对象而改变），标记以第 1 条线段长为分子，第 2 条线段长为分母的一个比，这种方法也可以事先不标记，在弹出“缩放”对话框后，依次单击两条线段来标记。

2）选中度量的比或选中一个参数（无单位），执行“变换→标记比例系数”命令，可以标记一个比。在弹出“缩放”对话框后，单击工作区中的相应数值，也可以“现场”标记一个比。

3）选中同一直线上的 3 点，执行“变换→标记比例”命令，可以标记以 1、3 点距离为分子，1、2 点距离为分母的一个比。这种方法控制比最为方便，根据方向的变化，比值可以是正、零、负等。

例 6-23　相似三角形的绘制。

操作步骤如下。

1）画△ABC，在其下画一条直线，隐藏直线上的两个控制点。

2）在直线上画三个点 D、E、F，用选择工具依次选取点 D、E、F，执行“变换→标记比例”命令，标记一个比。

3）选取三角形的 3 边和 3 个顶点，执行“变换→缩放”命令，弹出“缩放”对话框后按如图 6-48 所示进行设置。单击点 A，确保对话框中的旋转中心为点 A。

4）拖动点 F 在直线上移动，可以看到相似三角形的变化。

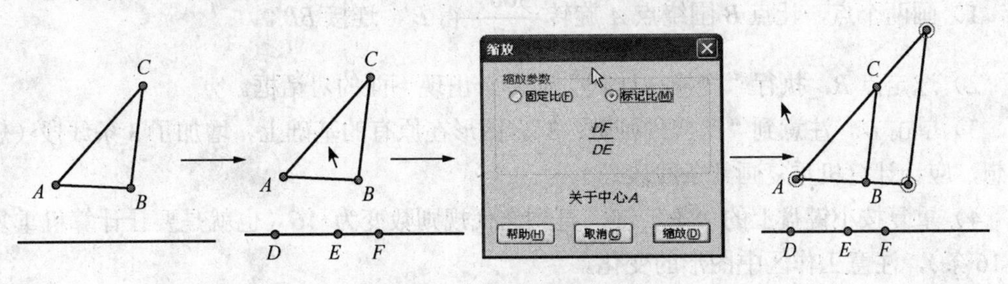

图 6-48　相似三角形的绘制

4. 反射对象

反射是指将选中的对象按标记的镜面（即对称轴，可以是直线、射线或线段）构造轴对称关系。但并不是所有的对象都可以反射，例如，轨迹就不能反射。反射命令不会弹出对话框，反射前必须标记镜面，否则即使能够进行反射，得到的结果一般不会是用户想要的。

例 6-24 进行轴对称设置。

操作步骤如下。

1）用画直线工具画一条直线，选中这条直线，执行“变换→标记镜面”命令，标记这条直线为对称轴。

2）在直线的一旁画一个△*ABC*。

3）选取△*ABC* 的全部，执行“变换→反射”命令，并用文本工具标记反射所得的三角形的顶点，如图 6-49 所示。

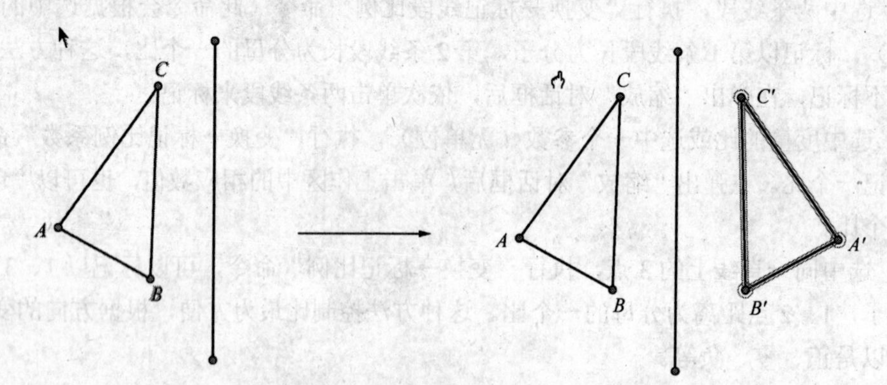

图 6-49 图像的轴对称

5. 迭代

前面介绍了用旋转变换画出正多边形的方法。如要画正十七边形，不嫌麻烦的话，需旋转变换 16 次。下面介绍“迭代”的方法，可以简化画正十七边形的步骤。

例 6-25 正十七边形的绘制。

操作步骤如下。

1）画两个点，让点 *B* 围绕点 *A* 旋转 $\frac{360°}{17}$ 得 *B′*，连接 *BB′*。

2）选定点 *B*，执行“变换→迭代”命令，出现下面的对话框。

3）单击 *B′*，注意到“迭代规则数：3”，图形在原有的基础上，增加了 3 条线段（想一想，应让计算机重复画几条线段？）。

4）重复按小键盘上的“＋”键，直到迭代规则数变为 16（也就是要让计算机重复画 16 条），注意工作区中图形的变化。

5）单击“迭代”按钮，正十七边形构造完毕，如图 6-50 所示。

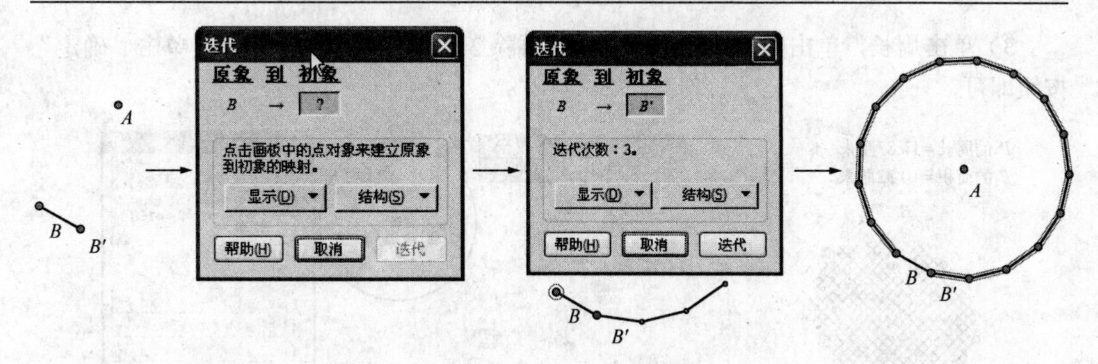

图 6-50　正十七边形的绘制

迭代变换使用的前提条件：①选定一个（或几个）自由的点，即平面上任一点，或线（直线、线段、射线、圆、轨迹）上的任一点，如上例的点 B。②由选定的点产生的目标点（不要选定，出现迭代对话框后再选），如线段的中点，或由选定点经过变换产生的点。

通过本节介绍，可以发现，运用变换菜单做图时，大多是根据图形的几何性质来做图，这样做的优势在于，做图速度快，可以精确做图。

6.5　度量、计算、制表

1. 度量

度量指的是对选定的一个或者多个对象，用“几何画板”中的“度量”菜单提供的命令测定出指定的值，如面积、周长、距离等，当对象的尺寸发生改变时，相应的度量值也会发生改变。

度量的步骤一般需要先选定对象，然后单击“度量”菜单里的相应命令即可。

例 6-26　测定多边形的面积和周长。

操作步骤如下。

1）绘制多边形 $ABCDEFG$。

2）选定多边形。

3）执行“度量→面积”（或“周长”）命令，结果如图 6-51 所示。

2. 计算

“几何画板”的“数据”菜单下的“计算”命令可以用于计算指定对象的值，以求取所需要的数值，比如验证圆周率。

例 6-27　验算圆周率。

操作步骤如下。

1）画圆⊙HI，度量出圆的半径和周长。

2）执行“数据→计算”命令，打开“新建计算”对话框。

3）单击周长，单击除号，然后单击半径再除 2，结果如图 6-52 所示，单击“确定”按钮即可。

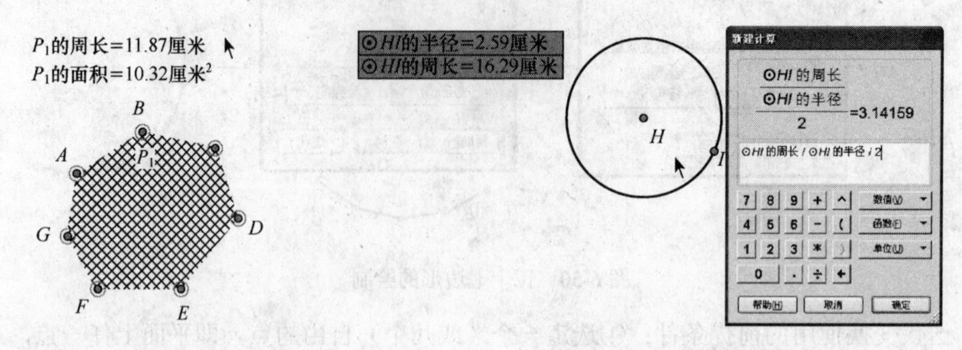

图 6-51　多边形的度量　　　　　　　　　　　图 6-52　验算圆周率

3. 制表

执行“数据→制表”命令，可以将窗口中的各类数据以表格的形式展现出来，以便于对这些数据之间的关系进行对比观察。当对象或者度量数据发生变化时，表格中的数据也会相应发生改变。

制表的步骤一般需要先按顺序选定已经度量出来并且需要纳入表格的数据，然后执行“数据→制表”命令即可。

例 6-28　将上例的圆度量出半径、周长和面积，然后制表。

操作步骤如下。

1）画圆⊙*HI*。

2）度量出圆的半径、周长和面积。

3）选定度量出的 3 个数值。

4）执行“数据→制表”命令，结果如图 6-53 所示。

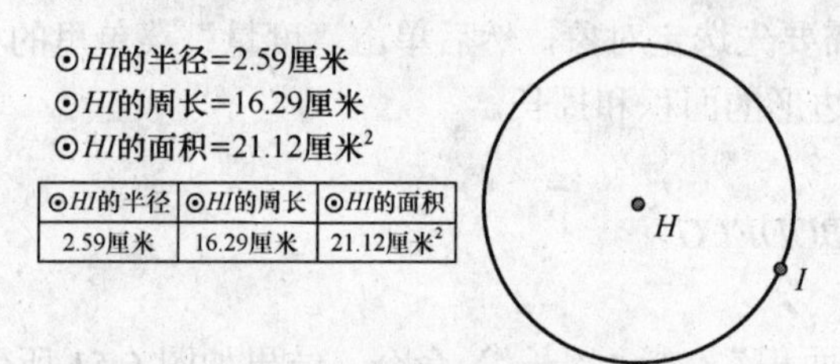

⊙*HI*的半径	⊙*HI*的周长	⊙*HI*的面积
2.59厘米	16.29厘米	21.12厘米^2

图 6-53　度量圆的半径、周长和面积，并制表

6.6　坐标与函数

在数学实验中，坐标和坐标系是必不可少的，利用坐标系可以准确地绘制函数图像，并从函数图像中进行函数性质的观察、函数的求解等。“几何画板”作为一个几何做图工具，也为用户提供了坐标和坐标系，利用坐标系可以把各类函数的图形在坐标中准确绘制出来。

6.6.1　坐标

1. 坐标系的定义

（1）新建坐标系

在“几何画板”中，执行“绘图→定义坐标系”命令，系统会以打开的工作区的中心为坐标原点建立坐标系。坐标轴刻度单位默认为 1，如图 6-54 所示。

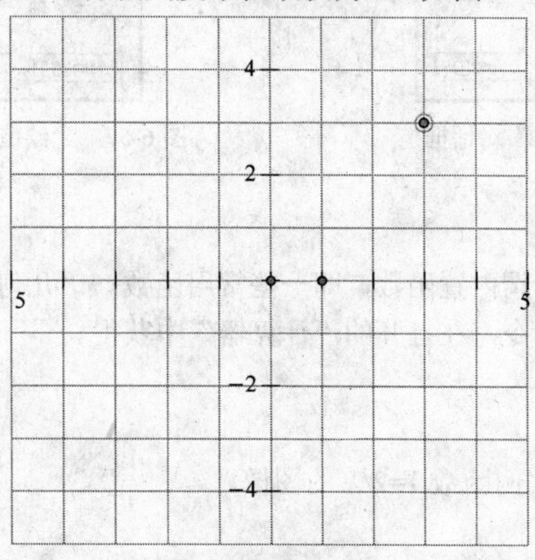

图 6-54　坐标系

（2）利用现有点建立坐标系

在“几何画板”中，也可以利用现有的点建立坐标系，操作如下：先选定一点，执行“绘图→定义原点”命令，系统会以选定点为坐标原点建立坐标系。

2. 坐标系的设置

如图 6-55 所示，关于坐标系的设置有以下几项。

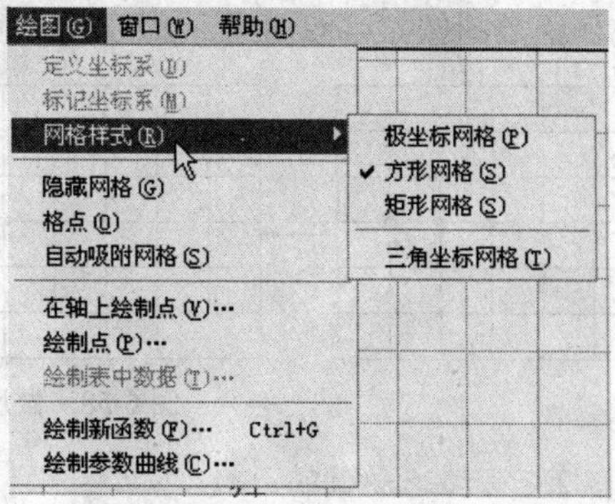

1）显示/隐藏网格：用于将坐标系的网格背景显示或者隐藏。

2）格点：单击此选项，坐标系背景只有单位刻度相交处显示格点。

3）自动吸附网格：在坐标系画点时，靠近整数格点时会自动吸附。

4）网格样式：用于选择网格样式，分别有“极坐标网格”、“方形网格”、“矩形网格”和“三角全标网格”4 种选择。

图 6-55　绘图菜单

3. 坐标系中点的绘制

（1）直接用“点工具”在坐标系中单击

在工具栏中单击“点工具”，在坐标系相应位置单击就可以绘制出所要的点。

（2）利用“绘图”菜单画点

执行“绘图→在轴上绘制点 / 绘制点”命令，会弹出如图 6-56 和图 6-57 所示的两个对话框，在对话框中输入准确数值，单击“绘制”按钮即可。

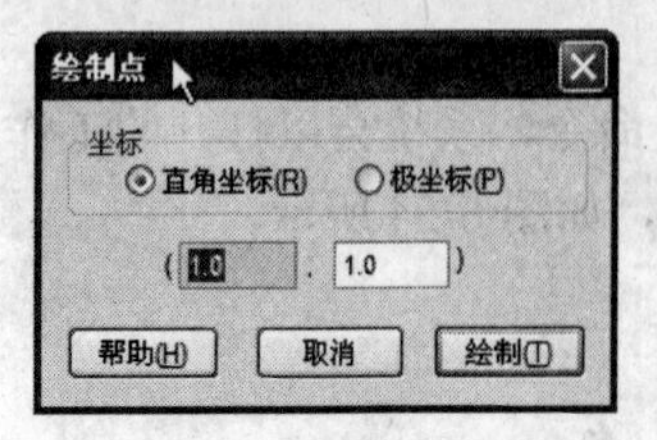

图 6-56 “绘制点”对话框

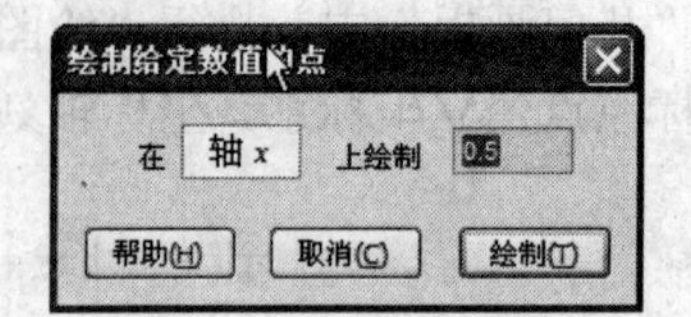

图 6-57 “绘制给定数值点”对话框

6.6.2 函数

不少应用软件都有所谓内置函数，即一些常用函数。“几何画板”中的常用函数可通过执行“度量计算”命令，在打开的“计算器”中获得。

1. 简单函数图像

例 6-29 做一个反比例函数 Y=2/X 的图像。

操作步骤如下。

1）执行“绘图→定义坐标系”命令建立坐标系。

2）在横轴上任取一点，执行“度量→横坐标”命令和执行“度量→纵坐标”命令，即度量出横、纵坐标。

3）先选中该点的横坐标，执行 “数据→计算”命令，打开计算器，输入解析式 2/X，计算出它对应的纵坐标。

4）选中横纵坐标值，执行“绘图→绘制点”命令，绘出另外一点 B。

5）选中 X 轴上的 A 点与刚绘出的点 B，执行“构造→轨迹”命令做出所求作的反比例函数图像——双曲线，如图 6-58 所示。

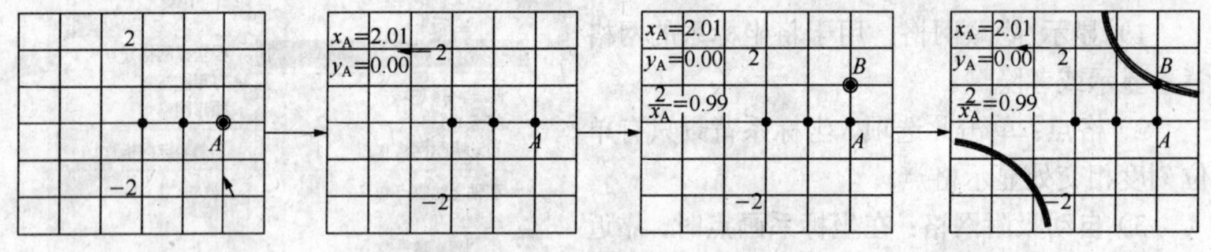

图 6-58 做反比例函数 Y=2/X 的图像

2. 有动态参数的函数

所谓有动态参数的函数，就是形如 $y=ax^2+bx+c$ 的一般函数，其中参数 a，b，c 的变化可引起函数图像和性质的变化。如何在“几何画板”中设置这些动态参数是一个饶有趣味的问题。

例 6-30 制作二次函数 $y=ax^2+bx+c$ 的图像。

操作步骤如下。

1）打开直角坐标系，在 X 轴上取 A、B、C 3 点，并过 3 点作过 X 轴的垂线，在垂

线上各取一点 D、E、F，连接 AD、BE、CF，将 3 条垂线隐藏。

2）分别度量点 D、E、F 的纵坐标 y_D、y_E、y_F，作为参数 a、b、c。

3）在 X 轴上任意取一点 G 作为动点，度量其横坐标 xG。

4）执行“数据→计算”，打开“计算器”对话框，在对话框中输入表达式。

5）$y_D*x_G*x_G+ y_E *x_G+ y_F$（$ax^2+bx+c$），计算出 Y 的值。

6）同时选中 x_G 和 Y 的值，执行“绘图→绘制点（x,y）”命令，绘制出点 H。

7）同时选中点 G、H，执行“构造→轨迹”命令，做出一元二次方程的图像，如图 6-59 所示。

说明：在图 6-59 所示的图像中，拖动点 D、E、F，函数图像会随之改变，点 D、E、F 的纵坐标 y_D、y_E、y_F 为动态参数。

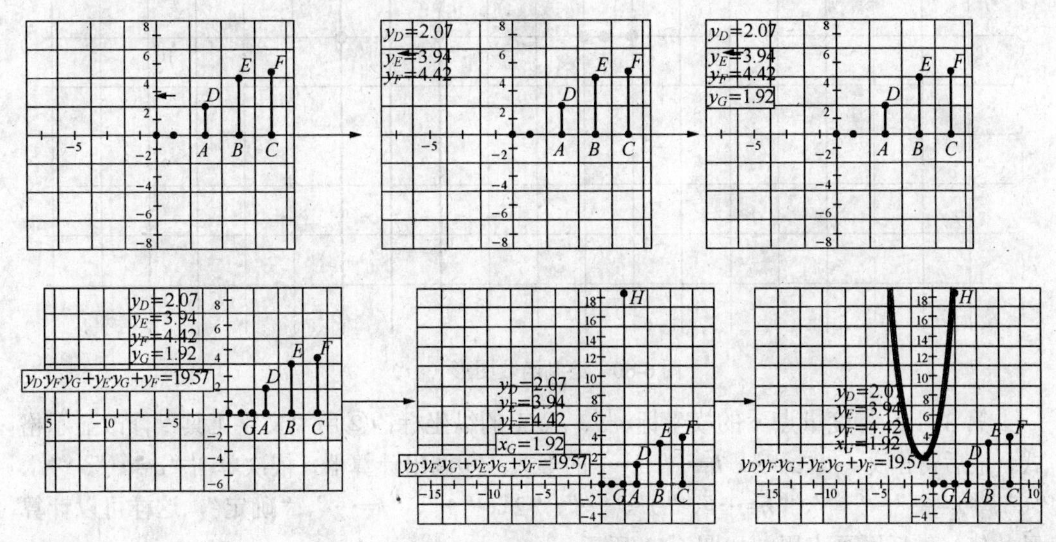

图 6-59　制作二次函数 $y=ax^2+bx+c$ 的图像

6.7 “几何画板”课件制作实例

6.7.1 中学数学课件制作实例

教学内容：二次函数的性质。

课件要求：画出函数 $y=a(x-h)^2+k$ 的图形，要求能动态地控制图像的开口方向、形状、位置。

用“几何画板”验证。

第 1 步：建立一个新的“几何画板”文件，

第 2 步：①执行“绘图→定义坐标系”命令，这样可以在平面内建立一个平面直角坐标系；②选取“点工具”在 x 轴上画 4 个点，其中一个画得比较靠近原点，标记为 x，另外 3 个尽量靠近工作区的最右边，不用标出标签；③按住 Shift 键不放，用“选择工具”选取刚才画的右边 3 点和 x 轴，执行“构造→垂线”命令，画出分别过这 3 点垂直于 x

轴的 3 条直线；④选取“点工具”，在画好的 3 条垂线上各画一个点，分别标标签为 a、h、k，如图 6-60 所示。

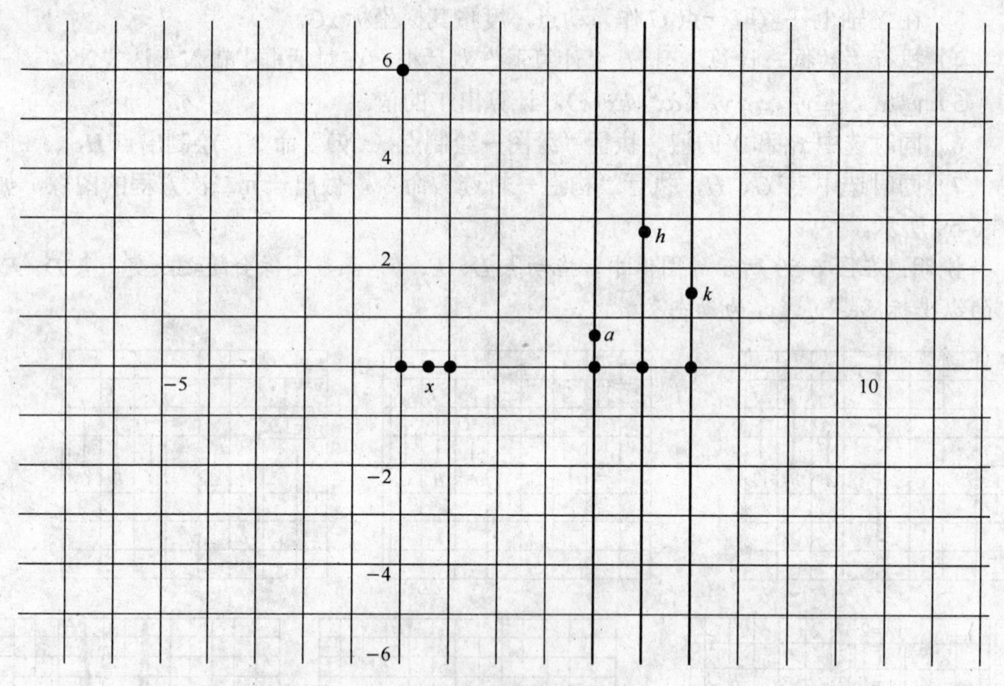

图 6-60　绘制函数图形（一）

第 3 步：①度量点 x 的横坐标、a、h、k 的纵坐标；②用“文字工具”修改显示格式，最后得出 x=…、a=…、h=…、k=…的形式；③调出计算器，依次单击“a=…”、“*”、“(”、“x=…”、“−”、“h=…”、“)”、“^”、“2”、“+”、“k=…”、“确定”，这样可以计算函数值，供后面画点用，如图 6-61 所示。

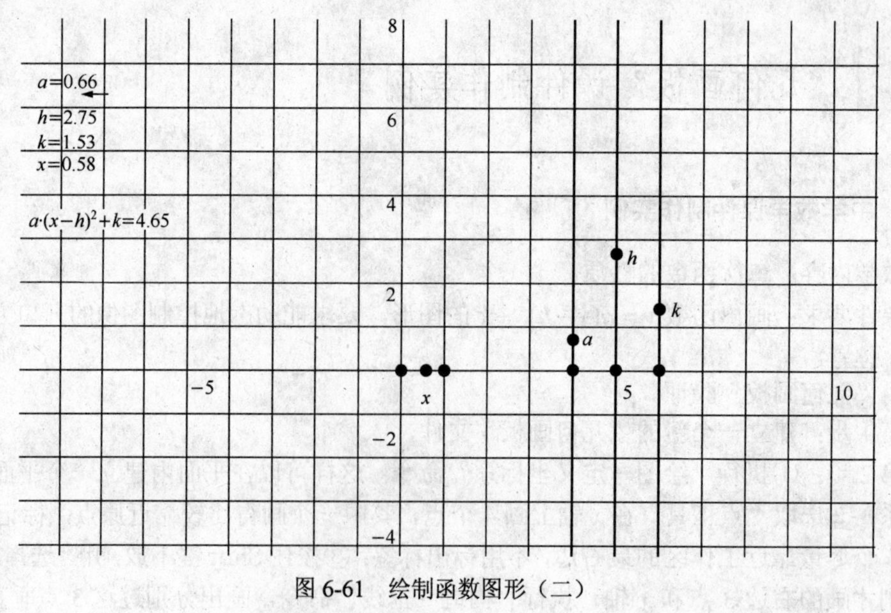

图 6-61　绘制函数图形（二）

第 4 步：①按住 Shift 键不放，用“移动箭头工具”按顺序先选取“x=…”，再选“$a\cdot(x-h)^2+k$=…”；②执行“绘图→绘出（x,y）”命令，可以绘出图像上的一个点，标记为 p；③按住 Shift 键不放，用“选择工具”按顺序先选取点 x，再选取点 p，然后执行“构造→轨迹”命令，这样就画出了二次函数 $y=a(x-h)^2+k$ 的图像；④按住 Shift 键不放，用“移动箭头工具”按顺序先选取“h=…”，再选“k=…”，然后执行“绘图→绘制点（x,y）”命令，可以绘出抛物线的顶点；⑤选取画好的顶点和 x 轴，执行“构造→垂线”命令，这样实际上画出了二次函数图像的对称轴；⑥选取对称轴，执行“显示→线形→虚线”命令，这样改变对称轴为虚线，便于区别，得到如图 6-62 所示图形。

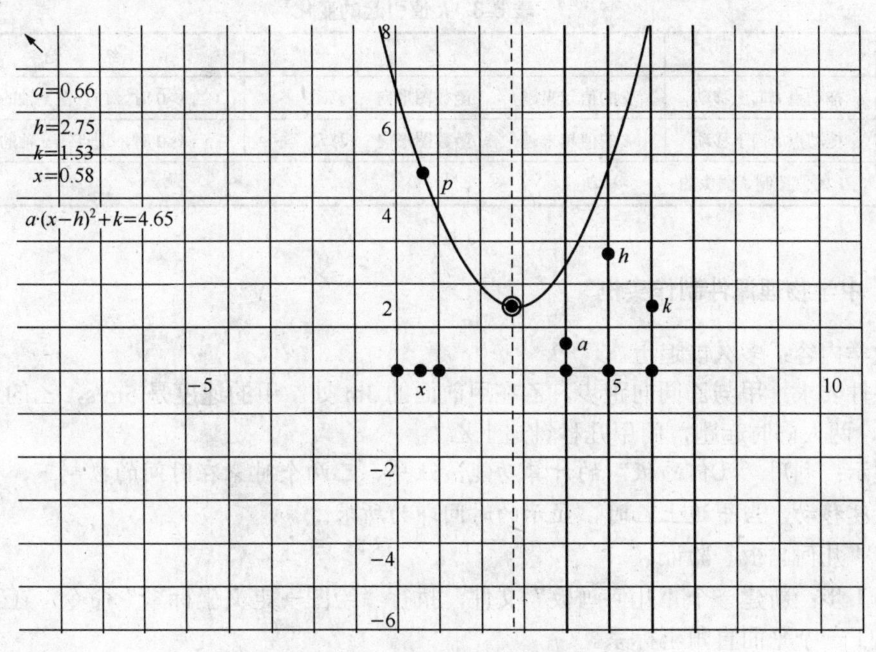

图 6-62　绘制函数图形（三）

归纳结论：见表 6-1～表 6-3。

表 6-1　由 a 值引起的变化

序号	操　作	现　象	结　论
1	拖动点 a 在 x 轴的上方向上移动	函数的图形开口向____；a 的值越来越____；a 的值越大，图像越____（靠近，离开）对称轴	当 $a>0$ 时，图形开口向____；a 越大，图像越靠近____
2	拖动点 a 到 x 轴上	a=____	这时函数不是二次函数，它的图像变为____
3	拖动点 a 在 x 轴的下方向下移动	函数的图像开口向____；a 的值越来越____；a 的值越小，图像越____（靠近，离开）对称轴	当 $a<0$ 时，图像开口向____；a 越小，图像越靠近____
结论	a 的值影响函数图像的____方向，当 $a>0$ 时，开口向____，当 $a<0$ 时，开口向____		

表 6-2　h 的值引起的变化

序号	操　作	现　象	结　论
1	拖动点 h 向上移动	h 的值越来越___；函数对称轴向____移动	当 $h>0$ 时，对称轴在 y 轴的___侧，h 越大，对称轴越靠___.
2	拖动点 h 向下移动	h 的值越来越___；函数对称轴向____移动	当 $h<0$ 时，对称轴在 y 轴的___侧，h 越大，对称轴越靠___
结论	h 的值影响图像______的位置，实际上它控制了图形的左右移动		

表 6-3　k 值引起的变化

序号	操　作	现　象	结　论
1	拖动点 k 向上移动	k 的值越来越___，函数图形向___移动	当 $k>0$ 时，顶点在 x 轴的____方
2	拖动点 k 向下移动	k 的值越来越___，函数图形向___移动	当 $k<0$ 时，顶点在 x 轴的____方
结论	k 的值控制了图像的______移动		

6.7.2　中学物理课件制作实例

教学内容：多久能追上。

课件要求：甲与乙同向跑步，乙在甲前面的 3m 处。甲的速度是 5m/s，乙的速度是 4.5m/s，两人同时起跑，问甲几秒钟追上乙？

提示：利用“几何画板”的计算功能，让甲、乙两个对象在时间的控制下，根据自己的速度移动，当甲追上乙时，显示的时间即为所求。

用“几何画板”验证。

第 1 步：新建一个“几何画板”文件，执行“绘图→定义坐标系”命令，在工作区中出现了一个平面直角坐标系。

第 2 步：①在 Y 轴的正半轴上画一点 C，选取点 C 和 Y 轴；②执行“构造→垂线”命令，画出过点 C 垂直于 Y 轴的直线；③在垂线位于第一象限内的部分上画一点 D，如图 6-63 所示。

第 3 步：①选取垂线 CD，执行“显示→隐藏垂线”命令，把垂线隐藏；②选取“射线直尺”工具，从点 C 按鼠标拖动到点 D，画出射线 CD；③用“画点工具”在射线 CD 上画一个点 E；④把点 D 隐藏，如图 6-64 所示。

说明：这样反复操作的目的在于，由于要用点 E 的横坐标来代表时间，点 E 的横坐标只能取正值，为保证点 E 不会被拖动到第二象限，所以画好的垂线要变成射线，同时隐藏点 D，使这条射线不能再被拖到其他象限。

第 4 步：选取点 E，执行“度量→横坐标”命令，得到点 E 的横坐标，如图 6-65 所示。

第 5 步：用“文本工具”双击分离出来的横坐标，在弹出的对话框中输入标签 t，如图 6-66 所示。

第 6 步：①调出计算器，依次单击“5”、“*”、“t=…”、“确定”，计算出 $5t$ 的值；②调出计算器，依次单击“3”、“+”、“4”、“.”、“5”、“*”、“t=…”，计算出 $3+4.5t$ 的值，如图 6-67 所示。

说明：乘号用“*”表示，“t=…”指的是工作区中的“t=1.62”，但由于每个人画点的位置不同，数值可以不同，所以这里用省略号表示。

第7步：①执行“绘图→绘制新函数”命令，选择“5t=…”，在弹出的“新建函数”对话框中选择“方程”，选择“x=q(y)”直接确定；②选择“3+4.5t=…”，同样绘制新函数，适当调整点E的位置，如图6-68所示。

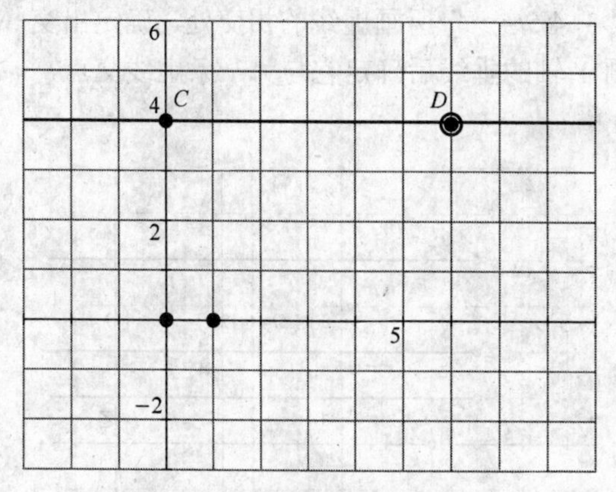

图6-63　中学物理课件图示（一）

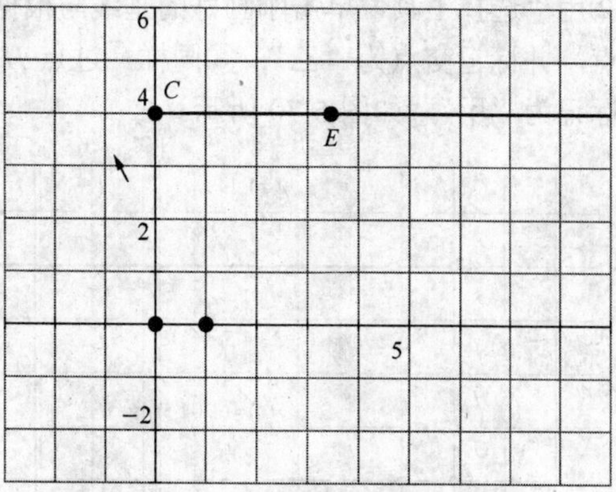

图 6-64　中学物理课件图示（二）

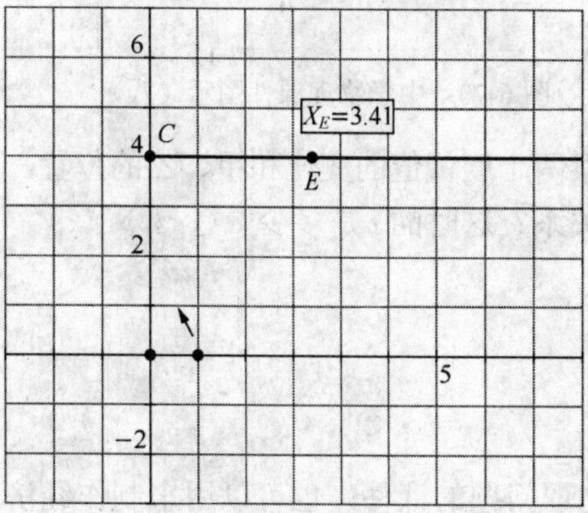

图6-65　中学物理课件图示（三）

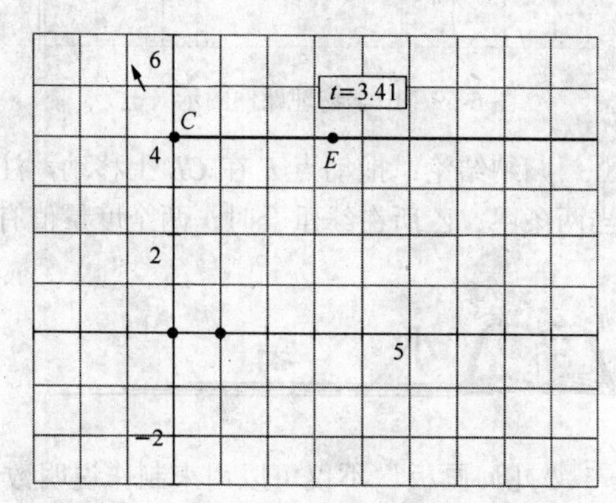

图6-66　中学物理课件图示（四）

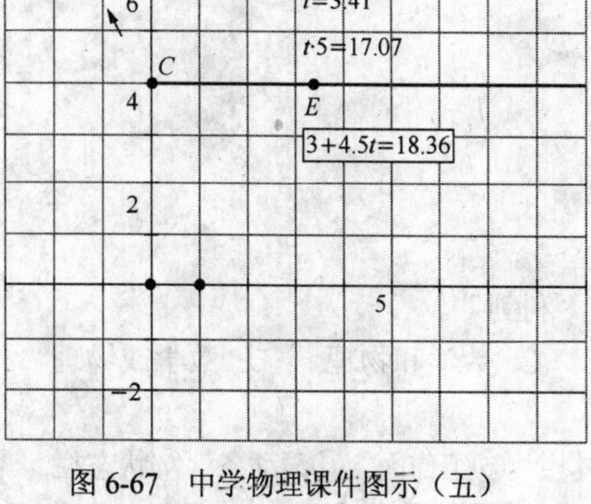

图6-67　中学物理课件图示（五）

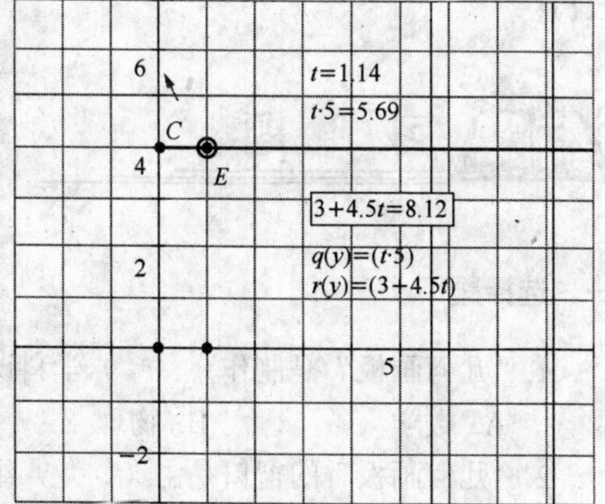

图6-68　中学物理课件图示（六）

说明：这样得到的两条线，受度量值的控制，度量值又受到时间 t 的控制，当两条线重合时，说明甲追上了乙，这时的 t 就是所求。

第 8 步：①执行“图表→绘制点”命令，在弹出的对话框中输入 0、1，按步骤操作画出固定点（0,1）；②同样画出（0,2），如图 6-69 所示。

第 9 步：①选取点 G 和 Y 轴，执行“构造→垂线”命令，过点 G 画出 Y 轴的垂线；②用“选择工具”单击刚画好的垂线与根据“3+4.5t=…”所画虚线的相交处，确定出交点，并标记交点为“乙”；③同样，过点 H 画 Y 轴的垂线后确定它与另一条虚线交点，标记为“甲”，如图 6-70 所示。

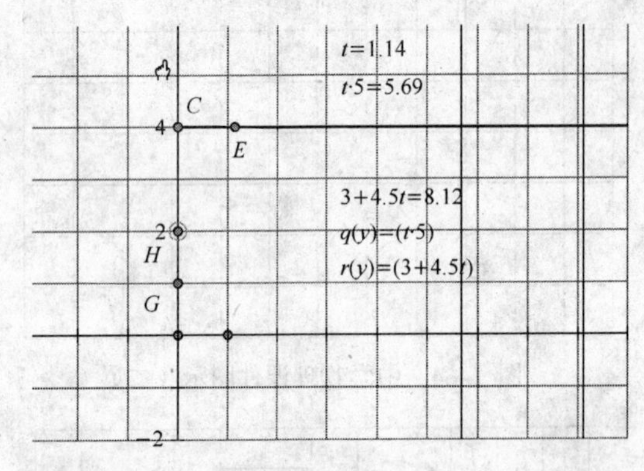

图 6-69 中学物理课件图示（七）

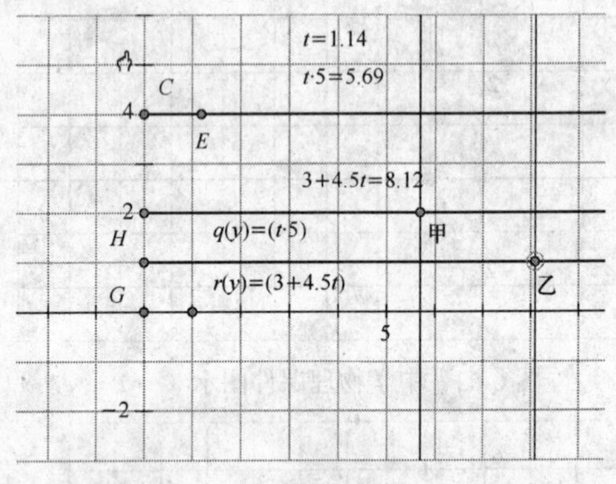

图 6-70 中学物理课件图示（八）

归纳结论：拖动点 E 在 CE 上移动，注意观察两个度量值的变化和甲、乙的位置，当两条甲、乙所在线重合时，两个度量值有什么关系？这时的 t 是多少？

小结

“几何画板”不仅可以用来制作说明数学和物理问题的课件，也可以用来制作经济学、天文学方面的小课件，在前面有关实例中主要介绍了“几何画板”的一些常用的技巧。

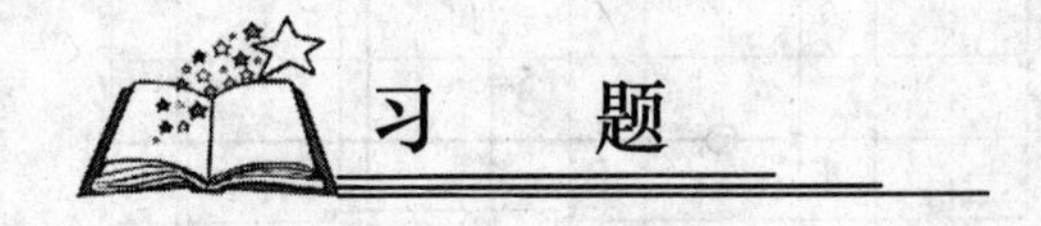

习题

一、选择题

1.“几何画板”是制作（ ）学科课件的“利剑”。

A. 数学 B. 物理 C. 数学和物理 D. 数学或物理

2.“几何画板”的窗口是由（ ）组成。

①标题栏 ②控制图标 ③菜单栏 ④工具栏 ⑤工作区 ⑥滚动条 ⑦状态栏

A. ①②③④⑤⑥⑦ B. ①②③④⑤⑥

C. ①②③④⑤　　D. ①②③④

3.“几何画板”工具栏中有（　　）工具。

①选择箭头工具　②点工具　③矩形工具　④颜色工具

A. ①③　　B. ①②　　C. ③④　　D. ①④

4.“几何画板”工具栏中没有（　　）工具。

A. 选择箭头工具　　B. 圆规工具　　C. 直尺工具　　D. 颜料桶工具

5.“几何画板”工具栏中没有（　　）工具。

①圆规工具　②直尺工具　③矩形工具　④颜色工具

A. ①②　　B. ①③　　C. ①④　　D. ②③

6.“几何画板”工具栏中有（　　）工具。

①文本工具　②矩形工具　③自定义工具　④颜色工具

A. ①②　　B. ①③　　C. ①④　　D. ②③

7.“几何画板”中不可以度量的是（　　）。

A. 线段的长度　　B. 角度　　C. 周长　　D. 直线的长度

8.“几何画板”中不可以度量的是（　　）。

A. 射线的长度　　B. 圆周长　　C. 面积　　D. 半径

9.“几何画板”中不可以度量的是（　　）。

A. 比　　B. 温度　　C. 距离　　D. 面积

10.“几何画板”中可以度量的是（　　）。

A. 重量　　B. 直线　　C. 比　　D. 射线

11.“几何画板”中三角形重心的绘画步骤是（　　）。

①画三角形　②画中点　③连接

A. ①②③　　B. ①③②　　C. ②①③　　D. ②③①

12. 画三角形内心的步骤是（　　）。

①绘三角形　②绘内角平分线　③取交点

A. ①③②　　B. ①②③　　C. ②①③　　D. ②③①

13.“几何画板”中绘制平行四边形的步骤是（　　）。

①画两邻边　②画平行线　③取点　④连线

A. ④③②①　　B. ④②③①　　C. ①②③④　　D. ①③②④

14.“几何画板”中画同心圆的步骤是（　　）。

①选定一点和多条线段　②做图　③以圆心和半径绘圆

A. ③②①　　B. ③①②　　C. ①③②　　D. ①②③

15.“几何画板”中“变换”菜单中没有的选项是（　　）。

A. 平移　　B. 标记中心　　C. 加速　　D. 标记比

16.“几何画板”中利用“旋转”做正方形的步骤是（　　）。

①画线段　②标记旋转中心　③选择线段旋转　④成正方形

A. ①②③④　　B. ①③②④　　C. ①③④②　　D.①④②③

17.“几何画板”中利用“平移”做正方形的步骤是（　　）。

①画点 ②成正方形 ③变换角度平移

A. ①②③ B. ②①③ C. ①③② D. ③①②

18.“几何画板”中利用“反射”做轴对称图形的步骤是（ ）。

①反射 ②标记镜面 ③画三角形

A. ①②③ B. ③②① C. ①③② D. ③①②

19.“几何画板”中度量线段步骤是（ ）。

①画线段 ②长度 ③度量

A. ①②③ B. ①③② C. ③②① D. ③①②

20.“几何画板”中利用“标记向量”的方法做全等三角形的步骤是（ ）。

①画三角形 ②标记向量 ③平移 ④成全等三角形

A. ①②③④ B. ①③②④ C. ①③④② D. ①④②③

21.“几何画板”中“操作类按钮”有（ ）。

A. 隐藏/显示 B. 动画 C. 移动 D. ABC 都是

22.“几何画板”中“操作类按钮”有（ ）。

①动画 ②移动 ③系列 ④滚动

A. ① B. ①② C. ①②③ D. ①②③④

二、填空题

1.“几何画板”软件是＿＿＿＿国的产品。

2.“几何画板”中文件的扩展名是＿＿＿＿。

3.“几何画板”中看到点动画轨迹的操作是＿＿＿＿。

4.“几何画板”中使用＿＿＿＿画点。

5.“几何画板”中使用＿＿＿＿画线段。

6.“几何画板”中使用＿＿＿＿画圆。

7. 在“几何画板”中画圆，自动绘出＿＿＿＿个点。

8.“几何画板”中可以使用＿＿＿＿工具为点标字母。

9. 在“几何画板”中出现误删除现象时，可以＿＿＿＿恢复。

10. 三角形的重心是 3 条＿＿＿＿的交点。

11. 三角形三条内角平分线的交点是＿＿＿＿。

12. 使用“几何画板”做角平分线选中的 3 点中，角的顶点必须在＿＿＿＿。

13. 三角形的垂心是 3 条＿＿＿＿的交点。

14. 三角形 3 条边的垂直平分线的交点是＿＿＿＿。

15.“几何画板”中，“平移变换”中的“固定距离”的单位是＿＿＿＿。

16.“几何画板”中，“平移变换”中的“固定角度”的单位是＿＿＿＿。

17.“几何画板”中，“按钮”在＿＿＿＿菜单项中。

18.“几何画板”中，“旋转”在＿＿＿＿菜单项中。

三、判断题

1. 使用“几何画板”可以画直线、线段、射线。（　）
2. 在“几何画板”中绘制的线段不能改变。（　）
3. “几何画板”中没有缩放工具。（　）
4. “几何画板”中有工具箱，并且工具箱可以被隐藏。（　）
5. “几何画板”中没有“表格”菜单项。（　）
6. “几何画板”中可以打开 GSP 文件。（　）
7. “几何画板”中“移动”按钮的标签是不可以改变的。（　）
8. “几何画板”中看不到动画的轨迹。（　）
9. “几何画板”中不可以制作按钮。（　）
10. “几何画板”中有点动画，没有线动画。（　）
11. “几何画板”中可以做多种动画。（　）
12. “几何画板”中不但有平移动画，而且还有旋转动画。（　）
13. “几何画板”中“平移变换”中只能用极坐标。（　）
14. 在“几何画板”中画直线，直线上没有点。（　）
15. 在“几何画板”中画射线，射线上有两个点。（　）
16. “几何画板”中给点标的字母为大写字母。（　）
17. “几何画板”的“平移变换”中，不能垂直平移。（　）
18. 在“几何画板”中画圆，圆的大小不能改变。（　）
19. 在“几何画板”中测量角度时，会自动为点标上字母。（　）
20. 在“几何画板”中测量线段长度时，不会自动为线段标上字母。（　）

第 7 章　利用 Dreamweaver 制作多媒体 CAI 课件

Adobe Dreamweaver CS4 是建立 Web 站点和应用程序的专业工具。它将可视布局工具、应用程序开发功能和代码编辑支持组合在一起，其功能强大，使得各个层次的开发人员和设计人员都能够快速创建界面。从对基于 CSS 的设计的领先支持到手工编码功能，Dreamweaver 提供给专业人员在一个集成、高效的环境中所需的工具。开发人员可以使用 Dreamweaver 及所选择的服务器技术来创建功能强大的互联网应用程序，从而使用户能连接到数据库、Web 服务和旧式系统。

7.1　概述

Adobe Dreamweaver CS4 是一款专业的 HTML 编辑软件，用于对 Web 站点、Web 页和 Web 应用程序进行设计、编码和开发。无论是喜欢直接编写 HTML 代码还是偏爱在可视化编辑环境中工作，Dreamweaver 都会提供众多工具，丰富用户的 Web 创作体验。

利用 Dreamweaver 中的可视化编辑功能，可以快速地创建页面而无需编写任何代码。不过，如果用户更喜欢用手工直接编码，Dreamweaver 还包括许多与编码相关的工具和功能。并且，借助 Dreamweaver，还可以使用服务器语言（例如，ASP、ASP.NET、JSP 和 PHP）生成支持动态数据库的 Web 应用程序。

1. 网页制作

Dreamweaver CS4 为开发各种网页和网页文档提供了灵活的环境，除了可以制作传统的 HTML 静态网页外，还可以使用 ASP、PHP 或 JSP 技术，创建基于数据库的交互式动态网页。此外，Dreamweaver CS4 对 CSS 样式表提供了更强劲的支持，并扩展了对 XML 和 XSLT 技术的支持，以帮助设计人员创建功能复杂的专业级 Web 页面。

2. 站点管理

Dreamweaver CS4 既是一款网页制作软件，也是一个站点创建与管理工具，使用它不仅可以制作单独的网页文档，还可以创建并管理完整的基于 Dreamweaver 软件开发平台的 Web 站点。它提供了合理组织和管理所有与站点相关文档的方法，通过 Dreamweaver CS4 提供的工具，可以将站点上传到 Web 服务器，并且可以自动跟踪和维护网页链接，管理和共享网页文件。

7.2　Dreamweaver CS4 的工作界面

为了更好地使用 Dreamweaver CS4，应了解 Dreamweaver CS4 操作界面的基本元素。

Dreamweaver CS4 的工作界面秉承了 Dreamweaver 系列产品一贯的简洁、高效和易用性，多数功能都能在工作界面中很方便地找到。工作界面主要由“文档”窗口（设计区）、菜单栏、状态栏、面板组和“属性”面板组成，如图 7-1 所示。

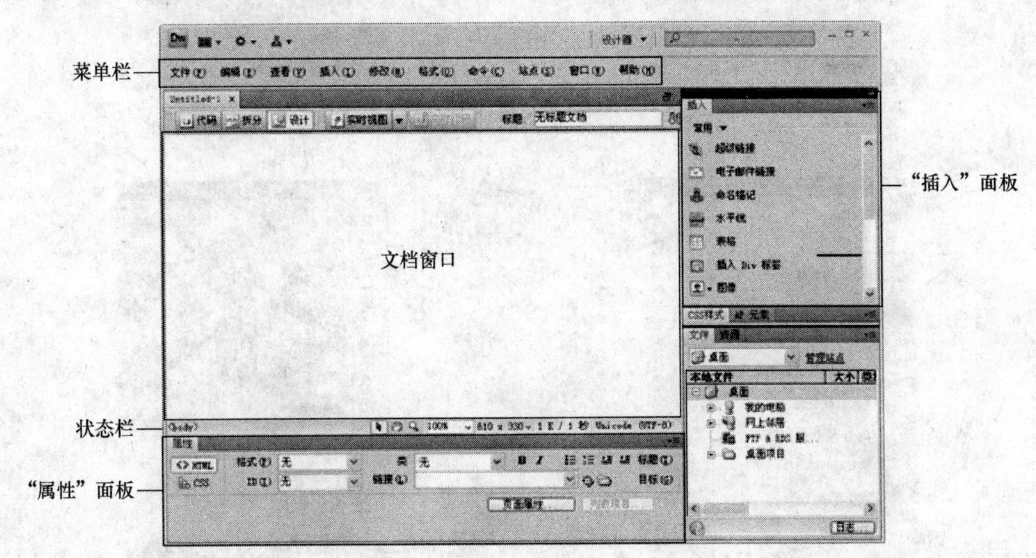

图 7-1　Dreamweaver CS4 的工作界面

7.2.1　插入工具栏

在“插入”面板中包含了可以向网页文档添加的各种元素，如文字、图像、表格、按钮、导航以及程序等。

单击“插入”面板中的下拉按钮，在下拉列表中显示了所有的类别，根据类别不同，“插入”面板由“常用”、“布局”、“表单”、“数据”、Spry、InContext Editing、“文本”和“收藏夹”组成，如图 7-2 所示。

1）“常用”类别：包括网页中常用的元素对象，如插入超链接、插入表格、插入时间和日期等，如图 7-3 所示。

2）“布局”类别：整合表格、层 Spry 和菜单栏布局的工具，还可以在“标准”和“扩展”模式之间进行切换，如图 7-4 所示。

3）“表单”类别：是动态网页中非常重要的元素对象之一，可以定义表单和插入表单对象，如图 7-5 所示。

4）“数据”类别：用于创建应用程序，如图 7-6 所示。

5）Spry 类别：使用 Spry 工具栏，可以更快捷地构建 Ajax 页面，包括 Spry XML 数据集、Spry 重复项、Spry 表等。对于不擅长编程的用户，可以通过修正它们来制作页面，如图 7-7 所示。

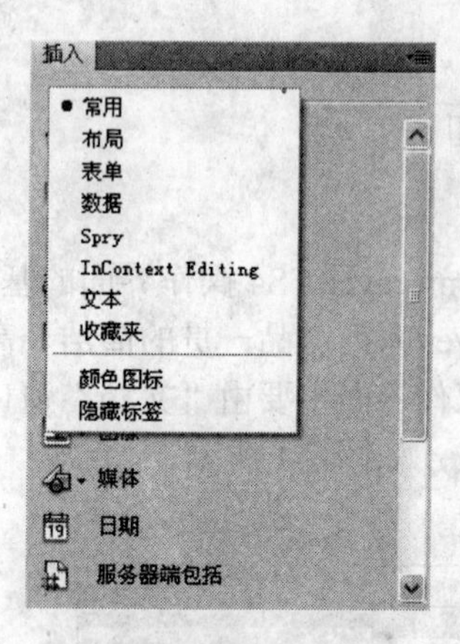

图 7-2 “插入”面板

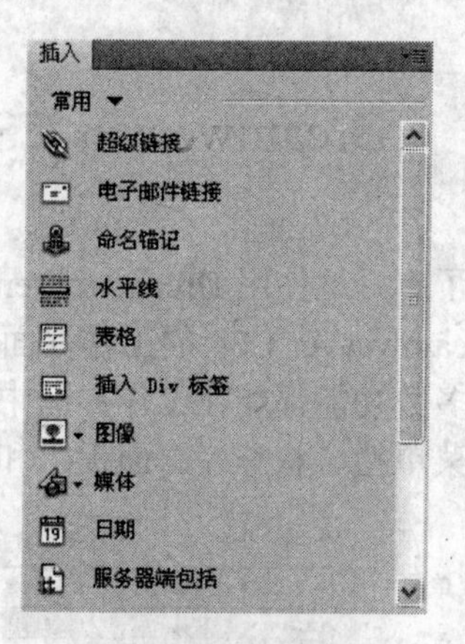

图 7-3 “常用”类别

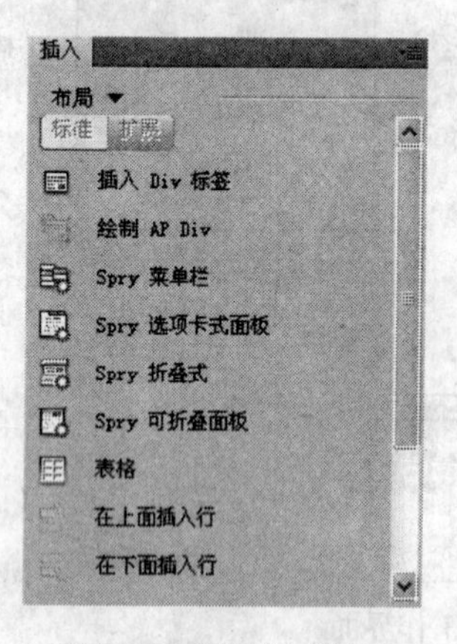

图 7-4 “布局”类别

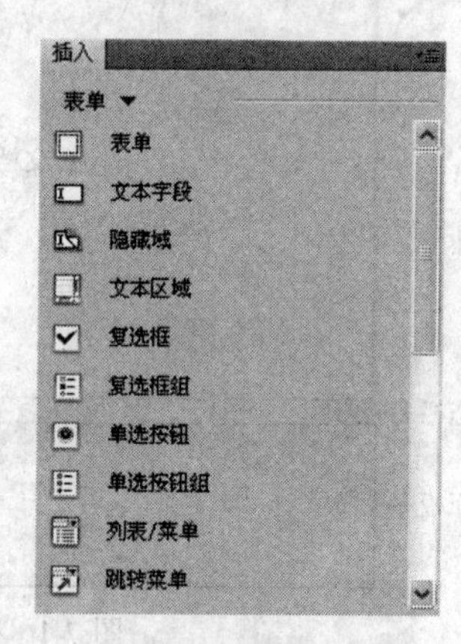

图 7-5 “表单”类别

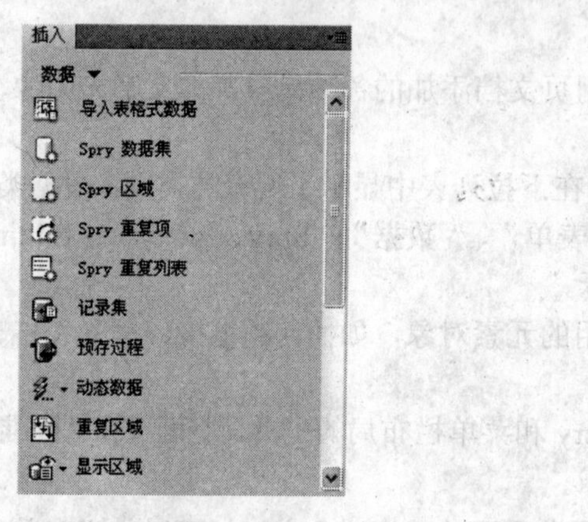

图 7-6 “数据”类别

图 7-7　Spry 类别

6）InContext Editing 类别：用于定义模板区域和管理可用的 CSS 类，如图 7-8 所示。

7）“文本”类别：用于对文本对象进行编辑，如图 7-9 所示。

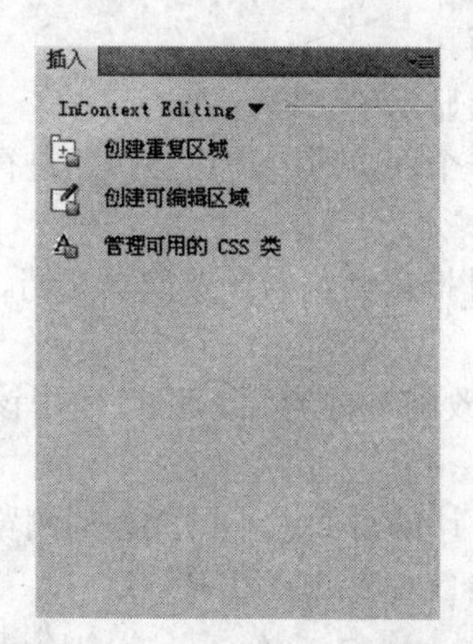

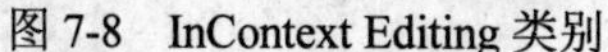
图 7-8　InContext Editing 类别

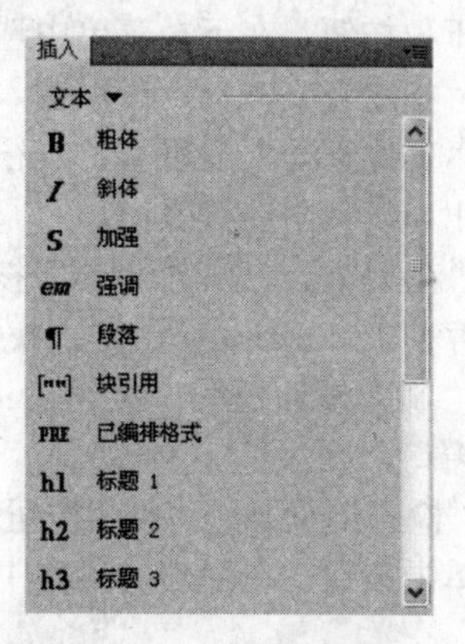

图 7-9　“文本”类别

8）“收藏夹”类别：可以将常用的按钮添加到“收藏夹”类别中，方便以后的使用，如图 7-10 所示。右击“收藏夹”面板，在弹出的快捷菜单中，执行“自定义收藏夹”命令，打开“自定义收藏夹对象”对话框，如图 7-11 所示，可以在该对话框中添加收藏夹类别。

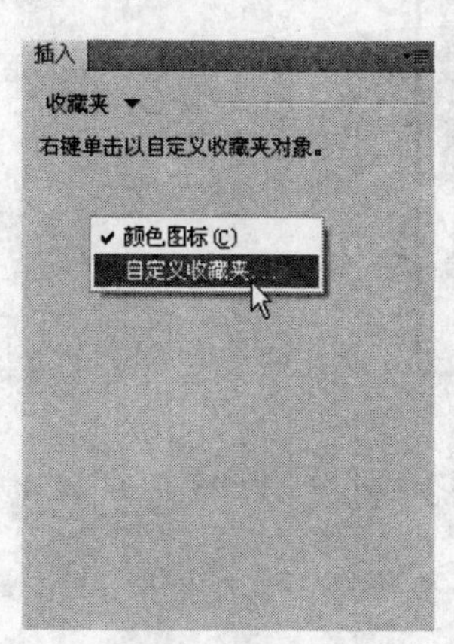

图 7-10　“收藏夹”类别

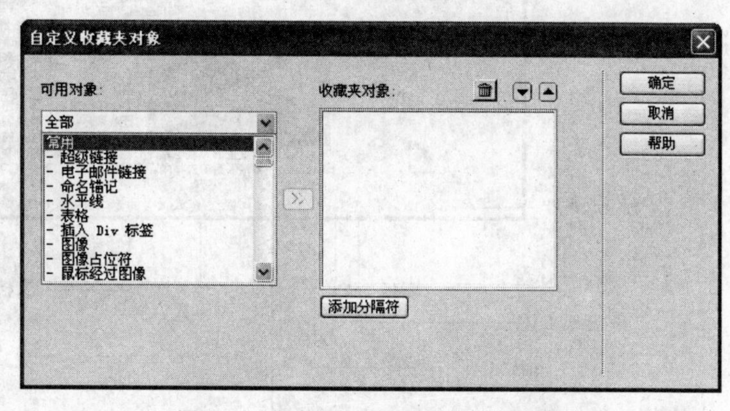

图 7-11　“自定义收藏夹对象”对话框

7.2.2　“文档”工具栏

“文档”工具栏主要包含了一些对文档进行常用操作的功能按钮，通过单击这些按钮可以在文档的不同视图模式间进行快速切换，如图 7-12 所示。

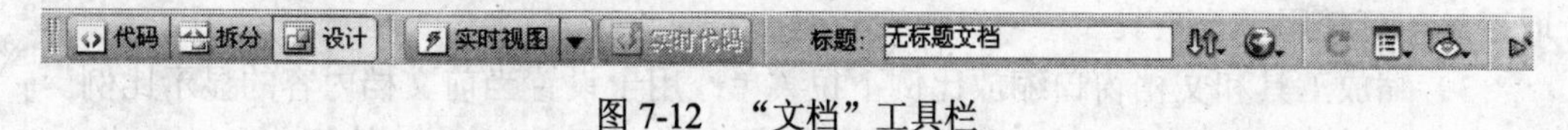

图 7-12　“文档”工具栏

“文档”工具栏中的按钮和选项具体的作用如下。

1）“代码”按钮：在文档窗口中显示 HTML 源代码视图。

2）“拆分”按钮：在文档窗口中同时显示 HTML 源代码和设计视图。

3）“设计”按钮：系统默认的文档窗口视图模式，显示设计视图。

4）“实时视图”按钮：可以在实际的浏览器条件下设计网页。可以单击按钮右侧的下拉按钮，在下拉菜单中选择相应的禁用选项。

5）“标题”文本框：可以输入要在网页浏览器上显示的文档标题。

6）“文件管理”按钮：当很多用户同时操作一个网页时，使用该按钮进行打开文件、导出和设计附注等操作。

7）“在浏览器中预览/调试”按钮：该按钮通过指定浏览器预览网页文档。可以在文档中存在 JavaScript 错误时查找错误。

8）“刷新设计视图”按钮：在代码视图中修改网页内容后，可以使用该按钮刷新文档窗口。

9）“检查浏览器兼容性”按钮：检查所设计的页面对不同类型的浏览器的兼容性，单击按钮，在弹出的菜单中选择相应的命令检查对应的兼容项。

7.2.3 状态栏

Dreamweaver CS4 中的状态栏位于文档窗口的底部，它的作用是显示当前正在编辑文档的相关信息，如当前窗口大小、文档大小和估计下载时间等，如图 7-13 所示。

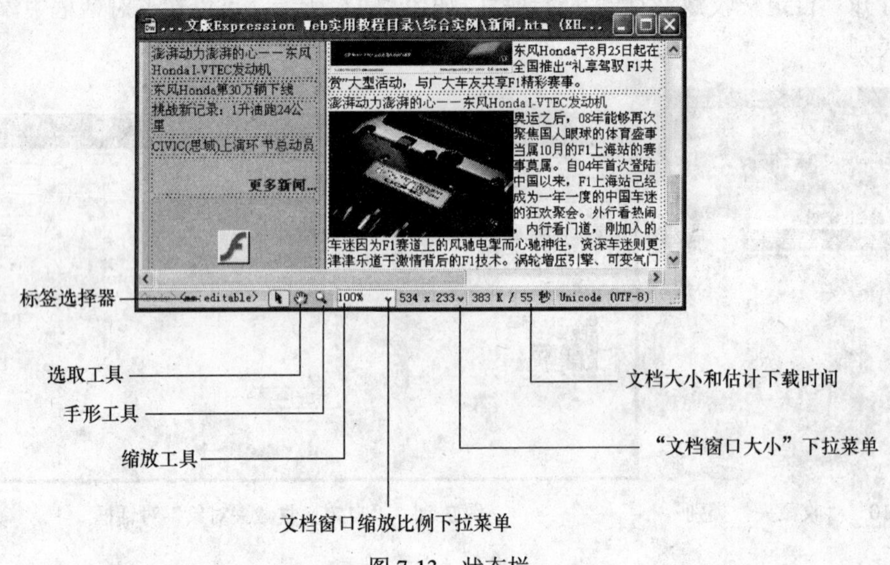

图 7-13 状态栏

1）标签选择器：用于显示环绕当前选定内容的标签的层次结构。单击该层次结构中的任何标签，可以选择该标签及其全部内容，例如，单击<body>可以选择整个文档。

2）手形工具：单击该工具按钮，在文档窗口中以拖曳方式查看文档内容。单击选取工具，可禁用手形工具。

3）缩放工具和文档窗口缩放比例下拉菜单：用于设置当前文档内容的显示比例。

4）“文档窗口大小”下拉菜单：用于设置当前文档窗口的大小比例。

7.2.4 “属性”面板

在“属性”面板中可以查看并编辑页面上文本或对象的属性，如图 7-14 所示。该面板中显示的属性通常对应于标签的属性，更改属性通常与在“代码”视图中更改相应的属性具有相同的效果。

图 7-14 “属性”面板

7.2.5 面板组

为使设计界面更加简洁，同时也为了获得更大的操作空间，Dreamweaver CS4 中类型相同或功能相近的面板分别被组织到不同的面板下，然后这些面板被组织在一起，构成面板组。这些面板都是折叠的，通过标题左角处的展开箭头可以对面板进行折叠或展开，并且可以和其他面板组停靠在一起。面板组还可以停靠到集成的应用程序窗口中。

7.3 建立教学站点

用 Dreamweaver 制作教学网站，首先第一步就是创建站点，为网站指定本地的文件夹和服务器，使之建立联系。此外，Dreamweaver 提供的“管理站点”功能，还可以对新创建的站点进行管理。

1. 站点的概念

站点是一个管理网页文档的场所。简单地讲，一个个网页文档连接起来就构成了站点。站点可以小到一个网页，也可大到一个网站。

Dreamweaver CS4 具有强大的站点管理功能，可以实现站点的即时修改，帮助用户管理和维护整个站点的所有文档。它还可以自动更新和修复文档中的链接和路径，以及实现远程站点和本地站点文档的同步与更新。本节将重点介绍如何创建管理本地站点和远程站点，以及使用“文件”面板和“站点地图”管理站点中的文件。

2. 站点的类型

站点根据网站系统文件的存放位置可以分为如下两大类。

本地站点：指的是一个位于网页设计师硬盘上的文件夹，存储着所有网站文件。在 Dreamweaver 中定义的每个网站都需要有一个本地网站与之对应。

远程网站：指的是互联网服务器上保存本地网站文件副本的文件夹。网页浏览者在浏览器中查看站点内容时，也就是在访问互联网服务器上运行的远程站点。

注意：网站内容发布之前，也就是把所有本地站点上的文件上传到远程站点之前，必须确保能够访问远程互联网服务器（例如，ISP 的服务器、Windows 计算机上的互联网信息服务等）。如果还不具有对这样的服务器的访问权，就要与 ISP 服务商、客户或系统管理员联系，取得相应的控制权限。

7.3.1 创建站点

用 Dreamweaver CS4 制作网站，首先第一步就是创建站点，为网站指定本地的文件夹和服务器，使之建立联系。此外，Dreamweaver 提供的“管理站点”功能，还可以对新创建的站点进行管理。

1. 使用向导创建站点

使用 Dreamweaver CS4 应用向导来创建网站，可以分为“基本”与“高级”两种视图模式。“基本”视图模式指导网页设计师逐步来完成站点设置，每一步操作都有针对性的指导机制，具体步骤如下。

1）执行“站点→新建站点”命令，在弹出的“站点定义”对话框中定义站点名称。在“您打算为您的站点起什么名字？”文本框中输入 jkx；也可以在“您的站点的 HTTP 地址（URL）是什么？”文本框中输入本地测试服务地址：http://localhost，如图 7-15 和图 7-16 所示。

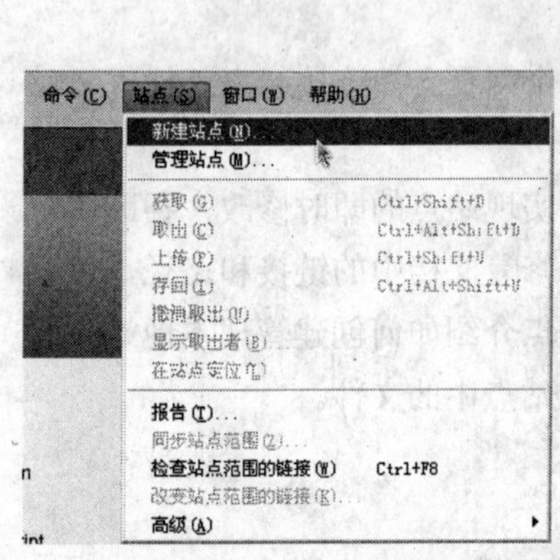

图 7-15 新建站点命令

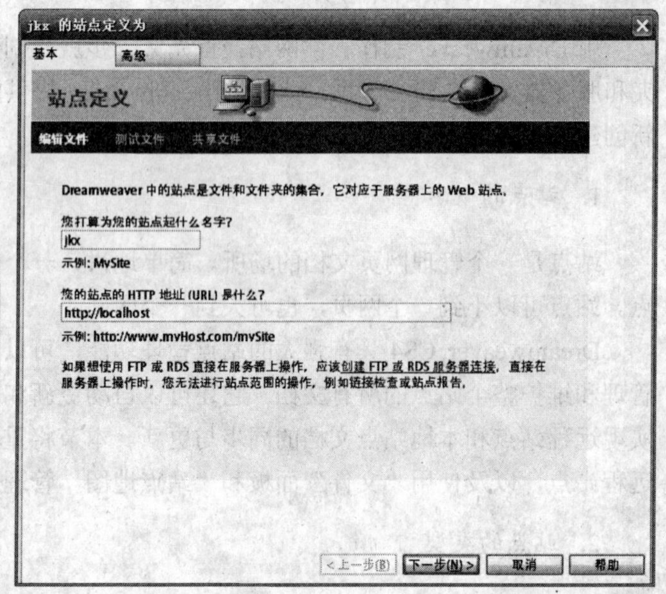

图 7-16 站点名称及本地测试服务器地址

2）单击“下一步”按钮，弹出的“编辑文件”对话框会询问是否要使用服务器技术。假定单击了“是，我想使用服务器技术”按钮，可以进一步选择一种默认的服务器技术，例如，选中 ASP VBScript 选项，如图 7-17 所示。

3）单击“下一步”按钮，可以选择在开发过程中处理文件的方式。假定选中“在本地进行编辑，然后上传到远程测试服务器”选项，可以进一步在“您将把文件存储在计算机上的什么位置？”文本框中定义文件所在本地的存储位置，如图 7-18 所示。

4）由于可以在稍后重新设置有关远程站点的信息，所以前面几步操作对当前本地站点信息的设置，对于刚开始创建的新站点已经足够。设置完毕后，向导会弹出显示设

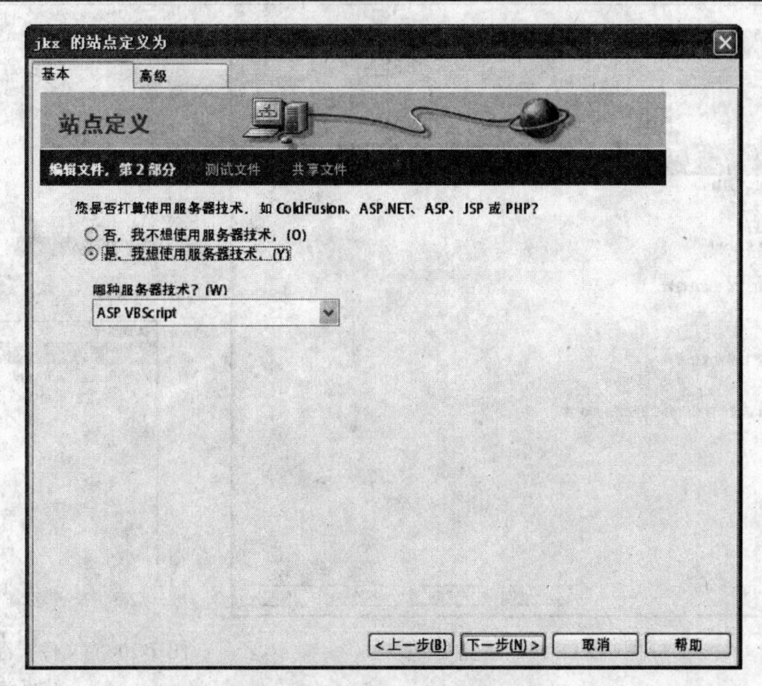

图 7-17　选择默认服务器技术

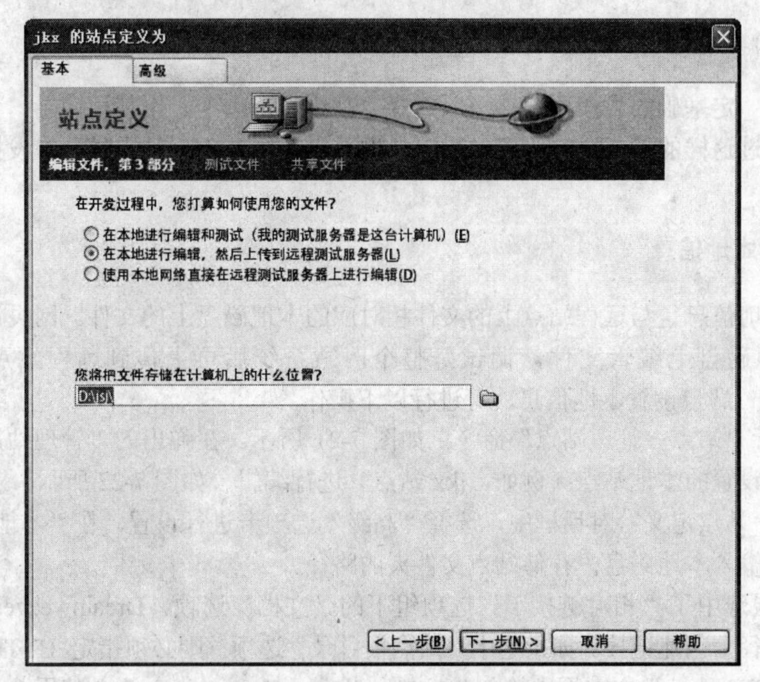

图 7-18　定义文件所在存储位置

置概要的对话框，如图 7-19 所示。

5）单击“完成”按钮，关闭设置对话框。在随即出现的“文件”列表中，将显示新站点的所有信息，网页设计师可进一步对相关内容进行操作，如图 7-20 所示。

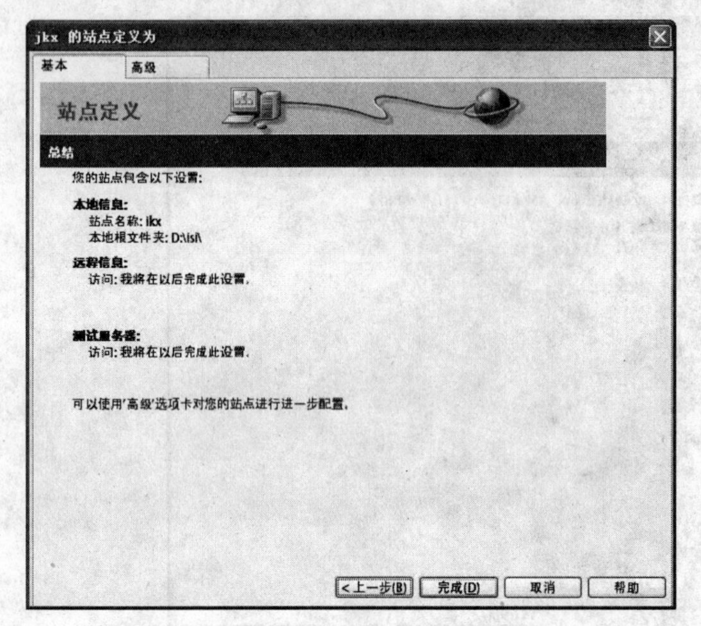

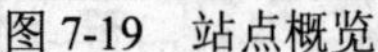
图 7-19 站点概览

图 7-20 “文件”浮动面板上的站点结构

2. 应用“高级”方式创建网站

针对有一定基础的高级用户，可以选择“高级”选项卡，不使用向导，直接创建站点信息。通过这样的模式进行设置，可以让网页设计师在创建站点过程中发挥更强的主控性。

7.3.2 设置本地信息

站点本地信息是与远程站点上的文件相对应的本地磁盘上的文件。网页设计师一般都会在本地磁盘上编辑文件，调试好整个网站系统后再上传到远程站点。若要为 Dreamweaver 站点设置本地信息，可进行以下操作。

1）执行“站点→管理站点”命令，如图 7-21 所示。在弹出的“管理站点”对话框中，选择要设置的本地站点（例如，jkx 站点）进行编辑，如图 7-22 所示。

2）在“站点定义”对话框中，选择“高级”选项卡进行设置。在“本地根文件夹”文本框中，输入本地磁盘中存储站点文件夹的路径。

3）如果选中了“相对链接于”选项组下的“文档”选项，Dreamweaver 则会使用文档相对路径来创建链接。如果选中“站点根目录”选项，则必须指定 HTTP 地址，例如，在“HTTP 地址”文本框中输入 http://localhost。Dreamweaver 会使用此设置来验证站点根目录的相对链接是否可在远端服务器上正常工作。

4）如果要确保链接检查时的文件名的大小写匹配，则选中“使用区分大小写的链接检查”复选项。

5）如果要创建本地缓存来提高链接和站点管理任务的速度，则选中“启用缓存”复选项。一般情况下，建议选中此复选项，以上设置如图 7-23 所示。

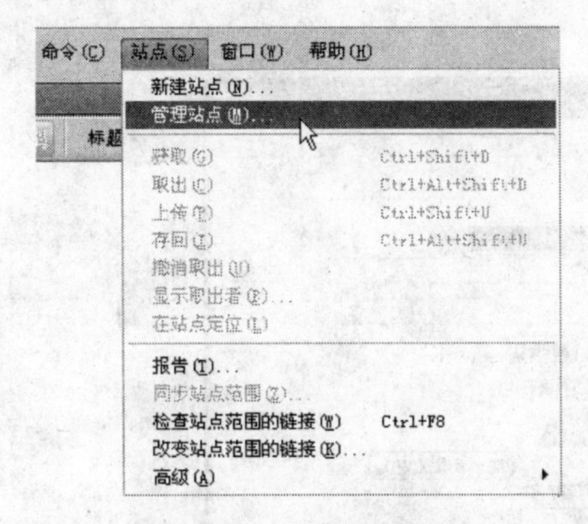

图 7-21　“站点”菜单

图 7-22　“管理站点”对话框

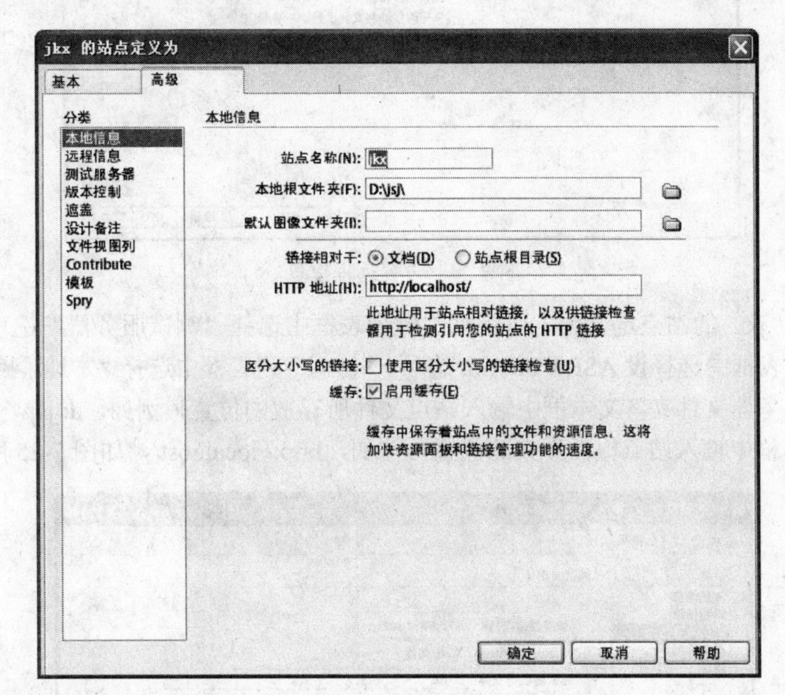

图 7-23　“jkx 的站点定义为”对话框

6）全部设置完毕，单击“确定”按钮关闭对话框，设置的本地信息就会立即生效。

7.3.3　设置远程信息

发布站点过程中会将本地文件上传到远程文件夹，这些文件将会用于测试、协作和发布。在继续操作之前，必须对远程信息进行相关设置，具体步骤如下。

1）执行“站点→管理站点”命令，在弹出的“管理站点”对话框中选择要设置的本地站点（例如，jkx 站点）进行编辑。

2）在“jkx 的站点定义为”对话框中选择“高级”选项卡，在左侧列表框中选择“远程信息”选项。在“访问”列表框中选择 FTP 选项。在“FTP 主机”文本框中输入用作上传服务器相应的 IP 地址。在“登录”文本框和“密码”文本框中分别输入 FTP 账户名和密码信息，如图 7-24 所示。

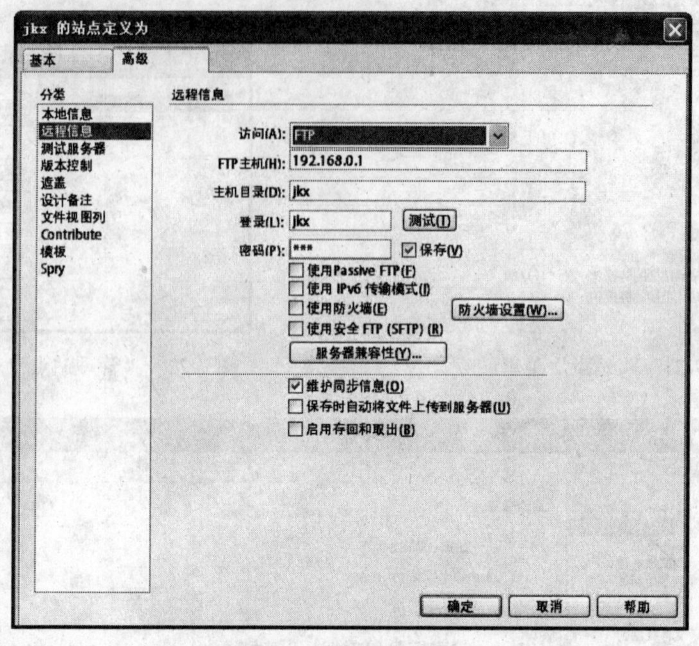

图 7-24 设置远程信息

3）在“jkx 的站点定义为”对话框左侧列表框中选择“测试服务器”选项。“服务器模型”列表框中选择设 ASP VBScript 选项。“访问”列表框中选择“本地/网络”选项。在“测试服务器文件夹”文本框中输入站点文件所存放的位置，例如，d:\jsj\。在“URL 前缀”文本框中输入站点根文件夹的位置，例如，http://localhost/，如图 7-25 所示。

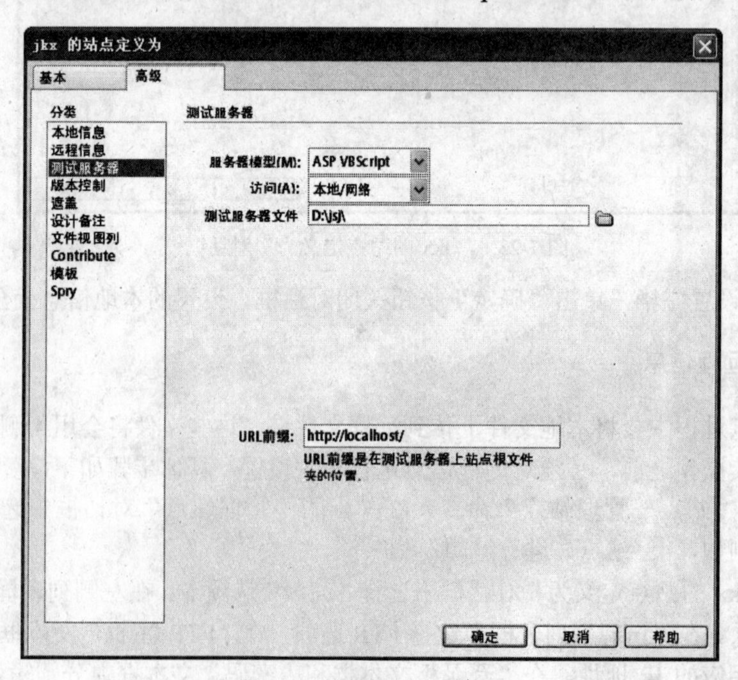

图 7-25 测试服务器设置

注意：Dreamweaver 中所建立的站点链接，可直接对其文件、文件夹操作，不必回到系统“资源管理器”中操作。

7.3.4　设置远程信息时应注意的事项

用户可以借助多种方法来设置远程信息，对网站服务器进行配置。下面列出了一些有关远程信息设置时可能遇到的问题以及解决的方法。

1. 文件目录的相对定位

使用 Dreamweaver 的 FTP 功能，实现远程站点发布，要先确保将远程系统的根文件夹指定为主机目录。这样就能够在远程文件系统中通过查找，定位到任何远程目录。

注意：如果使用了单斜杠（/）来指定远程服务器目录，则可能需要指定从所链接目录到远程根目录的相对路径。例如，如果远程根文件夹为一个高级别的深层目录，则需要使用父路径“../../”来指定远程服务器目录。

2. 文件命名的规范操作

对于包含空格和特殊字符的文件名在远程传输过程中，容易出现问题。尽量使用下划线或者别的符号来替换空格。尽可能避免在文件名中使用特殊字符，例如，冒号（:）、句号（.）、斜杠（/）等都会引发问题。

在实际操作中也尽量避免使用长文件名来对文件进行命名。因为长文件名有可能在部分操作系统中无法被正确识别，例如，Macintosh 中一般不能识别超过 31 个字符的文件名。

3. 文件链接的别名差异

由于服务器所使用的操作系统有差异，在文件链接上也会出现一些因别名产生的问题。例如，在 Windows 系统下的别名（快捷方式）、UNIX 系统下的别名（符号链接），将服务器磁盘中的一个文件夹和其他地方的另一个文件夹链接起来。在大多数情况下，这样的别名链接不会造成什么影响。但如果可以链接到服务器的某一部分而不能链接到另一部分，则可能存在各系统下别名差异的问题。

7.3.5　管理教学站点

Dreamweaver CS4 可以对站点进行导入和导出操作。将站点导出为包含站点设置的带.ste 文件扩展名的 XML 文件，作为备份。等到需要还原时，将该站点信息导入 Dreamweaver 中。这样，就实现了在不同的计算机和产品版本之间移动站点的目的，同时也实现了与其他用户的信息共享。

1. 导出网站

导出网站操作可以对当前定义的 Dreamweaver 站点信息进行备份，具体操作步骤如下。

1）执行“站点→管理站点”命令，弹出“管理站点”对话框，如图 7-26 所示。

2）单击“导出”按钮，出现“导出站点”对话框，输入新的配置文件名。

3）浏览要保存站点的位置，单击“保存”按钮。如果需要导出配置文件至远端服务器，则 Dreamweaver 会询问是否要进行备份设置，或是提示将该设置与其他用户共享，如图 7-27 所示。

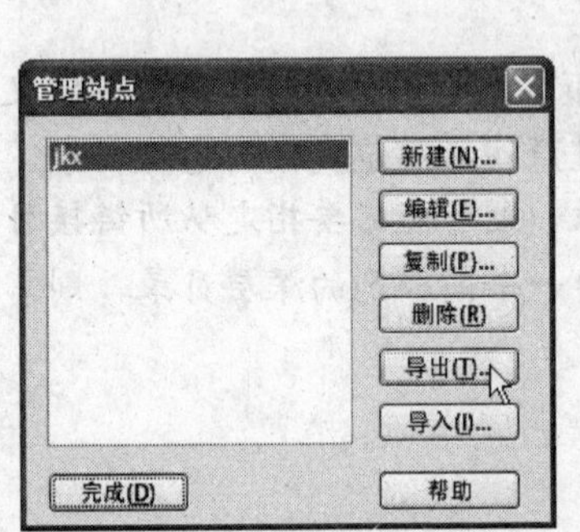

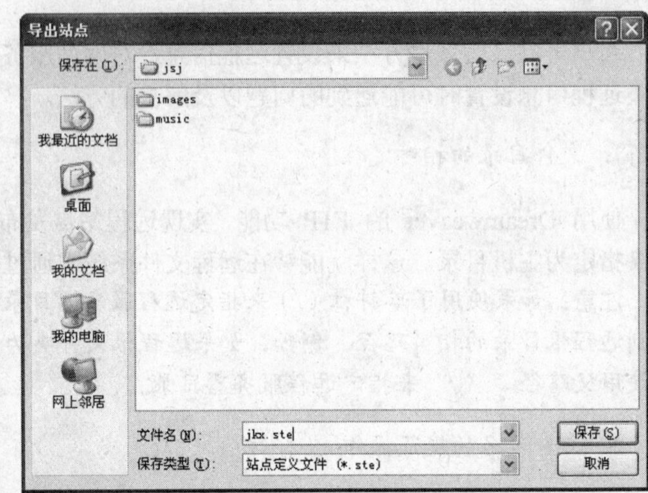

图 7-26 “管理站点”对话框　　图 7-27 “导出站点”对话框

2. 导入网站

导入网站操作可以恢复先前进行备份的 Dreamweaver 站点信息，具体操作步骤如下。

1）执行“站点→管理站点”命令，弹出的“管理站点”对话框，如图 7-28 所示。

2）单击“管理站点”对话框中的“导入”按钮，出现“导入站点”对话框。浏览并选择要导入的一个或多个具有.ste 文件扩展名的文件，如图 7-29 所示。

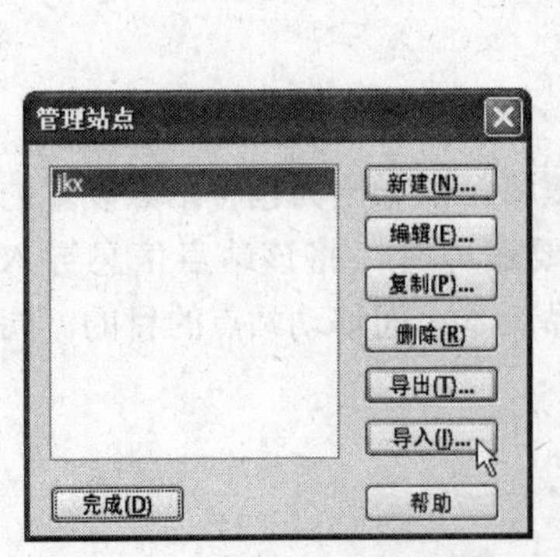

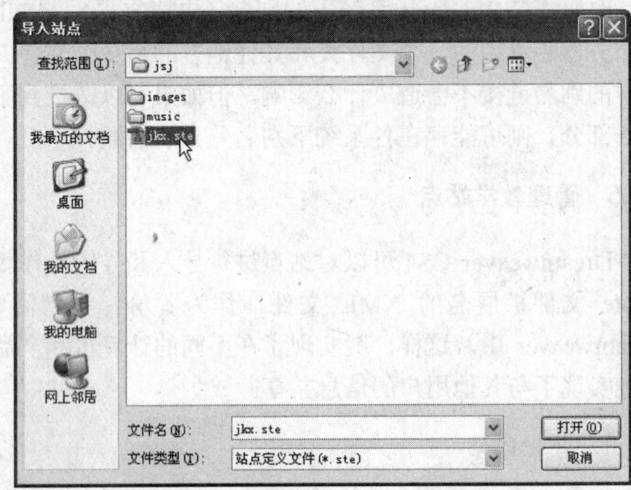

图 7-28 “管理站点”对话框　　图 7-29 “导入站点”对话框

注意： 若要选择多个站点配置文件，请按住 Ctrl 键再去选择多个.ste 文件。若要选择某一范围的站点，可按住 Shift 键单击该范围中的第一个和最后一个文件。

3）单击“打开”按钮，导入站点，站点名称会新添入“管理站点”左侧列表框中。

3. 删除站点

对于站点列表中不再需要使用的某一站点，可以进行删除操作。操作过程极为简单，具体步骤如下。

1）执行“站点→管理站点”命令，弹出“管理站点”对话框，如图 7-30 所示。

2）单击“删除”按钮，出现“您不能撤销该动作，要删除选中的站点吗？”对话框，如图 7-31 所示。

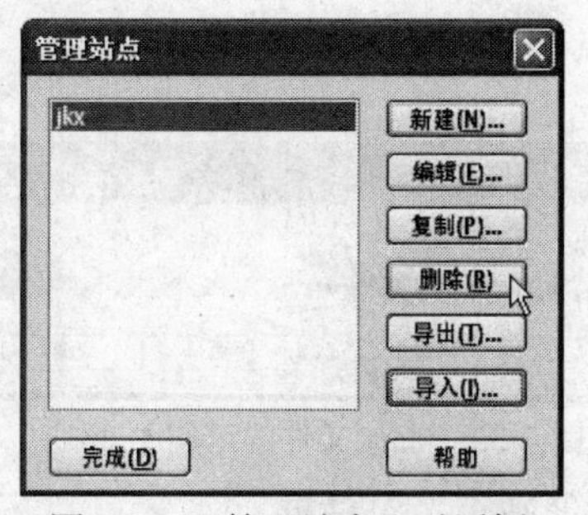

图 7-30 “管理站点”对话框

图 7-31 删除站点

3）确认删除后，该站点名称将从“管理站点”对话框列表框中消失，而其所有站点设置信息也被永久删除。

注意：从站点列表中删除站点这一操作，对站点中的文件不会造成任何影响，但有关该站点的所有设置信息将会永久丢失。

7.3.6 上传和获取文件

1. 上传文件

该操作就是把编辑好的文件从本地站点复制到远程服务器上，具体操作步骤如下。

1）执行“站点→管理站点”命令，弹出“管理站点”对话框。

2）在左侧站点列表框中选择需要操作的对象。在“文件”面板中选择要操作的文件对象，右击该文件，在弹出的快捷菜单中，执行“上传”命令，如图 7-32 所示。

3）一般会选择使用 FTP 传送文件，所以在执行“上传”命令后，Dreamweaver 会自动进入站点远程信息建立与远程服务器的链接，如图 7-33 所示。

4）必须注意的是，如果要上传的文件尚未保存，就会弹出一个提示确认。该对话框会询问在上传文件到远程服务器之前是否要先对文件进行保存。如果选择不保存文件，最近所作的任何修改都不会被上传到服务器。

2. 获取文件

获取文件也就是通常所说的下载文件，就是从远程站点复制文件到本地站点，具体操作步骤如下。

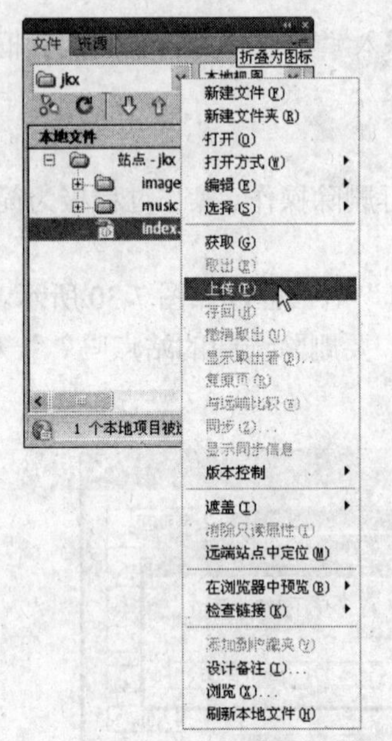

图 7-32　把选定文件上传至远程服务器上

图 7-33　上传文件的过程

1）执行“站点→管理站点”命令，弹出“管理站点”对话框。

2）在左侧站点列表框中选择需要操作的对象。在“文件”面板中选择“远程视图”选项，如图 7-34 所示。

3）在其站点目录下选择要操作的文件，右击该文件，在弹出的快捷菜单中，执行“获取”命令。

4）Dreamweaver 会根据之前的站点远程信息建立与远程服务器的链接。在这个获取过程中通常需要花费一定的时间。单击站点窗口右下角的“取消”按钮，就可以随时中止文件的传输，如图 7-35 所示。

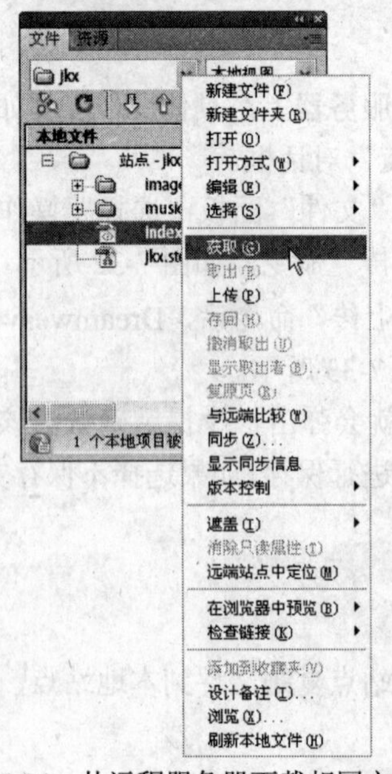

图 7-34　从远程服务器下载相同文件

图 7-35　下载进行中

要使本地站点的文件与远程站点的文件保持一致，就要使用 Dreamweaver 的文件同步功能，具体操作步骤如下。

1）执行“站点→管理站点”命令，弹出“管理站点”对话框。

2）在左侧站点列表框中选择需要操作的对象。在“文件”面板中选择需要实现同步管理的站点或者文件，右击该文件，在弹出的快捷菜单中，执行“同步”命令。

3）在弹出的“同步文件”对话框中进行相关的设置。若要同步整个站点，从“同步”列表框中选择“整个 jkx 站点”选项。若只同步选定的文件，选择“仅选中的本地文件”选项。在“方向”列表框中提供了 3 种同步方向供选择：“放置较新的文件到远程”、“从远程获取较新的文件”和“获得和放置较新的文件”。如果同时选中“删除本地驱动器上没有的远程文件”复选项，那么 Dreamweaver 将删除远程站点上存在但本地站点没有的那些文件，如图 7-36 所示。

4）在同步站点之前，可以根据需要来验证要上传、获取、删除或忽略哪些文件。Dreamweaver 还将在完成同步操作后，会以列表形式确认对哪些文件进行了更新，如图 7-37 所示。

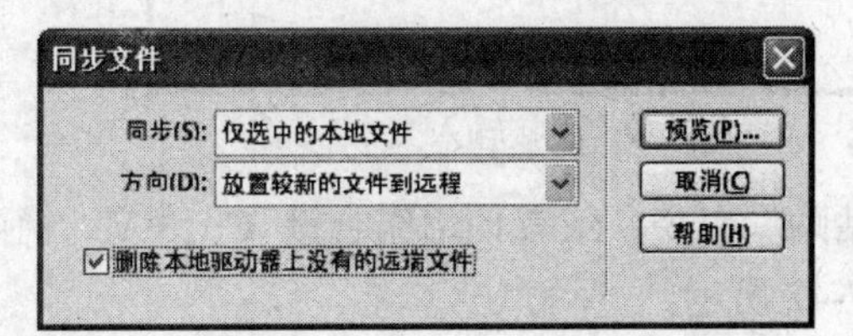

图 7-36 “同步文件”对话框

图 7-37 同步文件在进行中

7.4 编辑教学网页

7.4.1 文本的编辑

文本是网页中非常重要的元素之一，它是网页传递信息的重要载体，通常内容丰富的网页都有大量的文字。在网页中插入文本与在 Word 等文字处理软件中添加文本差不多，要在网页插入文本，需要用到“文本”插入工具栏，如图 7-38 所示。

在 Dreamweaver CS4 中为网页文档插入文本，通常可以使用以下 3 种方法。

1. 插入普通文本

在 Dreamweaver CS4 中为网页文档插入文本时，可直接在文档窗口中输入文本。在设计视图中，用户将光标定位在要插入文本的位置处，选择合适的输入法，输入文本即可，如图 7-39 所示。

技巧：切换到中文全角状态，可以输入连续的多个空格。

2. 复制文本

用户可以从其他的应用程序中复制文本，然后切换到 Dreamweaver CS4 中，将光标

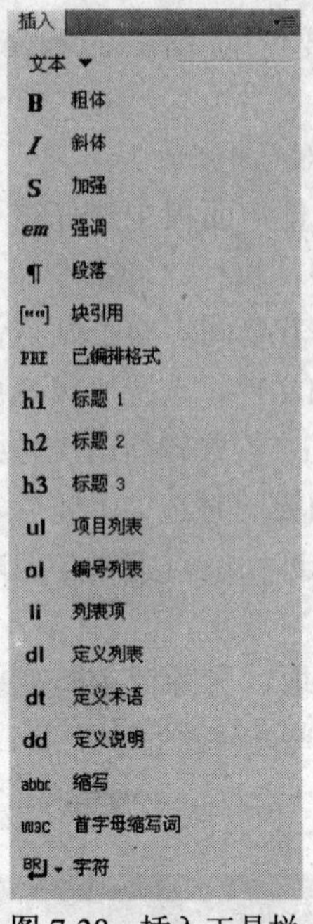

图 7-38　插入工具栏

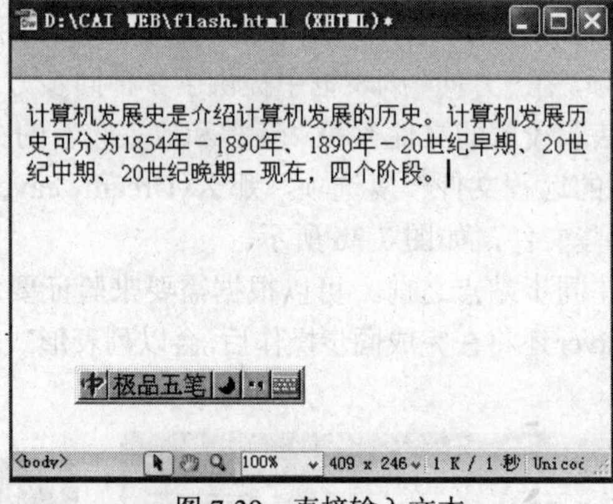

图 7-39　直接输入文本

定位在要插入文本的位置，执行“编辑→粘贴”命令，或者使用组合键 Ctrl＋V，就可以将文本粘贴到窗口中了，如图 7-40～图 7-42 所示。

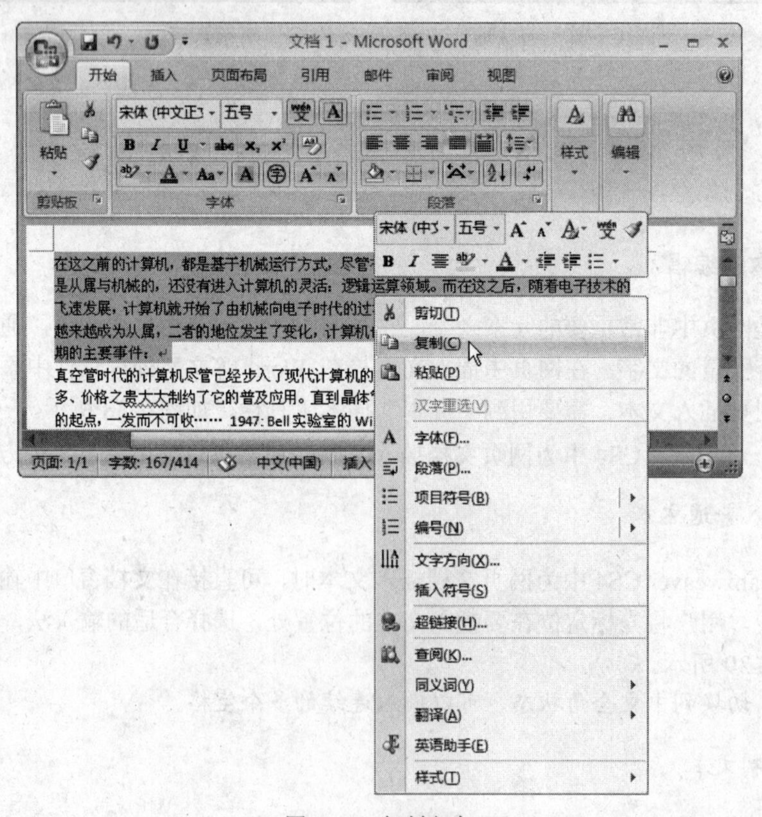

图 7-40　复制文本

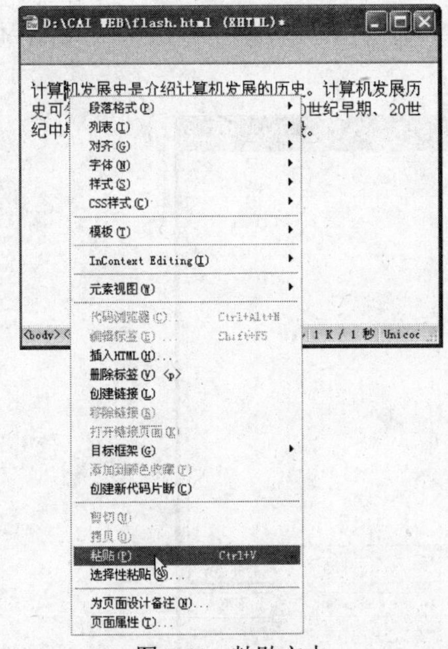

图 7-41　粘贴文本

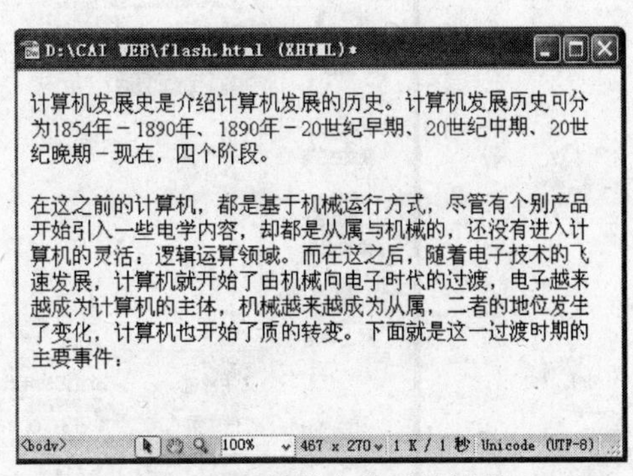

图 7-42　粘贴文件后的效果

技巧：执行“编辑→选择性粘贴”命令，可以进行多种形式的粘贴，其中“仅文本”可以不带其他的程序格式。也可以执行“编辑→首选参数→复制/粘贴”命令，设置粘贴的首选项。

3. 导入文本

在 Dreamweaver CS4 中可以导入 XML 模板、表格数据、Word 及 Excel 等文档中的数据和文本。操作方法如下。

1）将光标定位在要插入文本的位置。

2）执行“文件→导入→Word 文档”命令，如图 7-43 所示。

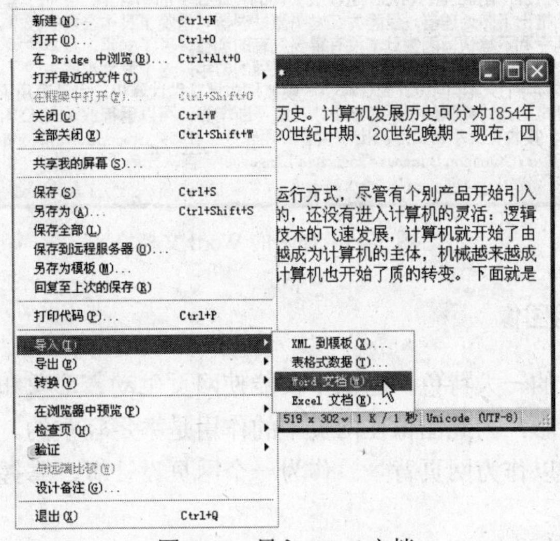

图 7-43　导入 Word 文档

3）在弹出的对话框的“查找范围”下拉列表中选择保存好的 Word 文档的位置，在中间找到要导入的文档并选中它，如图 7-44 所示。

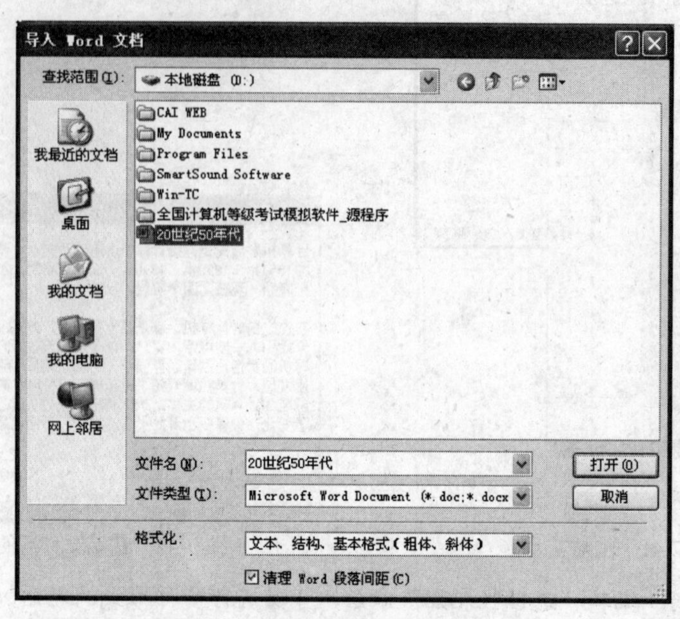

图 7-44 “导入 Word 文档”对话框

4）单击“打开”按钮，即可将该 Word 文档导入到网页文件中，如图 7-45 所示。

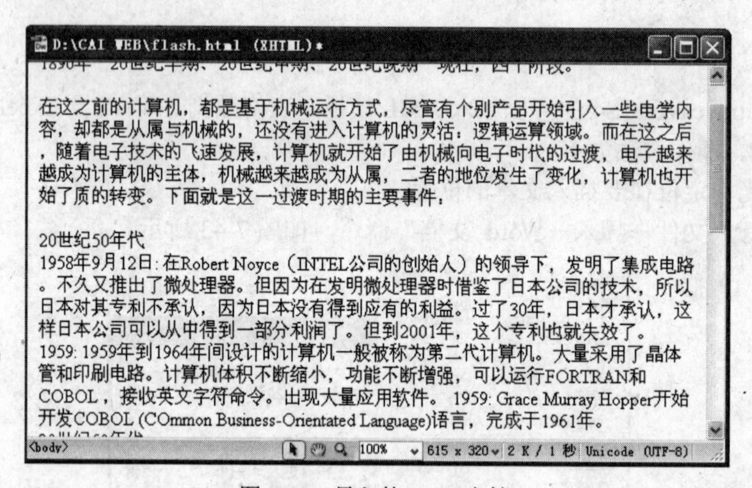

图 7-45 导入的 Word 文档

7.4.2 在网页中使用图像

图文并茂是网页的一大特色，图像不仅能使网页生动、形象和美观，而且能使网页中的内容更加丰富多彩，因此图像在网页中的作用是举足轻重的。在网页中的图像既可以是网页内容，也可以作为网页背景。作为一个网页设计者，掌握好网页中图像的应用尤为重要。

1. 网页中支持的图像文件格式及模式

常见的图像颜色模式有 HSB 模式、RGB 模式、CMYK 模式、位图模式、灰度模式、Lab 模式以及索引颜色模式等。但在网页仅支持 RGB 8 位模式及索引颜色模式，用户在使用过程中一定要注意。

目前，互联网上支持的图像格式主要有 GIF、JPEG 和 PNG，其中使用非常广泛的是 GIF 和 JPEG。

GIF（Graphics Interchange Format，图像互换格式）是 CompuServe 公司在 1987 年开发的图像文件格式。GIF 文件的数据，是一种基于 LZW 算法的连续色调的无损压缩格式。其压缩率一般在 50%左右，它不属于任何应用程序。目前几乎所有相关软件都支持它，公共领域有大量的软件在使用 GIF 图像文件。GIF 图像文件的数据是经过压缩的，而且是采用了可变长度等压缩算法。GIF 格式的另一个特点是其在一个 GIF 文件中可以保存多幅彩色图像，如果把保存于一个文件中的多幅图像数据逐幅读出并显示到屏幕上，就可构成一种最简单的动画。

JPG 也称为 JPEG（Joint Photographic Expert Group，联合图像专家组）是由国际标准组织（International Standardization Organization，ISO）和国际电话电报咨询委员会（Consultation Committee of the International Telephone and Telegraph，CCITT）为静态图像所建立的第一个国际数字图像压缩标准，也是至今一直在使用的、应用最广的图像压缩标准。JPEG 由于可以提供有损压缩，因此压缩比可以达到其他传统压缩算法无法比拟的程度。

PNG 图像文件存储格式，是试图替代 GIF 和 TIFF 文件格式，同时增加一些 GIF 文件格式所不具备的特性。流式网络图形格式（Portable Network Graphic Format，PNG）名称来源于非官方的“PNG's Not GIF”，是一种位图文件（Bitmap File）存储格式，读成 ping。PNG 用来存储灰度图像时，灰度图像的深度可多到 16 位；存储彩色图像时，彩色图像的深度可多到 48 位；还可存储多到 16 位的 α 通道数据。PNG 使用从 LZ77 派生的无损数据压缩算法。一般应用于 Java 程序中，因为它压缩比高，生成文件容量小，也应用于网页或 S60 程序中。

PNG 格式图片因其高保真性、透明性及文件较小等特性，被广泛应用于网页设计、平面设计中。网络通信中因受带宽制约，在保证图像清晰、逼真的前提下，网页中不可能大范围地使用文件较大的 BMP、JPEG 格式文件，GIF 格式文件虽然较小，但其颜色失真严重，差强人意，所以 PNG 格式文件自诞生之日起就受到人们的欢迎。

PNG 格式图片通常被当成素材来使用，在设计过程中，不可避免地要搜索相关文件。如果是 JPEG 格式文件，抠图就在所难免，费时费力；GIF 格式虽然具有透明性，但其只是对其中一种或几种颜色设置为完全透明，并没有考虑对周围颜色的影响，所以此时 PNG 格式文件就成了人们的不二之选。经常在网页中看到整个页面使用同一个 PNG 图片做背景，按钮、导航条等全做在一张图片上，究其缘由，无非就是 PNG 图片在下载过程中占带宽较小，而且颜色逼真，下载一次可重复使用。

了解了以上的知识后，当用户准备往 Web 页上加图像时，会马上遇到一个问题，即用什么样的图形格式？

上面已经提到，目前网页中使用的图像文件格式主要是GIF和JPEG，但GIF和JPEG哪个更好呢？回答是：要根据图形的使用情况而定，即通常根据用户想用多大的图形、对下载速度的要求等选择图形的类型。如果图形使用了很多颜色，特别是不同颜色相互交叉，最好采用JPEG格式。

如果所用图形的颜色比较简单，比如人才招聘会的招贴，应采用GIF格式。多颜色图形采用JPEG格式的原因是，JPEG可以保存几百万种颜色，而GIF只局限于256种颜色。另一个重要的问题是文件的尺寸。JPEG允许压缩比大一些；GIF的压缩比小一些。对于比较大的图形，宜采用JPEG格式。虽然JPEG几乎能保持图形的原貌，但也不要因此而否定GIF格式。当图形上有大片的颜色时，用JPEG会破坏图片，图像效果不佳。另外，GIF可以做到一些JPEG不能做到的事情。比如，可以对GIF进行交织处理。交织处理的GIF图形可以先以低清晰度全部下载，然后再慢慢变清晰。这样，用户就可以先快速看到是一个什么图形。而JPEG则只能一行一行地下载，直到全图下载完毕，才可以看到整个图形。此外，GIF可以做成透明的，还可以做成动画，这些都是JPEG格式做不到的。

2. 在网页插入图像的方法

在制作网页时，先构想好网页布局，在图像处理软件（如Photoshop或Fireworks）中将需要插入的图片进行处理，然后存放在站点根目录下的文件夹里。具体操作步骤如下。

1）新建一个网页文件。

2）将光标定位于需要插入图像的位置，如图7-46所示。

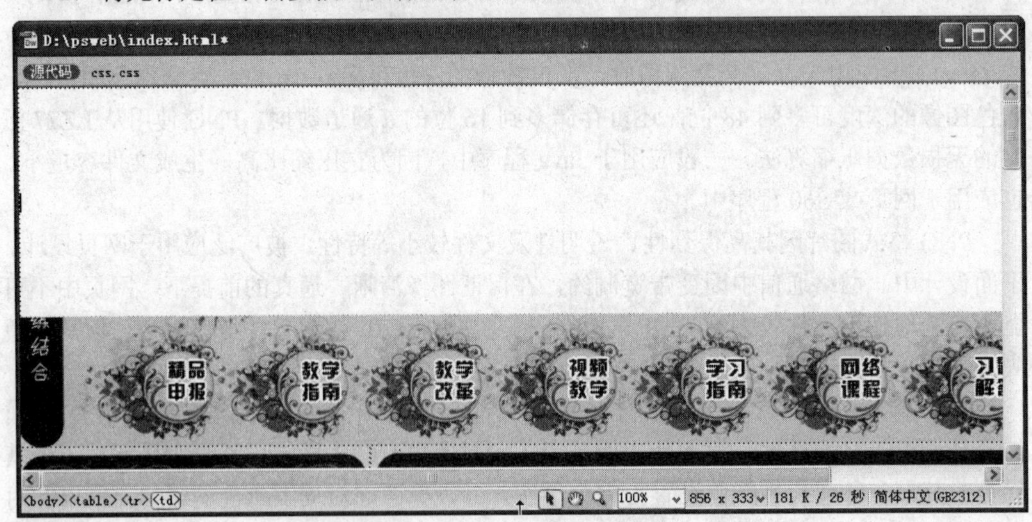

图7-46　定位插入光标

3）执行“插入→图像”命令（如图7-47所示）或者单击插入工具栏中的“图像”按钮（如图7-48所示），皆会弹出“选择图像源文件”对话框，如图7-49所示。

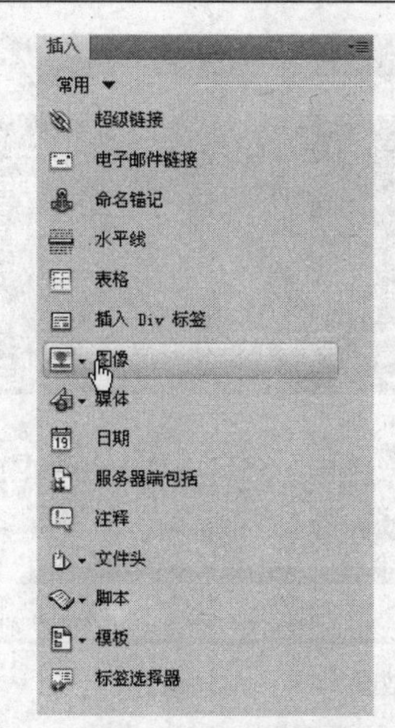

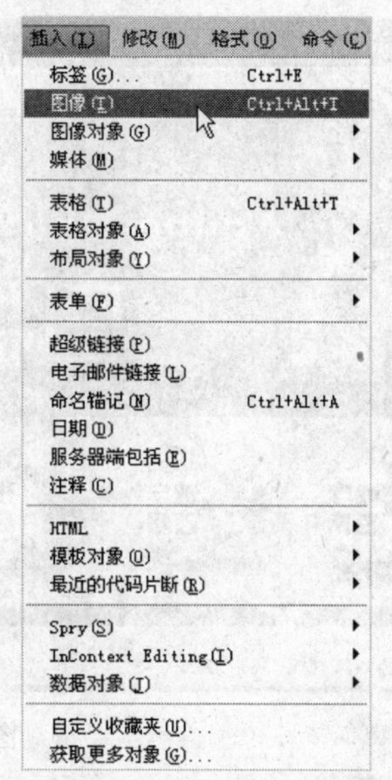

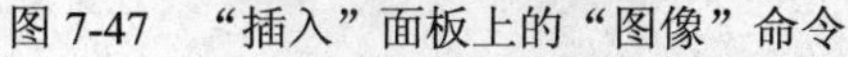
图 7-47　“插入”面板上的“图像”命令　　图 7-48　“插入”菜单中的“图像”命令

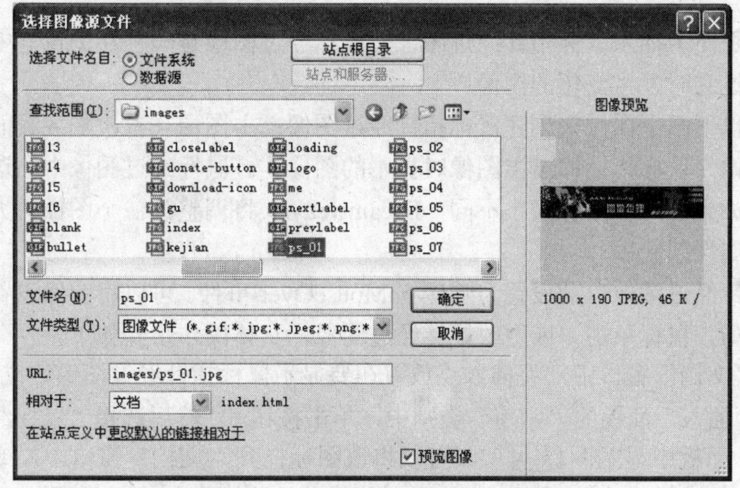

图 7-49　“选择图像源文件”对话框

4）在“查找范围”下拉列表中选择网站所在路径（一般情况下系统将自动定位于网站路径），在其中找到待插入的图像文件 ps_01.jpg。

5）单击“确定”按钮，在弹出的“图像标签辅助功能属性”对话框（如图 7-50 所示）中直接单击“取消”按钮，即可完成插入图像的操作，如图 7-51 所示。

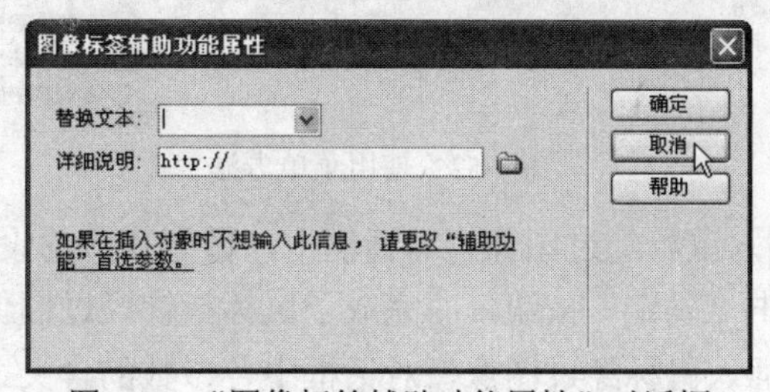

图 7-50　“图像标签辅助功能属性”对话框

图 7-51　插入图像后的效果

3. 插入鼠标经过图像

可以在页面中插入鼠标指针经过图像。鼠标经过图像是一种在浏览器中查看并使用鼠标指针移过它时发生变化的图像。

必须用以下两个图像来创建鼠标指针经过图像：主图像（首次加载页面时显示的图像）和次图像（鼠标指针移过主图像时显示的图像）。鼠标经过图像中的这两个图像应大小相等；如果这两个图像大小不同，Dreamweaver 将调整第二个图像的大小以便与第一个图像的属性匹配。

鼠标指针经过图像自动设置为响应 onMouseOver 事件。可以将图像设置为响应不同的事件（例如，鼠标单击）或更改鼠标经过图像。具体操作步骤如下。

1）在“文档”窗口中，将插入点放置在要显示鼠标指针经过图像的位置。

2）在“插入”面板的“常用”类别中，单击按钮▾，然后选择“鼠标经过图像”图标。“插入”面板中显示图标后，可以将该图标拖到“文档”窗口中。或者执行“插入→图像对象→鼠标经过图像”命令，如图 7-52 所示。

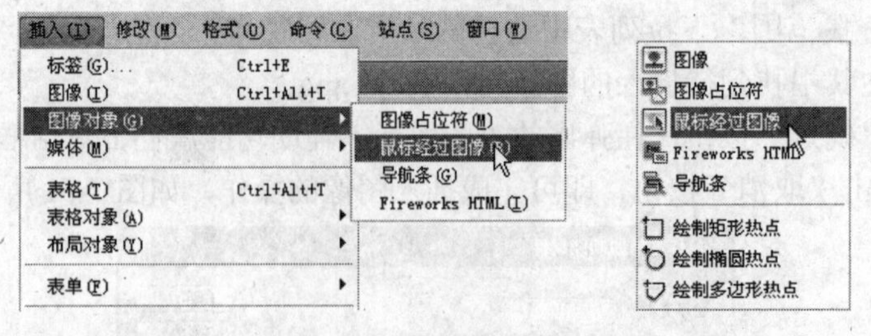

图 7-52　使用菜单方法

3）在弹出的“插入鼠标经过图像”对话框中，做好相应的设置，如图 7-53 所示。设置完成后，单击“确定”按钮，即完成了鼠标指针经过图像的插入操作。

下面具体介绍“插入鼠标经过图像”对话框中各参数的含义。

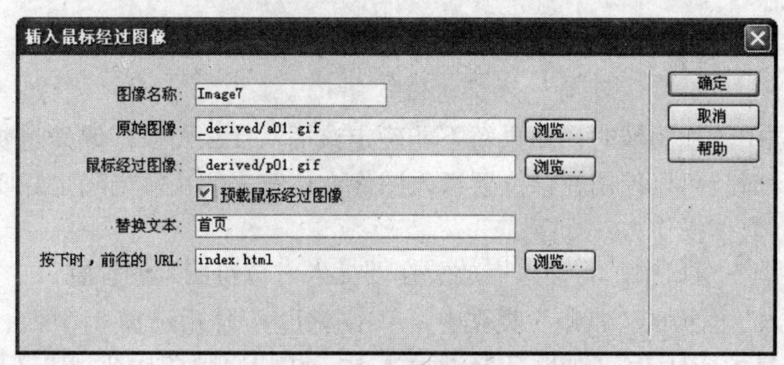

图 7-53 “插入鼠标经过图像”对话框

（1）图像名称

“图像名称”是指鼠标经过图像的名称。

（2）原始图像

“原始图像”是指页面加载时要显示的图像。在文本框中输入路径，或单击“浏览”并选择该图像。

（3）鼠标经过图像

“鼠标经过图像”是指鼠标指针滑过原始图像时要显示的图像。输入路径或单击“浏览”按钮选择该图像。

（4）预载鼠标经过图像

“预载鼠标经过图像”是指将图像预先加载浏览器的缓存中，以便用户将鼠标指针滑过图像时不会发生延迟。

（5）替换文本

“替换文本”是一种（可选）文本，为使用只显示文本的浏览器的访问者描述图像。

（6）按钮

按下时，前往的 URL：用户单击鼠标经过图像时要打开的文件。输入路径或单击“浏览”并选择该文件。

注意：如果用户不为该图像设置链接，Dreamweaver 将在 HTML 源代码中插入一个空链接（#），该链接上将附加鼠标经过图像行为。如果删除空链接，鼠标经过图像将不再起作用。

执行“文件→在浏览器中预览”命令，或按 F12 键，即可查看效果，将鼠标指针移过原始图像以查看鼠标经过图像，如图 7-54 和图 7-55 所示。

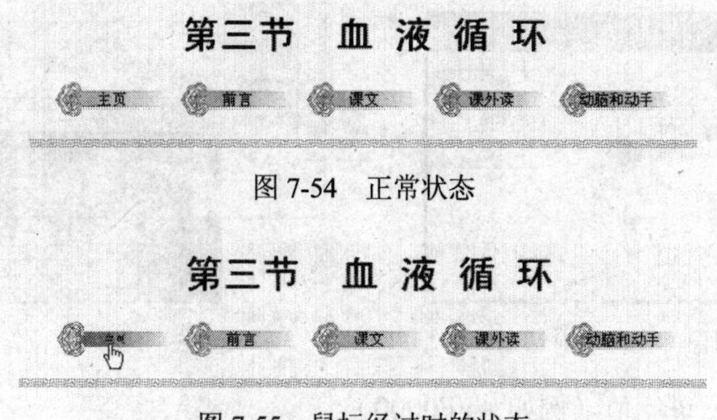

图 7-54　正常状态

图 7-55　鼠标经过时的状态

4. 插入图像占位符

在网页文档中添加图像时，如果暂不能确定该插入什么图像，但又需要确定图像的大小和位置，此时就可以使用在该位置插入图像占位符来解决，当确定好要插入的图像时再将其插入，具体操作方法如下。

1）在“文档”窗口中，将插入点放置在要插入占位符图形的位置。

2）在“插入”面板的“常用”类别中，单击按钮▼，然后选择“图像占位符”图标。“插入”面板中显示图标（如图 7-56 所示）后，可以将该图标拖到“文档”窗口中。或者执行“插入→图像对象→图像占位符”命令，如图 7-57 所示。

3）在弹出的“图像占位符”对话框中，进行设置，如图 7-58 所示。下面分别介绍图 7-58 中各项目的功能。

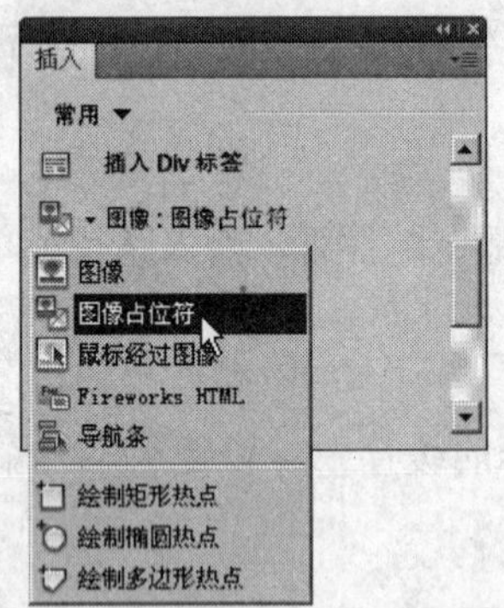

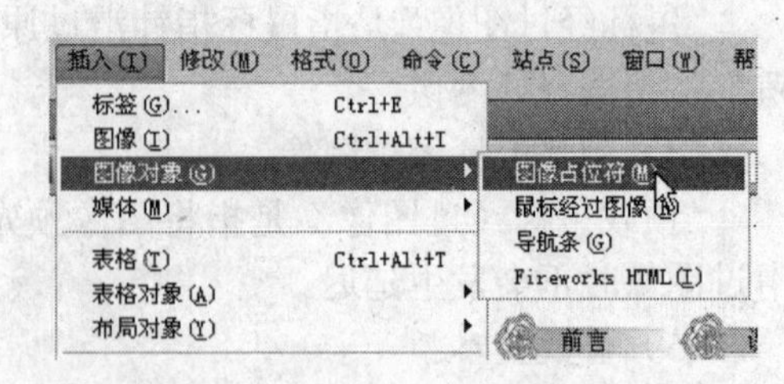

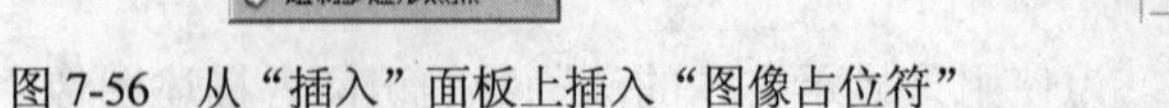

图 7-56 从“插入”面板上插入“图像占位符” 图 7-57 菜单方式插入“图像占位符”

“名称”（可选）：输入要作为图像占位符的标签显示的文本。如果不想显示标签，则保留该文本框为空。名称必须以字母开头，并且只能包含字母和数字；不允许使用空格和高位 ASCII 字符。

“宽度”和“高度”（必需）：键入设置图像大小的数值（以像素表示）。

“颜色”（可选）：执行下列操作之一，即可应用颜色。

使用颜色选择器选择一种颜色，如图 7-59 所示。

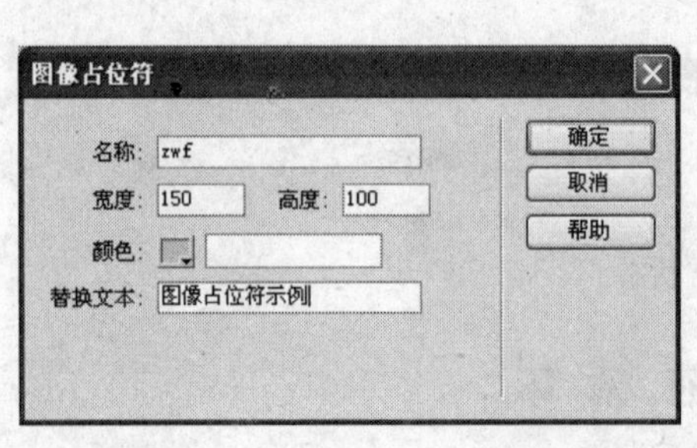

图 7-58 “图像占位符”对话框

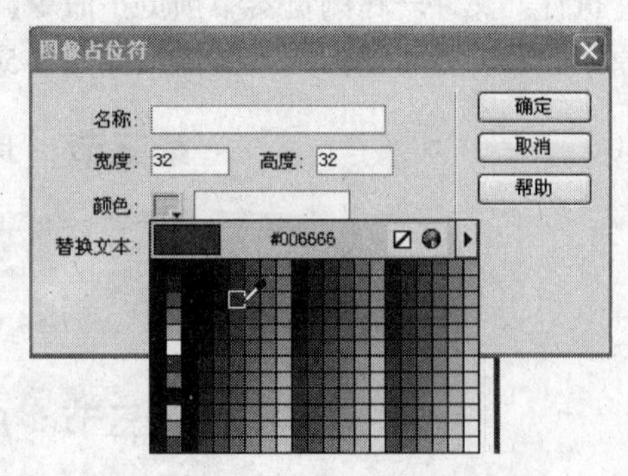

图 7-59 图像占位符颜色设置

输入颜色的十六进制值（例如 #FF0000）。

输入网页安全色名称（例如 red）。

“替换文本”（可选）：为使用只显示文本的浏览器的访问者输入描述该图像的文本。

注意：HTML 代码中将自动插入一个包含空 src 属性的图像标签：

```
<img name="zwf" src=" "width="150" height="100" alt="图像占位符示例">
```

单击“确定”按钮，即可在光标所在位置插入图像占位符，如图 7-60 所示。

当在浏览器中查看时，占位符标签文字和占位符标签尺寸不会显示，如图 7-61 所示。

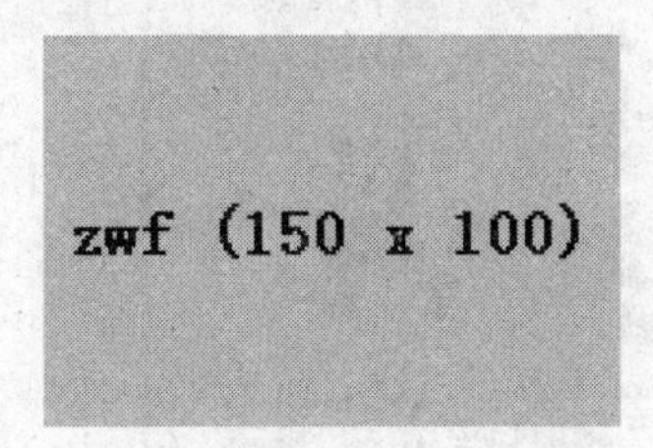

图 7-60　插入的图像占位符

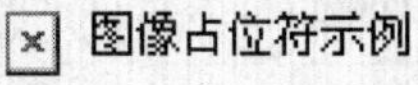

图像占位符示例

图 7-61　在浏览器时看到的图像占位符

图像占位符不在浏览器中显示图像。在发布站点之前，应该用适用于 Web 的图像文件（例如，GIF 或 JPEG）替换所有添加的图像占位符。

如果有 Fireworks 软件，则可以根据 Dreamweaver 图像占位符创建新的图形。新图像的设置要与占位符图像的大小相同。可以编辑该图像，然后在 Dreamweaver 中替换它。具体操作有以下两种方法。

1）双击图像占位符，将会弹出“选择图像源文件”对话框，如图 7-62 所示，选择准备替换的源图像文件，单击“确定”按钮，即完成了占位符图像的替换操作。

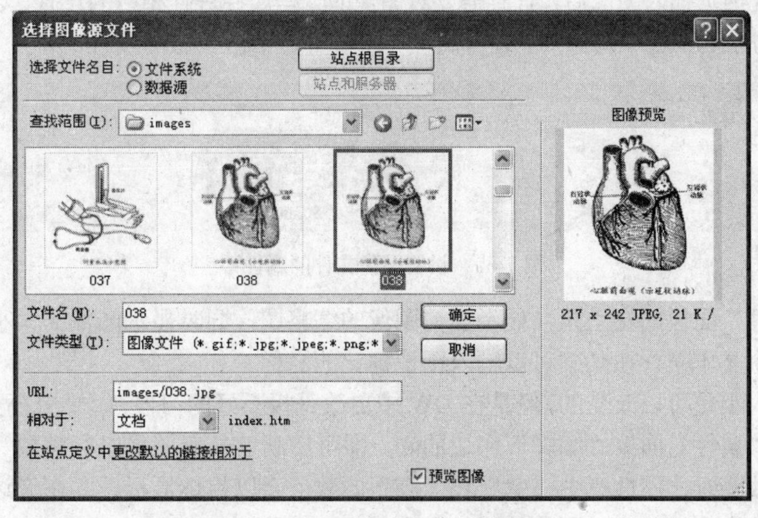

图 7-62　“选择图像源文件”对话框

2）单击图像占位符将其选中，然后在“属性”检查器（执行“窗口→属性”命令）中单击“源文件”文本框旁的文件夹图标，如图 7-63 所示。

在“选择图像源文件”对话框中，导航到要用其替换图像占位符的图像，然后单击“确定”按钮即可，如图 7-64 所示。

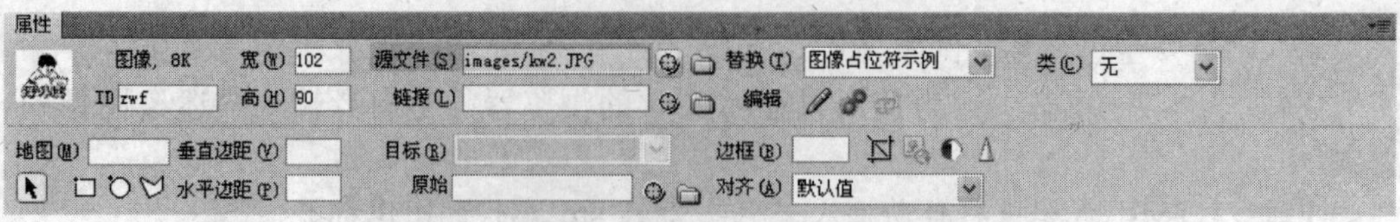

图 7-63　使用图像占位符的属性替换图像占位符

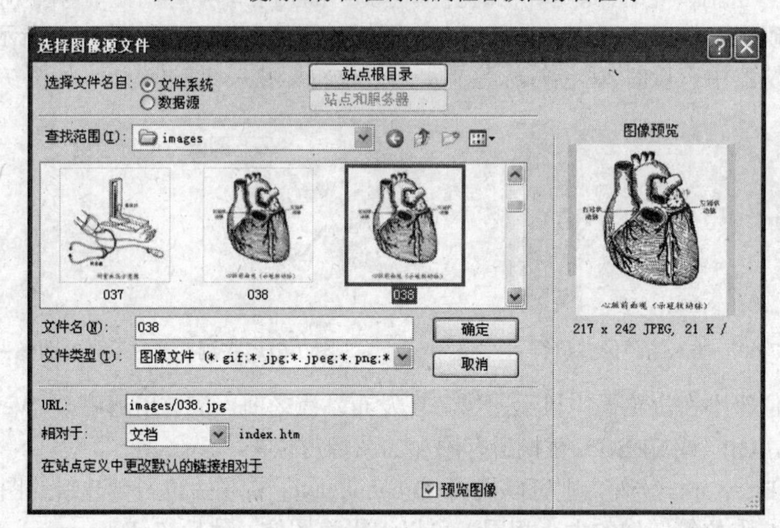

图 7-64　“选择图像源文件”对话框

5. 设置图像属性

当用户在网页插入图像后，有时需要对图像的一些属性进行相应的设置，以达到最后需要。操作方法为：选中图像后，在“属性”面板中显示出图像的属性，如图 7-65 所示。

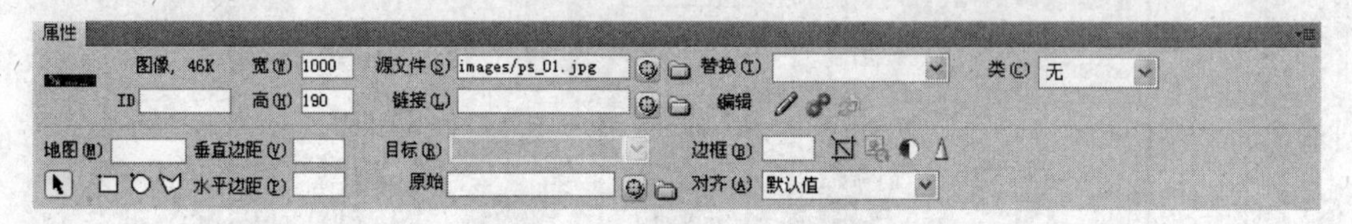

图 7-65　设置图像文件的属性

在“属性”面板的左上角，显示当前图像的缩略图，同时显示图像的大小。在缩略图右侧有一个文本框，在其中可以输入图像标记的名称。

图像的大小是可以改变的，但是在 DW 中更改是极不好的习惯，如果用户安装了 FW 软件，单击“属性”面板“编辑”旁边的✎，即可启动 FW 对图像进行缩放等处理。当图像的大小改变时，属性栏中“宽”和“高”的数值会以粗体显示，并在旁边出现一个弧形箭头，单击它可以恢复图像的原始大小。

“水平边距”和“垂直边距”文本框用来设置图像左右和上下与其他页面元素的距离。

“边框”文本框是用来设置图像边框的宽度，默认的边框宽度为 0。

“替代”文本框用来设置图像的替代文本，可以输入一段文字，当图像无法显示时，将显示这段文字。

单击“属性”面板中的“对齐”按钮，可以分别将图像设置成浏览器居左对齐、居中对齐、居右对齐。

在“属性”面板中，“对齐”下拉列表框是用于设置图像与文本的相互对齐方式，共有 10 个选项。通过这些选项可以将文字对齐到图像的上端、下端、左边和右边等，从而可以灵活地实现文字与图片的混排效果。

7.4.3　插入 Flash 动画

Flash 媒体元素包含 Flash 动画、Flash 按钮、Flash 文本和 Flash 视频。由于 Flash 表现力丰富，可以给人极强的视听感受，而且具有体积小、便于流通等特性，被大多数浏览器支持，因此被广泛应用在网络中。如用 Flash 制作的 Logo、Banner、Flash MTV 和 Flash 动漫等，甚至有许多网站都是直接使用 Flash 制作的。下面介绍在 Dreamweaver CS4 中插入各种 Flash 元素的方法。

在 Dreamweaver CS4 中插入 Flash 动画，首先需要将 Flash 动画复制到用户站点下相应文件夹中（如 SWF 文件夹），其实在 Dreamweaver CS4 中只需几步简单的操作，就可以插入 Flash 动画，具体操作如下。

1）新建一个网页文件，将鼠标光标定位到需要插入 Flash 动画的位置。

2）在“插入”工具栏中的“常用”栏中，单击“媒体”按钮后的按钮，在弹出的菜单中单击 SWF（如图 7-66 所示）或者执行“插入→媒体→SWF”命令，如图 7-67 所示。

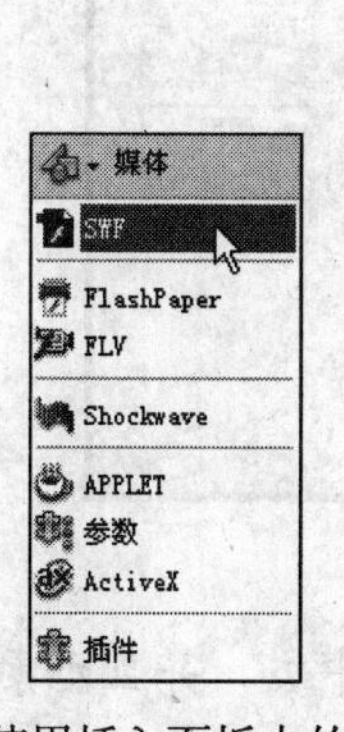

图 7-66　使用插入面板中的方式插入

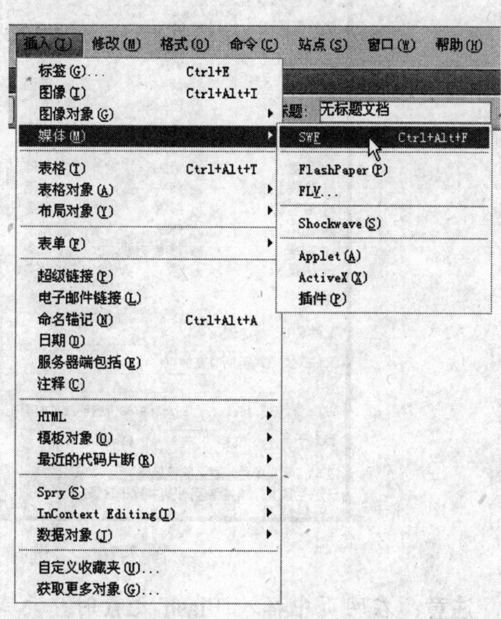

图 7-67　使用菜单方式插入

3）此时都会弹出如图 7-68 所示对话框。

4）单击“确定”按钮后将弹出“另存为”对话框，如图 7-69 所示，根据用户自己的需要保存文件即可弹出“选择文件”对话框，如图 7-70 所示。

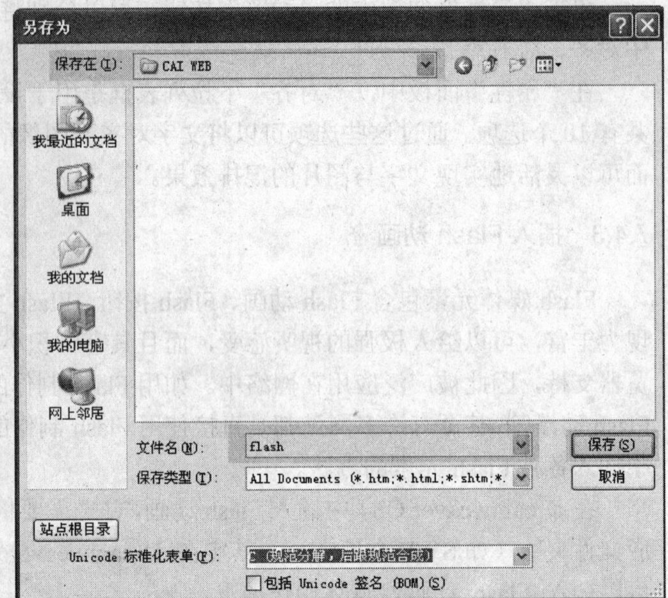

图 7-68 保存文件对话框　　图 7-69 “另存为”对话框

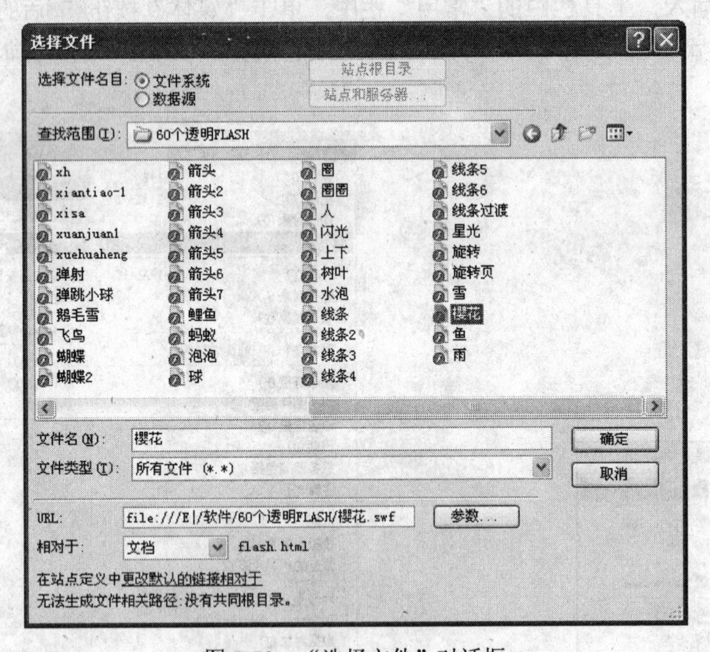

图 7-70 “选择文件”对话框

注意：在网页中插入 Flash 元素时，元素名称不能使用中文，并且元素最好保存在网页文件相同的文件夹中。

5）在“选择文件”对话框的“查找范围”下拉列表中选择 Flash 所在的位置，在其中找到“樱花”选项并选中。

6）单击“确定”按钮，在弹出的“对象标签辅助功能”对话框中直接单击“确定”

按钮，完成 Flash 动画的插入操作，如图 7-71 所示。

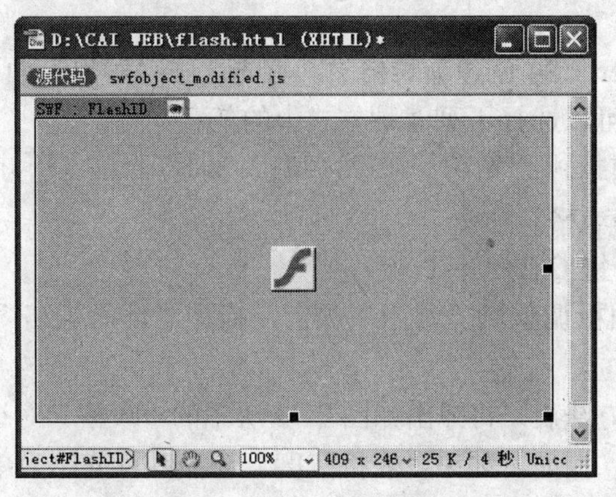

图 7-71　插入 Flash 后的效果

7）选中插入的 Flash 动画，在“属性”面板中设置动画的相关属性，如宽、高、文件名和对齐方式等，如图 7-72 所示。

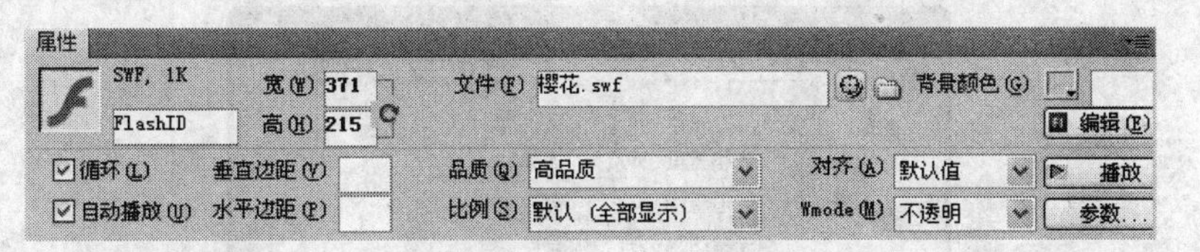

图 7-72　设置 Flash 的属性

提示：在网页文件中插入 Flash 动画时，有时需要将动画文件的背景设置成透明，此时只需切换到代码模式，找到插入的 Flash 代码位置，在其中加入一行“<param name="wmode" value="transparent" />”即可。

7.5　网页的布局方法

在开始建立 Web 页面前整体规划页面设计和布局，将有助于在开发过程中提高效率。通过页面的合理安排，条理清晰的框架结构，能使页面的形式美得到更好的展现。

Dreamweaver CS4 不仅是一款优秀的页面制作工具，同时还可以进行精确的页面排版和布局。其提供了一系列创建 Web 页面布局的方法，如表格、框架、框架集和层等。本章的学习重点就是掌握 Dreamweaver CS4 所提供的这些用于页面布局的方法和技巧。

7.5.1　使用表格布局网页

表格是网页制作的一个重要组成部分，表格之所以重要是因为表格除了其基本功能外可以实现网页的精确排版和定位。

1. 创建新表格

利用 Dreamweaver CS4 创建新表格时，首先选中“对象”面板中 View 栏目下“标准视图”按钮，然后可以选择下列 4 种方式中的任意一种。

1）将对象面板调整到“常用”类上，单击“插入表格”按钮。

2）执行“插入→表格”命令。

3）使用快捷组合键 Ctrl+Alt+T。

4）将“对象”面板调整到“常用”类上，拖动“插入表格”按钮到主窗口的工作区中。

采用上述任一种方法后，将弹出如图 7-73 所示的“表格”对话框。在对话框中可以设置表格的各种参数。例如，如果“表格宽度”选择以百分比为单位，就会根据浏览器的大小来自动调整表格的宽度；“边框粗细”设置为 0 的话，在浏览器预览时边框将不可见。

在这里创建一个具有 3 行 3 列的表格，如图 7-74 所示。

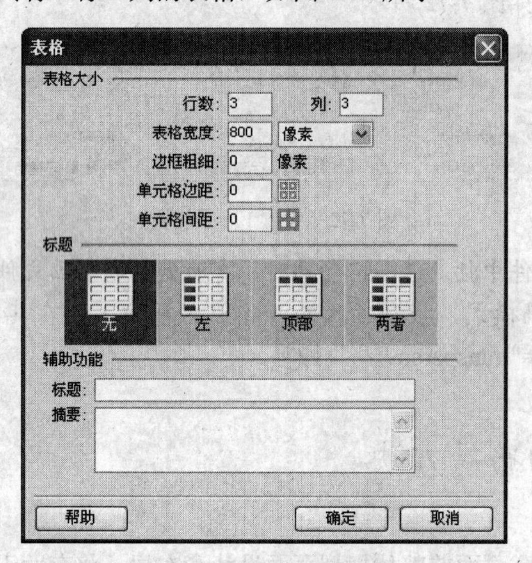

图 7-73 “表格”对话框

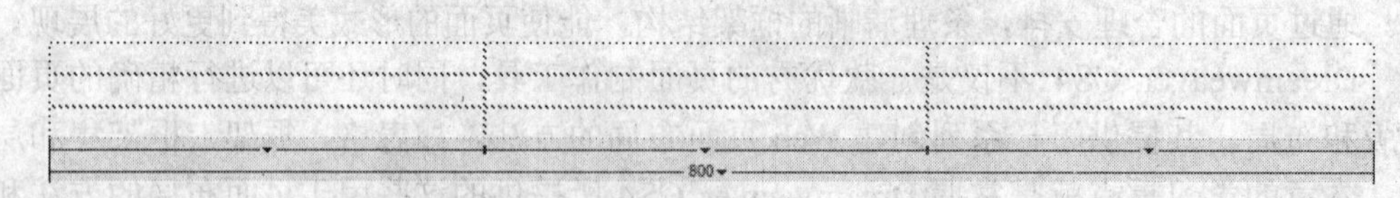

图 7-74 创建一个 3 行 3 列的表格

2. 选择表格

选择表格可分为选择整个表格和选择表格中的单元格。因为表格在网页布局中应用十分广泛，为了提高工作效率，下面对它进行详细的介绍。

1）如果要选择整个表格，则可进行如下的操作之一。

① 将光标置于表格内某个单元格中，执行“修改→表格→选择表格”命令。

② 将光标置于表格内某个单元格中，再按两次组合键 Ctrl+A。

③ 将光标置于表格内某个单元格中，右击，在弹出的快捷菜单中，执行“表格→选择表格”命令。

④ 将光标置于表格的尾部（在表格的同一行，但不在表格内），向左拖动鼠标。

⑤ 单击表格的边线。

2）选择单个单元格的方法有以下几种。

① 将光标置于所要选择的单元格中，按一次组合键 Ctrl+A。

② 将光标置于所要选择的单元格中，向右拖动鼠标。

③ 将光标置于所要选择的单元格中，执行“编辑→全选”命令。

④ 按住 Ctrl 键，单击所要选择的单元格，再单击一次则取消对单元格的选择。

3）选择多个单元格的方法有以下几种。

① 按住 Ctrl 键，单击所要选择的所有单元格。

② 将光标置于单元格中，拖动鼠标，选择多个单元格。

③ 如果要选择整行，将光标置于该行的左边缘，当光标变成➜图标时单击鼠标左键。

④ 如果要选择整列，将光标置于该列的上边缘，当光标变成⬇图标时单击鼠标左键。

4）选择全部单元格的方法有以下几种。

① 将光标置于第 1 个单元格中，并拖动鼠标至最后一个单元格。

② 将光标置于第 1 个单元格中，按住 Shift 键，再单击最后一个单元格。

③ 将光标置于第 1 行的左边缘，当光标变成➜图标时，向下拖动鼠标至最后一行。

④ 将光标置于第 1 列的上边缘，当光标变成⬇图标时，向右拖动鼠标至最后一列。

3. 添加／删除行列

1）在现有的表格中插入单元行，可以选择以下的操作之一。

① 将光标移到要插入单元行的下一行，执行“修改→表格→插入行”命令。

② 将光标移到要插入单元行的下一行，按组合键 Ctrl+M。

③ 将光标移到要插入单元行的下一行，右击，在弹出的快捷菜单中执行“表格→插入行”命令。

2）在现有的表格中插入单元列，可以选择以下的操作之一。

① 将光标移到要插入单元列的右边一列，执行“修改→表格→插入列”命令。

② 将光标移到要插入单元列的右边一列，按组合键 Ctrl +Shift +A。

③ 将光标移到要插入单元列的右边一列，右击，在弹出的快捷菜单中执行“表格→插入列”命令。

3）如果想在现有的表格中添加多行/列，首先将光标移到要插入的行/列附近的单元格中，右击，在弹出的快捷菜单中，执行“表格→插入行或列”命令，弹出“插入行或列”对话框，如图 7-75 所示。在此对话框中进行相关的设置，然后单击“OK”按钮，设置的多列或多行将插入到页面中。

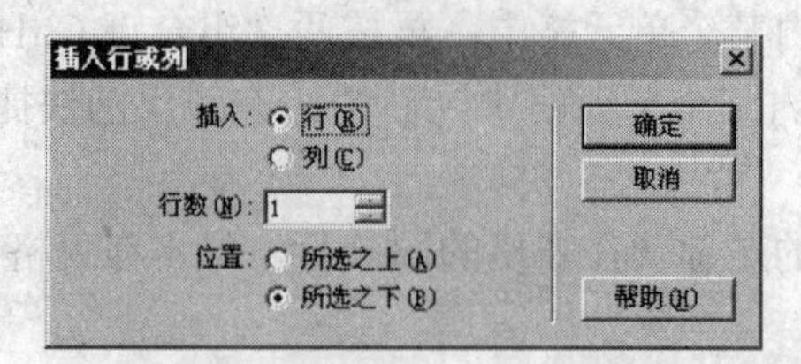

图 7-75 “插入行或列”对话框

4）删除整行/整列，可以采用下列办法之一。

① 先选择欲删除的整行或整列，直接按 Delete 键，即可删除。

② 先将光标移到要删除的行或列中，执行“修改→表格→删除行/列”命令。

③ 将光标移到要删除的行或列中，右击，在弹出的快捷菜单中，执行“表格→删除行/列”命令。

4. 编辑表格

可以利用表格的“属性”面板来对表格进行编辑，如图 7-76 所示。

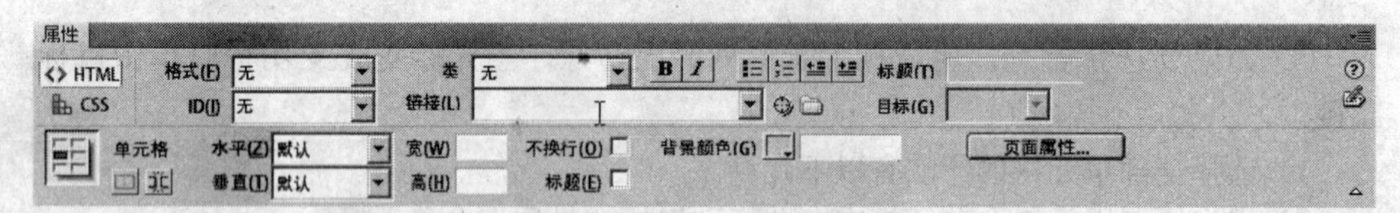

图 7-76 表格的“属性”面板

（1）设置表格的边框颜色

设置表格的边框颜色时，必须指定表格的边框线的宽度不为 0。要为表格的边框指定颜色，首先选择表格，单击“属性”面板上“边框颜色”的颜色框，在弹出的调色板中选择颜色，或者是在后面的文本框中直接输入颜色的色码，即可为表格的边框添加颜色。

（2）设置表格的背景

表格的背景与网页背景一样，既可以设定为单一的颜色，也可以用图片作为表格的背景。要将表格背景设为单一的颜色，首先选择整个表格，再单击“属性”面板上“背景颜色”后面的颜色框，在弹出的调色板中选择颜色，或者是在后面的文本框中直接输入颜色的色码；要将图像设为表格的背景，首先选择整个表格，再在“属性”面板上的“背景图像”文本框中输入图像所在的路径，或是单击其后的文件夹图标，在弹出的对话框中选择图像文件。

（3）设置表格高度

在创建表格时，可以通过表格对话框来设置表格的宽度，但无法设置表格的高度，如果要设置表格的高度，则必须通过表格“属性”面板来确定。

下面以一个简单的例子来示范表格的应用。

1）选中已经建立的 3×3 表格中间的 3 个单元格，然后单击“属性”面板上的合并单元格按钮，可以将中间的 3 个单元格合并成 1 个单元格，如图 7-77 所示。

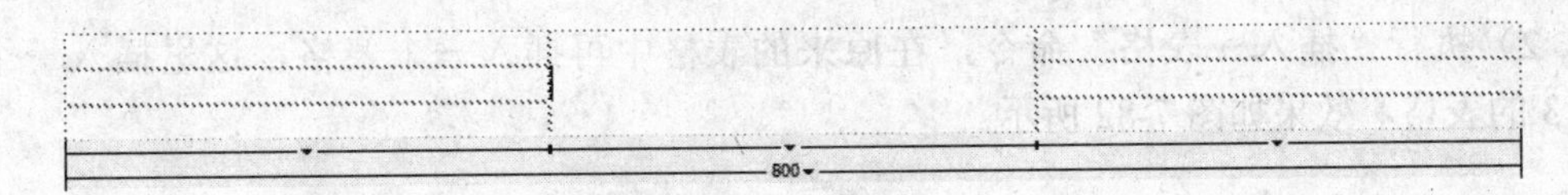

图 7-77　合并单元格

2）选定如图 7-77 所示已经合并了的单元格，单击“拆分单元格”按钮，弹出“拆分单元格”对话框，如图 7-78 所示，可以将单元格进行拆分。例如，将图 7-77 中的单元格拆分成 4 列，拆分后的效果如图 7-79 所示。

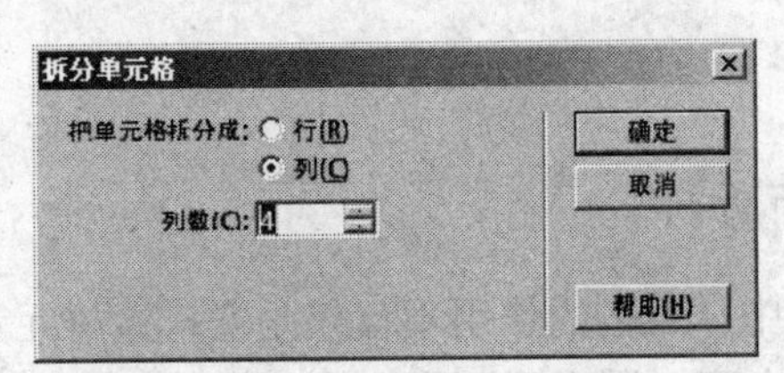

图 7-78　“拆分单元格”对话框

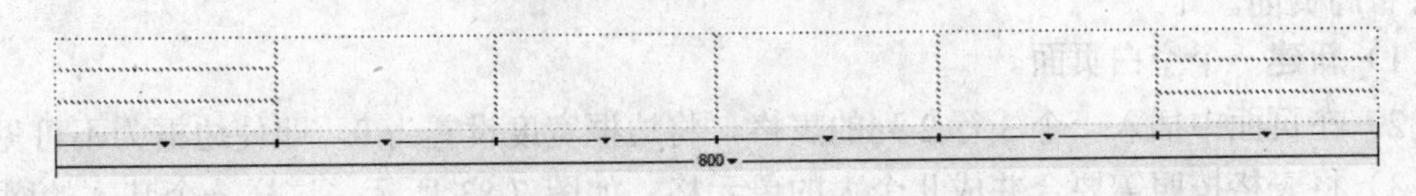

图 7-79　拆分后的单元格

3）在加工好的表格中，可以插入任何网页元素，如文本、图像和动画等，并可分别设置背景。例如，在其中一个单元格中插入一幅图像，效果如图 7-80 所示。

图 7-80　在表格中插入图像

5. 表格的嵌套

在 Dreamweaver 中表格是允许嵌套的，熟练、合理地运用表格在网页设计中是非常重要的。嵌套表格的步骤如下。

1）新建一个表格，如图 7-81 所示。

图 7-81　表格

2）执行“插入→表格”命令，在原来的表格中再插入一个表格，这里插入一个3×3的表格，效果如图7-82所示。

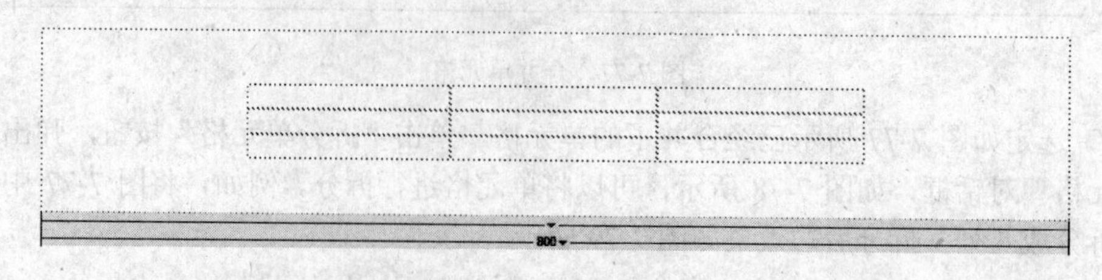

图7-82　嵌套表格

6. *用表格进行页面布局*

在Dreamweaver CS4中，表格的作用不仅仅是安排素材元素和记载资料，还有一个更为重要的作用就是排版布局，固定网页中各个元素的位置。下面介绍一下如何利用表格来布局页面。

1）新建一个空白页面。

2）在页面中插入一个3行2列的表格，将边框宽度设置为0，即使边框为不可见。

3）将表格按照需要合并成几个大的单元格，如图7-83所示，这样一个基本的网页构架就形成了。

图7-83　利用表格布局后的网页架构

4）为页面添加网页元素，效果如图7-84所示。

图 7-84　添加了网页元素后的页面效果

7.5.2　使用框架布局网页

1. 框架的概念

框架是网页中常使用的效果。使用框架，可以在同一浏览窗口中显示多个不同的文件。在教学网站的设计中，常见的用法是将窗口的左侧或上侧的区域设置为目录区，用于显示文件的目录或导航条，而将右边一块面积较大的区域设置为页面的主体区域。通过在文件目录和文件内容之间建立的超链接，用户单击目录区中的文件目录，文件内容将在主体区域内显示，用这种方法便于用户继续浏览其他的网页文件。

本节将介绍关于框架的基本知识，并结合具体实例讲解在 Dreamweaver CS4 中如何创建、使用框架，设置框架属性，利用框架进行布局。

下面的实例显示了一个使用框架的网页，如图 7-85 所示。这是由 3 个框架组成的框架布局，一个框架横放在顶部，其中包含 Web 站点的 Logo 和一些常用按钮；左侧较窄的框架包含导航条；右侧的框架占据了页面的大部分，其中包含主要内容。这些框架中的每一个都显示单独的 HTML 文档。

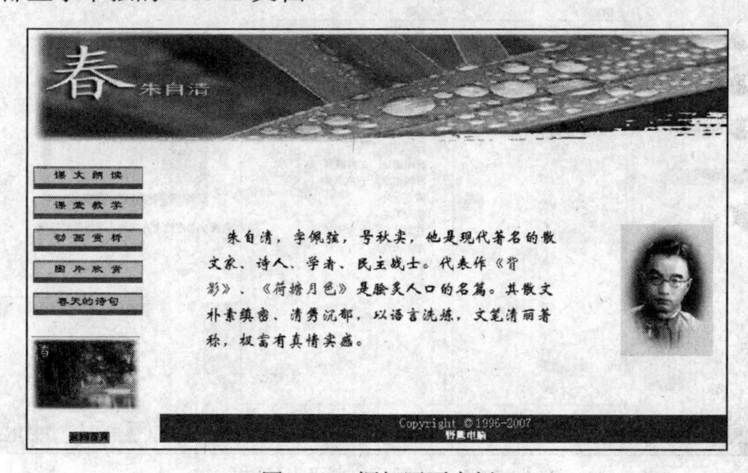

图 7-85　框架网页实例

框架实际上是一种特殊的网页，它可以根据需要把浏览器窗口划分为多个区域，每个框架区域都是一个单独的网页。

框架（Frames）由框架集（Frameset）和单个框架（Frame）两部分组成。框架集是一个定义框架结构的网页，它包括网页内框架的数量、每个框架的大小、框架内网页的来源和框架的其他属性等。单个框架包含在框架集中，是框架集的一部分，每个框架中都放置一个内容网页，组合起来就是浏览者看到的框架式网页。

2. 框架的优缺点

在网页中使用框架具有以下优点。

1）使网页结构清晰，易于维护和更新。

2）访问者的浏览器不需要为每个页面重新加载与导航相关的图形。

3）每个框架网页都具有独立的滚动条，因此访问者可以独立控制各个页面。

然而，在网页中使用框架也具有以下一些缺点。

1）某些早期的浏览器不支持框架结构的网页。

2）下载框架式网页速度慢。

3）不利于内容较多、结构复杂页面的排版。

4）大多数的搜索引擎无法识别网页中的框架，或者无法对框架中的内容进行遍历或搜索。

3. 框架的创建

在 Dreamweaver 中，可以很简单地创建框架结构。下面通过两种方式来介绍如何建立一个左右结构的框架。

1）执行“文件→新建”命令，弹出“新建文档”对话框，在“类别”列表框中选择“框架集”选项后，在“框架集”列表框中会显示出几种常用的框架形式，单击其中的“左侧固定”选项即可建立一个左、右结构的框架，可以在对话框的右边预览选中的框架效果，如图 7-86 所示。

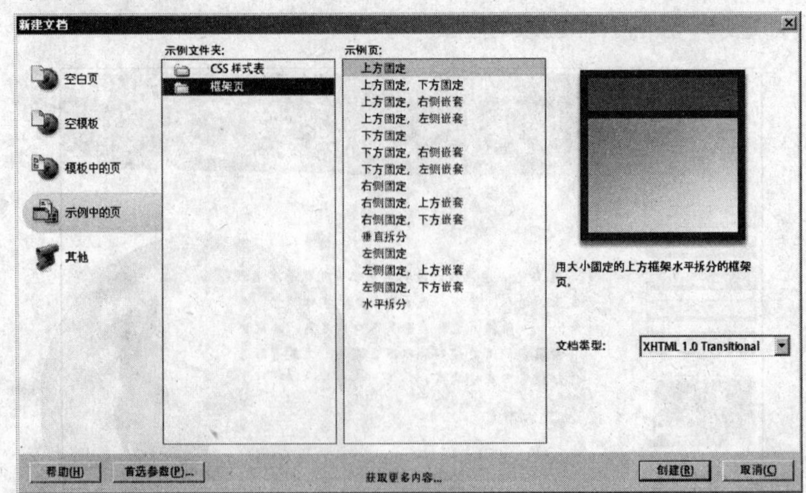

图 7-86 “新建文档”对话框

2）执行“插入栏→布局→框架→左侧框架”命令，也可以建立一个左右结构的框架，如图 7-87 所示。无论使用哪种方法，单击后均会弹出如图 7-88 所示的“框架标签辅助功能属性”对话框，根据用户自己的需要指定标题即可。

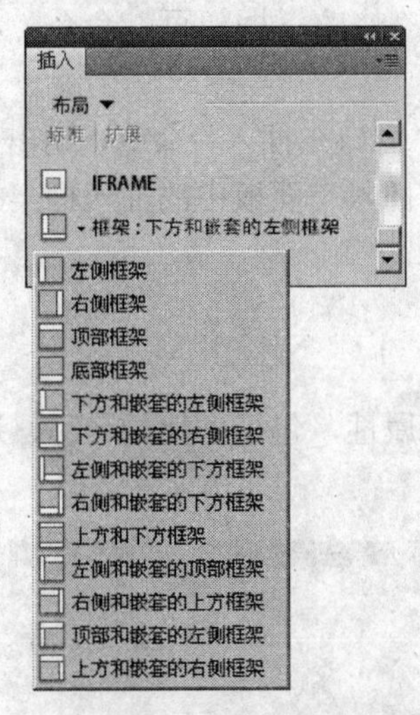

图 7-87　利用“插入”栏插入框架

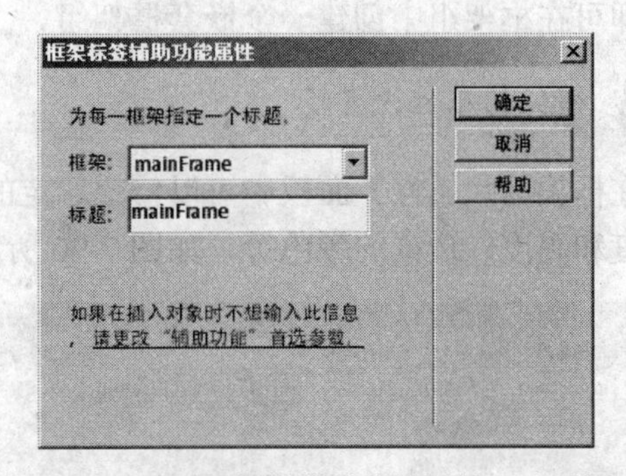

图 7-88　“框架标签辅助功能属性”对话框

在“框架标签辅助功能属性”对话框中使用默认的名称创建的左右结构的框架如图 7-89 所示。将鼠标指针移到框架的边界上，当鼠标指针的形状变为 ↔ 形状时，可以拖曳鼠标来改变框架的大小，按住 Alt 键可以分割框架。

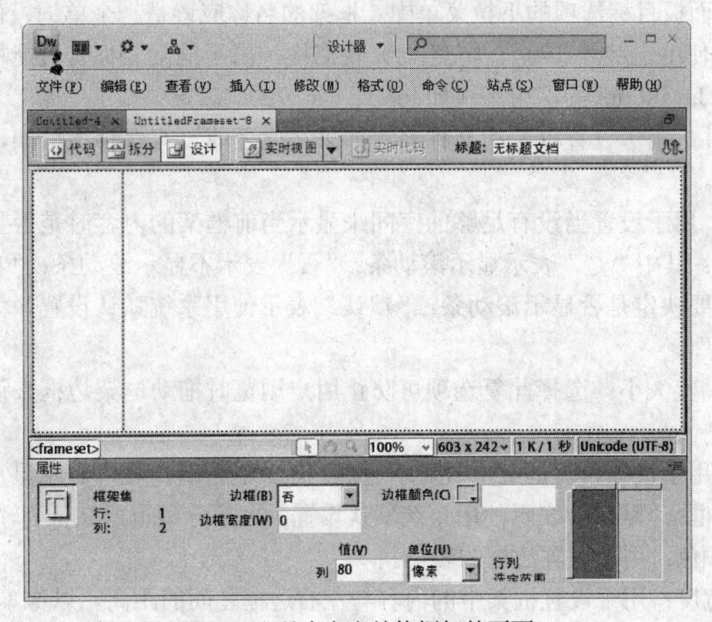

图 7-89　具有左右结构框架的页面

4. 嵌套框架组的建立

一个框架组在另一个框架组内称为嵌套框架组。使用嵌套框架组可以为一个文档创建多个框架。要创建嵌套框架组，可以执行以下操作之一。

1）把光标放置在欲插入嵌套框架组的框架中，执行“插入→框架”命令，从弹出的子菜单中选择任意一个选项即可创建嵌套框架组。

2）把光标放置在欲插入嵌套框架组的框架中，执行“修改→框架页”命令，从弹出的子菜单中选择任意一个选项，即可创建嵌套框架组。

3）把光标放置在欲插入嵌套框架组的框架中，执行“窗口→插入”命令，调出“插入”面板。单击“插入”面板上的框架标签，单击框架“插入”面板中的插入框架的图标，即可在框架组中创建一个嵌套框架组。

5. 框架的属性设置

在框架的“属性”面板中可以修改选定的框架的各种属性，包括框架的名称、边界的宽度和高度、边框的颜色等，如图 7-90 所示。

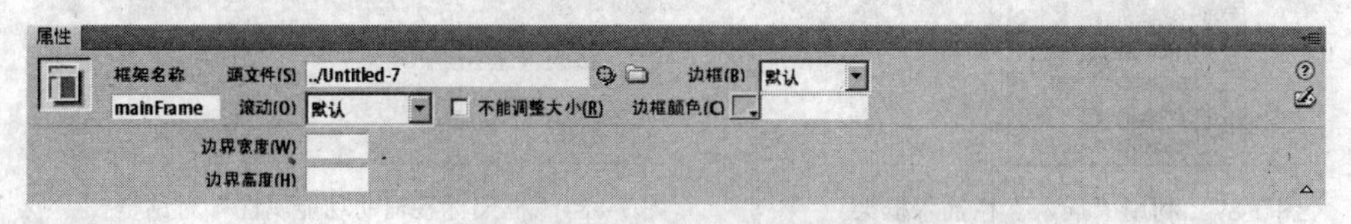

图 7-90 框架的“属性”面板

该“属性”面板中的各个选项的意义如下。

1）框架名称：用于设置子框架的名称，可以用来标识一个子框架，也可以用在超链接属性设置面板目标选项的下拉菜单中。框架的名称应该是一个单词，但可以使用下划线；但不能使用连字号（-）、句点（.）及空格。由于框架名称有可能被脚本引用，所以不能使用 JavaScript 的保留字（如 top 或 var 等）。

2）源文件：用于设置框架的文件名。如果在此之前没有保存该框架，则使用系统默认的文件名。

3）滚动：用于设置当没有足够的空间来显示当前框架的内容时是否显示滚动条。它有 4 个选项：其中“是”表示显示滚动条；“否”表示不显示滚动条；“自动”表示由浏览器根据需要决定是否显示滚动条；“默认”表示使用系统默认设置，大部分浏览器默认为“自动”。

4）不能调整大小：选择此复选项可防止用户浏览时拖动框架边框来调整当前框架大小。

5）边框：用于设置当前框架是否显示边框。有 3 个选项：“是”表示显示边框；“否”表示不显示边框；“默认”表示使用系统默认设置，大部分浏览器默认为“是”。

6）边框颜色：用于设置边框的颜色。

7）边界宽度：用于设置框架中的内容与左右边框之间的距离，以像素为单位。

8）边界高度：用于设置框架中的内容与上下边框之间的距离，以像素为单位。

6. 链接控制框架的内容

利用框架结构，可以把导航条内容固定在页面的顶部或右边。在任何时候，用户都可以直接选择上面或右边的导航内容，切换到想要浏览的内容。下面通过一个实例来说明该操作的使用情况。以下是具体的操作步骤。

1）启动 Dreamweaver CS4，新建一个文档。

2）执行“窗口→插入”，打开“插入”面板，单击“插入”面板上的框架标签，切换到框架“插入”面板。

3）单击框架“插入”面板中的图标，在页面中创建一个如图标所示的框架，并且上边的框架小于下边框架的宽度。下边的框架又被分为左、右两个框架，并且左边的框架小于右边的框架，如图 7-91 所示。

4）使用前面介绍的方法适当调整各个框架的大小。

5）执行“窗口→框架”命令，弹出框架管理器界面，如图 7-92 所示。

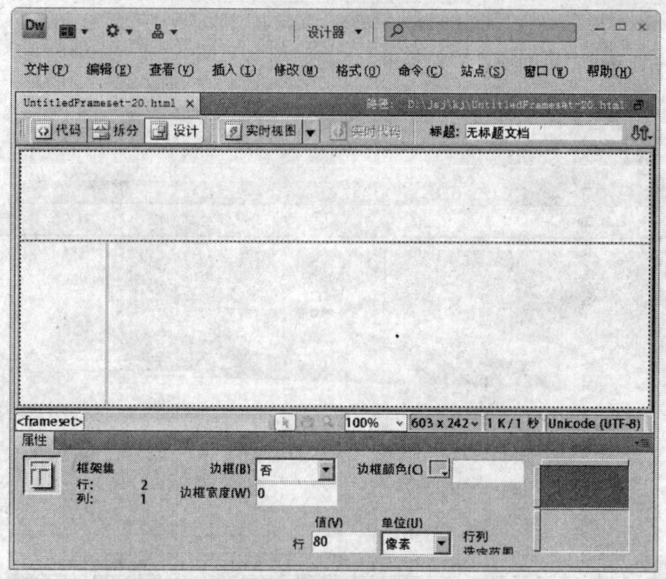

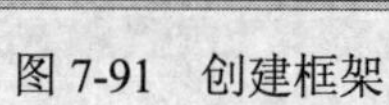
图 7-91　创建框架

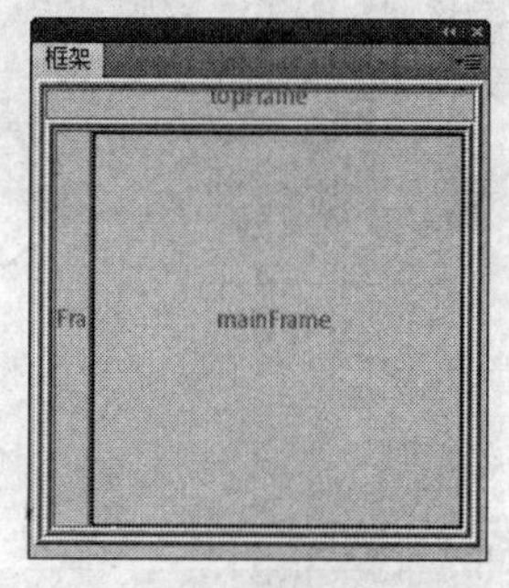

图 7-92　框架管理器

6）在框架管理器中单击顶部的框架，同时会自动选择文档窗口顶部的框架。在对应的框架属性设置面板的“框架名称”中，输入框架的名字 Top，如图 7-93 所示。其余的选项保持系统默认的设置。

图 7-93　命名框架

7）将光标放在 Top 框架中，执行“修改→页面属性”命令，调出“页面属性”对话框，在该对话框中按图 7-94 所示进行 Top 框架文件的属性设置。

8）在 Top 框架中输入文本或者插入图片，效果如图 7-95 所示。

9）用鼠标在框架管理器中的 left 框架中单击，同时选中文档窗口中左边的框架，然后通过对应的框架属性设置面板，给框架命名为 Left；并通过“页面属性”对话框，设

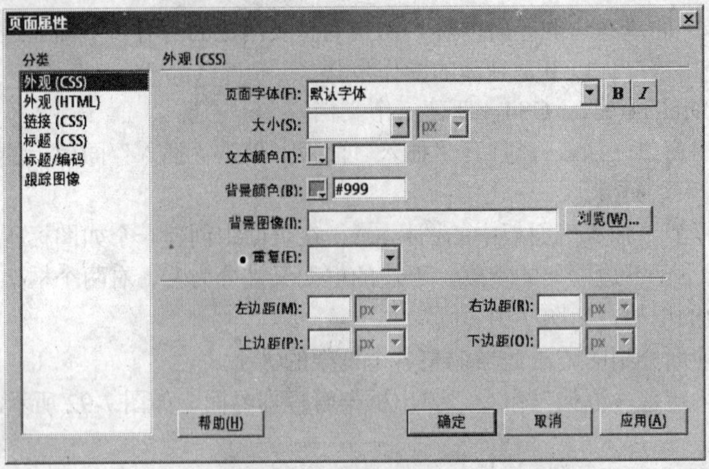

图 7-94 “页面属性”对话框

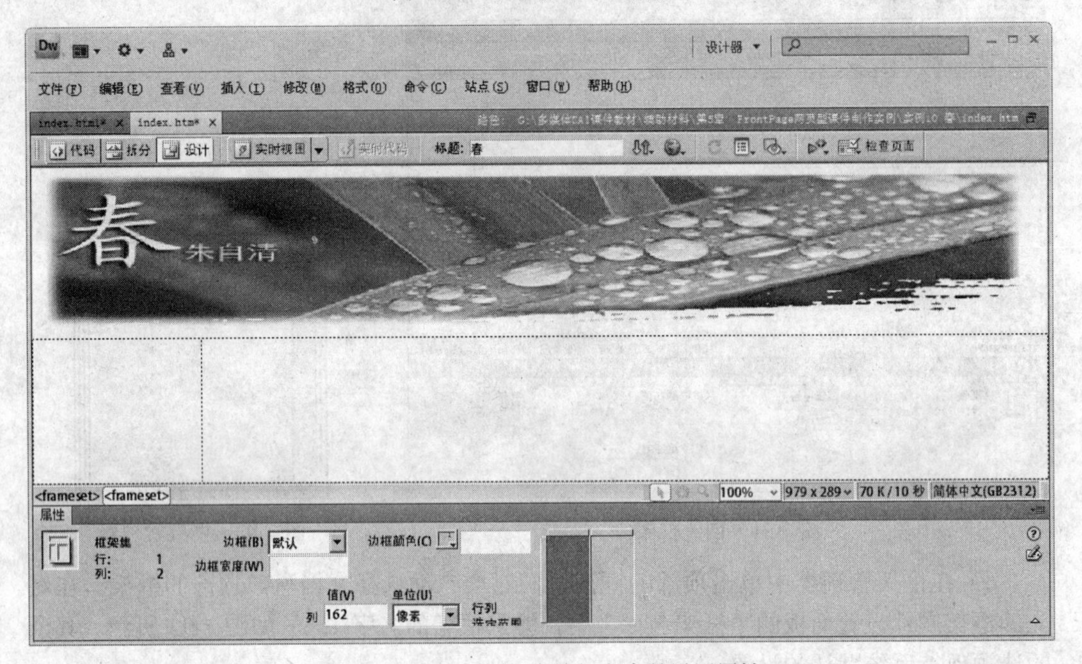

图 7-95 在 Top 框架中输入文本并设置属性

置好该框架文件的页面属性。

10）将光标放在 Left 框架中，然后单击“插入”面板中插入表格的常用图标，调出“表格”对话框，在该对话框中按图 7-96 所示进行设置，在 Left 框架中插入一个 5 行 1 列的表格。

11）将光标放置在第 1 行的单元格中，然后单击“插入”面板中的插入图像的常用图标，在该单元格中插入本章素材目录下的图片 images/button17.jpg。

12）单击选中插入的图像，在“属性”设置面板中设置对应的超链接，此时“属性”设置面板目标下拉列表框变为激活状态，单击目标后面的小三角按钮，从该下拉列表框中选择超链接目标为 Main 选项，如图 7-97 所示。

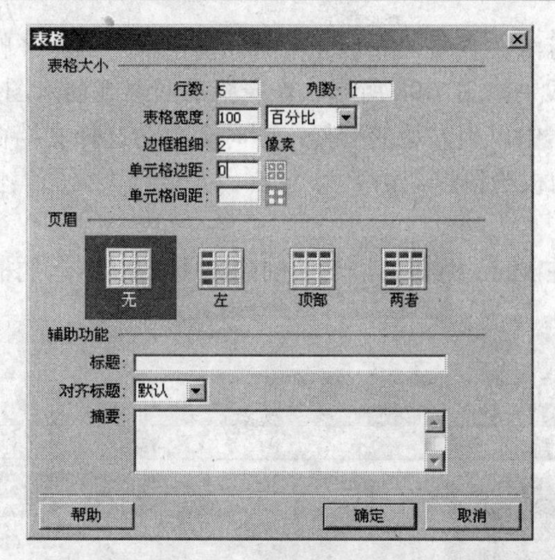

图 7-96 “表格”对话框

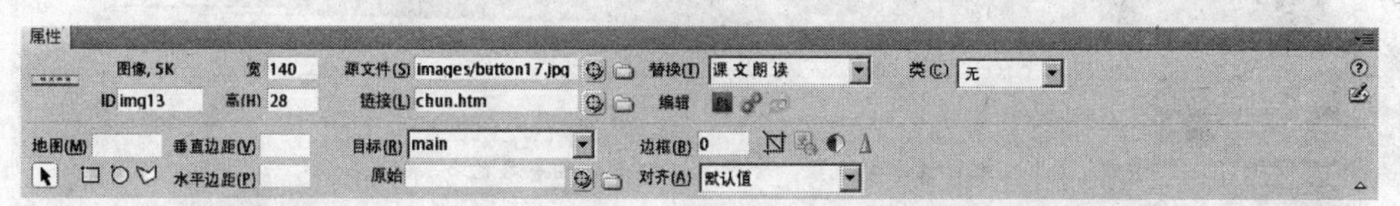

图 7-97　设置超链接

图 7-98　创建 Left 框架后的效果

13）使用同样的方法在表格的其他 4 个单元格中插入其余 4 幅图像并设置其相应链接文件及链接目标，效果如图 7-98 所示。在表格后面继续插入图片。

14）在框架管理器中单击右边的框架，同时会自动选择文档窗口右边的框架。通过对应的“属性”设置面板给该框架命名为 Main，并通过“页面属性”对话框，设置好该框架文件的页面属性。

15）将光标放置在 Main 框架中，然后创建如图 7-99 所示的框架内容。

图 7-99 创建 Main 框架后的效果

16）执行“文件→保存所有”命令，则出现保存文件窗口，同时会显示整个框架被选中的状态，在保存文件窗口中选择合适的保存目录后，在文件名的输入框内输入一个文件名，再单击“保存”按钮，保存整个框架；接着又要求保存下一个子框架文档，同时在文档窗口中，被选择保存的子框架周围会出现一个虚拟框，在保存文件窗口中的文件名输入框内输入一个文件名后保存。接着还会同样地出现两次保存文件的窗口，同时会选择其他的子框架，以此保存这些文档。

下面就可以在浏览器中观看作品效果了，如图 7-100 所示，浏览器窗口顶部的“春”和左边的导航图像是固定不变的，右边的内容根据用户单击导航图像的不同而显示相应的内容。例如，当用户单击左边的动画赏析，右边内容将换成“春”的动画效果。

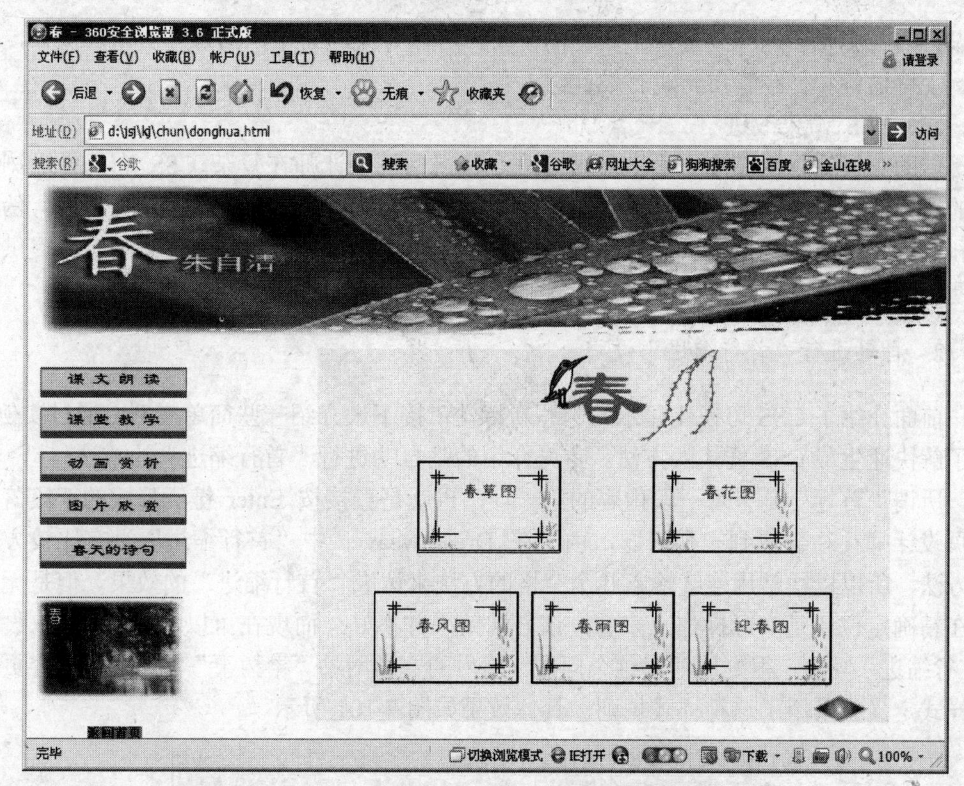

图 7-100　框架网页在浏览器中的效果预览

7.5.3　使用 CSS

CSS（Cascading Styles Sheets，层叠样式表）用于控制网页样式并允许将样式与网页内容分离的一种标记性语言。CSS 可将网页的内容与表现形式分开，使网页的外观设计从网页内容中独立出来单独管理。要改变网页的外观时，只需更改 CSS 样式。

1. 了解 Dreamweaver CS4 中 CSS 可视化显示新特性

Dreamweaver CS4 中增强了复杂样式表信息的显示模块功能，扩展了可视化展现的特性。在以往页面布局中，复杂 CSS 布局作为一个难题，一直没有很好的解决方法。Dreamweaver CS4 所增强的 CSS 可视化功能，能够快速勾画出 CSS 布局边框或给 CSS 布局上色，从而实现比较复杂的嵌套布局方案。

（1）更为实用的 CSS 控制面板

Dreamweaver CS4 中将以往众多分散的 CSS 面板集合成了一个面板，所有 CSS 功能都被整合到了一个更富有可用性的控制面板中。设计者只需在该面板中进行操作，便可以快速确认样式、编辑样式、查看应用于页面元素的样式等，就如同查看段落、图像和链接一样。

（2）更具人性化的样式工具栏

Dreamweaver CS4 改进了 CSS 的选择操作，当单击 CSS 布局时，会显示出对应的工具提示，如 ID、填充、边距和边框设置等，有助于网页设计人员更好地理解 CSS 布局设计的各个元素。样式呈现工具栏的使用，可以方便地为不同的媒体类型（例如，屏幕、手持设备和打印输出）进行设计。

（3）CSS 渲染改进

借助对设计视图精度方面的显著改进，使得网页设计师在复杂 CSS 布局中对浏览器的渲染操作更为便捷。Dreamweaver CS4 完全支持高级 CSS 技术，包括溢出、伪元素和表单元素等。这样网页设计师就可以做出更高级、更复杂的页面，为浏览者提供更方便、更友善的 Web 界面。

2. 自动进行“首行缩进”

前面介绍了 CSS 可视化显示的一些新特性，接下来介绍一些简单实例。通过实例，来了解快速生成 CSS 样式的方法。首先介绍的是自动进行“首行缩进”的方法。

所谓“首行”是指每一段内容的第一行，也就是直接按 Enter 键所形成的新段落。网页设计师往往会遇到一个问题，由于在 Dreamweaver 中“首行缩进”没有比较方便的方法，所以以往常用连续输入几个空格的方法来达成“首行缩进”的效果。但是无论是在精确定位还是实际操作上来看，该方法效果并不好。而现在可以利用 CSS 来设计“首行缩进”功能，很好地解决这个问题。国内的文学网站“榕树下”，其文章内容页面的样式定义就采用了这种样式规则，具体效果如图 7-101 所示。

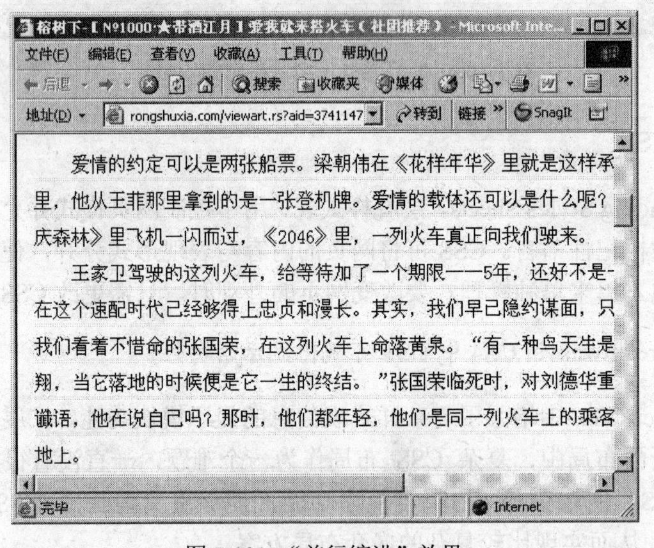

图 7-101 “首行缩进”效果

具体的制作步骤如下。

1）打开 Dreamweaver 的设计界面。在 CSS 控制面板中单击“新建 CSS 规则”按钮，在弹出的“新建 CSS 规则”对话框中定义类名为 textindent 的规则，“定义在”选中“仅对该文档”单选项，然后单击“确定”按钮，如图 7-102 所示。

2）在“.textindent 的 CSS 规则定义”对话框中，选择“区块”选项卡下的“文字缩进”属性定义来设置“首行缩进”功能。缩进最好以 em（字符）为单位，例如，汉字编排要求每段首行缩进两个汉字，设置好的 CSS 样式，如图 7-103 所示。

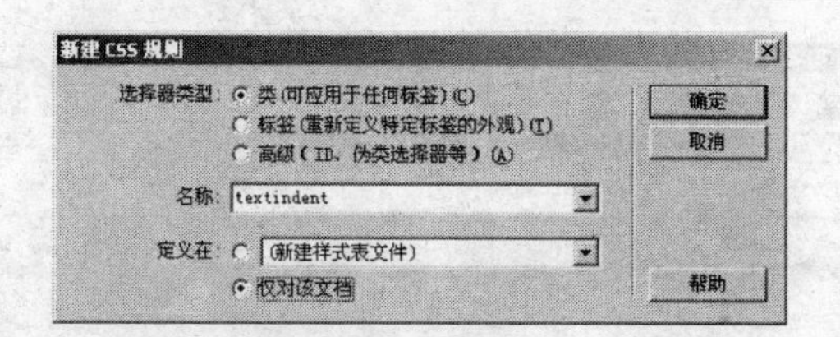

图 7-102　定义 textindent 的样式规则

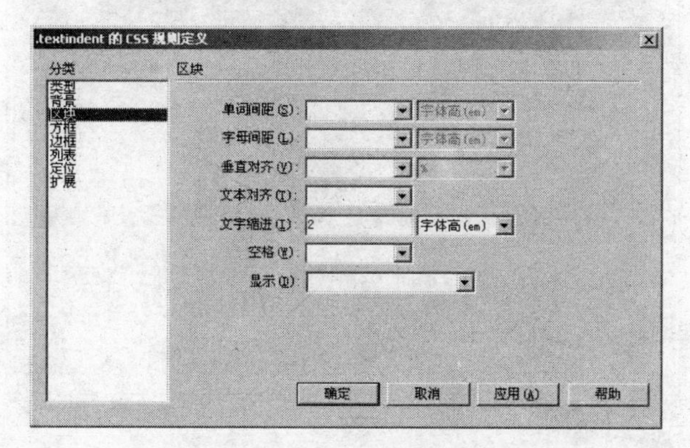

图 7-103　定义“首行缩进”的样式规则

通过以上设置，Dreamweaver CS4 自动会在页面文档中生成如下的 CSS 代码：

```
.textindent{
    text-indent: 2em;
    /* 定义文本段落缩进为 2em */
}
```

这样就实现了段落缩进或悬挂。同样，可以对这个方法进行变通，用来控制文字或者图片在网页上所处的相对位置。在标准化技术“盒模型”问题中，由于 padding 或者 margin 与 width、height 结合来控制内容在 div 所处位置时，常产生错位现象，此时可以利用上面所说的“缩进”技巧，定义 text-indent 属性来控制其相对位置。

3. 背景图案静止不动

随着内容的增加，当网页不能在一屏显示所有内容时，往往借助于水平滚动条和垂直滚动条来浏览屏幕以外的内容，移动滚动条时，一般图像和文字是一起移动的。那么有没有办法使背景图像不随其中内容一起“滚动”呢？这种特效在一些服装展示类网站上经常可以看到，用一幅大版面的人物图片作为整个页面的背景，其余文字内容附着在其之上，具体效果如图 7-104 所示。

具体的制作步骤如下。

1）打开 Dreamweaver CS4 的设计界面，在 CSS 控制面板中单击“新建 CSS 规则”按钮，在弹出的“新建 CSS 规则”对话框中定义类名为 fixedimgbg 的规则，“定义在”选中“仅对该文档”单选项，单击“确定”按钮，如图 7-105 所示。

2）在“.fixedimgbg 的 CSS 规则定义”对话框中选择“背景”选项卡，在“背景图像”来选择所要设置背景的图片路径，在“重复”下拉列表框中选择“纵向重复”选项，在“附件”下拉列表框中选择“固定”选项，设置好的 CSS 如图 7-106 所示。

图 7-104 服装展示类网站固定背景图案效果

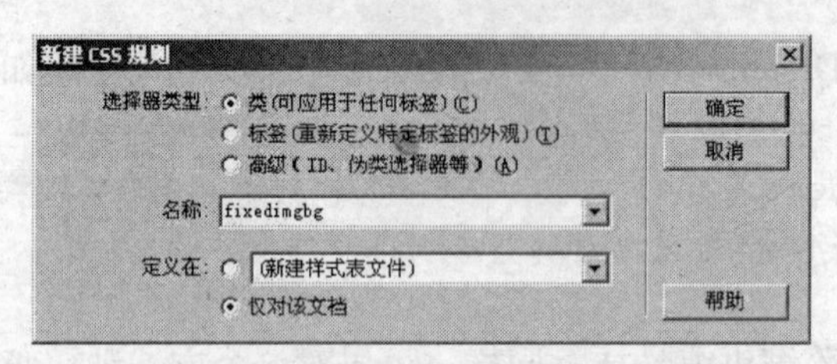

图 7-105 定义 fixedimgbg 的样式规则

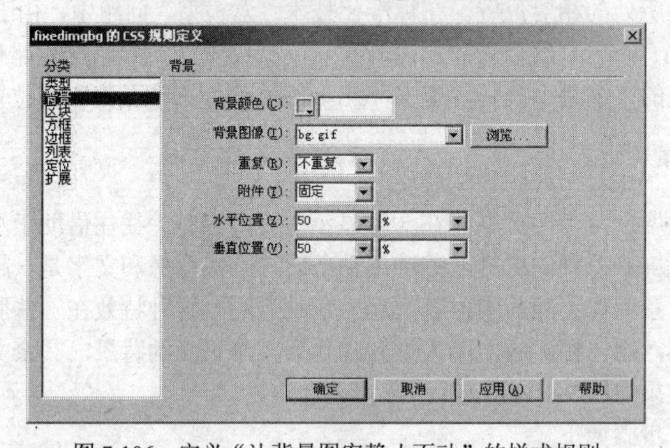

图 7-106 定义“让背景图案静止不动”的样式规则

通过这样的设置，Dreamweaver CS4 自动在页面文档中生成如下的 CSS 代码：

```
<style type="text/css">
<!--
.fixedimgbg{
  background-attachment: fixed;
  /* 定义背景为固定 */
  background-image: url(bg.gif);
```

```
    /* 定义背景的填充图案 */
    background-repeat: no-repeat;
    /* 定义背景图案填充的重复方式 */
    background-position: 50% 50%;
    /* 定义背景图案所处的位置，左右 50%为居中 */
  }
  -->
  </style>
```

经过这样的定义，在页面中就可以看到所设置的背景图片位于页面的正中间。在拉动浏览器窗口的滚动条时，图片背景仍然位于页面的正中间而不随页面内容一起滚动。当然如果对图片所处页面中的位置不满意，也可以通过设置 background-position 的值进行随意调整。

7.6 表单

表单是构成动态网站必不可少的元素之一，是提供交互式操作的主要方法，用户可以通过表单和网站的管理人员进行交流和沟通。一个有效的表单由前台的表单样式和后台的表单处理程序（如 CGI、ASP、JSP 和 PHP 等脚本程序）两部分构成。

在 Dreamweaver CS4 提供了大量的表单元素，所有的表单对象都集成在“插入”栏的表单类中或者“插入”菜单中的“表单”选项中，大大简化了表单的制作，如图 7-107 和图 7-108 所示。

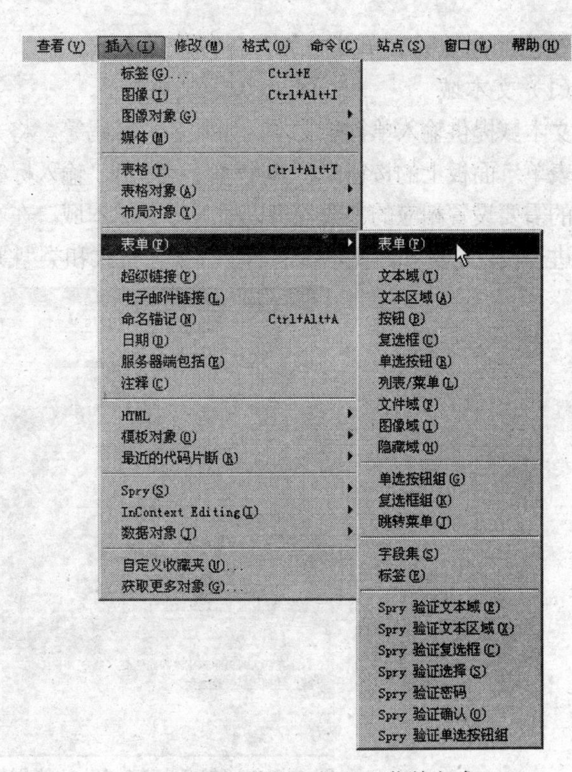

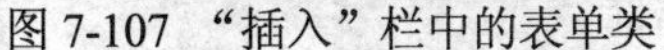
图 7-107 “插入”栏中的表单类　　　　图 7-108 使用“插入”菜单方式

7.6.1 表单的创建

1）将光标移到“插入”表单的位置，单击“表单”面板上的按钮，插入一个表单，这时表示表单区域的红色虚线方框就会出现在文档窗口，如图 7-109 所示。

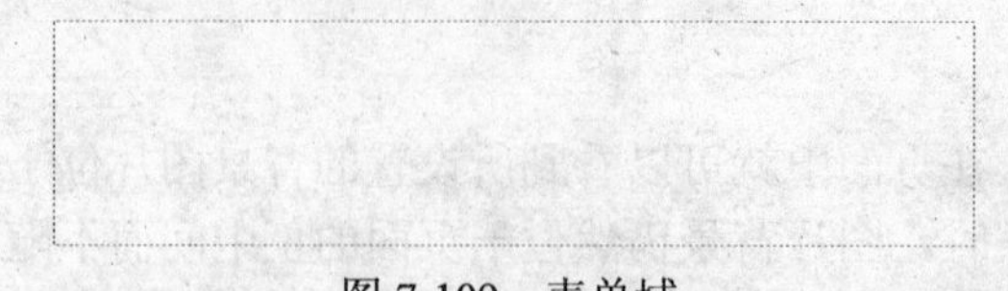

图 7-109 表单域

2）插入表单后，可以在表单的“属性”面板中设置表单的属性，如图 7-110 所示。

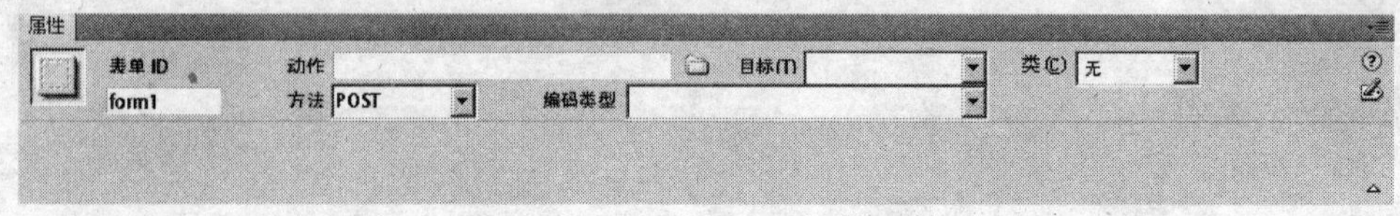

图 7-110 表单的“属性”面板

表单：用来表示该表单的唯一名称。

动作：表示该表单的数据将交给某个程序处理。

方法：表示表单提交的方法，有 POST 和 GET 两种方法。POST 是传输信息的内容，GET 是传输 URL 的值。

7.6.2 表单元素及其添加

在已经建立的表单域中加入各种表单元素。

（1）文本域

文本域提供输入单行的文本，如姓名、密码等。将光标移动到要插入文本域的位置，单击“表单”面板上的按钮 文本字段，弹出“输入标签辅助功能属性”对话框，根据用户自己的需要设置相应的参数就可以插入一个文本域。在文本域的“属性”面板上，可以对文本域进行设置，例如，文本域的名字、字符格式和类型等，如图 7-111 和图 7-112 所示。

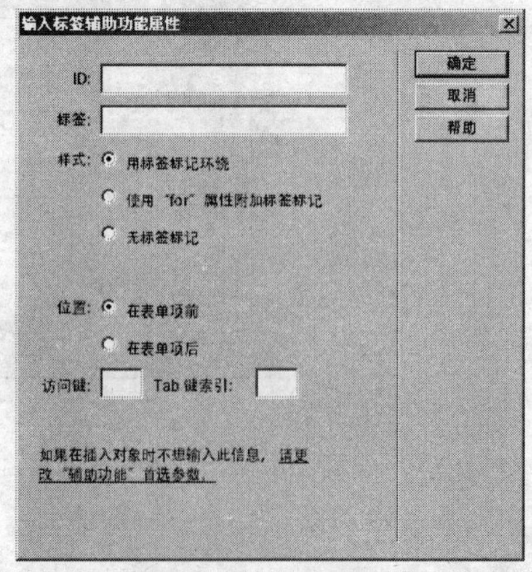

图 7-111 “输入标签辅助功能属性”对话框

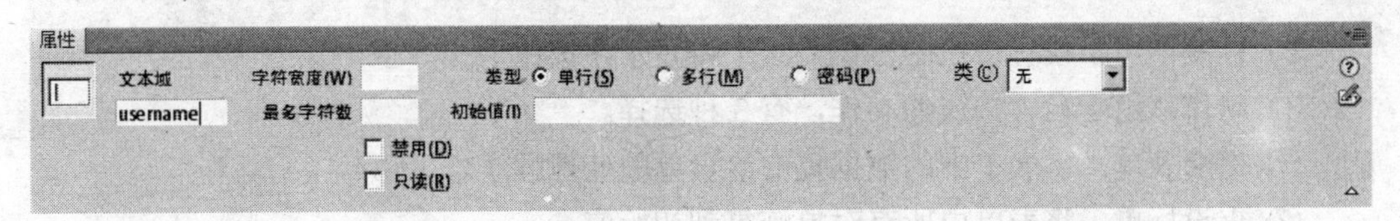

图 7-112　文本域的“属性”面板

文本域有 3 种类型：单行、多行和密码。

（2）选择域

选择域分为单选按钮和复选框。单选按钮提供单项选择，如性别选择、学历选择等；复选框提供选择并列的选项，如个人爱好、性格选项等。要插入一个选择域，只需将光标移到要插入选择域的位置，选择图 7-113（a）中对应的按钮即可。其中复选框组的创建对话框如图 7-113（b）所示。

（a）按钮类型

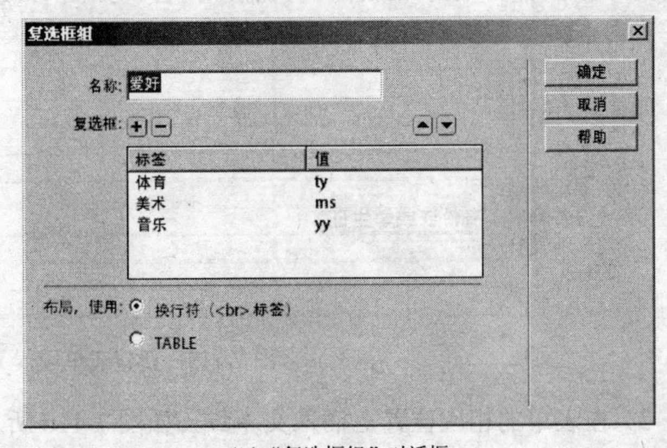

（b）“复选框组”对话框

图 7-113　选择域

（3）下拉列表和下拉菜单

下拉列表框提供下拉式菜单，如国籍、属性等。将光标移到要插入下拉列表和下拉菜单的位置，单击“表单”面板上的按钮，插入列表/菜单。在列表/菜单的属性面板中可以设置其属性。

（4）按钮

按钮提供提交菜单和重置菜单的功能。将光标移到要插入按钮的地方，单击“表单”面板上的按钮 按钮，插入按钮。按钮在表单中所起的作用是提交表单和使表单复位。通过按钮的“属性”面板可以对按钮进行设置，如图 7-114 所示。

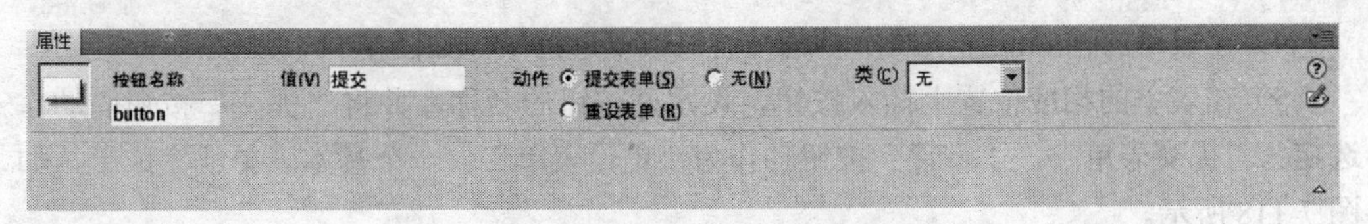

图 7-114　按钮属性的设置

按钮属性包含的几项属性值的含义如下所述。

1）按钮名称：用于设置按钮的名称。

2）标签：用于设置按钮的标识，这个将显示在按钮上。

3）动作：用于设置按钮的动作，有 3 种选择。

① 提交表单：将表单中的数据提交给表单的处理程序。

② 重设标单：将表单内所有对象恢复到初始值。

③ 无：无动作。

7.6.3 一个表单制作的实例

在前面已经介绍了表单的基本操作，下面介绍如何制作一个具体的表单。

1）新建一个页面。

2）单击“表单”面板上的按钮 表单，插入一个表单，在表单区域内插入一个 10 行 2 列的表格，在表格的第一列输入内容，如图 7-115 所示。

*用户名：	
*密码提示问题：	
*密码提示答案：	
*性别：	
*E-mall：	
你的真实姓名：	
有效证件号码（身份证或学生证）：	
你的兴趣爱好：	
你的意见：	

图 7-115 新建表单域

3）在表单的相应位置上插入文本域，如图 7-116 所示。通过表单的“属性”面板调节各文本域的大小到合适的尺寸。

*用户名：	
*密码提示问题：	
*密码提示答案：	
*性别：	
*E-mall：	
你的真实姓名：	
有效证件号码（身份证或学生证）：	
你的兴趣爱好：	
你的意见：	

图 7-116 插入文本域后的表单

4）在表单的相应位置上插入单选按钮域或复选框域，如图 7-117 所示。

5）在表单的相应位置上插入按钮，设定好按钮的名称，并将“提交”按钮的动作选定为“提交表单”，“重置”按钮动作为“重设表单”。一个基本表单就完成了，如图 7-118 所示。

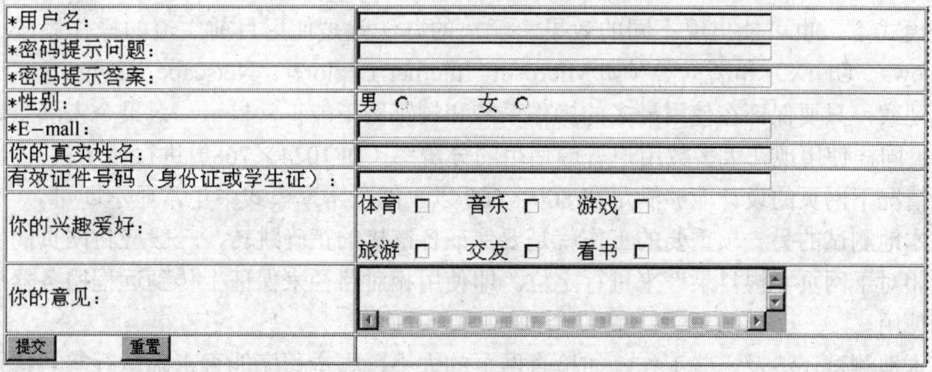

*用户名：	
*密码提示问题：	
*密码提示答案：	
*性别：	男 ○　　女 ○
*E-mall：	
你的真实姓名：	
有效证件号码（身份证或学生证）：	
你的兴趣爱好：	体育 □　音乐 □　游戏 □ 旅游 □　交友 □　看书 □
你的意见：	
提交　重置	

图 7-117　插入单选按钮和复选框后的表单

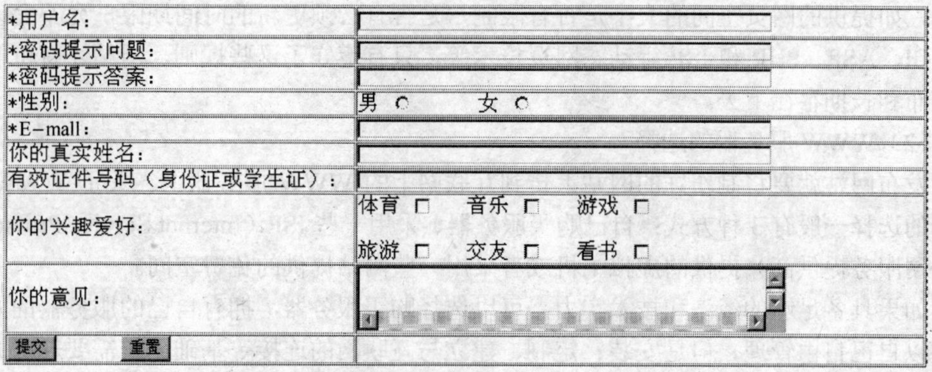

*用户名：	
*密码提示问题：	
*密码提示答案：	
*性别：	男 ○　　女 ○
*E-mall：	
你的真实姓名：	
有效证件号码（身份证或学生证）：	
你的兴趣爱好：	体育 □　音乐 □　游戏 □ 旅游 □　交友 □　看书 □
你的意见：	
提交　重置	

图 7-118　插入单选按钮和复选框后的最终效果

7.7　教学站点的发布

网站制作好了，接下来就要将它上传到 WWW 服务器上去，上传完成后，更为重要的工作是宣传和维护好网站，以吸引更多的用户浏览使用以及保障网站的正常运行。

7.7.1　站点的发布

1. 发布前的准备

在发布网站前要做好一系列的准备工作，如进行本地测试、确定发布方式和申请域名等，这样可以减少发布时的工作量。

（1）本地测试

在将网站上传到服务器之前，首先应该在本地机器上进行测试，以保障整个网站的所有网页的正确性，否则进行远程调试会比较复杂。

在本地机器上进行测试的基本方法是用浏览器浏览网页，从网站的首页开始，一页一页地测试，以保证所有的网页都没有错误。在不同的操作系统以及不同的浏览器下，网页可能会出现不同的效果，甚至无法浏览，就算是同一种浏览器，其在不同分辨率的实现模式下，也可能出现不同的效果。解决的办法就是使用目前主流的操作系统（如Windows、UNIX）和浏览器（如Microsoft Internet Explorer、Netscape Navigator）进行浏览观察，只要保证在使用最多的操作系统和浏览器下能正常显示，效果令人满意就可以了；同样使用现在大多数用户普遍使用的分辨率（如1024×768）进行显示模式测试，一般情况下网页的设计能够满足在800×600以上的分辨率模式中正常显示即可。

本地测试的另一项重要的工作就是要保证各链接的正确跳转，一般应将网页的所有资源相对于网页“根目录”来进行定位。即使用相对路径来保证上传到远程服务器后能正确使用。

本地测试还涉及一些工作，如检查网页的大小、脚本程序能否正确运行等。特别是如果使用的是其他网站提供的免费网页空间，则需要对该网站提供的服务作一个详细的了解，如提供的网页空间的大小是否有限制，是否有必须更新的时间期限，允不允许使用CGI、ASP、PHP和JSP等动态网页技术等，只有遵守了这些规则，网站才有可能正常发布和长期存在下去。

（2）WWW服务器的选择

发布网站就要将制作好的网站上传到互联网上的WWW服务器上。关于WWW服务器的选择一般有3种方式：自己购买服务器、采用一些ISP（Internet Service Provider，互联网服务提供商）提供的虚拟主机或者采用一些网站提供的免费空间。

如果具备足够的经济和技术实力，可以选择购买服务器，拥有自己的服务器的好处是可以自己自由管理，但是安装、定制、建立与互联网的连接等基础工作需要耗费大量的时间和金钱，而且正常运转后，每天24小时的维护也需要相当的技术实力和经济实力的支持。

对于缺乏专业技术人员或者没有精力投入的中小企业或者个人，租用ISP或专业公司提供的虚拟主机服务是个不错的选择，它的好处在于不仅费用低廉，而且维护服务器由专业公司负责，因此能够提供更安全的服务器性能与安全的保障。

对大多数个人网页设计爱好者来说，一般不具备足够经济实力去购买服务器或者租用虚拟主机服务，可以选择许多大型专业网站提供的免费网页空间，按照这些网站提供的Web方式、电子邮件方式或FTP方式等把网站发布到远程主机上去。

2. 网站的发布

对于企业单位来说，如果是企业自己的服务器，只要把做好的网站，包括CGI、ASP、JSP或者PHP程序发到WWW路径下就可以了。而对于个人申请的免费空间网页，就需要在自己的计算机上做好网站上传到申请好的网站服务器的免费空间上去。

（1）上传网站

上传网站有多种形式，如利用Web页上传、通过E-mail上传、使用FTP工具上传、利用网页编辑制作软件上传，或者直接复制文件，通过命令上传也可以。使用FrontPage、Dreamweaver等网页编辑制作软件可以进行站点的下载和上传管理。

（2）在线测试站点

网站上传到服务器后，就可以到浏览器里去观赏它们，但工作并没有结束。下面要做的工作就是在线测试网站，这是一项十分重要又非常烦琐的工作。在线测试工作包括测试网页外观、测试链接、测试网页程序、测试数据库和测试下载时间等。

测试网页外观：这是一项最基本的测试，就是使用浏览器浏览网页。这一工作和在本地机上进行网页测试的方法相同，不同的是现在浏览的是存放在互联网上 WWW 服务器上的网页。这时同样也应该使用目前流行的 IE 浏览器，观察网页在不同显示模式下的效果。这时会发现许多在本地机上没有发现的问题，需要进一步修改和调整。

测试链接：在网页成功上传后，还需要对网页进行全面的测试。比如有些时候会发现，上传后的网页图片或文件不能正常显示或找不到。出现这种情况的原因有两种：一是链接文件名与实际文件名的大小写不一致，因为提供主页存放服务的服务器一般采用 UNIX 系统，这种操作系统对文件名大小写是有区别的，所以这时需要修改链接处的文件名，并注意保证大小写一致；二是文件存放路径出现错误，如果在编写网页时尽量使用相对路径可以减少这类问题。

测试下载时间：实地检测网页的下载速度，根据实地检测的时间值来考虑调整设计的网页，如页面文件的大小、插入图片的分辨率、图像切片大小和脚本程序语言等影响下载时间的因素，以减少下载时间，让用户在最短的时间内看到页面。即使不能马上看到完整页面，也设法让访问者先看到替代文字。有条件的话应该使用拨号、宽带等多种上网方式试验网页下载情况。

脚本和程序测试：测试网页中的脚本程序、ASP 和 JSP 等程序能否正常执行。

7.7.2　网站的宣传

根据网上调查发现：最著名的 10%的站点吸引了 90%的用户，可见提高站点知名度，是扩大访问量的重要手段。互联网上的站点浩如烟海，而且每天都有许多新站点涌现，要想让更多的用户在短时间内知道自己的站点，就必须为自己的网站进行宣传。除了报纸、杂志、广播和电视等传统媒体可用于宣传外，作为网络传媒，它还有一些特有的宣传方法，包括登录搜索引擎、广告交换、网络广告和利用网络工具等。

1. 登录搜索引擎

迄今为止，搜索引擎是应用最广的互联网基本功能。搜索引擎是互联网中比较特殊的站点，它们搜罗网上其他站点的信息，纳入到自己的数据库中，然后根据用户提供的关键字，查询出有相关信息的站点；同时搜索引擎也为网站所有者提供了将自己的站点登记到数据库的机会，而且绝大多数情况下是免费的，这是宣传站点的极好机会。如果网站注册到了知名度比较高的搜索引擎上，当别人利用这个引擎进行查询搜索时，就增加了站点被访问的机会。数据表明，80%以上的上网者都是通过搜索引擎找到自己想要寻找的内容的。

目前，比较著名的搜索引擎有百度（baidu）、Google 等。大部分搜索引擎在首页上设置了进行注册登记的链接选项。

怎样提高搜索引擎的排名？当使用关键字在搜索引擎查询时，往往可以获得成百上千个搜索结果，搜索引擎将这些结果分布在若干个页面上，并按顺序编号。通常浏览者总是把注意力集中在前几页的搜索结果中，尤其是第1页。因此，设法使站点获得搜索引擎查询时比较靠前的排名就成为关键中的关键。对于一些商业网站，或者愿意进行一定资金投入的网站，可以选择许多搜索引擎网站推出的搜索排名服务。搜索排名是互联网新兴的一项成长最快的业务，是推广网站尤其是商业网站的有效手段。它的运作方式是客户将网站登录到搜索引擎后，通过购买关键字或者目录取得较好的网站排名，当网络用户利用搜索引擎进行搜索时，很快就能从该网站的搜索结果页上看到客户的网站，使客户网站获得更多被单击、被了解的机会。还有一些搜索引擎推出竞价广告、竞价排名等服务，这也是互联网上新出现的业务形式。客户可以通过竞价，调整每次单击的价格，决定自己广告的位置和排名，并且按单击次数计费，这样用户可以自由地选择，以低投入获得高回报。

2. 通过广告宣传

（1）广告交换

广告交换是网站之间在推广方面互相合作的一种常用方式。广告交换可以是一对一的，甲看好了某个网站，和它联系，如果该网站也看好甲，来一个“交换友情链接”即可。这种友情链接可以是交互 Logo，可以是互换文字链接，也可以是互换广告图片。实践证明广告交换的宣传效果不错。

但需要注意：许多交换链对申请者来者不拒，链接的网站良莠不齐，甚至不堪入目，如果和这样的网站搅和在一起，会损害申请者的形象，甚至受牵连；也有一些交换链，放到网页上，遇到访问者就一个劲儿地弹出窗口，弄得访问者很烦躁，不敢再到这个网站来了，如果是这样的交换链，建议远离它。

（2）网络广告

如果愿意为推广网站花钱，就可以采用广告方式。在传统媒体上作广告大家都很熟悉，这里下面主要介绍网络广告，也就是发布在网络里的广告。

网络广告发布在网页上，有漂浮式 Logo、静态显示、弹出式显示和单击显示几种不同的显示方式。广告的收费方式是通过制定网页的访问量来计费，访问量越大，收费越高；或者通过单击次数收费，每单击一次就付一定的费用。与传统的三大媒体（报刊、广播、电视）广告及近来备受垂青的户外广告相比，网络广告具有得天独厚的优势，是实施现代营销媒体战略的重要部分。网络广告的独特优势可以概括为以下6点。

1）传播范围广。广告可以通过互联网把广告信息24小时不间断地传播到世界各地。作为网络广告的受众，只要具备上网条件，任何人在任何地点都可以随时随意浏览广告信息。

2）交互性强。在网络上，受众是广告的主人，在当其对某一产品发生兴趣时，可以通过单击进入该产品的主页，详细了解产品信息。而厂商也可以随时得到宝贵的用户反馈意见。

3）针对性强。网络广告目标群确定，由于点阅信息者即为有兴趣者，所以可以直接命中有可能的用户，并可以为不同的受众推出不同的广告内容。尤其是行业电子商务网站，浏览者大多是企业界人士，网上广告就更具有针对性。

4）受众数量可准确统计。在互联网上可通过权威公正的访客流量统计系统精确统计出每个客户的广告被多少用户看过，以及这些用户查阅的时间分布和地域分布。这样，借助分析工具，成效易体现，客户群清晰易辨，广告行为收益也能准确计量，有助于客商正确评估广告效果，制定广告投放策略，对广告目标更有把握。

5）灵活、成本低。在互联网上作广告能按照需要及时变更广告内容，当然包括改正错误，这就使经营策略的变化可以及时地实施和推广。作为新兴的媒体，网络媒体的收费远低于传统媒体，若能直接利用网络广告进行产品销售，则可节省更多的销售成本。

6）感官性强。网络广告的载体基本上是多媒体、超文本文件，可以让消费者亲身体验产品的服务与品牌。这种以图、文、声、像的形式，传送的信息，让顾客如身临其境。

7.7.3　网站的日常管理与维护

做到网站上传并能够浏览后，事情还并没有结束，因为网站长时间一成不变，或者毫无新意，肯定不会吸引用户再次访问。如果网站制作精良、更新及时，不但可以吸引回头客，而且这些回头客还可能介绍他们的朋友前来访问，而且这些回头客可能是真正对网站感兴趣的用户，因此，争取回头客是扩大网站影响的重要因素。

现在普遍存在的现象是重视网站的建设，而忽视了网站的管理和维护，使前面的努力付诸东流，互联网上每天会出现众多的新网站，但同样每天也有众多的网站逐渐退出这个舞台。因此，想让自己的网站逐渐壮大、扩大访问量、具有长久的生命力，就必须像培育自己的孩子一样精心呵护，做好平时的管理和维护工作。

网站的管理和维护主要包括检测网站的错误、保证网站正常运转、处理用户信息、定期更新网页内容和修正网页错误等。网站的维护也可以使用一些专业的软件来实现。对于公司、企业等单位，尤其是拥有自己服务器的单位，则需要配置专门的网站管理员来管理和维护。

7.8　综合实例

通过前面内容的学习，相信读者已经掌握了 Dreamweaver CS4 在制作一般性教学网站的使用方法，下面将以初中语文中的一篇课文《春》为例介绍教学网站的大致制作流程，全面讲解 Dreamweaver CS4 在教学网站设计中的应用，并将前面所学到的知识加以综合应用。

7.8.1　实例目标

本例将制作《春》的教学网站，在网站页面中最上部为课文标题区，其上是页面的导航栏，为了页面上的美观，本例采用横排导航结构，页面的中部是网页主体部分，下部为版权信息区。

为了节约篇幅，本例将采用模板方式制作，主要以首页为例介绍采用的制作方法，其余页面用户可仿照完成。

7.8.2 制作分析

在考虑网站的风格时，可以从该文的主旨出发，根据《春》的特点，确定网站的主色调为绿色，为了能使整个网站看上去清爽些，可配上白色。这样网站的主体色调就基本确定，即可开始网站的制作。在制作时首先需要创建站点，然后制作网页模板，最后由模板创建需要的页面，由于各个页面的制作方法较为类似，本文只讲解首页页面的制作方法，其他的页面读者可以自行练习制作。

7.8.3 操作过程

本实例的操作步骤分为规划和创建站点、网页 CSS 样式制作、网页模板的制作和首页的制作 4 个部分。

1. 规划和创建站点

为了更好地管理网站，首先需要创建一个文件夹来保存网站的内容，在其中根据需要创建其余几个文件夹，然后再根据前面所学知识创建一个站点，具体操作如下：

1）打开资源管理器，在 D 盘上创建文件夹 myweb，打开它，并在其中继续创建 3 个文件夹，一个是 images，用于存放网站中所需图片文件；另一个是 music，用于存放网站可能用到的音乐文件；最后一个是 inc，用于存放网站中所用到的 CSS 文件。完成文件夹建立后，如图 7-119 所示。

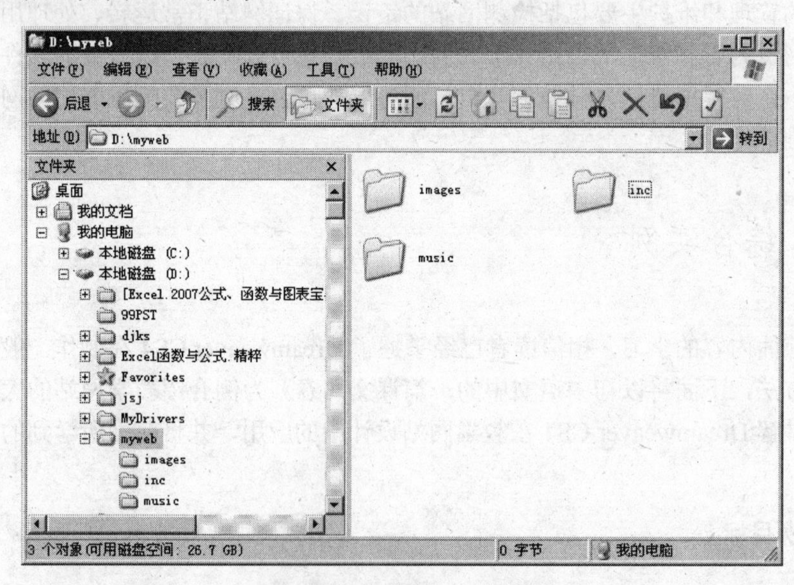

图 7-119 创建网站文件结构

2）启动 Dreamweaver CS4 后，执行“站点→新建站点”命令，在弹出的对话框中的“你打算为您的站点起什么名字？”文本框中输入 TEMP，如图 7-120 所示。

3）单击“下一步”按钮，在弹出的对话框中直接单击“下一步”按钮。

4）在弹出的对话框的文本框中输入网站存放的位置，如这里输入D:\myweb\，如图 7-121 所示。

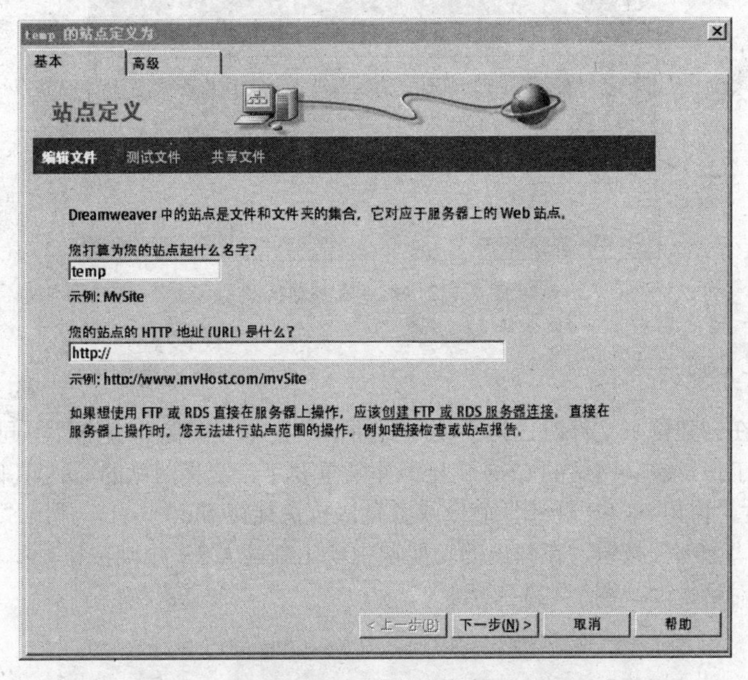

图 7-120　为站点命名

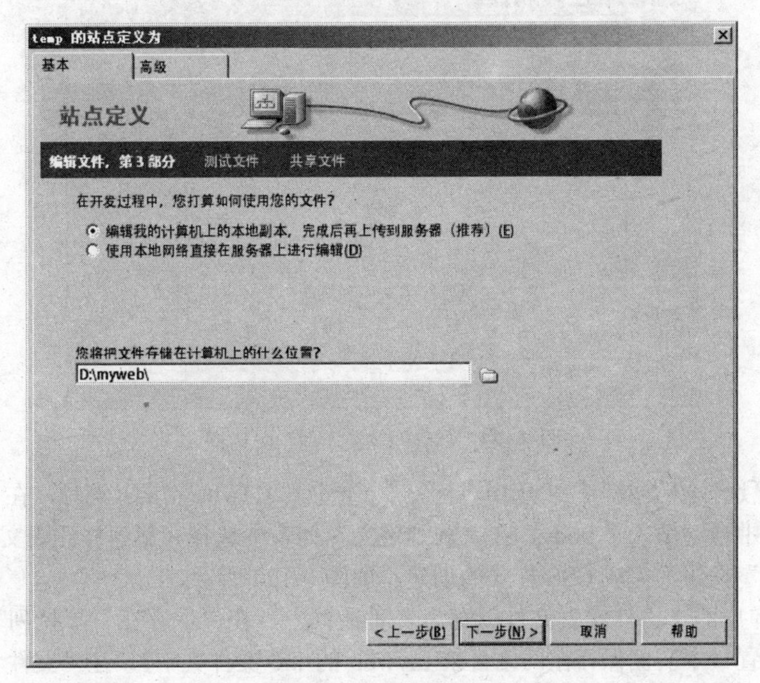

图 7-121　创建本地站点

5）单击“下一步”按钮，在弹出的对话框的“你如何连接到远程服务器？”下拉列表框中选择“无”选项，单击“下一步”按钮，在弹出的对话框中直接单击“完成”

按钮，完成站点的创建工作，如图 7-122 所示。

图 7-122 站点资源结构图

2. 设置 CSS 样式

当用户在创建网页文件时，为了使用页面中的文本、图像和表格等不同对象，为减轻后期维护工作，定义网站的 CSS 就显得非常重要了，定义网站的 CSS 具体操作如下。

1）执行“窗口→CSS 样式”命令或者直接按快捷键 Shift+F11，弹出“CSS 样式”面板，单击“全部”按钮，在弹出的功能项中单击新建 CSS 规则按钮，弹出“新建 CSS 规则”对话框，如图 7-123 所示。

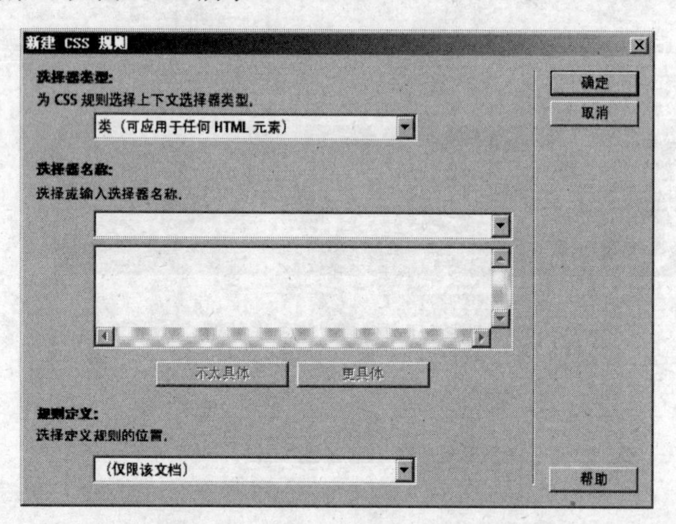

图 7-123 “新建 CSS 规则”对话框

2）在“选择器类型”栏中选中“标签”（重定义 HTML 元素）选项，在“选择器名称”文本框中自动填入了 body，在“规则定义”列表中选择（新建样式表文件）选项，单击“确定”按钮，完成 CSS 样式的创建，如图 7-124 所示。

3）在弹出的“将样式表文件另存为”对话框中，在“保存在”下拉列表中选择保存样式的位置（本实例保存在网站目录 myweb 的 inc 文件夹中），在“文件名”文本中输入 CSS，单击“保存”按钮，如图 7-125 所示。

4）在弹出对话框的“字体”下拉列表中选择字体，如果没有，则使用其中的编辑字体命令将宋体加入其中，在“字体大小”下拉列表中选择 12px，在“颜色”文本框中输入#1E5494，在“修饰”栏中选中“无”复选项，设置情况如图 7-126 和图 7-127 所示。

新建 CSS 规则
选择器类型:
为 CSS 规则选择上下文选择器类型。
标签（重新定义 HTML 元素）
选择器名称:
选择或输入选择器名称。
body
此选择器名称将规则应用于
所有 <body> 元素。
不太具体
更具体
规则定义:
选择定义规则的位置。
(新建样式表文件)
确定
取消
帮助

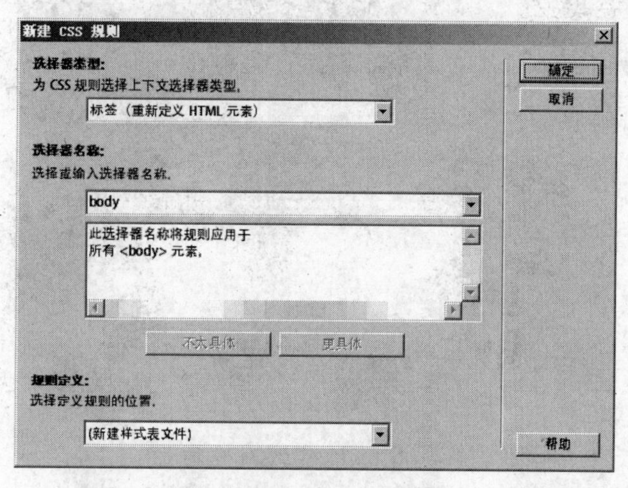

图 7-124　创建 CSS 样式

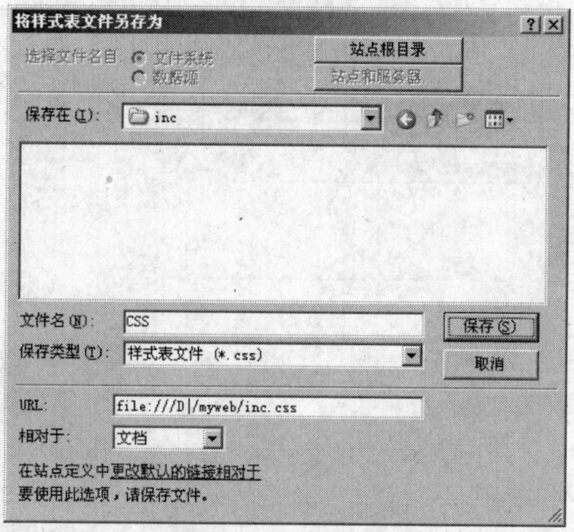

将样式表文件另存为
选择文件名自：
文件系统
数据源
站点根目录
站点和服务器
保存在(I):
inc
文件名(N):
css
保存类型(T):
样式表文件 (*.css)
保存(S)
取消
URL:
file:///D|/myweb/inc.css
相对于:
文档
在站点定义中更改默认的链接相对于
要使用此选项，请保存文件。

图 7-125　保存样式

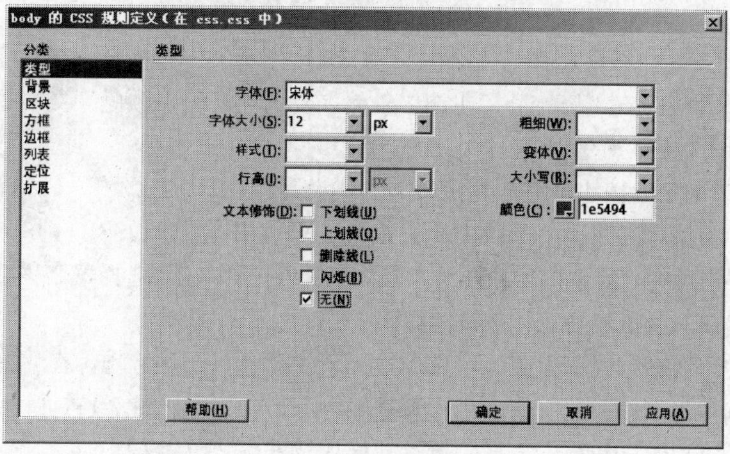

body 的 CSS 规则定义（在 css.css 中）
分类
类型
背景
区块
方框
边框
列表
定位
扩展
类型
字体(F): 宋体
字体大小(S): 12
px
粗细(W):
样式(T):
变体(V):
行高(I):
px
大小写(R):
文本修饰(D):
下划线(U)
上划线(O)
删除线(L)
闪烁(B)
无(N)
颜色(C):
1e5494
帮助(H)
确定
取消
应用(A)

图 7-126　设置页面主体规则（一）

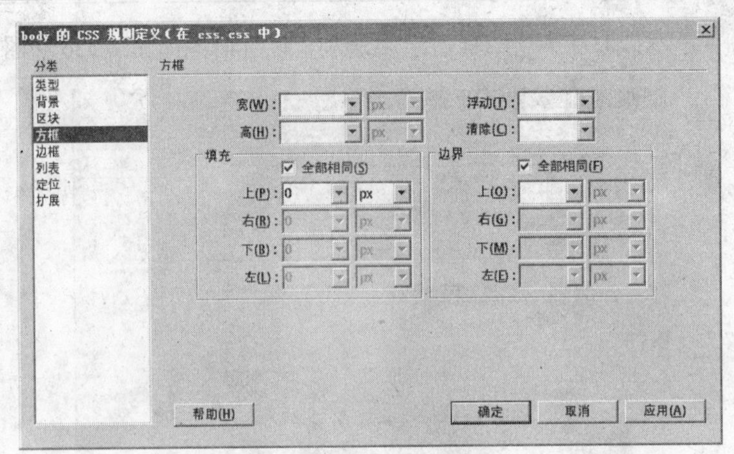

图 7-127　设置页面主体规则（二）

5）单击“确定”按钮，完成标签 body 样式的定义。

6）在“CSS 样式”面板中单击按钮，弹出“新建 CSS 规则”对话框，在“选择器类型”栏中选择“复合内容（基于选择内容）”选项，在“选择器名称”栏中直接选择 a:link 选项，在“规则定义”下拉列表中选择 CSS.CSS 选项，如图 7-128 所示。

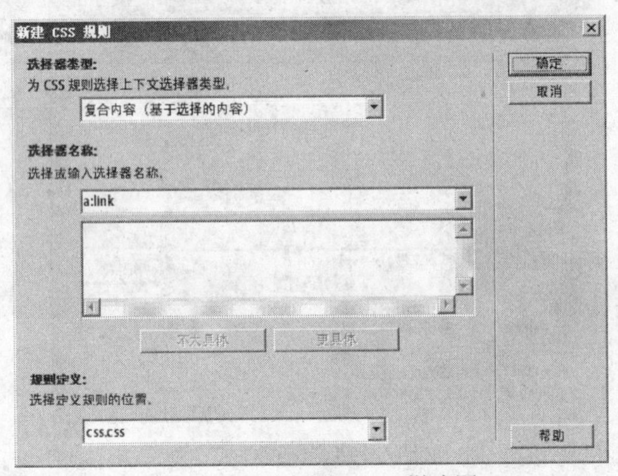

图 7-128　创建高级 CSS 样式图

7）单击“确定”按钮，弹出“a:link 的 CSS 规则定义”对话框，在“字体大小”下拉列表中选择 12px，在“修饰”栏中选中“无”复选项，在“颜色”文本框中直接输入 #FFFFFF，如图 7-129 所示。

8）单击“确定”按钮，完成超链接的样式设置。

9）再次单击“CSS 样式”面板中的按钮，弹出的“新建 CSS 规则”对话框的“选择器类型”栏中选择“复合内容（基于选择内容）”选项，在“选择器名称”栏中直接选择 a:visited 选项，单击“确定”按钮，如图 7-130 所示。

10）在弹出对话框的“字体大小”下拉列表中选择 12px 选项，在“修饰”栏中选择“无”复选项，在“颜色”文本框中直接输入#FFFFFF，如图 7-131 所示。

11）单击“正确”按钮，完成超链接的样式设置。

12）使用同样的方法，按照如图 7-132 所示创建 a:hover 的 CSS 定义，这里不再赘述。

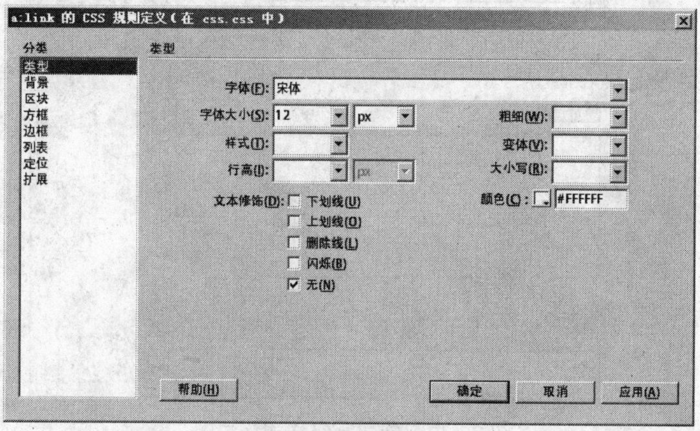

图 7-129　设置样式规则（一）

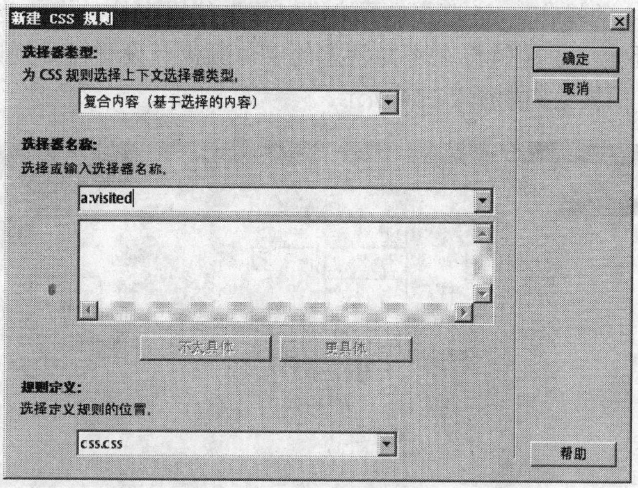

图 7-130　创建高级样式（一）

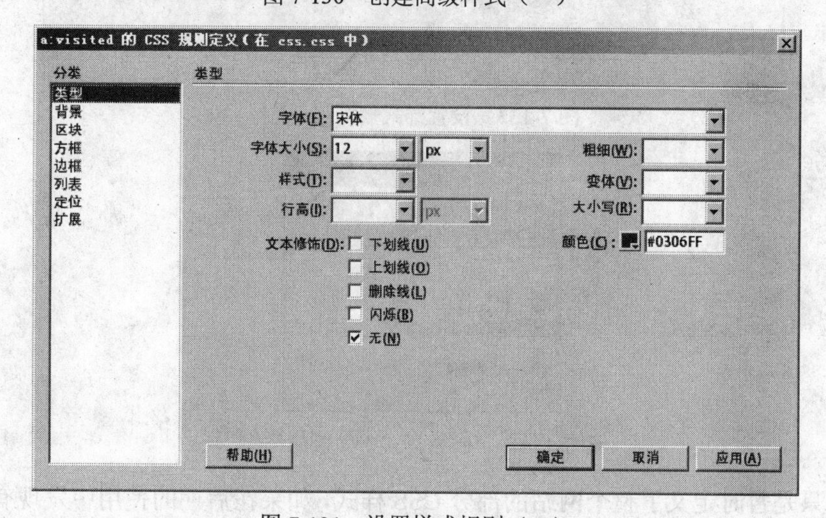

图 7-131　设置样式规则（二）

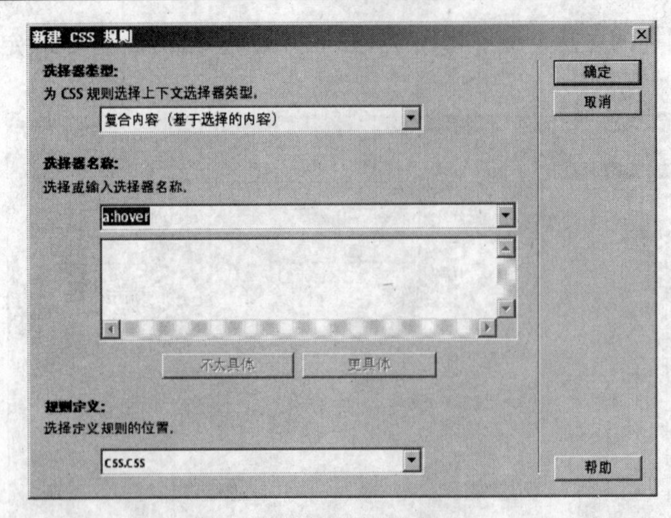

图 7-132 创建高级样式（二）

13）通过以上的操作，定义了页面的“字体”使用宋体，大小为 12px，颜色为#060603。同时还定义了超链接在不同状态的字体颜色，设置样式规则如图 7-133 所示，“CSS 样式”面板结构如图 7-134 所示。

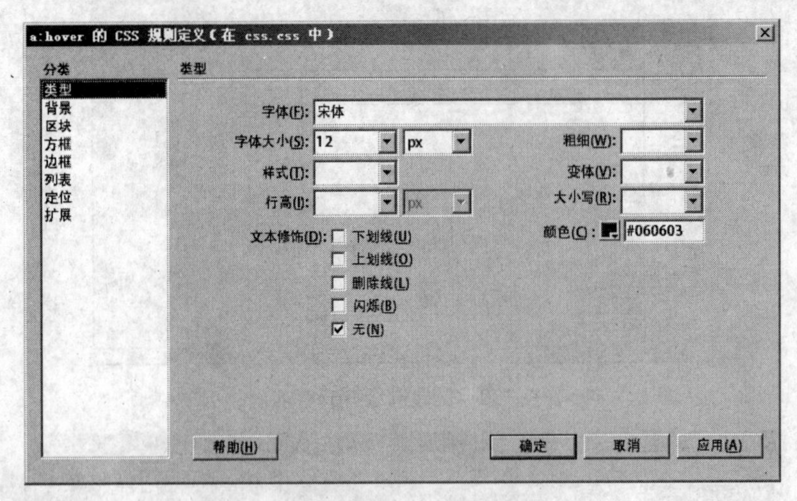

图 7-133 设置样式规则（三）

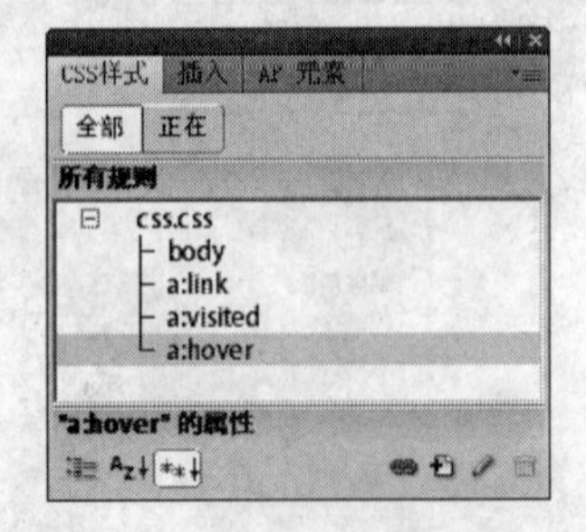

图 7-134 “CSS 样式”面板的结构

现在只是暂时定义了整个网站的部分 CSS 样式，如果在后期的使用中发现有需要修改的地方，只需修改相应的 CSS 样式即可，这样大大减轻网站的维护工作，同时使网页的外观得到了大大的改善。

3. 创建网页模板

因为同一个网站中的页面风格和样式基本上差不多，在制作网站时，可先将网站中每个页面都需要的内容制作出来，如页头部分、导航部分等，然后将该网页保存成为模板，其他页就可以使用该项模板快速制作出来了。

下面将制作网页的模板部分，具体操作如下。

1）执行“文件→新建”命令，在弹出的“新建文档”对话框的左侧选择“空白页”选项，在“页面类型”列表框中选择 HTML 选项，在“布局”列表框中选择“<无>”选项，单击“创建”按钮，新建一个空白 HTML 文档，如图 7-135 所示。

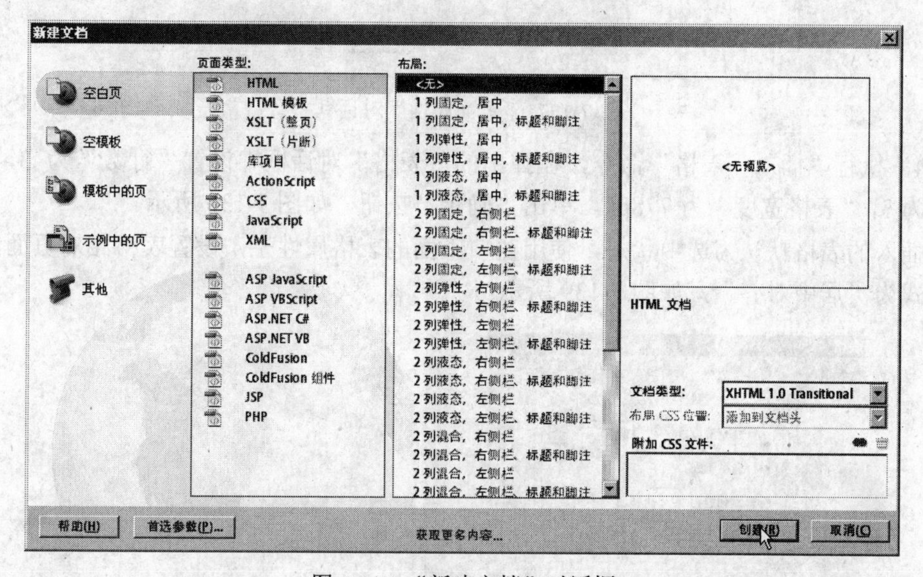

图 7-135 “新建文档”对话框

2）执行“文件→另存为模板”命令，在弹出的“另存模板”对话框的“站点”下拉列表框中选择前面创建的网站 temp，在“另存为”文本框中输入 chun，如图 7-136 所示。

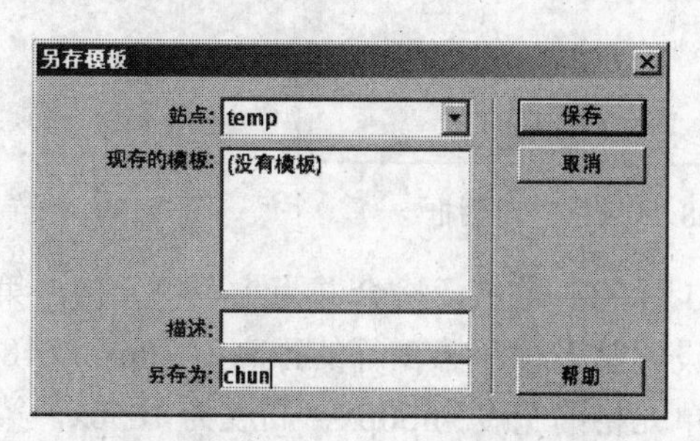

图 7-136 “另存模板”对话框

3）按快捷键 Ctrl+J，弹出“页面属性”对话框，设置“页面字体”为“默认字体”，

“大小”为 12px，“背景颜色”为#006600，“上边距”为 0px，单击“确定”按钮，完成页面属性的设置，如图 7-137 所示。

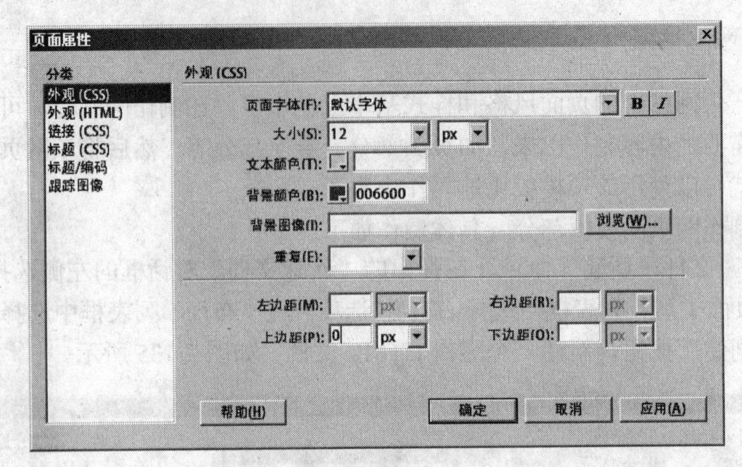

图 7-137 “页面属性”对话框

4）执行“插入→表格”命令，在弹出的“表格”对话框中设置“行数”为 3，“列数”为 3，“表格宽度”为 778px，单击“确定”按钮，如图 7-138 所示。

插入的表格默认为选中状态，使用窗口下面的表格属性栏，设置表格相对页面的对齐方式为“居中对齐”，如图 7-139 所示。

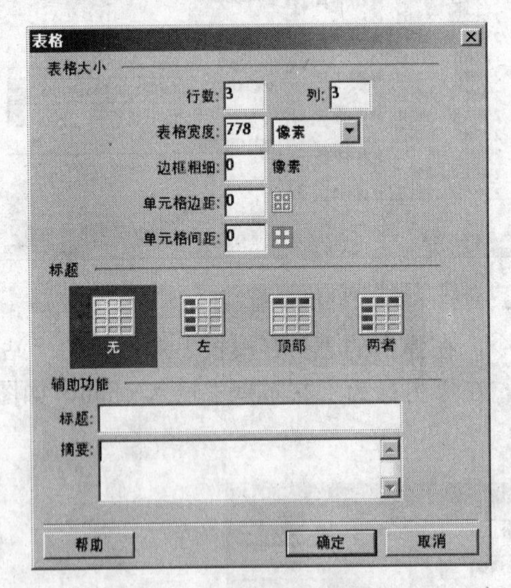

图 7-138 “表格”对话框

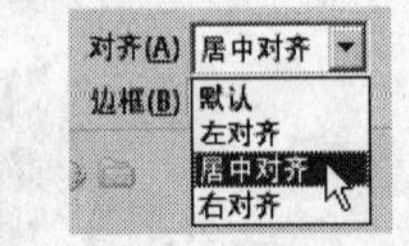

图 7-139 设置表格相对页面的对齐方式

将插入的表格的第 1 行的 3 个单元格合并为 1 个单元格，第 3 行的 3 个单元格合并为 1 个单元格式，分别设置第 1 行和第 3 行的行高为 20px 和 18px。

设置第 2 行第 1 个单元格的宽度为 50px，高度为 165px，第 2 个单元格的宽、高均为 165px，第 3 个单元格的宽度为 563px，高度为 165px。

设置完成后的表格如图 7-140 所示。

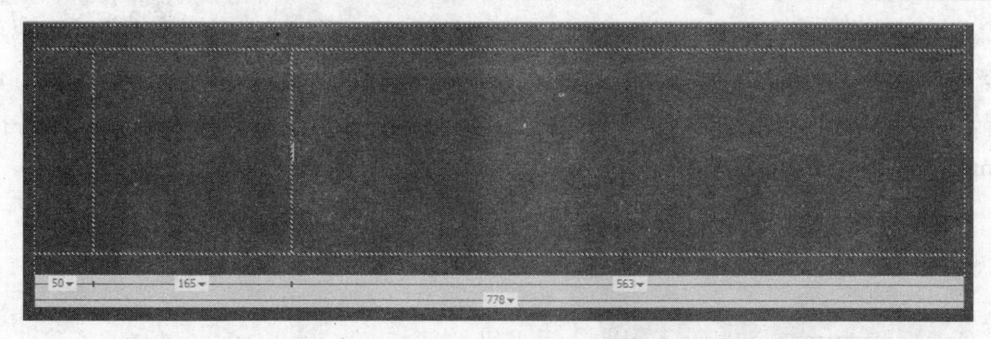

图 7-140　页头部分的表格结构

将光标放置在第 1 行的单元格中，执行“插入→图像”命令，在弹出的“选择图像源文件”对话框中双击打开 images 文件夹，选中 index_top1.gif，单击“确定”按钮，如图 7-141 所示。

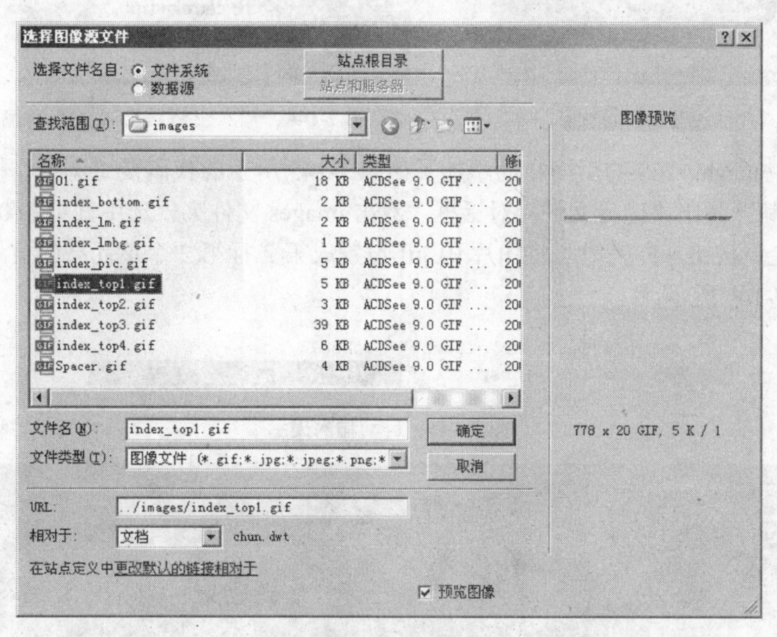

图 7-141　插入图像文件

在弹出的对话框中直接单击“取消”按钮即可插入图像。使用同样的方法在第 2 行的第 1 个单元格中插入图片 index_top2.gif，完成后如图 7-142 所示。

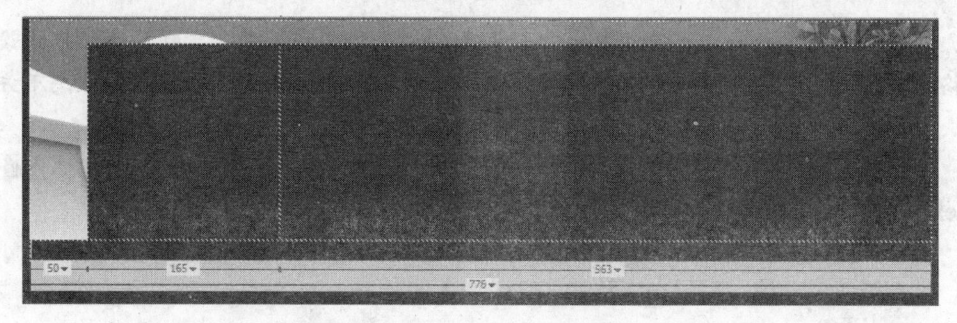

图 7-142　插入部分图片后的页头效果

将光标放置在第 2 行第 2 个单元格中，单击工具栏中的按钮 拆分，进入代码状态，可看到光标在当前单元格中，在代码状态中将光标移动至 height=165 后面，如图 7-143 所示，按空格键，会弹出如图 7-144 所示的代码选择器窗口，选择 background 并按 Enter 键。

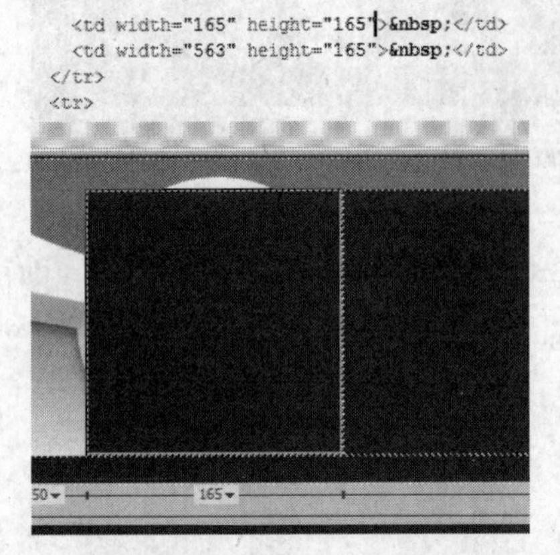

图 7-143 进入代码状态

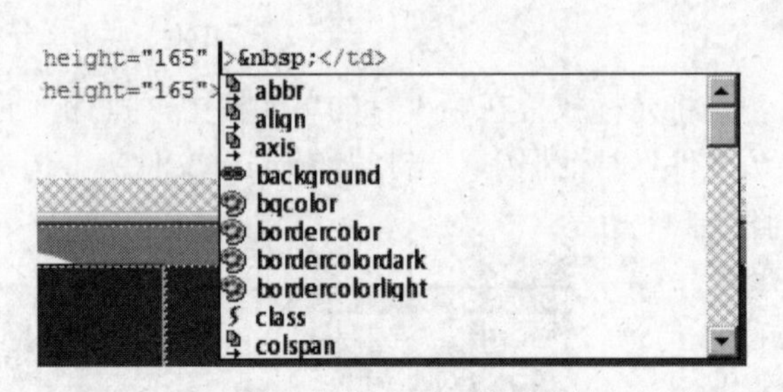

图 7-144 输入空格后 CS4 的自动输入提示

此时在 height=165 的后面自动添加了如图 7-145 所示的代码及“浏览”按钮，单击“浏览”按钮，弹出“选择文件”对话框，双击 images 文件夹，选中其中的 01.gif 文件，单击“确定”按钮，即完成了将图片 01.gif 设置成第 2 行第 2 个单元格的背景图片的操作，如图 7-146 所示。

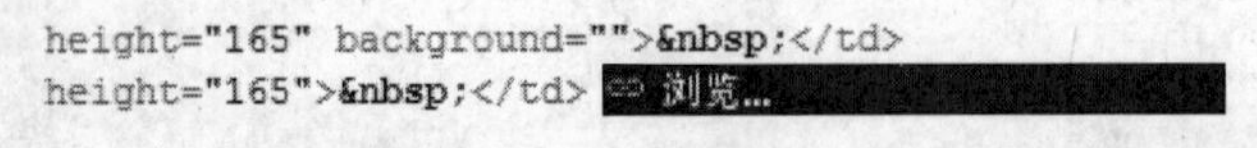

图 7-145 自动输入提示

图 7-146 设置好背景图片的单元格效果

注意： 在 Dreamweaver CS4 中。为了考虑 CSS 的更高级的应用，把原来版本中设置表格和单元格背景的操作从属性面板上去除，所以上面的操作中必须在代码状态下方可完成。

接下来，继续选中第 2 行第 2 个单元格，使用上面的插入图片的方法，插入图片 index_pic.gif。

同样，在第 2 行第 3 个单元格中，完成插入图片 index_top3.gif 文件的操作。

将光标放置在第 3 行的单元格中，完成插入图片 index_top4.gif 文件的操作。完成后整体效果如图 7-147 所示。

图 7-147　页头部分的效果图

至此，页面头部基本制作完毕，接下来制作导航部分。

在页面头部表格的后面插入一个 1 行 1 列，高 60px，宽 778px 的表格，使用上面介绍的方法设置该表格的背景为图片 index_lmbg.gif，将光标放在该表格的单元格中，嵌套插入一个宽度为 100%，高度为 36px，1 行 7 列的表格。设置该表格的第 1 个单元格的宽度为 10%，最后一个单元格的宽度为 15%，其他单元格宽度均为 15%。完成后，如图 7-148 所示。

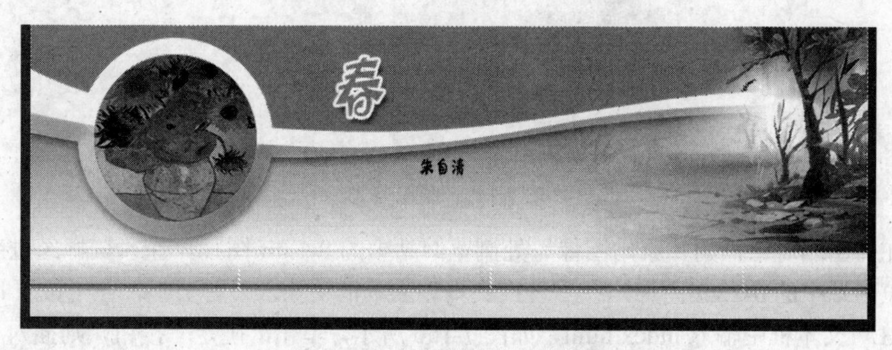

图 7-148　导航部分的表格制作

提示：为了帮助用户更好地理解，特切换进入代码状态，查看刚才插入的表格代码，请用户对照制作。

```
    <table  width="778"  border="0"  align="center"  cellpadding="0"
cellspacing="0" height="60">
      <tr>
        <td background="../images/index_lmbg.gif" valign="top">
        <table  width="778"  border="0"  cellspacing="0"  cellpadding="0"
height="60">
          <tr>
            <td width="110"> </td>
            <td width="110"> </td>
            <td width="110"> </td>
            <td width="110"> </td>
            <td width="110"> </td>
            <td width="110"> </td>
            <td width="118"> </td>
          </tr>
        </table>
        </td>
      </tr>
```

```
</table>
```

下面将“鼠标经过图像”技术应用于事先制作好的导航图片。将光标放置在第 1 个单元格中，执行“插入→图像对象→鼠标经过图像”命令，如图 7-149 所示。

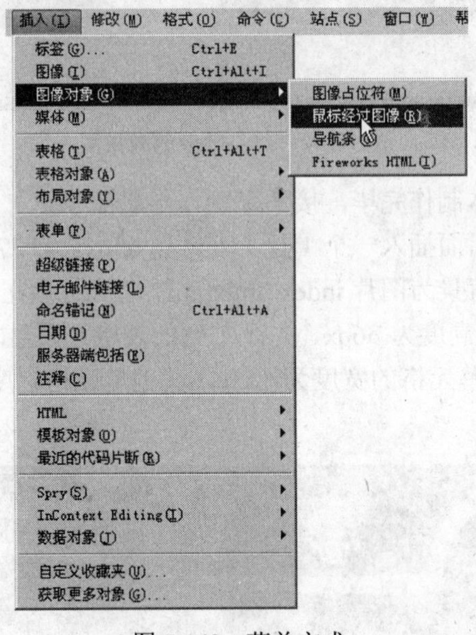

图 7-149 菜单方式

在弹出的对话框的“原始图像”处浏览网站中的 0-1.gif 图片，在“鼠标经过图像”处浏览网站中的 0-2.gif 图片，在“替换文本”文本框中输入“首页”，在“按下时，前往 URL”文本框中输入 index.html，如图 7-150 所示，单击“确定”按钮，则插入了第 1 个鼠标经过图像“首页”，效果如图 7-151 所示。

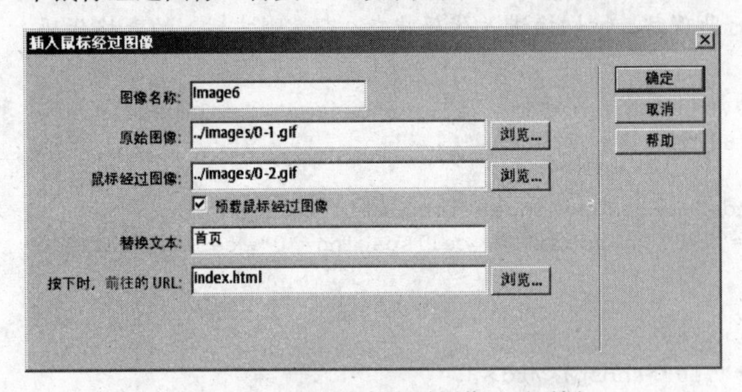

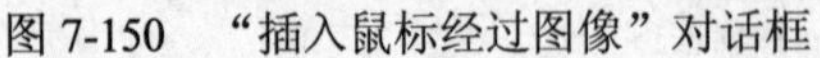

图 7-150 “插入鼠标经过图像”对话框

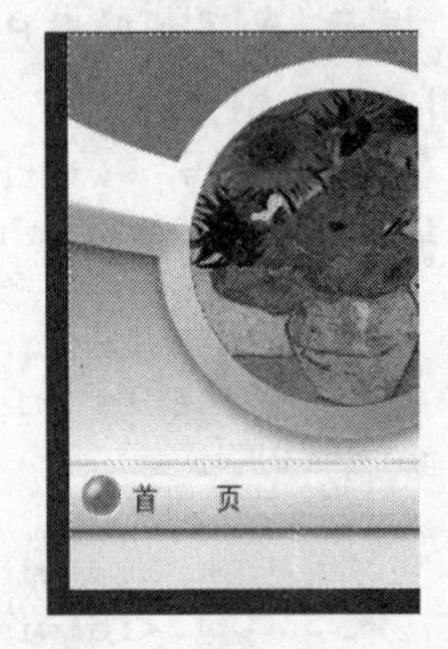

图 7-151 鼠标经过图像效果

按照同样的方法，每两张图片对应一个导航按钮。依次使用 1-1.gif、1-2.gif、2-1.gif、2-2.gif、3-1.gif、3-2.gif、4-1.gif、4-2.gif 和 5-1.gif、5-2.gif 制作出“课文朗读”、“课堂教学”、“动画赏析”、“图片欣赏”和“赞美春天”5 个导航按钮。最终效果如图 7-152 所示。

至此，导航部分也已完成，下面介绍模板页的主体部分的制作。这部分相对简单一些，将光标放置在导航栏表格后，插入一个 1 行 1 列的表格，并设置表格的对齐方式为居中对齐，表格背景色为#EFF3EF，设置表格单元格的对齐方式为水平居中，垂直顶端。在其中嵌套插入一个 1 行 1 列宽 90%的表格，在其后继续插入一个 1 行 1 列的表格，并设置此表格的高度为 1px，单元格背景色为#000000，在其后继续插入一个 3 行 1 列的表格，设置 3 行的水平对齐方式均为“水平居中”，完成效果如图 7-153 所示。

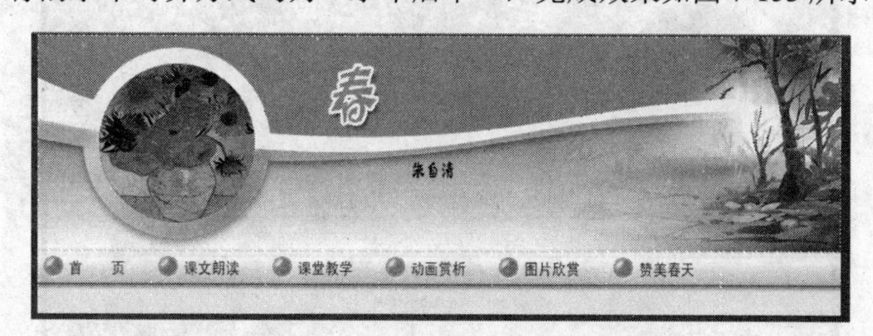

图 7-152　导航部分完成后的效果

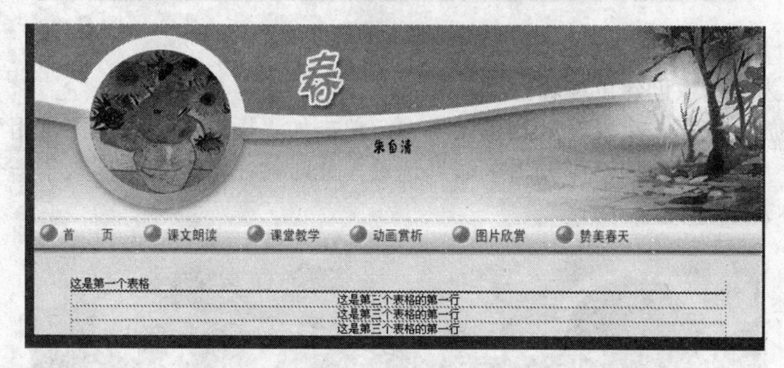

图 7-153　主体部分的制作

以下是嵌套插入的 3 个表格的代码，请用户对照制作。

```
    <table width="90%" border="0" cellspacing="0" cellpadding="0">
        <tr>
          <td>这是第一个表格</td>
        </tr>
      </table>
        <table width="90%" border="0" cellspacing="0" cellpadding="0"
height="1">
          <tr>
            <td bgcolor="#000000"></td>
          </tr>
        </table>
        <table width="90%" border="0" cellspacing="0" cellpadding="0">
          <tr>
            <td align="center">这是第三个表格的第一行</td>
          </tr>
          <tr>
            <td align="center">这是第三个表格的第一行</td>
          </tr>
          <tr>
            <td align="center">这是第三个表格的第一行</td>
          </tr>
      </table>
```

接下来介绍页脚部分的制作。在所有表格的最外面插入一个 1 行 1 列，宽为 778px、高为 60px、水平居中的表格，并按照上面介绍的设置表格背景图片的方法设置该表格的背景图片为 index_bottom.gif。完成后的效果图如图 7-154 所示。

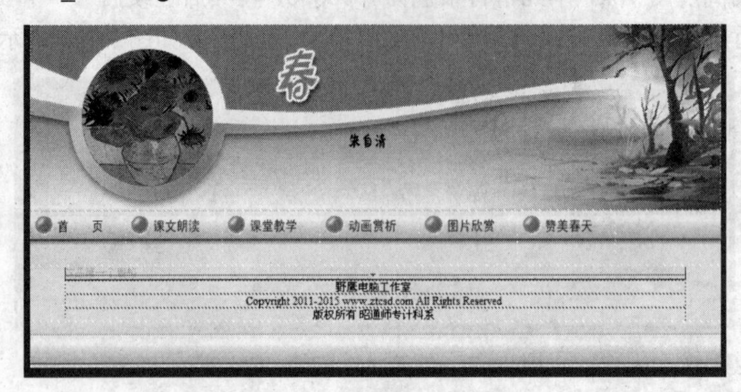

图 7-154　模板页的效果图

下面，为该模板创建可编辑区域。

将光标放置在第 1 个表格处的单元格中，单击如“插入”栏中的“常用”选项卡，选择其中的“模板”中的“可编辑区域”选项，此时就在该表格中插入了一个可编辑的区域，如图 7-155 所示。

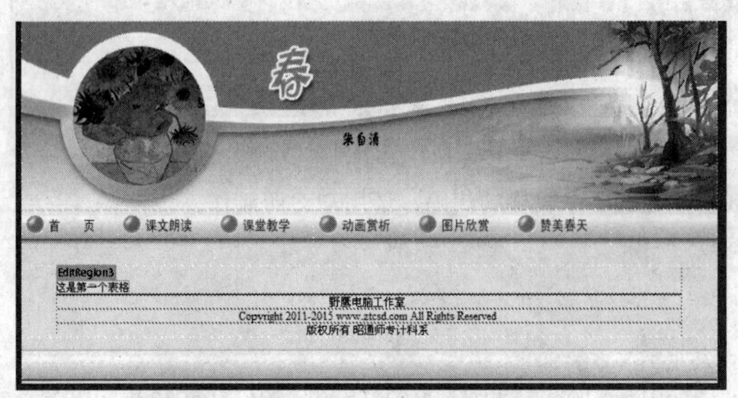

图 7-155　在模板页添加可编辑区域

下面将刚才创建的 CSS 引入本页，即完成了模板页的创建。

单击“CSS 样式”面板，单击按钮 ，在弹出的对话框中找到刚才创建的 CSS 样式 CSS.CSS，在“添加为”栏选择“链接”单选项，单击“确定”按钮即可，如图 7-156 所示。模板页的最终效果图如图 7-157 所示。

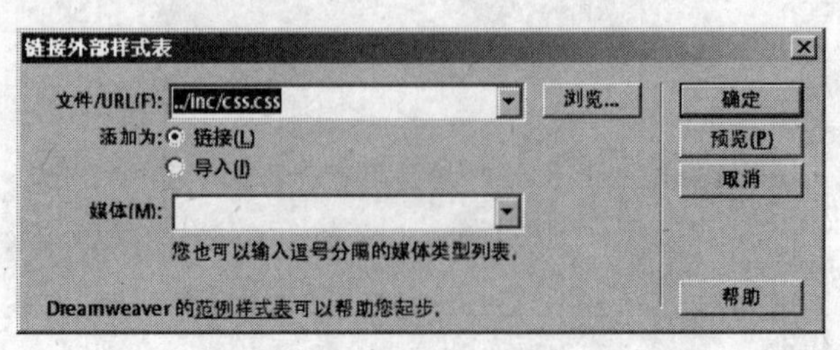

图 7-156　链接 CSS 样式

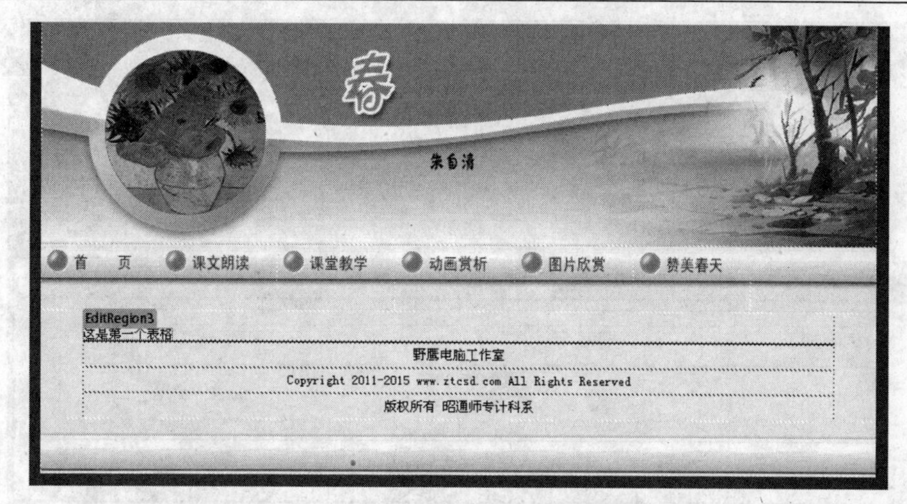

图 7-157　模板页的最终效果图

4. 创建首页

当用户创建好网页模板后，即可通过模板快速创建网页文档。下面将通过模板文档创建网站的首页，具体操作如下。

执行“文件→新建”命令，弹出“新建文档”对话框。

在对话框中选择“模板中的页”选项卡，在“站点”列表框中选择 TEMP 选项，然后从右侧的列表框中选择已经创建的模板 chun，如图 7-158 所示。

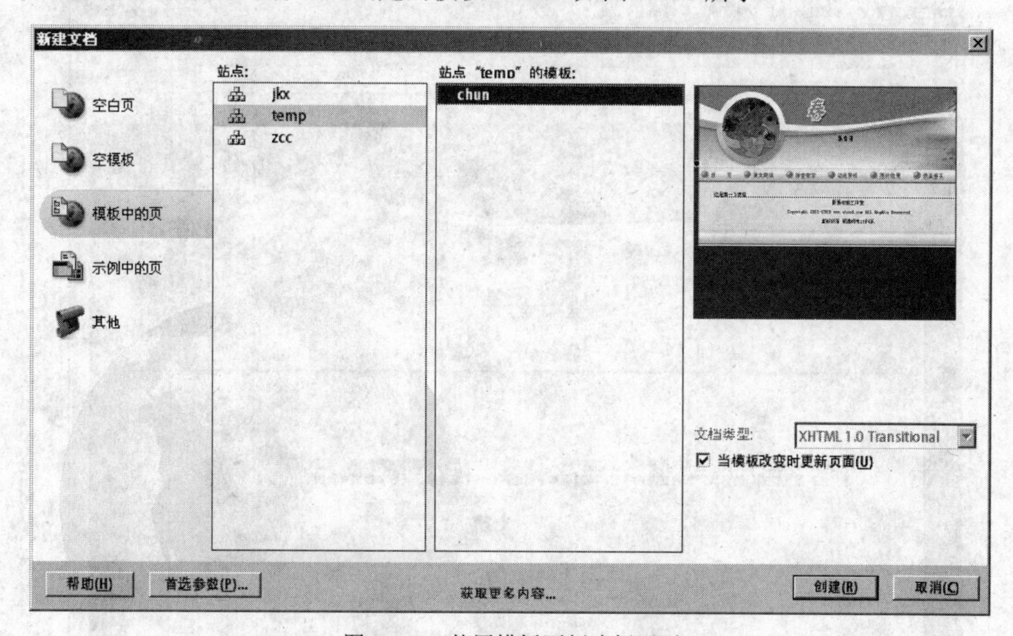

图 7-158　使用模板页创建新网页

单击“创建”按钮，通过模板创建的新网页将出现在窗口中，网页文档中模板部分除可编辑区域外是不可编辑的，如图 7-159 所示。

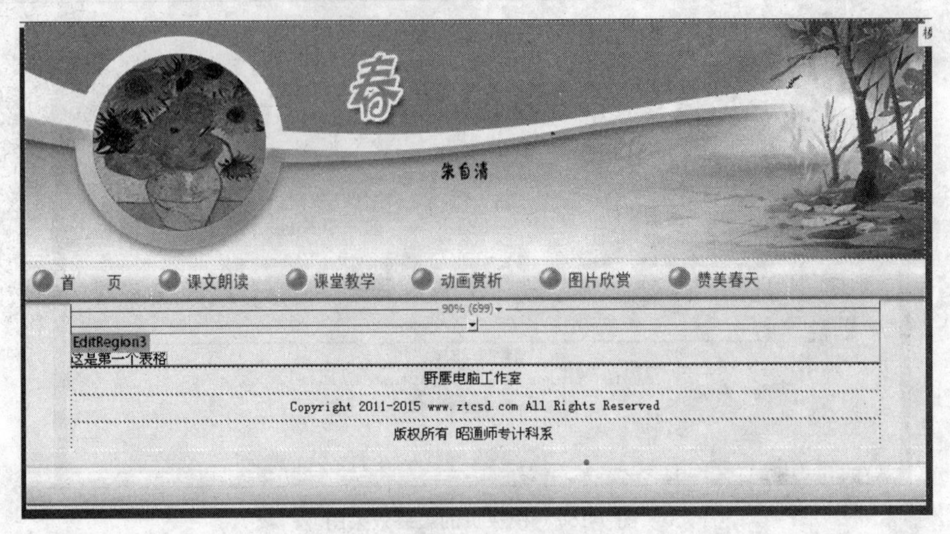

图 7-159　由模板页创建的新网页

将光标定位于模板中的可编辑区域中，删除可编辑区域中的文本，执行“插入→表格”命令，插入一个 1 行 2 列的表格，在左侧单元格中输入文本，在右则单元格中插入《春》的作者朱自清的图片。保存文件为 index.html，这样即完成了首页文件夹的创建，其他页面类似，用户可使用本书提供的素材自行完成。

首页的最终效果图如图 7-160 所示。

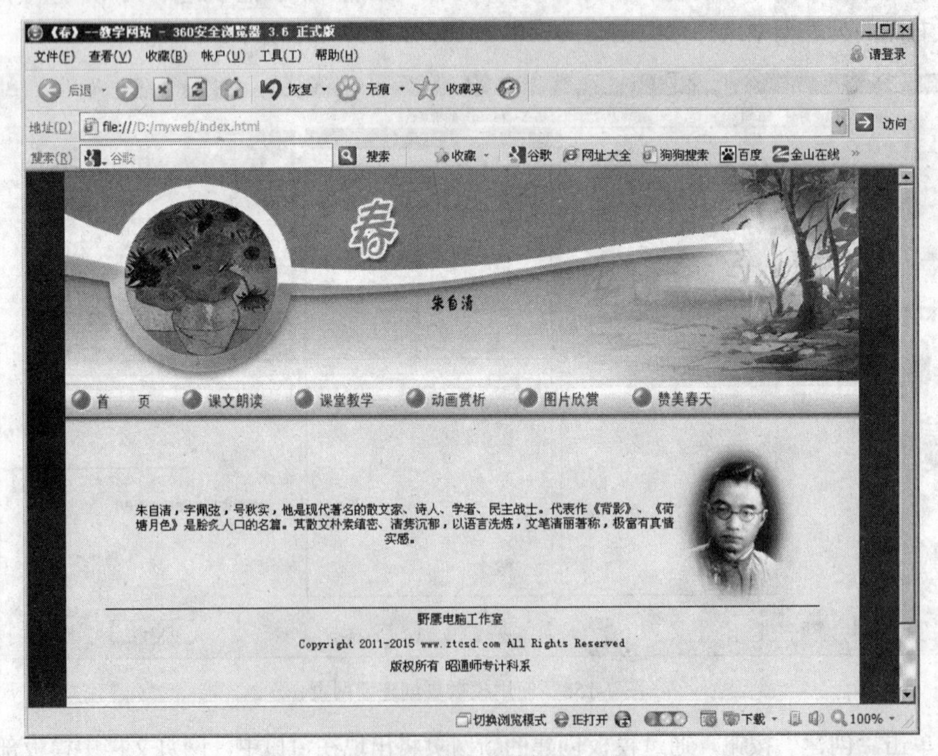

图 7-160　首页的最终效果图

小　结

本章主要介绍了 Adobe 公司的 Dreamweaver CS4 教学网站制作方法的应用，涵盖了 Dreamweaver CS4 的站点建立管理、网页制作、网页布局、表单应用和站点发布等大部分内容，这些知识对一般性的教学网站的制作已经足够了，阐述中配以大量的图片，让用户一看就懂，做到能学会用。

习　题

一、选择题

1．下面关于设置文本域的属性说法错误的是（　　）。

A．单行文本域只能输入单行的文本

B．通过设置可以控制单行域的高度

C．通过设置可以控制输入单行域的最长字符数

D．密码域的主要特点是不在表单中显示具体输入内容，而是用*来替代显示

2．下面关于框架的构成及设置的说法错误的是（　　）。

A．一个框架实际上是由一个 HTML 文档构成

B．在每个框架中，都有一个蓝色的区块，这个区块是主框架的位置

C．当在一个页面插入框架时，原来的页面就自动成了主框架的内容

D．一般主框架用来放置网页内容，而其他小框架用来进行导航

3．在 Dreamweaver 中，下面关于应用样式表的说法错误的是（　　）。

A．首先要选择要使用样式的内容

B．也可以使用标签选择器来选择要使用样式的内容，但是比较麻烦

C．选择要使用样式的内容，在 CSS Styles 面板中单击要应用的样式名称即可

D．应用样式的内容可以是文本或者段落等页面元素库、模板、高级模板

4．下面制作其他子页面的说法正确的是（　　）。

A．各页面的风格保持一致很重要

B．可以使用模板来保持网页的风格一致

C．在 Dreamweaver 中，没有模板的功能，需要安装插件

D．使用模板可以制作不同内容却风格一致的网页

5．通过对模板的设置，将已有内容定义为可编辑区域，以下选项中正确的是（　　）。

A．既可以标记整个表格，也可以标记表格中的某个单元格作为可编辑区域

B．一次可以标记若干个单元格

C．层被标记为可编辑区域后，可以随意改变其位置

D．层的内容被标记为可编辑区域后，可以任意修改层的内容

6. Dreamweaver 中使用模板时下列操作正确的是（　　）。

A. 设定可编辑区域

B. 用表格设定模板结构

C. 存储时使用“另存为模板”命令

D. 可以直接从模板新建页面

7. 在创建模板时，下面关于可选区的说法正确的是（　　）。

A. 在创建网页时定义的

B. 可选区的内容不可以是图片

C. 使用模板创建网页，对于可选区的内容，可以选择显示或不显示

D. 以上说法都不正确

8.（　　）是 Dreamweaver 的模板文件的扩展名。

A. .html　　B. .htm　　C. .dwt　　D. .txt

9. 在创建模板时，下面关于定义可编辑区的说法错误的是（　　）。

A. 可以将网页中的整个表格定义为可编辑区

B. 可以将分开的单元格定义为可编辑区

C. 也能一次性将多个单元格定义为可编辑区

D. 较常见的方式是使用层、表格来建立框架，在表格里插入层，并将层定义为可编辑区

10. 模板的区域类型有（　　）。

A. 可编辑区域　　B. 可选区域　　C. 重复区域　　D. 可插入区域

11. 在 Dreamweaver 的站点（Site）菜单中，Get 选项表示（　　）。

A. 将选定文件从远程站点传输至本地文件夹

B. 断开 FTP 连接

C. 将远程站点中选定文件标注为“隔离”

D. 将选定文件从本地文件夹传输至远程站点

12. 在 Dreamweaver 中，表单的提交方式是（　　）。

A. 电子邮件提交　　B. 数据库提交

C. 文本文件提交　　D. 直接网页提交

13. 下面关于设计网站的结构的说法错误的是（　　）。

A. 按照模块功能的不同分别创建网页，将相关的网页放在一个文件夹中

B. 必要时应建立子文件夹

C. 尽量将图像和动画文件放在一个文件夹中

D. 本地文件和远端站点最好不要使用相同的结构

14. 在 Dreamweaver 中，下面关于首页制作的说法错误的是（　　）。

A. 首页的文件名称可以是 index.htm 或 index.html

B. 可以使用布局表格和布局单元格来进行定位网页元素

C. 可以使用表格对网页元素进行定位

D. 在首页中不可以使用 CSS 样式来定义风格

15．网站上传可以通过（　　）。

A．Dreamweaver 的站点窗口　　B．FTP 软件

C．Flash 软件　　D．Fireworks 软件

二、实验题

实验题 1：建立网站

（1）创建一个个人网站

① 创建一个本地站点，存放在 E 盘或 F 盘上；文件夹名用自己姓名拼音缩写。在该文件夹下创建一个图像文件夹（如 Images），用于存放图形文件。

② 创建一个远程站点，存放在 C:\Inetpub\wwwroot\文件夹下，用户新建一个用于存放自己网站的文件夹，文件夹名 mysite。

（2）制作网页，使用表格设计网页布局

① 在站点根文件夹下创建一个新文件，命名为 default.htm，该页为主页，在标题栏输入网页标题（某某的网站）。

② 新建 3～4 个网页文件，网页内容自定。

③ 建立 default.htm 页与其他网页的链接。

④ 将本地站点上传至远程站点。

⑤ 使用 URL 地址访问自己所建的站点。

本机访问 URL：http://localhost/mysite

其他机访问 URL：http://IP 地址/mysite

查看本机 IP 地址方法：执行“开始→运行→cmd”命令，在 DOS 提示符后输入 ipconfig。

实验题 2：网页布局

（1）使用表格进行网页布局

① 新建一个网页，根据网页布局要求插入一个表格，行列数自定，宽度为 780 像素，边框为 0。

② 对以上建立的表格进行单元格合并或拆分；对表格行宽和列高进行适当调整；对表格进行插入行或列的操作。

③ 对建立的表格的单元格中插入嵌套表格。

④ 对表格或单元格设置自选背景图像。

⑤ 在以上建立的表格中插入图像与文字；设置对各单元格水平居中对齐，垂直顶端对齐；设置单元格为“不换行”。

（2）使用布局视图进行网页布局

① 使用 Fireworks 设计网页布局，文档大小 760×700 像素，导入或自己绘制网页所需图形。将各个图形分别导出，存放在自己站点图像文件夹中，将整个网页图像保存为跟踪图。

② 新建一个网页存盘，修改页面属性，设置跟踪图像（使用 Fireworks 设计的网页布局图像作为跟踪图像），透明度为 50%。

③ 进入布局视图，绘制布局表格与布局单元格。

④ 根据网页的跟踪图像，对绘制的布局表格与单元格进行调整或移动。

⑤ 在布局单元格中插入图像。

⑥ 返回标准视图，设置为单元格背景、输入文字等。

（3）制作框架网页

① 新建一个框架网页（框架类型自选）。

② 在各框架内插入内容或打开网页，保存各框架页与框架集。

③ 设置各框架属性（边框、滚动条等）。

④ 建立左框架与右框架文章中锚点的链接，要求目标框架为右边的框架。

⑤ 建立左边导航条中返回主页的链接，设置目标框架为 top。

实验题 3：CSS 样式的使用

（1）制作文章页或诗词页，设置页面属性

① 新建或打开网页，设置页面默认字体。

② 设置页面上边距为 0、左边距为 10。

③ 设置页面背景图片。

④ 设置链接颜色。

（2）创建自定义的 CSS 样式

① 创建自定义的 CSS 样式（存放在 CSS 样式表文件中）——标题 1、标题 2 等，使用类型面板设计字体样式，并应用到当前网页中。

② 创建自定义的 CSS 样式“正文”，字体大小为 10 点数，字体为幼圆；行高为 1.8 倍行高，并应用到当前网页中。

（3）重定义 HTML 标签

修改 Body 标签，使用背景面板设置背景图像不重复、固定和自定位置，使用区块面板设置文本对齐为居中。

（4）修改 CSS 样式

① 修改自己所建的标题 1 模式，使用“区块”面板设置文本对齐为居中。

② 重定义“正文”模式，缩进 2 个字。

③ 修改标题模式，使用“边框”面板设置下边框为双线、颜色自选。

（5）附加 CSS 样式表

新建一个网页，附加以上建立的 CSS 样式表，并应用样式。

（6）使用 CSS 样式中的过滤器

① 新建一个图片网页，使用表格布局后插入图片。

② 新建样式，仅应用该文档，设置 Alpha 透明度为 50%（在“扩展”面板的滤镜下拉列表框中设置 Alpha(Opacity=50)）。

③ 新建一个样式 invert，仅应用该文档（在“扩展”面板的滤镜下拉列表框中选择 invert）。

④ 建立样式 gray、FlipH 和 Xray。

⑤ 对图片分别设置以上新建的样式后，在浏览器中查看效果。

实验题 4：制作模板

① 制作一个网页，格式与内容自己设计，将该网页保存为模板。

② 对该模板建立可编辑区。

③ 新建基于该模板的新文档。

④ 修改模板后查看基于模板文档的相应改变。

实验题 5：综合网站制作

（1）创建站点

① 创建一个本地站点，存放在 E 盘或 F 盘上；文件夹名用自己姓名拼音缩写。在该文件夹下创建一个图像文件夹（如 Images），用于存放图形文件。

② 创建一个远程站点，存放在 C:\Inetpub\wwwroot\文件夹下，自己新建一个用于存放自己网站的文件夹，文件夹名 mysite。

③ 在站点根文件夹下创建一个新文件，命名为 default.htm，该页为主页。

（2）主页制作要求

① 使用 Firewoks 制作文字，处理图像（方法：选取图像并羽化，设置画布颜色与网页背景色相同）；制作按钮图片。

② 网页布局（方法：使用表格布局）。

③ 插入按钮并建立与相关网页的链接（方法：使用鼠标经过图像或导航条）。

④ 网页图片自动随机变化（方法：使用扩展 Banner Image Builder）。

⑤ 加入滚动字（方法：使用扩展 Marquee）。

⑥ 加入背景音乐（方法：使用媒体中的插件，将插件设置为自动播放、循环播放和隐藏）。

（3）文章欣赏页制作要求

① 新建一个框架网页，有 3 个框架。顶部框架为标题，右框架放入自选文章，左框架为文章小标题。

② 使用 CSS 样式设置标题与正文的字体、字号、行距（为 1.6 倍行高）和 Body 背景（自己制作网页背景）。

③ 将左框架为文章小标题与右框架中的文章锚点链接，链接目标设置为右框架。

④ 制作返回主页的链接，要求链接目标为 top。

（4）图片欣赏页制作要求

① 使用 Firewoks 处理图像，制作缩略图（方法：将大图缩小；在图上绘制一个圆角矩形，选取后剪切，选择粘贴为蒙板）。

② 使用 Firewoks 制作网页标题文字（方法：设置文字效果为投影，将文字附加到路径上，选取图像并羽化，设置画布颜色与网页背景色相同，加阴影效果）。

③ 图像地图的使用（在图像热区上添加行为：显示与隐藏层）。

④ 制作单击缩略图打开原图效果（方法：使用行为打开浏览器窗口）。

（5）音乐欣赏页制作要求

① 用 Fireworks 制作 Banner（导入一张图片，修剪适当，并输入文字；打开帧面板，添加一帧后，再导入或绘制一张图；导出为 gif 动画）。

② 制作两个新网页，分别使用插件插入 mp3 与 avi 文件。

③ 使用行为中的打开浏览器窗口命令打开插件网页，下载可直链接至 mp3 或 avi 文件。

（6）动画欣赏网页制作

① 插入 Flash 影片。

② 插入 Flash 文本，设置背景为透明（参数 wmode 的值为 transparent）。

第 8 章 “化学金排”和“格式工厂”的使用

8.1 “化学金排”软件的使用

“化学金排”是金龙软件开发组开发的系列软件之一，是专门为化学工作者定制开发的基于 Word 平台的一套专业排版辅助软件。利用该软件可以轻松实现化学中常用的同位素输入、原子结构示意图、电子式、电子转移标注、有机物结构式、有机反应方程式、反应条件输入、化学常用符号输入、化学仪器、化学装置和图片图形调整等许多实用功能，同时该软件还提供一套方便易用的题库系统。独创的化学文章输入窗口，强大的智能识别替换系统，熟悉的窗口界面，让使用者容易上手。金龙软件开发组还为物理、生物、数学开发了：物理金排、生物金排、数学金排系列软件。本节以“化学金排”10.0 个人版为例介绍其基本使用方法。

8.1.1 “化学金排”软件概述

1. “化学金排”软件的主要功能

1）方便直观的化学方程式输入方式，一种是直接在化学金排文档窗口中输入的普通模式，另一种是在专用化学输入窗口中输入的高级模式。

2）功能强大的化学金排模板。

3）集成了简单易用的题库系统，大大提高化学试卷的制卷效率及重组率。

4）素材管理的可扩充性。

5）集成了电子幻灯片组件，制作化学课件同制作幻灯片一样简单。

2. 化学金排 10.0 的运行环境

操作系统为 Windows 95、Windows 98、Windows Me、Windows 2000、Windows XP 等；而且计算机中必须装有 Word 2000 或以上版本，建议 CPU 主频在 500MHz 以上，Windows Vista 系统下需要以管理员身份运行，尽管在 Office 2007 也可以运行，但效果不理想。推荐在 Windows XP 与 Office 2003 下运行。

3. “化学金排”用户界面

安装注册化学金排 10.0 后，运行“化学金排”程序，显示如图 8-1 所示用户界面（化学金排文档窗口）。“化学金排”用户界面同 Word 界面一样，由菜单栏、工具栏、编辑区等几部分组成，不过菜单栏和工具栏增加了化学方面的相关组件，还特意增加了专用化学输入窗，如图 8-1 所示。

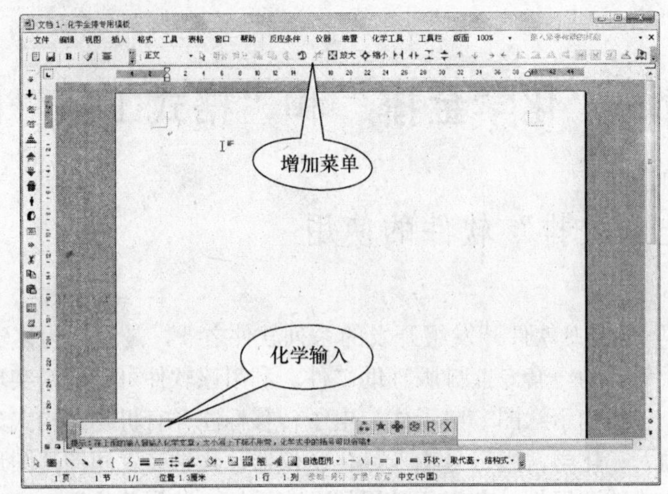

图 8-1　化学金排文档窗口

增加的相关菜单功能如下。

1）“反应条件”菜单中包括了化学反应中可能遇到的几乎所有的反应条件，也可以自定义反应条件。

2）“仪器”菜单中配备了中学化学实验可能用到的各种器材与装置，数量达 50 多种。

3）“装置”菜单中集中了气体制备、净化、收集、干燥、尾气吸收及原电池、电解池等成套装置。

4）“化学工具”菜单提供了同位素输入、化合价标注及原子结构示意图的输入窗口。

5）“工具栏”预置了化学符号、题库、绘图有机、电子式电子转移、框图、有机团、金排公式等内容，单击它们，窗口将生成对应的工具栏，可以随心所欲地组合想要的各种图形和化学式。

6）“版面”菜单是为化学制卷量身打造，易学易用。

8.1.2 “化学金排”软件的基本使用

1. 常见化学方程式的输入

执行“开始→所有程序→化学金排 组件→化学金排”命令，启动“化学金排”软件，如图 8-1 所示。输入过程中可按 Caps Lock 键进行输入方式切换。

1）直接在“化学金排”文档窗口中输入的普通模式，在该模式下“化学金排”可识别常见的化学方程式，要求用大写字母输入。如输入水（H_2O）的化学式：先输入 H2O，然后输入回车或空格，H2O 自动就变为 H_2O。

2）在化学输入窗中输入的高级模式，化学输入窗如图 8-2 所示，在输入窗中输入同样需要按 Caps Lock（大写锁定开关）进行切换，系统将会自动对输入的英文字符进行大小写处理。如在输入框中输入 H2SO4，然后按 Enter 键，该软件将会自动将其变为 H_2SO_4,

然后输出到 Word 文档中，省去了输入时大小写切换的麻烦。汉字和英文之间只需用 Caps Lock 切换就可以了。

图 8-2　化学输入窗

2. 其他化学方程式的输入

无论是普通模式下，还是高级模式下，输入化学式、化学方程式、离子方程式时，同样不必考虑上下标的问题，该软件可以自动将其转换成所需要的内容。该软件还有许多功能，下面以具体实例进行讲解，以期抛砖引玉。

例 8-1　输出化学方程式：$3NaHCO_3+FeCl_3=Fe(OH)_3\downarrow+3CO_2\uparrow$。

1）切换到大写输入状态。

2）在化学输入窗中输入：

3NAHCO3+FECL3=FEOH3&+3CO2^或 3NAHCO3+FECL3=FEOH3JX+3CO2JS，然后按 Enter 键即可。

注意：在输入气体、沉淀箭头符号时，^和 JS 相同，&和 JX 相同，输入过程中上下标、括号、箭头等软件会自动识别。在用^和&符号时，要在英文输入状态下才可以。

例 8-2　输出化学方程式：$Fe^{2+}+2OH^{-}=Fe(OH)_2\downarrow$。

在化学输入窗中输入：FE2L+2OHL=FEOH2&，按 Enter 键即可。

注意：输入离子符号时，可以用 L 来代替离子符号中的+、-号，甚至可以省略电荷数（但有多种电荷数的要单独注明，如铁离子可输成 FE2L 或 FEL）。

例 8-3　输出化学方程式：$2Mg+O_2\overset{\text{点燃}}{=\!=\!=}2MgO$。

1）在化学输入窗中输入：2MG+O2，按 Enter 键。

2）单击“反应条件→=点燃=”。

3）输入 2MGO，按 Enter 键。

注意：本例也可以在化学输入窗中直接输入：2MG+O2JDDR2MgO，按 Enter 键即可。

3. 组合有机物

用化学金排组合有机物，有机物结构式中包含了单、双键、环及多种官能团，在普通 Word 窗口中很难组合制作出来，但在化学金排中利用“工具栏”菜单中的相应选项就非常容易制作出来。

例 8-4　输出如图 8-3 所示有机物结构式。

执行“工具栏→绘图有机”命令，启动“绘图&有机”工具栏，如图 8-4 所示。

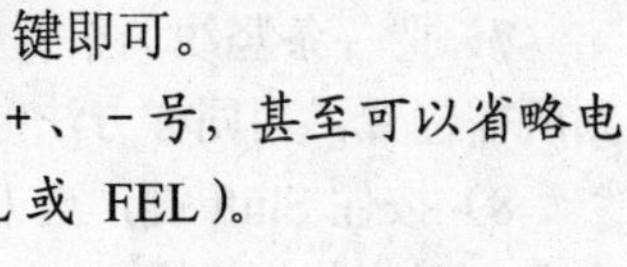

执行“工具栏→有机机团”命令，启动“有机机团”工具栏，如图 8-5 所示。

图 8-3　例 8-4 的有机物结构式

执行“工具栏→有机机团 3”命令，启动“有机机团（3）”工具栏，如图 8-6 所示。

图 8-4　绘图&有机

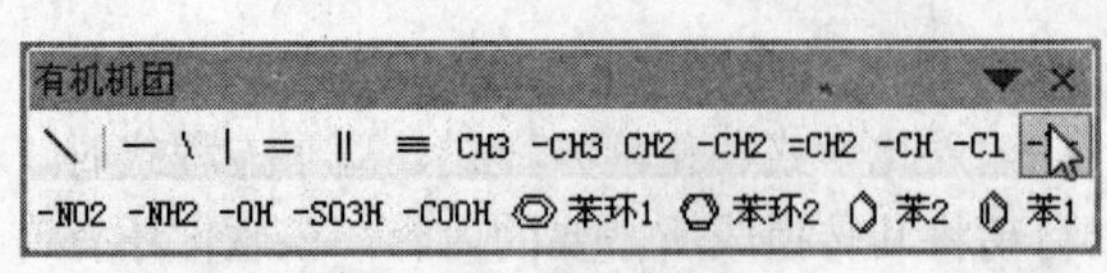

图 8-5　有机机团

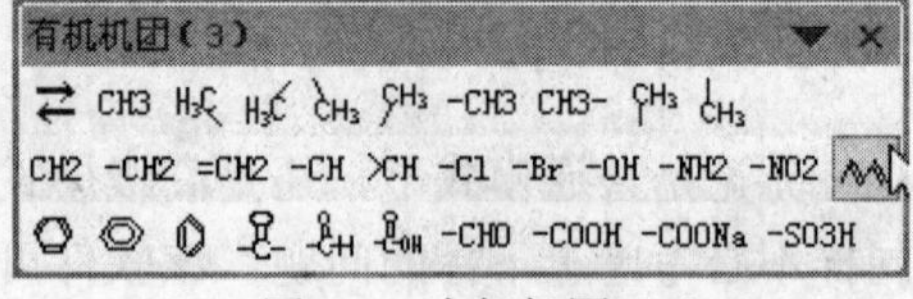

图 8-6　有机机团（3）

4）单击“绘图有机”工具栏的“环状”，选择“六元环”，文档窗口会生成一个六元环。

5）单击“有机机团”或“绘图有机”工具栏中的“|”，窗口生成一条竖直短线，按住 Ctrl 键，鼠标指向该线拖放 5 次，会产生另外 5 条，把其中 4 条调整成与原结构中 2、3、4、5 四键的方向一致（调整方法：选中竖起短线，短线两端出现两个控制点，按住其中一个控制点进行拖动操作即可，按住 Alt 键同时进行拖动操作可精确调整）。

6）单击“有机机团（3）”工具栏中的“⋀⋀”生成后再复制一条，拖住其中一条与苯环连接，另一条再与它尾部衔接。

7）把各条竖线调整到相应位置。利用“有机机团（3）”工具栏，单击“CH2”并拖到所需位置，用同样方法把“OH”放到其后。

8）按住 Shift 键，选中各图形，右击，在弹出的快捷菜单中，执行“组合→组合”命令，至此制作完成。

4. 组合化学装置图

用化学金排组合一套碳与浓硫酸加热反应并验证产物的装置图，如图 8-7 所示。

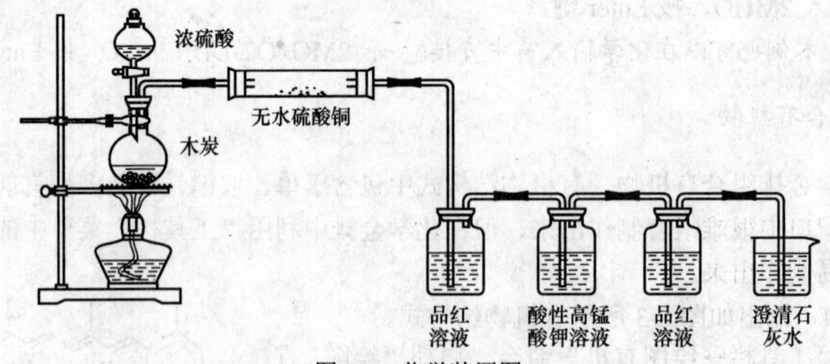

图 8-7　化学装置图

1）执行“装置→固液加热造气”命令，调整图片大小及位置。

2）执行“仪器→试管烧瓶→硬质玻璃管”命令，调整“硬质玻璃管”大小及拖放到相应位置。

3）执行“仪器→固体液体→试管中液体”命令，调整大小及方向，拖放到硬质玻璃管中。

4）执行“仪器→辅助仪器→橡胶管”命令，调整拖放到相应位置。

5）执行“仪器→辅助仪器→直角弯导管（长）”命令，调整拖放到相应位置。

6）执行“装置→洗气瓶 2”命令，右击洗气瓶 2，在弹出的快捷菜单中，执行“组合→取消组合”命令，选中左边导管并删除，重新组合其余部分，调整到相应位置。

7）执行“装置→洗气瓶 2”命令，再复制一个该装置，把两装置拖放到相应位置。

8）执行“装置→尾气吸收（Cl2）”命令，拖放到相应位置。

9）按住 Shift 键，选中各图形，右击，在弹出的快捷菜单中，执行“组合→组合”命令，至此制作完成。

10）各部分的文字注释可单击“绘图有机”工具栏中“无边框文本框”，如图 8-4 所示，文本框弹出后把其中的“文字”二字改成用户想要的字，然后拖到目的地，再与装置图组合起来即可。

5. “化学金排”幻灯片

“化学金排”还提供了“化学金排”幻灯片，主要在原幻灯片上增加了“化学输入窗”，对化学方程式的输入如同在化学金排下一样简单，针对其他输入，只有在化学金排下做好，然后复制过去即可。如下面例题所述。

例 8-5　输出原子结构示意，如图 8-8 所示。

1）执行“工具栏→电子式电子转移”命令，启动“电子式&电子转移”工具栏，如图 8-9 所示。

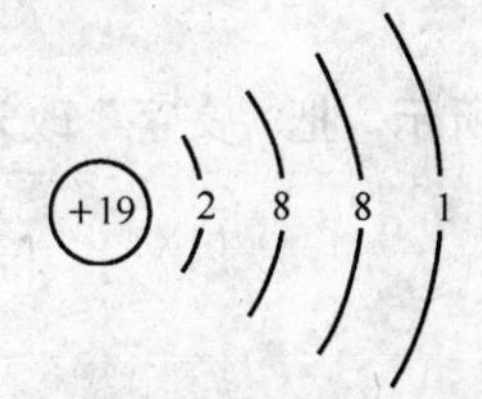

图 8-8　原子结构示意图

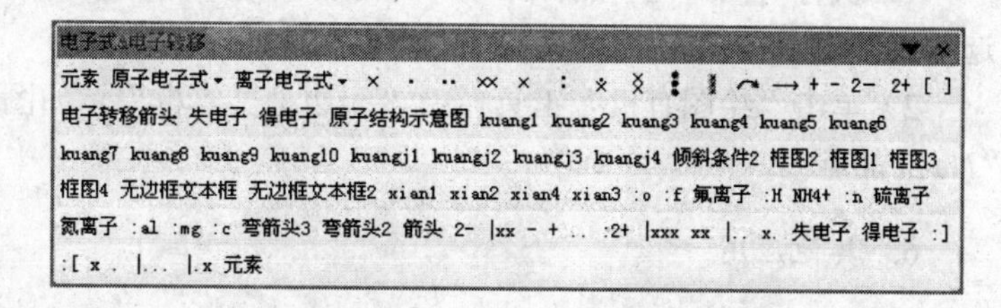

图 8-9　“电子式&电子转移”工具栏

2）单击“电子式&电子转移”工具栏中“原子结构示意图”按钮，显示如图 8-10 所示对话框，在“质子数”的输入框中输入质子数目，如本例为 19，则显示如图 8-11 所示对话框，单击“确定”按钮即完成本例。

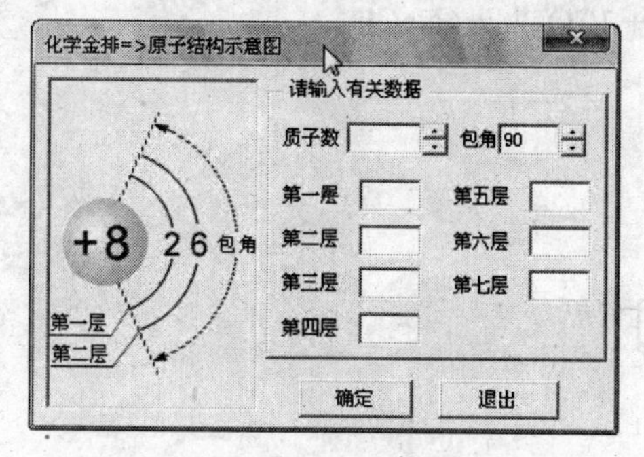

图 8-10　“原子结构示意图”对话框

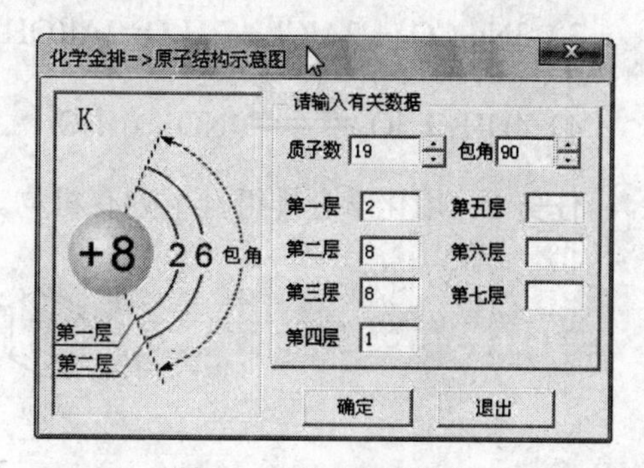

图 8-11　输入有关数据

例 8-6 制作如图 8-12 所示幻灯片。

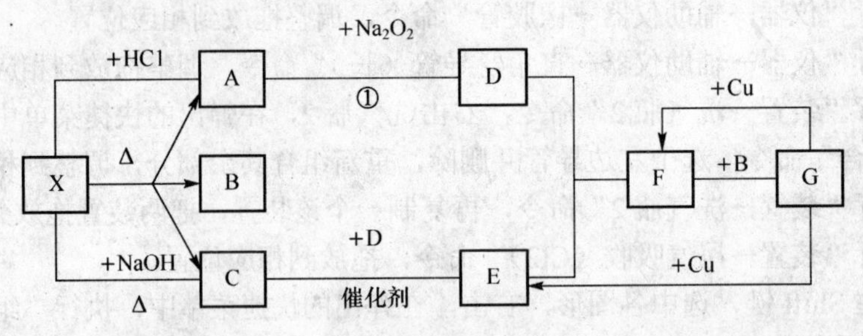

图 8-12 幻灯片

1）执行“工具栏→框图”命令，启动“框图”工具栏，如图 8-13 所示。

2）利用“框图”工具栏中的选项进行旋转、缩放等操作，在此就不再详述。

例 8-7 输出如图 8-14 所示 NaCl 晶胞。

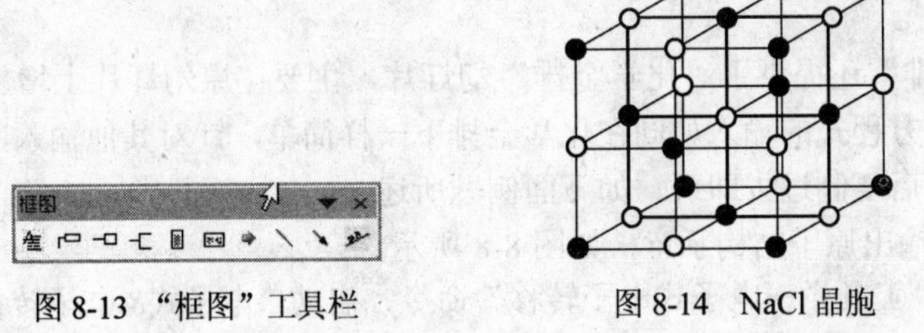

图 8-13 “框图”工具栏　　图 8-14 NaCl 晶胞

1）执行“工具栏→晶体结构”命令，启动“晶体结构”工具栏，选择“NaCl 晶胞”选项。

2）单击“绘图有机”工具栏中“无边框文本框”，如图 8-4 所示，把“文字”改为“NaCl 晶胞”。

6. 其他应用

化学金排软件还提供强大的试题编排、计算器、金排公式等功能，在此就不一一叙述。

任务 1：请输入下列化学方程式。

1）$Cl_2+H_2=2HCl$

2）$HS^-+OH^-=S^{2-}+H_2O$

3）$3Na_2CO_3+2AlCl_3+3H_2O=2Al(OH)_3\downarrow+3CO_2\uparrow+6NaCl$

4）$4NH_3+5O_2\xlongequal[\triangle]{催化剂}4NO+6H_2O$

任务 2：用化学金排组合下列有机物。

1）

OH

COOH

2）

$$
\begin{array}{l}
C_{17}H_{35}COOCH_2 \\
\quad\quad\quad\quad\quad\ | \\
C_{17}H_{35}COOCH \\
\quad\quad\quad\quad\quad\ | \\
C_{17}H_{35}COOCH_2
\end{array}
$$

任务 3：制作以下幻灯片内容。

1）

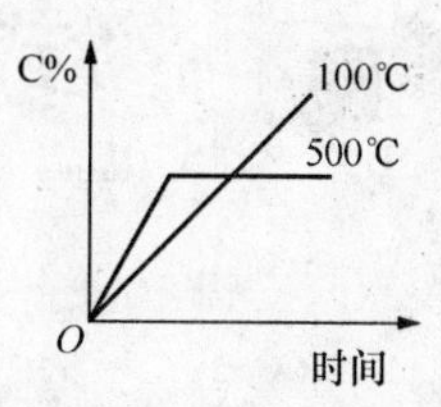

2）

+23　2　8　11　2

8.2 “格式工厂”软件的使用

“格式工厂”是一款多媒体格式转换软件，它能把自身能识别的音频、视频、图片和 DVD 等媒体格式转换成相应的常见格式。本节以“格式工厂 2.30”为例进行阐述，本节中所述“所有类型”均指“格式工厂”能识别的类型。

1. “格式工厂”的特点

1）支持所有能识别类型多媒体格式及常用的几种格式。
2）转换过程中可以修复某些损坏的视频文件。
3）支持多媒体压缩技术，使软件的文件更小。
4）支持 iPhone/iPod/PSP 等多媒体指定格式。
5）转换图片文件支持缩放，旋转和水印等功能。
6）支持 DVD 视频抓取功能，可轻松备份 DVD 到本地硬盘。

2. “格式工厂”的转换格式

1）支持所有类型视频转为 mp4、3gp、mpg、avi、wmv、flv 和 swf 格式。
2）支持所有类型音频转为 mp3、wma、amr、ogg、aac 和 wav 格式。
3）支持所有类型图片转为 jpg、bmp、png、tif、ico、gif 和 tga 格式。
4）支持抓取 DVD 到视频文件，抓取音乐 CD 到音频文件。
5）mp4 文件支持 iPod、iPhone、PSP 和黑莓等指定格式。

3. “格式工厂”的用户界面

安装并启动“格式工厂 2.30”，显示如图 8-15 所示。

图 8-15 “格式工厂”的安装

其界面简单明了，下面将 d:\movieone\精武风云片断.mkv 格式文件转换为 RMVB 格式文件，并输出到 d:\movietwo 下进行讲解。

1）启动“格式工厂 2.30”，显示如图 8-15 所示。

2）单击“视频”选项下的“所有转到 RMVB”选项，如图 8-16 所示。

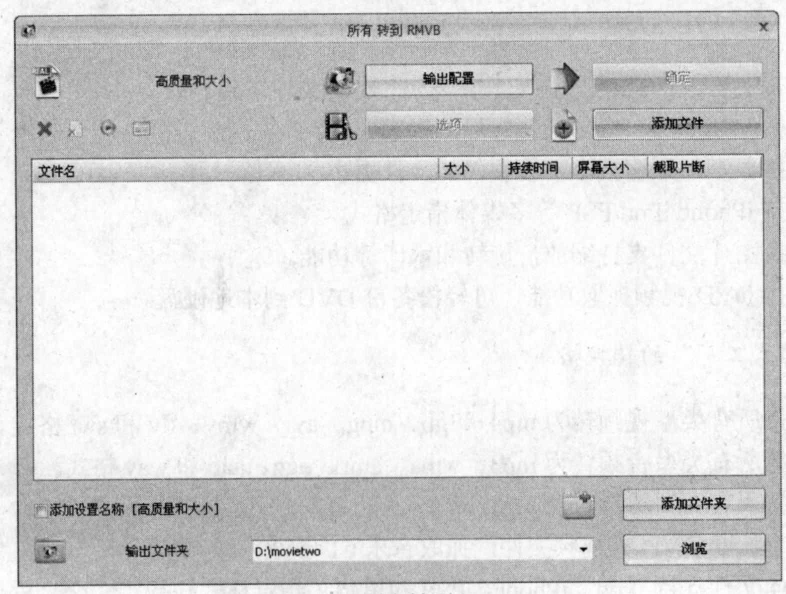

图 8-16 所有转到 RMVB

3）单击“输出配置”按钮进行输出的相关设置。

4）单击“浏览”按钮，设置输出文件夹为 d:\movietwo。

5）单击“添加文件”按钮，定位并选择 d:\movieone\精武风云片断.mkv，如图 8-17 所示。

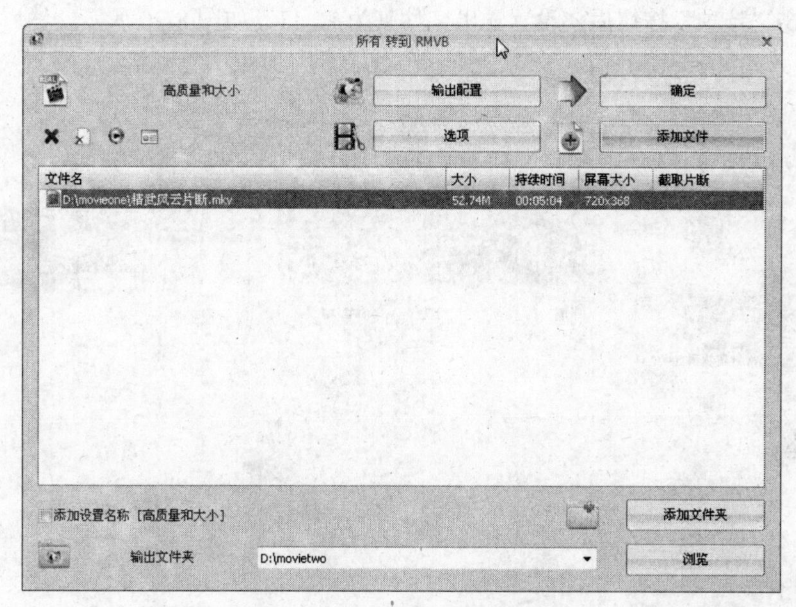

图 8-17　所有转到 RMVB 设置

6）单击“确定”按钮，回到“格式工厂”主界面，再单击主界面上“开始”按钮，就开始格式转换了，如图 8-18 所示。

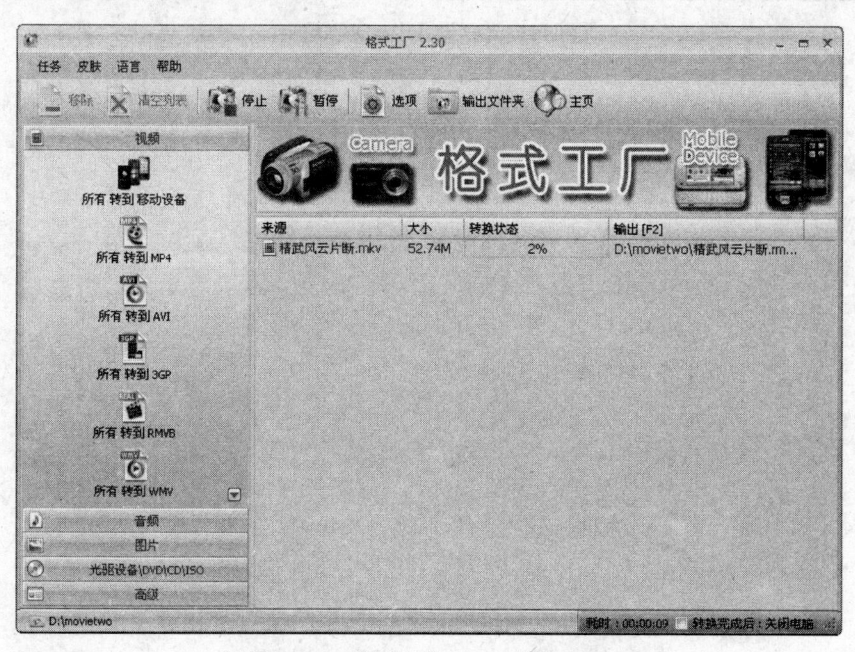

图 8-18　所有转到 RMVB 转换界面

7）当转换状态变为 100%，显示“完成”，转换就完成。

其他视频、音频转换方式与上例基本相同。

截取 DVD 中某段进行转换。

1）单击“光驱设备\DVD\CD\ISO”按钮，如图 8-19 所示。

2）单击“选项”按钮后，设置输出文件夹为 D:\11，如图 8-20 所示，然后单击“确定”按钮。

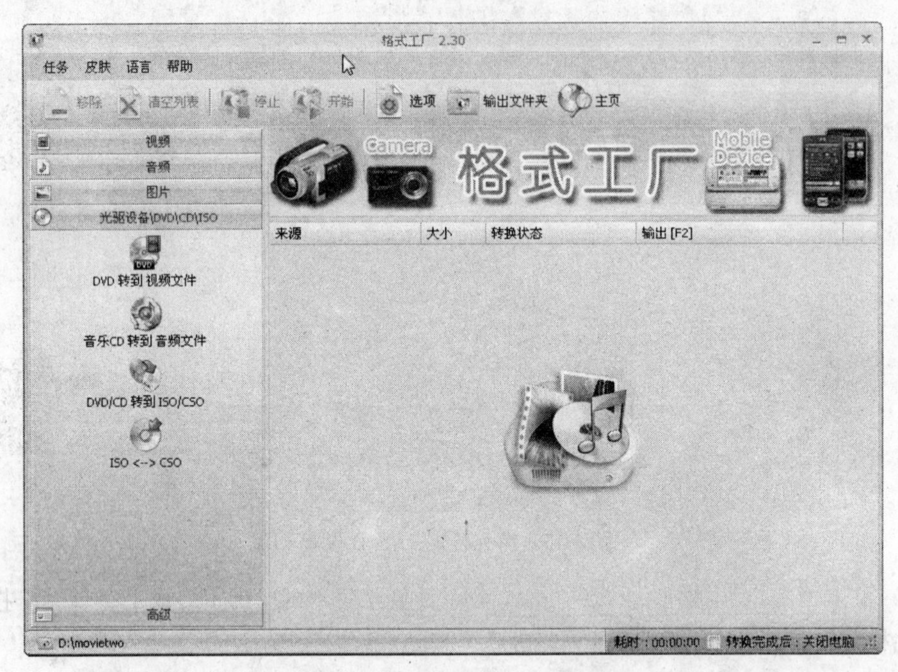

图 8-19 光驱设备\DVD\CD\ISO

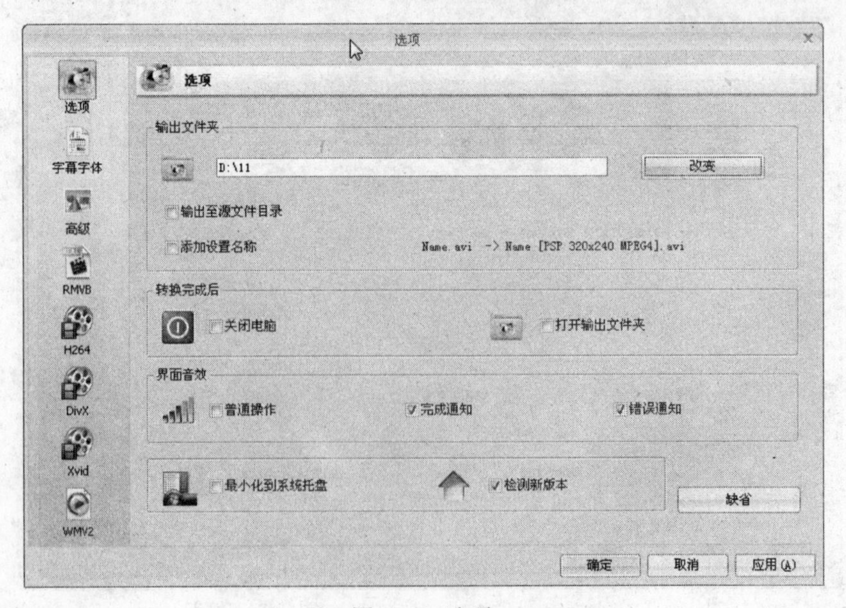

图 8-20 选项

3）单击“DVD 转视频文件”选项，在打开的窗口中选定 DVD，选中标题，如图 8-21 所示。

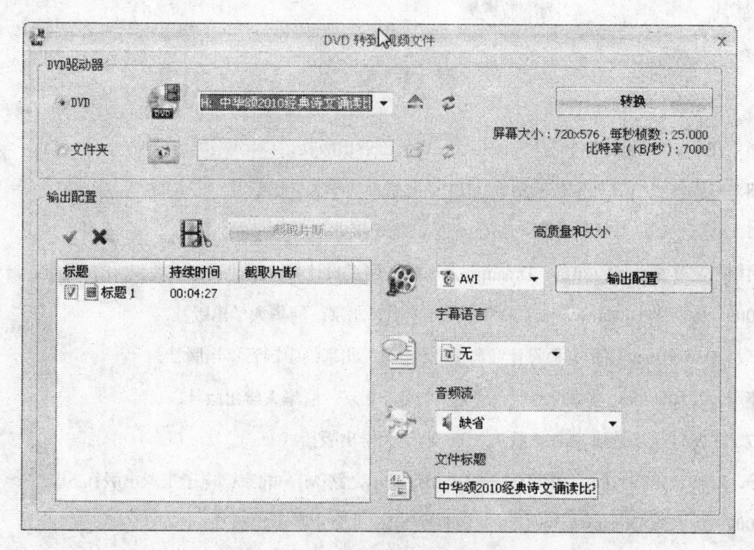

图 8-21　DVD 转到视频文件

4）单击“截取片段”按钮，如图 8-22 所示，拖动播放滑块，设置开始时间和结束时间，单击“确定”按钮。单击“开始”进行转换，直至完成。

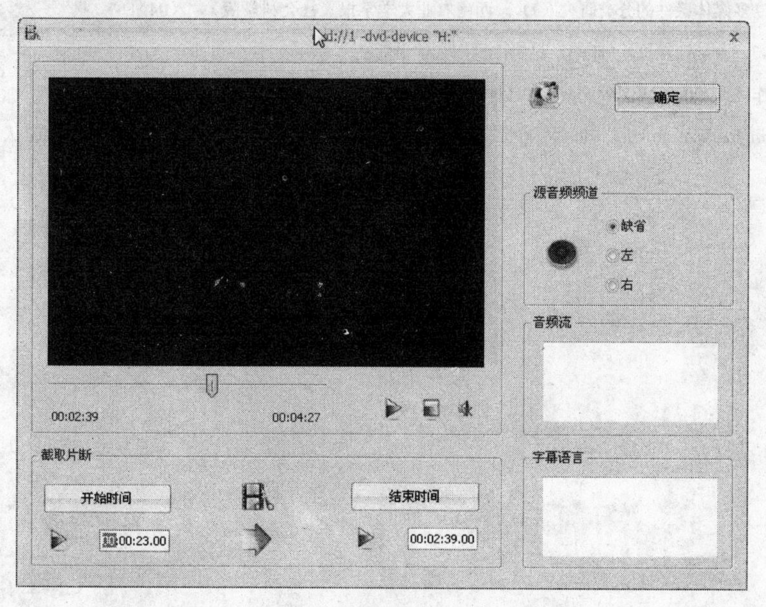

图 8-22　截取片断设置

在转换过程中，可以利用“格式工厂”截取其中的某段片断，截取方法同截取 DVD 中某段相似。“格式工厂”还可以对音、视频进行合成等操作，在此就不再一一叙述。

参 考 文 献

戴建耘．2006． PowerPoint 2003 教程[M]．北京：电子工业出版社．

方其桂．2008．多媒体 CAI 课件制作实例教程[M]．北京：清华大学出版社．

傅德荣．1995．计算机辅助教学软件设计[M]．北京：电子工业出版社．

郝军启，刘治国，赵喜来，等．2011．Dreamweaver CS4 网页设计与网站建设标准教程[M]．北京：清华大学出版社．

九州书源．2009．中文版 Dreamweaver CS3 网页制作[M]．北京：清华大学出版社．

李仲求．2005． PowerPoint 演示文稿设计经典 100 例[M]．北京：中国青年出版社．

梁瑞仪，曾亦琦．2010．Flash 多媒体课件制作教程[M]．北京：清华大学出版社．

林福宗．2007．多媒体技术基础 [M]. 2 版．北京：清华大学出版社．

刘浩，张文静．2009．美哉！PowerPoint——完美幻灯演示之路[M]．北京：电子工业出版社．

龙腾科技．2009．中文版 Dreamweaver CS4 案例教程[M]．北京：科学出版社．

梅全雄．2004．计算机辅助教学与多媒体课件制作[M]．武汉：华中师范大学出版社．

任平，倪捷．2007．多媒体技术与应用[M]．北京：中国计划出版社．

杨路，梁松新．1995．面向 21 世纪的数学技术[M]．广州：广东经济出版社．

袁可．2006．多媒体课件的分类研究（J）．西南农业大学学报（社会科学版），（04）．

张洪明．2007．大学计算机基础[M]．昆明：云南大学出版社．

智丰电脑工作室．2006．中文版 Flash 8.0 动画设计制作入门与提高[M]．北京：中国林业出版社．

Richard Harrington Scott Rekdal．2008． PPT 演示之道——60 条 PowerPoint 设计黄金准则[M]．北京：人民邮电出版社．